MBA智库百科

U0677956

G绿色核算
Green Accounting

Peter Bartelmus and Eberhard K. Seifert

彼得·巴特姆斯　埃贝哈德·K.塞弗特 }等著

张磊 王俊 倪代荣 王叶丰◎译

经济管理出版社
ECONOMY & MANAGEMENT PUBLISHING HOUSE

图书在版编目（CIP）数据

绿色核算 / ［英］彼得·巴特姆斯等著，张磊等译.
—北京：经济管理出版社，2009.9
ISBN 978-7-5096-0749-7

Ⅰ.绿… Ⅱ.①巴… ②张… Ⅲ.环境经济—经济核
算—研究 Ⅳ.X196

中国版本图书馆 CIP 数据核字（2009）第 157739 号

出版发行：**经 济 管 理 出 版 社**

北京市海淀区北蜂窝 8 号中雅大厦 11 层

电话：(010)51915602　　　邮编：100038

印刷：北京晨旭印刷厂　　　　　　经销：新华书店

组稿编辑：杨世伟　　　　　责任编辑：张永美　刘　宏
技术编辑：杨国强　　　　　责任校对：陈　颖

720mm×1000mm/16　　　　30 印张　　　571 千字
2011 年 1 月第 1 版　　　　2011 年 1 月第 1 次印刷

定价：68.00 元

书号：ISBN 978-7-5096-0749-7

北京市版权局著作权合同登记：图字：01-2005-2906 号

致 谢

本书的编辑及出版商谨对以下人员表示感谢,感谢他们允许使用其作品的版权。

AMBIO 瑞典皇家科学院提供的论文:马克·T.布朗、瑟吉欧·乌吉塔(1999),《生物界和自然资本的能值评估》,《Ambio:人类环境杂志》第 28 期,第 486~493 页。版权归瑞典皇家科学院所有。

布莱克威尔出版有限公司提供的论文:弗朗索瓦·魁奈(1759),《经济表》(第三版),选自《魁奈的经济表》(摹真复制品及英语译文),M.库琴斯基和R.L.米克(1972)合著,伦敦:麦克米兰出版公司出版,第 i~xij 页。

剑桥大学出版社提供的论文:彼得·巴特姆斯(1997),《经济应该如何发展——从最优增长到可持续增长?》,载《环境和发展经济学》第 2 期,第 323~345 页。版权归剑桥大学出版社所有。

爱德华埃尔加出版公司提供的论文:斯特凡·伯明祖和 Yuichi Moriguchi(2002),《物质流分析》,选自《工业生态手册》,罗伯特·U.艾尔斯和雷思丽·W.艾尔斯合著,英国切尔腾汉姆和美国麻省北安普敦:爱德华埃尔加出版公司出版,第 79~90 页、第 572~577 页。

Elsevier Science 数据库提供的论文:艾瑞恩·A.优尔曼(1976),《公司环境会计系统:对抗环境质量退化的一个管理工具》,载《会计、组织与社会》第 1 期、第 71~79 页。

国际收入与财富研究协会提供的两篇论文:①彼得·巴特姆斯、卡斯顿·斯达默和简·凡·托格林(1991)合著,《综合环境与经济核算:一个 SNA 的卫星系统框架》,载《收入与财富评论》第 37 期,第 111~148 页;②马克·德·汉和斯蒂芬·J.昆宁(1996),《将环境因素考虑进来:NAMEA 方法》,载《收入与财富评论》第 42 期,第 131~148 页。

Interscience Enterprises 有限公司提供的论文:罗伊·布劳威尔、马丁·奥康娜、瓦特·拉德麦彻(1999),《绿色国民统计及其建模程序:使用 GREEN-STAMP 方法计算经环境调整的国民收入数据》,载《国际可持续发展学报》第 2 期,第 7~31 页。版权归 Interscience Enterprises 有限公司所有。

荷兰 Kluwer 学术出版商提供的论文：①J.斯蒂芬·兰德菲尔德和斯蒂芬尼·L.霍韦尔（1998），《美国：综合经济与环境核算：来自 IEESA 的经验》，选自《环境核算理论与实践》，K.Uno 和 P.巴特姆斯合著，多德雷赫特，波士顿和伦敦：Kluwer Academic Publishers 出版（荷兰著名的学术出版商），第 113~129 页。版权（1998）归 Kluwer Academic Publishers 所有。②金胜友、简·凡·托格林和亚历山大·艾尔菲利（1998），《大韩民国：SEEA 的实验性版本》，载《环境核算理论与实践》，K.Uno 和 P.巴特姆斯合著，多德雷赫特，波士顿和伦敦：Kluwer Academic Publishers（荷兰著名的学术出版商），第 63~76 页。版权（1998）归 Kluwer Academic Publishers 所有。③卡尔-戈尔·马勒（1991），《国民经济核算与环境资源》，载《环境和资源经济学》第 1 期，第 1~15 页。版权（1991）归 Kluwer Academic Publishers 所有，并感谢 Kluwer Academic Publishers 善意地允许我们使用。

Kunert 集团公司提供的论文：Kunert 公司集团，《1994~1995 年度环境报告》，Immenstadt：Kunert 公司集团，第 1~3 页、第 5~6 页、第 14~63 页。

麻省理工学院学报出版社提供的论文：瓦斯利·列昂惕夫（1970），《环境影响和经济结构：投入—产出法》，载《经济学和统计学评论》第 52 期，第 262~271 页。版权（1970）归哈佛大学校长及全体教师所有。

国家经济研究局提供的论文：威廉·D.诺德豪斯和詹姆斯·托宾（1972），《增长过时了吗？》，载《经济增长 50 周年纪念论文集》（第 V 卷），纽约：国家经济研究局。同时也发表在 M.Moss (ed.)，《经济和社会运行绩效衡量：收入和财富研究》（1973 年第 38 期），纽约和伦敦：国家经济研究局，第 509~532 页。

Sage Publications 提供的论文：K.威廉·卡普（1970），《环境破坏：普遍存在的问题及方法论问题》，载《社会科学信息》第 9 期，第 15~32 页。版权（1970）归 Sage 出版有限公司和 Fondation de la Maison des Sciences de l'Homme 所有。

南方经济学协会提供的论文：尼古拉斯·乔治斯库·罗根（1979），《能源危机和经济估值》，载《南方经济学报》第 45 期，第 1023~1058 页。

泰勒和弗朗索瓦提供的论文：斯蒂凡·斯恰尔泰格（1998），《生态—效率核算》，选自《环境管理实践》（第 1 卷），B.纳斯、L.汉斯、Compton and D. Devuyst，伦敦：Routledge，第 272~287 页。

联合国提供的论文：罗伯特·U.艾尔斯（1976），《环境统计：物质能量平衡统计原则草案》，联合国经济社会委员会，统计委员会，新德里，E/CN.3/492，第 1~33 页，Annex，第 1~4 页。

我们已经尽了最大努力来寻找所引用的文献的版权所有者，但是如果我们无意之中漏掉了某位，告知我们后，出版社将会非常乐意在第一时间为其作出补充并表示感谢。

编者序言

自从里约热内卢举办首次"地球高峰会议"以来，与会各国一致认为：可持续发展是在促进社会经济发展的同时保护我们赖以生存的环境的一条路径。然而，所达成的一致意见是在可持续概念仍旧模糊时形成的，而不是从令人信服的执行可持续发展范式的策略中形成的。结果出现了一系列令人困惑的关于可持续发展和人类发展的概念和指标，如"真实进步指标"、"生态足迹"或"生活品质指标"。

在序言中，我们认为综合环境与经济的核算，也即流行的称谓"绿色核算"，是我们能否找到难以捉摸的范式的关键所在。对已经建立的核算体系进行修正，将使我们不必受定义以及编制特殊指标的困扰，这些指标与标准的经济指标相对缺少透明度和可比性。本书所收录的论文表明，由绿色核算方法所展开的实证分析显示了它对传统经济学进行了深刻的变革，而传统经济学所建立的抽象模型被证明与现实世界具有有限的相关性。

然而，我们现在还没有做到那一步。正如所预期的那样，这种变革受到了强烈抵制。传统的新古典经济学家喜欢活在"半虚拟"（正如罗伯特·索罗曾经提出的那样）的最优的完全竞争市场的理想世界中，而且他们认为，只要其他分析方法和采取的政策没有证明它们在长期促进财富增加和福利增长方面具有优势，他们就坚持自己的观点。国家经济核算会计师也响应要坚持使用已经建立的核算方法。至少到目前为止，他们已经把任何对国民核算所做的修正放在"卫星账户"中，或者更偏好于对其进行"研究"。"官方"统计者的头衔，毫无疑问是为了防止在分析争辩时出现奇怪的想法。我们也应当认真考虑他们的这一争辩。

因此，我们必须令人信服地采用定量的方式，证明环境问题和社会问题需要作为主流经济学分析和政策制定中的因素来进行考虑。本书表明人们可以利用某些分析工具，而且它们也能作为决策者、国民经济核算师以及公司会计师的政策工具。然而，绿色核算的应用仍在发展之中。正如其他分析方法上存在的"二分"问题，实物核算与生态核算之间、货币核算与经济核算之间存在的两极化问题仍持续存在。因此，本书收集了几篇论文来介绍衡量环境和经济之间相互影响的一系列方法。

第一部分，从历史的角度出发，通过魁奈的《经济表》揭示了环境核算的起源。令人惊讶的是，人们花了150年才重新发现环境问题，并把它们当做经济活动的外部影响来加以解决。接下来的两章，陈述了比较盛行的生态核算及其分析，以及经济核算及其分析这两种对立的方法。第二部分描述了如何通过核算损害自然系统承载能力的物质流和能量流，来解释生态可持续性。相反，第三部分展示了存在将实物账户和货币账户结合起来的可能性，把经济可持续当做生产资本维持和自然资本维持的度量。因此，绿色国民经济核算提供了一个框架，用以解决实物和货币之间对立的问题。第四部分，给人们以迅速扩展公司环境核算领域的第一印象。绿色国民经济核算应当提供一个有用的框架，将微观核算和宏观核算及其分析连接起来。第五部分展示了经济核算中存在各种各样的二分问题转换成核算指标的使用，或者直接用于决策制定中，或者通过模型的过滤来使用。

本书的引言试图通过参考相关领域的出版物来增加有必要经过判断选取的论文。我们对环境核算的主要方法进行了仔细的综合性概述，当然会受到空间、时间和知识的限制。如果本书忽略了任何一项环境核算需要进行的重要工作，这都是无意的，而且这也反映了我们的局限性，而非别有用心。我们希望本书将会鼓励人们在公司层面、国家层面以及国际层面上对绿色核算进行研究、验证和实施。

彼得·巴特姆斯　埃贝哈德·K.塞弗特

伍珀塔尔，2003 年 2 月 3 日

目 录

引言：解析可持续发展

　　本书所收录的论文没有一篇能全面反映内容宽泛且发展迅速的环境核算领域的全貌，引言部分通过参阅相关的环境核算研究领域及方法论的文献，介绍了各章所述问题的背景和观点。[①] 读者应能明确环境核算的特有概念和特有研究方法在整个评估可持续发展研究主题中的地位和意义。[②] 引言部分对一些开放性问题做了简要的展望，这是为了指出环境核算领域所存在的尚未解决且需进一步调查研究的问题，并需要对绿色国民经济核算的概念和方法进行检验。

1.1　可持续发展：从研究范式到衡量方法

1.1.1　环境和发展：国际争论

　　20 世纪 60 年代，污染事件频发，[③] 这给人们心里蒙上了阴影，并产生了一系列急需解决的全球环境污染问题。因此，联合国有史以来第一次召开了以人类环境为主要议题的会议（1972 年 6 月 5～16 日，斯德哥尔摩）。这次大会成立了联合国环境规划署（UNEP），并要求建立一个全球环境监控体系。但是，《会议宣言》的第 13 款关于"采用综合和协调的方法来制定发展计划"的要求（联合国，1973），在很大程度上被人们忽略了。

　　按照联合国斯德哥尔摩大会的提议，应当建立各个国家的环境数据体系和国际范围内的环境数据体系，并主要依靠实物（非货币）数据来对环境状况进行监控。由于缺乏通用的计量单位，形成了对冗杂的环境数据进行组织和展示的较为松散的框架。例如，在"环境发展统计数据的联合国框架（FDES）"和相关的技术报告（联合国，1988，1991）中，列出了一长串按照"行为—影响—结果"来划分的统计数据和统计指标。[④]

　　随着解决全球环境问题和实施国际发展战略两方面的失败，综合考虑环境和发展的呼声增加了。布伦特兰环境与发展委员会（WCED，1987）使人们的注意力转向考虑环境问题、社会问题和经济问题的"相互关系"上，这与按行政职能划分的部门和机关各自考虑问题的做法是不一致的。

根据《布伦特兰报告》，联合国在里约热内卢召开了"环境与发展大会"（1992 年 6 月 3~14 日）。这次"地球高峰会议"宣称，可持续发展是在制定计划和做出决策时综合考虑发展问题（社会、经济和环境方面）的关键所在。里约热内卢峰会制定的行动方案，即《21 世纪议程》，把"综合环境和经济核算"看做是把可持续发展纳入到经济管理中的第一步（联合国，1994）。在欧洲，1997 年签订的《欧盟阿姆斯特丹条约》宣称，把可持续发展作为欧盟经济发展的"主要目标"；2001 年"欧洲理事会哥德堡会议"呼吁采取一个"平行战略"，即同时考虑三方面（社会、经济和环境）可持续发展的战略。

2002 年举办了联合国可持续发展约翰内斯堡峰会，大会重申成员国应该遵守里约热内卢会议确定的行动原则，并完全按照《21 世纪议程》行事。联合国总秘书处在约翰内斯堡峰会上对《21 世纪议程》进行评论之前，就已在其提交的《千年报告》中，把绿色核算确定为将环境因素更好地纳入到主流经济学政策中的"最可靠的方法"。

1.1.2　概念的模糊导致测量方式的混乱

布伦特兰委员会也为可持续发展下了一个通俗的定义，"可持续发展是指在满足当代人的需求的同时，不损害人类后代满足其自身需求的能力"（WCED，1987）。该定义有点模糊：它没有明确指出人类需求的种类，没有给出进行分析的清晰的时间范围（比如未来几代人的时间跨度是多长），也没有指出它对环境问题和社会问题的解决能起到什么特殊的作用。

关于"可持续发展"，上述定义以及经济学家偏爱的"非减少的福利水平"（Pezzey，1989）都是模糊的。这就为产生多种衡量社会发展、环境影响、可持续发展以及人类发展的方法提供了沃土。这些方法比较典型的有：真实发展指标（GPI）（Cobb，Halstead 和 Rowe，1995）、生态足迹（Wackernagel 和 Rees，1996）、总财富（包括自然资源）（世界银行，1997）、人类发展指标（UNDP，年报）、可持续发展（Nováček 和 Mederly，2002）和环境可持续。[5]

这些复杂的指标值得人们关注，因为它们都"考虑"了环境因素。但它们都没有采用一套因复式核算或四重核算特征而闻名的系统的国民经济核算程序进行核算。[6] 因此，它们只能作为历史发展中的一幕为人们所争论——作为后来更为严格并具有系统性的核算方法的先驱或作为其补充。

1.1.3　环境核算：解决环境可持续发展的方法

难以定义的可持续概念，需要在一个经济与环境相互影响的系统背景下进行定义。为此，自然科学为解释自然与经济之间的相互影响提供基本原理，经济学为解释这种相互影响提供分析工具。物质能量守恒及物质能量消耗的热力学二定律，支配着人们对自然资源的使用。正规的复式记账法可被用来衡量从自然环境中提取并最终排入其中的自然资源的使用量（投入）和消耗量（产出）。

图 1-1 描绘了物质（包括能量载体）在经济活动中的"通过量"，以及它对人类经济福利产生的积极影响和消极影响。该图也显示了环境所具有的两个基本功能：①为经济发展提供原材料、空间和能源（来源功能）。②废物吸收（沉淀功能）。幸运的是，自然法则与此同时也发挥着作用，这保证了能量和物质在投入与产出之间达到均衡。而且以投入与产出为基础的经济核算明显指出了一条将后者（投入与产出分析法）应用于前者（能量和物质）的方法。结果就形成了"绿色核算"这一核算方法，⑦即将传统的经济核算账户扩展到反映自然资源使用及其被经济活动滥用的实物世界中去。

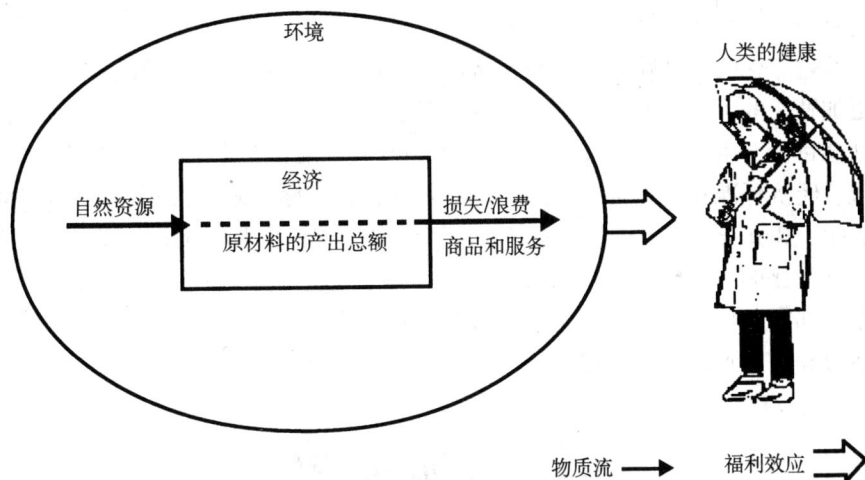

图 1-1 环境与经济的相互作用与影响

不幸的是，有关采用综合核算方法的协议最后止步于实践。环境核算工具的应用，需要对用共同的衡量尺度衡量得出的实物数据进行加总。分歧在于，是使用实物计量单位（例如，众所周知的"天然"质量单位：重量），还是使用经济账户的价格和成本来对环境影响的重要性进行加权。这一分歧的根源在于：经济学家和环境学家的观点不同。环境经济学家依靠个体的偏好（通过市场或市场价格来表现或模拟）来对经济产品、环境资产及其服务进行估价。相反，环境学家认为环境是一种不可分割的（公共）物品，其价值不能通过市场表现出来。⑧

姑且不谈可测性，以上两种观点都集中考虑了环境和经济之间的相互影响，从而也集中考虑了经济活动的"环境"可持续性概念（以产生社会问题和其他问题为代价）。因此，根据经济学和生态学的观点，可以划分为两种具有操作性的可持续概念：

● 经济可持续，旨在保持资本（生产资本以及自然资本）的完整性，并将其作为经济持续运行和增长的一个必要条件。

● 生态可持续，指通过使经济"非物质化"，即减少物质吞吐量，使自然系统承载能力面临的压力降低到可以承受的水平。

有两种主要核算体系表明最有希望获得这两个环境的可持续概念。它们运用了官方、国家以及国际认可的环境与经济统计和核算体系，或者说这两种核算体系是建立在其基础之上的。物质流核算（MFA），旨在以实物单位来衡量实际存在和潜在的环境影响。1993 年，联合国开发的综合环境与经济核算体系（SEEA）包含实物账户和货币账户，并寻求与国际上广泛采用的国民经济核算体系（联合国等，1993）的一致性。因此，从实证的角度来看，SEEA 成功地克服了环境和经济之间存在的对立问题。

通过绿化的经济账户来衡量经济增长的环境可持续性有其狭隘性，这对定义更加宽泛的可持续发展是不公平的。"发展"，除了经济目标之外，本身还包括社会目标、生态目标、文化目标和政治目标。因此，相应的可持续概念，除了包含经济标准和生态标准之外，也必须把社会目标、制度目标和其他目标纳入其中（Bartelmus，1994）。将其他目标纳入考虑所面临的问题在于，如何通过一种可比的（综合的）方式来对这些目标进行衡量。最后第 1.6 节的"前景展望"部分，将会提到人们正在进行的尝试，即至少将社会资本和人力资本的某些服务纳入到核算框架中去。

1.2　一个历史的视角

为了对具有开拓性意义的本书进行评论，我们回顾了在环境评价和可持续性评估方面，人们曾经走过、未曾走远或者最终放弃的道路。然而，我们在这里不能完全评价所有走过以及偏离的道路。下面将简要描述其中的一部分，作为本书即将展示的不同方法的介绍。还有其他方法，如乔治斯库-罗金所提出的经济物质基础的热动力学分析，它们都代表了历史的前进。但是，我们将会通过第一部分的三篇文章，沿着一条特殊的历史发展脉络来追溯。它们一起描述了和经济运行评价相联系的"解释自然"的历史发展过程。

1.2.1　经济表："自然秩序"账户

从历史来看，复式记账法既是意大利文艺复兴时期商业繁荣带来的结果，又是商业繁荣的刺激因素。18 世纪中叶，法国封建制度正日益走向衰退，社会危机迫使其关注传统的商业及核算以外的东西。为了阻止这种趋势的蔓延，并尽可能维护封建地主阶层的经济利益和社会利益，当时的"重农主义"思潮把对自然的利用集中于"农业"身上。在这种背景下，农业的定义十分宽泛。它包括种植业、林业、渔业和矿业，并被认为是在社会和经济的"自然秩序"中唯一的生产力。

在此背景下，曾在法国国王路易十五的王宫中做过庞巴杜夫人的私人医生——弗朗索瓦·魁奈（1694~1774），试图从经济学的角度，并通过对国民经济进行定量分析来证明这一"自然秩序"。在他的名著《经济表》中，他把收入和财富按一定标准划分为年"预付"分配给"生产阶级"（农场主和地主）和"不生产阶级"（工业和商业），并从此处出发进行分析。在生产阶级和不生产阶级之间所画的"十字形"交叉曲线，描述了货币和产品在他们之间的循环流动过程。魁奈对其《经济表》修改了数次。第 1 章展示了最初的"之"字形表格，但这是后来的（精简）版本，它更加清晰地显示了它所具有的投入产出表的特征（菲利普斯，1955；列昂惕夫，1987）。人们对其做出了更高的评价，认为《经济表》及其相关分析是凯恩斯"乘数论"和斯拉法价格体系（Vaggi，1987）的鼻祖，或者被看做"是迄今为止在政治经济学领域中产生的最有智慧的思想"（马克思，1894、1965 年版）。

从对《经济表》的所有赞誉和批评以及我们所知道的关于它的所有资料中，我们发现从来没有人称它为绿色核算的鼻祖。然而，许多重农主义思想的片段及其用定量方法所做的描述，表明绿色核算的起源可以追溯到在"全国家庭的"（gr.oikonomia）管理中用来核算自然（gr.physis）生产力（gr.kratos）的方法。[9] 这些涉及绿色核算的思想包括：

● 把自然资产和生产资产的可得性、预付，看做所有周期性经济（尤其是农业）活动的起点。

● "可持续性"，正如在社会和经济体系相互关系的基本思想中描述的那样，以及它们符合"自然秩序"的再生产能力和维持能力。

● 通过生产"纯"产品（额外的产品）创造新财富，并把它作为维持经济可持续增长的手段。

《经济表》具有"反映国民财富"的能力，对于这点，亚当·斯密（1776、1991 年版）不得不承认："虽然这个核算体系有不完美的地方，但它或许最接近这样一个事实：它作为研究政治经济学主题的著作被出版了。"然而，他却嘲讽地批评了法国（重农主义）："政治经济学"是"只能在法国一部分具有渊博学识和天赋的人的思考中存在的体系"（同上书），⑩再加上工业化的成功，这使得魁奈的《经济表》（事实上是在经济及核算中存在的环境问题）被人遗忘了。有一个例外就是，关于杰文所提出的警告（1865、1965 年版），即重要自然资源（煤）的耗减没有受到资本主义国家和社会主义国家主流经济理论的关注。至少到 20 世纪 60 年代和 70 年代初期，才有关于世界末日来临的警告。⑪

1.2.2　环境破坏和社会成本的评估

工业化国家发生了史无前例的经济增长，古典经济学理论和新古典经济学理论都能够不受真实世界偏离其完全竞争市场和一般均衡范式的困扰。这些范式能够通过数理严密的模型予以形式化，在这些模型里，非完美市场或局部污染事件等干扰因素可以被"具体化"。如果有必要，这些"外部性"可以通过征收庇古税（庇古，1920、1932 年版），很容易被"内化"于主流经济学中。事实上，它们被看做不重要的现象而被忽略了。

更多的环境危机出现后，产生了 20 世纪 60 年代和 70 年代初出现的"世界末日"的恐怖气氛，并使具有远见的学者 K.威廉·卡普（1910~1976）解决了在经济分析中（庇古的）"外生性"被忽略的问题。1950 年，在他的经典论文《私营企业的社会成本》及后来的版本中（1950、1963、1971 年版），卡普将污染、腐蚀、物种和其他自然资源的消失对环境造成的破坏看做是对人类生存构成的威胁。因此，从他的角度看，对这些现象产生的后果和程度进行测算，超过了新古典福利分析和国民收入核算的能力。

本书所选用的卡普的论文，通过描述如何测算"惊人"的社会成本来表现其思想精髓。这些成本注定是"社会因素和自然因素的复杂影响过程"的结果，这是"相互分割"的学科所不能解决的问题。由于缺少关于社会与自然相互影响的理论，卡普呼吁通过列出环境破坏"目录"的方式，来对环境影响进行实证地（定量地）评估。考虑到对社会（破坏）成本进行货币估值"注定是失败的"，这些目录只能用来评估环境的实物状态。从这一目录中得到的信息，将有利于制定出特定的标准和目标来控制环境破坏。因此，关于环境破坏的货币估值存在的争议被避开了。把"最低生存需求"这一环境标准引入到"投入—产出"模型，有助于促进人们使用非常环保的"生产技术"（"投入组合"）和有利于环境的土地使用面积。大约过了 20 年，这些思想被运用类似理论进行社会成本核算的叫做"绿色国民统计以及建模程序"（Greenstamp）的研究小组所吸纳。

卡普也希望"防护支出"承担另一个功能，即用来核算经济的增长和发展。他指出，"仅仅用于保持环境资源的完整而进行的支出占总支出的份额和比例日益增长"，这使 GDP 这一衡量经济运行的指标变得"不准确而且不值得信赖"了。然而，他对自己指出核算指标中存在的缺陷，同时又避免对它进行修改很满意——正如扩展的福利衡量指标的拥护者所建议的那样。

1.2.3 经济福利核算与生活品质核算

并非所有人都赞同卡普关于社会（环境）成本和收益不可衡量的观点。GNP 作为衡量经济增长的重要指标为人所诟病，为此，经济学家威廉·D.诺德豪斯和詹姆斯·托宾（1918~2002）作为先行者，试图对这一衡量经济运行的指标进行纠正。其思想是经济核算要能更好地反映出经济活动的最终目标——社会福利。他们提出的"经济福利测度"（MEW）⑫将"意愿"的休闲和求生活动的产出加入到国内生产净值中，并将"不合需要的"辅助性（国防）支出、增长必需品以及环境的外在性从中扣除。虽然承认 GNP 有其不完善的地方，但是作者认为传统的 GNP 作为总量经济指标能够传递出经济发展的"远期图景"。

"生态"经济学家和环境学家对以上分析持不同意见：前者对"经济福利测度"测量的范围进行批评；后者拒绝对任何环境问题进行货币价值的估算。

对 GNP 进行修正时，与相对较少的扣减的"不合需要"价值和生活不适价值相比，增加的休闲和非市场经济活动价值是巨大的，生态经济学家认为这是对经济能够增长预先具有的信念。在他们看来，MEW 的核算方式和核算范围令人怀疑，这只会高估休闲和非市场经济活动的重要性，并低估环境恶化和社会不适带来的福利损失。因此，他们提出了自己改善后的核算方法，并列出"防卫支出"（Leipert，1989）和环境破坏的更广的内容。Daly 和 Cobb（1989），把这些降低人类生活品质的项目纳入到经济福利可持续发展指标（ISEW）中；Hueting（1993）提出了一个衡量可持续国民收入（SNI）的核算指标。它们的主要目的就是为了表明国民收入和产出指标对于衡量社会繁荣和进步实在是不可靠的。

正如期望的那样，修改后的核算指标 ISEW 被称做是"真实发展指数"（GPI），与传统的 GDP 核算得出的结果显著不同：在美国，尽管 GDP 有上升趋势，但 GPI 似乎是"下降"的（Cobb，Halstead 和 Rowe，1995）。其他有关 GPI 的研究得出了不同的结果。例如，在澳大利亚，GDP 的增长类似于美国，但是 GPI 却增长了 25%（哈密尔顿，1999）。这可能是由于经济以更加可持续的方式增长带来的结果，更可能是由于在核算范围、核算手段或者偏离于标准的经济指标分类和定义方面显著存在的不同所带来的结果（巴特姆斯，2002）。

20 世纪 70 年代的社会指标运动，产生了衡量人类生活品质（OECD，1973；Drewnowski，1970，1974）的非货币（社会）指标，这是利用货币价值核算经济增长及其对环境议题和社会议题产生影响的替代方法。然而，在社会问题和人类基本需求方面，国际上没有达成一致看法，这使得生活质量核算指标和社会指标运动只能限制在个别国家使用。

大约 20 年以后，环境学家再次声称他们强烈反对把 GDP 看做是一个扭曲的而且具有误导作用的衡量社会进步的指标。他们认为，对经济增长进行货币价值的衡量，隐藏了对自然限制条件的破坏，这会削弱经济的发展（例如，Brown，1993；van Dieren，1995；Daly，1996）。人们再次努力研究可持续性发展的指标（Moldan，Billharz 和 Matravers，1997；联合国，2001），生活质量指标（Fergany，1994；Henderson，Lickerman 和 Flynn；2000），或者人类发展指标（UNDP，年报），是否意味着有关生命质量核算指标讨论的回归，这仍有待于观察。考虑到缺少一个能够反映令人接受的可持续概念的共同框架，差别在于反对将这一回归看做是衡量可持续的国际标准。

对 GDP 进行纠正以及核算指标设立运动，都不能阻止国民收入和产出作为衡量经济运行的领导性指标。原因可能在于，在这些修正或者指标中，折中的数据选择和指标选择与已经确立的经济概念和定义不一致，而且在特定的指标核算中采用不透明的定价和权重设置，这些损害了经济影响和环境影响的可比性，而且可能为数据操纵打开方便之门。因此，需要运用更加系统的实物核算和货币核算方法——本书所讲的主题。

1.3　使用实物量核算还是货币量核算？

多种衡量可持续性的核算体系都是建立在以上所讨论的实物核算和货币核算相互分离的基础之上。图 1-2 在一个总的核算框架中，描述了实物核算和货币核算二分的情形。除了实物核算和货币核算以外，该框架还划分了一种介于两者之间的方法，即综合实物和货币核算法。该图形也描述了核算体系和数据来源之间的联系（这可以通过国际数据框架表示），以及核算体系和核算指标在建模以及政策制定的应用之间的联系。本节是本书第二部分和第三部分的延续，首先讨论主要的实物核算方法，然后探讨将不同核算体系进行综合或建立联系的可能性。

1.3.1　实物量核算

尼古拉斯·乔治斯库-罗根（1906~1994）所做的工作，为利用物质流和能量流账户来衡量环境与经济之间的相互影响提供了理论基础（Seifert，1993；Mayumi，2001）。他的功绩在于，不仅将物理学中的热力学定理，尤其是熵概

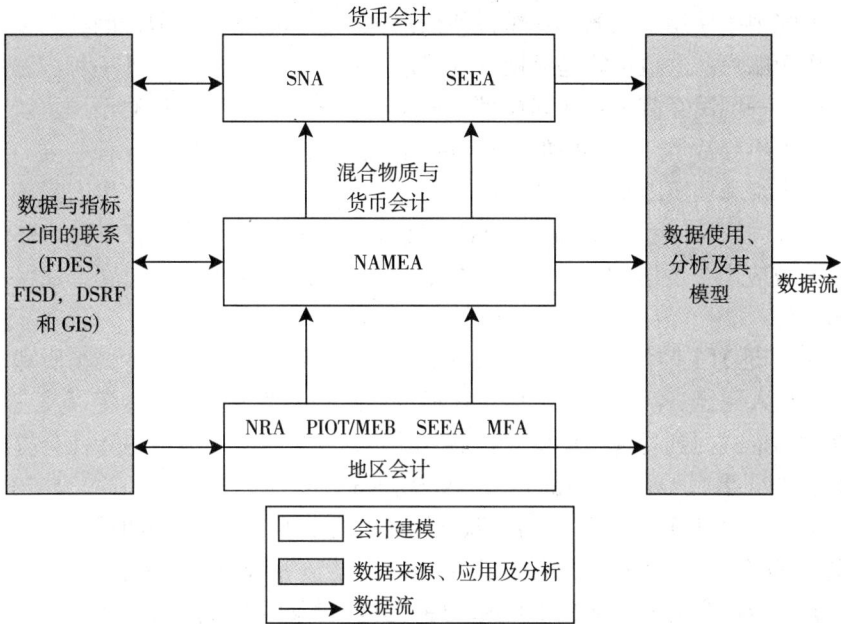

缩略词：
DSRF：可持续发展指标的推动力及国家反应框架
FDES：环境统计发展框架
FISD：可持续发展指标框架
GIS：地理信息系统
MEB：物质与能源平衡
MFA：物流会计
NAMEA：包括环境会计在内的国家会计矩阵
NRA：国家资源会计
PIOT：物质输入—输出表
SEEA：环境与经济综合会计系统
SNA：国家会计系统

图 1-2 环境与经济会计框架

资料来源：Bartelmus（2001）.

念和经济学建立联系，而且把熵定律的应用从能量扩展到物质世界中。在他的论文中，他坚持认为关于物质陆上沉积的耗减，"出于所有实践的目的，地球是一个封闭的热力学体系"："物质是重要的"。[13] 他建议，在宏观层面上，"对物质和能量分别进行记录"，这的确是建立国民经济物质和能量账户的先导。

记录低熵物质的消耗并转化为高熵废物的过程的方法有很多，从相对简单的自然资源账户（NRA），到复杂的物质能量平衡（MEB），甚至难度更高的自然财富账户（NPA）。在微观经济（生产/加工）层面上，它们已经成为著名的"从摇篮到坟墓"分析法或"生命周期"分析法。

NRA，是由挪威（Alfsen，Bye 和 Lorentsen，1987）率先提出的方法，它在一个会计核算期间利用常见的加总方法描述自然资源存量及其利用情况。然而，可能由于使用不同的核算单位使账户进行加总时出现问题，因此只挑选了某些资源账户。这也可能是挪威统计局放弃这一方法而开发另外一种方法的主要原因——国民经济总量平衡模型（Alfsen，1996）。这一做法对于国家统计机构来说太不寻常了。与挪威的 NRA 相比，法国的 NPA 试图将各种制度（经济主体）因素和环境因素（自然资源、塌陷、生物群、土地利用、生态系统）在一个复杂的统计体系（Weber，1983；Theys，1989）中结合起来。这个体系只有部分被应用于法国和其他一些国家，而且 NPA 指标在很大程度上保留了法国的特色。

MEB 是为了监测图 1–2 所描绘的物质吞吐量。它们旨在提供物质和能量从环境投入到经济活动中的信息、在经济产出和消费过程中的转变以及它们以废弃物的形式回到环境中的信息。1976 年，罗伯特·艾尔斯向国际社会提出了早期和他同事（Ayres 和 Kneese，1969；Kneese，Ayres 和 d'Arge，1970）一起研发的 MEB 核算体系。然而，联合国统计委员会说："从长期看这不算是好论文"（联合国，1977），这阻碍了对 MEB 进行进一步的研究长达 20 年，直到物质流和能量流被纳入到 SEEA 核算中，并经过某些修改之后，才发展成为物质流量账户（MFA）。

经环境因素调整的货币价值核算指标，如绿色 GDP，具有启示性的能力，受此蒙蔽，人们经常会忽视联合国开发的 SEEA 也包含了"成熟"的实物账户（联合国，1993）。事实上，这些账户是 NRA 和 MEB 相结合的产物。NRA 提供了资产（存量及其变化）核算方法，而 MEB 将资源和经济转化过程相联系。然而，艾尔斯认为由于数据匮乏以及缺少大量的生产和消费过程的信息，这将使 MEB 的应用变得不切实际（联合国，1993）。

MFA（Steurer，1992；Bringezu，1993；Schmidt-Bleek，1994；Fischer-Kowalski，1998；Fischer-Kowalski and Hüttler，1999）是一种用来衡量物质在经济生产中消耗量的简化但实用的方法。施蒂凡·伯明祖和 Yuichi Moriguchi 把 MFA 看做是一种衡量社会的自然新陈代谢的工具。类似于在 SEEA 和 MEB 中设立的账户，这些账户包括初级物资开采账户、生产和废弃物的流动账户，以及（大量）物质平衡账户。作者将这些账户分为两类来进行分析：第一类账户由不同的物质、材料和产品构成；第二类账户由物质在企业、部门和地区间的消耗量构成。前者有助于实施"去除污染"战略，后者将注意力集中在经济的"非物质化"上。这些账户生成许多投入和产出指标来支持这些战略的实施。尤其是物质总需求指标（TMR），涵盖了隐性的"生态包袱"，它是指生产对自然资源产生的影响。这些影响不能转变为产品的实体部分（腐蚀、弃矿等）。该指标旨在综合核算经济发展的物质基础。因此，国际上制定核算方法的指导方针及其应用表明，数据使用者和数据编制者对于物质流量分析越来越感兴趣

（Adriaanse 等，1997；Matthews 等，2000；欧盟统计局，2001）。

我们可以对实物投入—产出表（PIOT）进行扩展，把 MEB 和 MFA （Stahmer，Kuhn 和 Braun，1998）中的一些物质流量纳入进来。PIOT 把这些物质流量和不同的经济部门连接起来，使之与国民核算相一致，这表示向进行调整的（绿色）国民经济核算迈出了第一步。用他们的话说，PIOT 是进行列昂剔夫之类分析的代表。

Günter Strassert 是一名生物经济学家，他把乔治斯库-罗根的观点引入到投入—产出框架中。他建议将投入—产出表的应用范围进一步扩展到生态核算领域。通过投入—产出分析和生态系统分析这两种方法来集中考虑物质流动，（人类的）最终消费变成"非物质"的东西了——"人类精神享受"——将商品消费作为精神享受的投入来源，将废弃物看做精神享受的产出。这在很大程度上偏离了国民核算的概念，如收入、生产和消费。因此，它也偏离了传统的核算经济活动的（定量）目标。

运用实物指标的一个主要缺点就是，它们所使用的核算单位不尽相同，这阻碍了不同自然资产的可得性及其使用量之间进行加总和比较。上述提到的 MFA 和 PIOT 核算方法，试图通过每期以吨为单位核算原料流转和物质流量的方式来解决这一问题。用重量对不同的环境影响进行加权，这种方式被批评为"吨意识形态"（Gawel，1998）。相反的评论指出，从所选择的衡量排污量的指标中不能获取太多关于环境破坏的已知和未知的信息。所需要的就是全面的"经验法则"，就像上述提到的 TMR 总量指标的发展趋势，它"能帮助我们朝正确方向前进"（Hinterberger，Luks 和 Schmidt-Bleek，1997）。

能量经济学家（Cottrell，1970；Odum，1971；Slesser，1975；Costanza，1980）根据能量需求量，为核算自然价值以及可能的经济产出打下了基础。因此，马克·T.布朗和瑟吉欧·乌吉塔以太阳能为核算单位，作为核算环境资源流量和自然资本存量的方式。他们应用的环境核算方法是 Odum 于 1996 年开发的。其思想是，把能值看做是生产一件特定产品或社会产品时直接或间接使用的总能量。请注意，乔治斯库-罗根有一重要的观点，认为用能量单位进行加总是对用经济价值进行加总的替代方式，或和它是有联系的。[14] 他认为，在物质、能量和人类品位与偏好之间不可能建立一种清晰的关系，尽管存在一种共同的贫瘠根源。

1.3.2　综合实物和货币核算的方法

实物账户警示我们环境影响的发展趋势不容乐观，而且它为管理特殊的自然资源提供了有用的数据。但是，它们不具有对环境货币账户进行加总的能力。货币估值的确可能是将环境问题充分纳入到经济核算体系中，而同时保证

"绿化的国民经济核算指标"和传统经济指标之间具有一致性和可比性的唯一可能的方法。

环境商品和环境服务不能在市场交易中显示其价值，但它们对创造和维持人类的财富和福利是非常重要的。其定价方法不无争议。福利最大化和效用最大化，这是经济学的核心教义，它需要将经济活动给环境带来的外部性对人类造成的损害（负效用）纳入到核算中。为了保持经济效率（用帕累托最优来衡量），经济行为主体必须为其过去对自然利益带来的大量损失负责——在他们的计划和预算中缺少对维护环境服务功能的考虑。然而，利用分析特定计划和项目的费用收益法对环境破坏进行评估已然是一个问题，而且在国民经济（核算）层面（巴特姆斯，1998），它也提出了几乎难以克服的问题。但是，一些经济学家利用区域账户和国家账户对环境破坏的评估进行试验（delos Angeles and Peskin，1998；Markandya 和 Pavan，1999）。

对外部性进行核算并将其作为达到环境质量标准（Baumol 和 Oates，1971）的成本，从这一实践方法中得出启示，彼得·巴特姆斯、卡斯顿·斯达默和简·凡·托格林等人支持采用一种叫做"维护（自然资产）成本"法进行核算。他们把"维护成本"定义为：那些在核算期内，用于避免、维护或置换环境资源质量下降和数量减少所必须支出的成本。这些成本可以把自然资产的耗减和降级解释为自然资本的消耗，这与国民经济核算账户中（生产）资本的消耗概念一致。从这一角度出发，资本维护的经济可持续性原则被扩展到了环境资产领域。

与任何其他对环境破坏评价的方法相反，这一方法与国民经济核算的基本目标是相容的。它是用来衡量经济运行绩效而不是衡量经济福利（联合国等，1993）的。[15] 结果出现了综合的核算体系，后来演变为联合国（1993，2000a）的综合环境与经济核算体系（SEEA）。将环境维护成本从增加值和资本构成中进行扣减，这样就可以得到经环境因素调整的核算指标，其中较著名的有：经环境因素调整的净增加值（EVA）、经环境因素调整的国内净产值（EDP），以及经环境因素调整的资本构成（ECF）。正如刚刚提到的，SEEA 也详细拟订了实物账户，作为货币性账户的对应账户并为其提供数据来源。这种实物账户和货币性账户的一致性，能够为解决评价经济行为可持续性的生态经济争论做出重要贡献。

在里约热内卢发起的《21 世纪议程》，吸收了建立绿色国民经济核算体系的建议，并要求"所有成员国尽快建立综合环境与经济核算体系"（联合国，1994）。首先采取的行动是，修订后的 SNA 1993 在专门一章（联合国等，1993）中，把联合国建议各国建立的 SEEA 草案通过"卫星账户"的方式吸收进来。正如下面第 1.6 节"前景展望"部分提到的，现在修订后的 SEEA 版本

（联合国等）似乎已经放弃了一些系统性的特征，而采用一种较不严格的模型框架。

斯蒂芬·兰德菲尔德和斯蒂芬尼·霍韦尔对美国进行了研究，金胜友、简·凡·托格林和亚历山大·艾尔菲利对韩国进行了研究，这两例研究描述了对SEEA进行综合价值核算的可行性和局限性。在第 20 章，彼得·巴特姆斯列出了这一核算方法在他国应用的结果。在工业化国家，环境成本占 NDP 的比例在 2%~5%。这有其有利的一面，即环境影响的（维护或避免）成本似乎相对较低，也有其不利的一面，即真实的（对健康和福利）损害价值会更多。

对非市场交易的商品和服务进行货币价值的估算，在原则上受到了非议。它不仅受到了环境学家的批评，还受到了保守的国民经济核算会计师的批评。尤其是在工业化国家，其会计师对于将货币单位应用于环境卫星账户是极力反对的。一些"官方"统计人员似乎认为，如果他们采用有争议的概念和核算方法的话，即使利用增补的卫星账户核算体系，他们也可能会失去长期的福利。因此，综合实物核算和货币核算这一更为谨慎的方法似乎现在颇为流行，至少在欧洲是这样的。[⑯]

马克·德·汉和斯蒂芬·J.昆宁展示了这种核算方式的原型，即荷兰包含环境核算的国民经济核算矩阵（NAMEA）。该方法避免对环境影响进行货币价值评估，而是将物理影响（主要是污染排放）放在导致其发生的部门经传统方法核算的总数之后，因此，NAMEA 有利于将物理影响和导致其产生的原因建立联系，这是一个实现综合货币核算方法的必要中间环节。该核算矩阵没有试图将环境影响加总至此，即对于选定的环境"政策主题"。[⑰] NAMEA 可以被看做是一种复合的投入—产出表，从而应用于各种类型的投入—产出分析。

1.4 公司会计——是国民经济核算的补充吗？

国民经济核算会计师和微观经济（公司）的同行们相比，具有三个主要优势：第一，他们较少会受到会计法律和法规的限制；第二，他们不会直接受到自己核算结果的影响；第三，他们进行宏观经济核算的优点在于，这使他们具有一个更加开阔的视野，并更早认识到社会经济问题发生怎样的变化。这有助于解释为什么在显示人们对人类生活质量和自然环境的信息需求方面，公司会计会落后于国民经济核算。

将微观核算和宏观核算在一个共同的框架中建立联系，这对公司的会计师来说是有利的，他们可以利用国家环境核算的惯例以及核算经验，并使其作为他们自己关注环境问题的出发点。国民经济核算会计师也将从这一联系中受益，因为他们使用的核算体系的标准建立及其实施取决于微观主体的实践以及数据的可得性。因此，本书第四部分内容的目的在于，在一个环境核算体系中进一步建立微观核算和宏观核算的联系，而不是对公司的环境核算进行全面的历史回顾。

1.4.1　采用实物账户还是货币账户？

20世纪70年代欧洲兴起了社会指标运动，它促使人们将非经济问题和社会问题引入到公司核算中。一方面，由于对生活质量构成因素进行衡量和加总存在问题；另一方面，由于公司的经济目标和社会目标之间存在着利益冲突，瑞士和德国研发的"社会平衡"（Hoffmann-Nowotny，1981）核算体系存在的时间并不长。然而，社会核算可以被看做是"特洛伊木马"，它为传统的公司会计扫除了屏障，使公司对社会和环境造成的影响承担责任（Gray，1992）。

因此，斯德哥尔摩大学（瑞典）的学者们通过把"社会平衡"扩展到"生态簿记"（Müller-Wenck，1978）中使其转变为经济核算，这不足为奇。埃里恩·厄尔曼是支持采用这种方法的众多拥护者之一。他在论文中确定了实物核算和货币核算，以及面向投入和产出这两组一分为二的重要核算方法，这些仍旧在微观和宏观层面的核算中使用。他也警告人们注意以下问题：在扩展的社会账户中对实物指标进行加总，以及对公司经济活动引发的重要"外部性"现象进行货币估值。因此，厄尔曼在他的环境核算体系中选择了一种投入—产出的实物方法。加总问题的解决方法是用"换算系数"（类似于上述提到的NAMEA所涉及的因素），来对产生"环境资源稀缺"的原因以及环境的沉积功能进行估值。

经过很长一段时期，再加上从环境学家和可持续发展运动中得到的启发，人们才广泛承认环境问题和会计师职业之间的相关性。格雷（1990，1992）是第一批号召人们将诸如承载能力和资本维持这样的概念引入到公司核算中的人。与瑞士实物/生态方法相反，格雷不仅承认在财务报表之外的实物影响核算的价值，而且承认在财务报表附表中可持续成本核算的价值。但是，考虑到需要做如此"繁重的工作"存在很多困难，他停止对这项工作进行研究，没能为此开发出一套核算体系。

斯蒂芬·沙泰格完成了这一繁重工作。他在论文中传递了一种基本的思想，不久这一思想在一本关于"当代环境核算"（Schaltegger和Burritt，2000）的综合性出版物中得以体现。这本书已经对一系列关于"环境管理核算"（EMA）[18]的国际活动和国际研究产生了重大影响。沙泰格也将核算方法划分为财务（货币）核算和生态（实物）核算两种，并且建议将两者在一个用模块展示的环境核算框架中结合起来。这种分类法反映了传统的进行绿色核算的模块化方法，并受到"官方"统计人员的支持：

- 只包括用于环境保护的内在成本支出，它用货币账户表示出来。
- 通过投入—产出的实物账来评估环境影响。
- 通过计算生态效率指标来对账户进行加总，比如众所周知的比率指标：（货币的）增加值和（实物的）环境影响的比率。

除了环境支出的核算指标存在较少争议外，争议的焦点集中在使用三种不同类型的效率核算方法来衡量自然物质流动。三者的区别可以通过对许多受欢迎的核算方法进行分类之后来表示：

- "生态产出效率"，表现为代表生产目标或者是面向进程的生命周期（从摇篮到坟墓）分析法（LCA）。
- "生态功能效率"，它是为了衡量产品的最终服务，正如德国伍珀塔尔研究所（Wuppertal Institute）研发的 MIPS（Material Intensity per Service）指标（Schmidt-Bleek，1993，1994）一样。
- "生态效率"（经济—生态效率）相当于资源生产效率指标，它是可持续目标（von Weizsäcker，Lovins 和 Lovins，1997）的基础。

将内部成本和环境的外部性相结合，沙泰格认为这样得到的结果是对真实经济运行数据的偏离。像厄尔曼一样，他主张通过自然资源利用、排污和废弃物的投入—产出账户，按实物计算来评估公司对环境造成的影响。这种核算方式在以满足利益相关者对环境信息需求为目的的公司中变得流行起来。

因此，本书展示的 Kunert 公司集团研发的"生态平衡"指标是关于公司环境核算及其报道的第一个而且也是非常成功的例子。[19] 在核算体系的"平衡表"中，不仅包括物质的投入和产出流量，也包括环境和生产性资产的存量，以及环境运行绩效指标。目的是为了提供关于内部环境管理和外部联系的信息。此外，关于"环境成本管理"的引导性项目暗含了很大的潜力，即通过减少对环境有毒副作用物质的购买来"节约价值增值成本"的支出。这种避免成本法是 SEEA 支持各国采用的维护成本法取得成功的第一步。

1.4.2　财务会计以及微观企业核算和宏观经济核算之间的联系

彼得·莱特莫斯和劳格·K.杜斯特精心拟定了环境成本核算方法。他们主张通过采用节约物质和能源成本的技术，在遵守环境保护法规的实践中寻求更高的效率。为此，他们推荐采用内部定价系统的方法来对环境影响进行核算，这不是通过包含环境风险和附加的潜在外部性成本来减少为遵守环境法律而支出的成本。这种成本核算反映了公司商业利益之外的政策和目标，比如健全的生态系统以及未来数代人良好的福利。然而，由于缺少令人接受的将外在性完全内在化的方法，作者似乎停止了对这套方法所进行的研究。他们认为，环境成本核算的目的主要是为了监测环境影响的因果关系，而不是对公司的产品进行全成本定价。

其他人大胆尝试直接对环境的外在性进行成本核算。为了推行"全部成本核算"(FCA)，英国特许注册会计师协会（ACCA）(Bebbington 等，2001) 发起了一项关于把环境外部性引入到公司账户的研究。加拿大特许会计师协会（1997）和美国废弃物减量技术中心（1999）也提出了类似建议。他们把国际上提出的建议看做一种命令来实现可持续发展这一目标，该建议为：利用市场工具来对外部的环境成本进行核算。[20] 因此，ACCA 的研究提议编辑平行的（影子）账户，用它来显示环境（维护）成本，而同时不影响核心财务报表的使用。这种方法类似于 SEEA 采用的"卫星账户"方法，尽管它们没有参考联合国（1993，2000a）SEEA 体系的任何内容。

从公司会计使用的货币价值核算方法来看，在测算环境保护支出（EPE）时存在的问题较少，而且它与利用此法对环境外部性和自然资本进行核算相比，已经取得了更大的跨越。很显然，一个公司显示它在环境保护支出方面所作的努力，要比计算它对外部世界产生影响的成本更有吸引力。因此，德国工程师协会（2001）展示了关于如何计算 EPE 的详细指导方针，并且对终端和综合环境保护措施进行定义和划分。该指导方针没有参考欧盟统计局（1994）推荐的具体内容，即在一个欧洲环境的经济信息收集体系（SERIEE）中编辑 EPE 账户。这样做的原因可能在于，不情愿改变公司能够利用它们在国民经济核算中的数据这一潜在可能性。

由于公司会计明显没有考虑国家进行绿色国民经济核算时使用的概念和方法，这意味着另外一种情形出现了，即微观核算和宏观核算相互分割（除了货币核算和实物核算的分割之外）。为了避免进行重复的工作，将二者进行联系是迫切需要做的事情，但是更为重要的是，为了使自下而上和自上而下提交的环境报告和可持续分析具有可比性，需要使概念和方法一致。对公司来说，从"微观和宏观联结"(MML)[21] 中获得的收益包括：

● "它是一种更加实用并被广泛接受的接近于 FCA 的方法"（在 ACCA 的研究中推荐的方法，Bebbington 等，2001）——换句话说，它在核算和报道环境可持续成本时符合国际标准。

● 增强了采用实物物质流量账户和采用货币性环境成本账户在企业、居民、地区和国家层面之间的可比性。

● 关于经济部门、公司和居民的生产与消费类型的可持续性，以及局部地区发展和国家总体发展的可持续性，在微观和宏观层面制定出一致的经济战略和政策。

SEEA 是一个综合的核算体系，它将环境核算和经济核算、实物核算和货币核算综合起来。至少现在，它提供了用于开发 MML 的最好框架。

1.5　政策使用及分析

环境账户，和传统的国民经济核算账户一样，具有两个基本功能，即"记录数据和管理"（Peskin，1998）。记录数据，就是对经济运行的简要评估，它或许受到了决策者和一般公众最多的关注。决策者尤其喜欢使用总量指标，从而可以总揽全局，而不是"只见树木，不见森林"。以上提到的"模糊"的衡量可持续发展或者衡量真实增长的指标，迎合了这种偏好。然而，这一节我们介绍几种更加透明的核算指标，有的直接用于政策制定，有的间接通过模型的过滤。

1.5.1　建模和核算的比较

某些国民经济核算会计师和建模者把模型作为一种避免采用有争议的货币评估方法的工具，尤其是对环境的外部性（例如，van Dieren，1995；Vanoli，1998；Meyer，1999）进行货币化估值。德·汉和昆宁在第 12 章清晰地表达了这种观点，即将"零处理价值"分配给污染物，并在它们的核算矩阵中用实物单位代替这种"普通价值"。因此，他们反对任何对价值增值和国内生产净值或总值进行修正的做法。相反，他们建议在应用 NAMEA 体系时，采用里昂剔夫类型的投入—产出分析方法来对每荷兰基尔德单位的最终需求产生的直接和间接污染物进行分析。

经济核算与经济分析（或经济模型）的关系，非常像"先有鸡还是先有蛋"的问题。一方面，国民核算的概念、定义和结构，是从诸如收入、消费、资本、投资及其函数关系等这些宏观分析变量中得来的；另一方面，为了编纂从统计部门获得的可观测数据，国民核算的概念背离了理论上的理想概念。然而，标准的经济学指标被广泛应用于经济分析和决策制定，并因此构成其内容。这点在衡量国民核算和国民生产的关键指标中显而易见，而且从它们作为经济福利衡量应用于最优增长理论中也可以明显看出。[20]

卡尔–戈尔·马勒对魏兹曼提出的方法进行了扩展，用于调查环境支出、环境降级和自然资源耗减对人类福利产生的影响，并得出关于它们在国民核算中所起作用的结论。他表明，可持续发展被定义为恒定（非减少）的福利，需要维护提供生产资本及维持自然资源存量这些服务。对环境破坏进行估价，并将其从国民生产净值中进行扣减，同时加上所有的资本增加值，这些服务的减少可以通过这种方式进行解释。这些研究结果类似于其他研究得出的结果，其他研究支持将环境破坏进行内化，以便对当代人和未来数代人（Solow，1974；Hartwick，1977；Dasgupta 和 Mäler，1991）创造出最优（最大）的国民产值。因此，新古典经济学理论似乎支持在绿色核算中对环境影响进行估价。

　　然而，请注意这些分析呼吁对那些由个人对环境造成的破坏进行估价，而非对更有实践意义和一致性（与国民经济核算标准一致）的维持成本（由经济活动主体造成的）进行估值。此外，运用成本内化工具需要明确，根据使用者或污染者付费原则，环境成本是在何时何地被引发的。对健康和其他福利造成的损害，可能比所造成的物理影响来得晚一些，它可能是由各种各样的环境影响综合之后得出的结果，并可能会对许多人和许多机构产生影响。因此，要了解环境破坏产生的原因，很难追溯到具体的时间以及对其负责的经济行为主体。马勒也承认，对环境影响在理论上进行的福利影响分析几乎不可能用于实践，但它对概念进行了澄清。

　　刺激经济走上可持续发展道路，为了实现这一具有操作性的目标，需要找出对造成不可持续增长后果（对特定的环境影响）负责的经济部门和行为主体。国民核算非常适合提供各部门造成污染的详细数据，尤其是通过投入—产出表（联合国等，1993）。瓦斯利·里昂剔夫（1906~1999）年不仅是至今仍然使用的传统投入—产出分析法的创始人，而且他还将其扩展到环境领域。他指出了如何将外部影响（污染）纳入到投入—产出表中。首先通过实物单位进行核算，然后对减少和阻止"不能容忍"的污染水平所发生的支出用货币价值进行成本核算。因此，他避免了在最优增长理论和效用最大化理论中出现的福利度量陷阱。他把注意力放在如何对环境破坏成本进行核算，而不是关注破坏现象本身，由此也为在 SEEA 中进行维护成本的核算做了必要准备。此外，他的论文描述了如下转变，即从描述性的编纂和计算（例如，通过放射系数对丢失的数据进行计算）到对环境成本内化的影响进行分析。

　　因此，从对实际污染进行成本核算到把可容忍的污染水平通过建模方法，在投入—产出模型中用标准或目标方式表现出来，虽然迈出的只是一小步，但却是非常重要的一步。

　　罗伊·布劳威尔、马丁·奥康娜和瓦特·拉德麦彻通过所谓的"绿色印章"（Greenstamp）项目提出这一模型。[23] 用这些标准进行编辑的经济核算结果就是（假设的）"绿色 GDP"。为此，作者建议采用费用—效益分析法，它决定了满足这些标准的最小成本——非常类似于 SEEA 的维护成本法，但区别在于，"分析的角度和时间跨度是各种各样的"。因此，通过建模核算绿色 GDP 的显著目标就是"评估一个国家的潜在经济运行，并同时考虑到具体的环境质量和资源节约这些条件"。不可否认，使用该模型的替代（根据不同的标准集）方案核算绿色 GDP，会"得出多个可能的时间序列集"。

考虑到通常在这些模型的假设下很难进行评估，决策者可能不容易从这些方案中进行选择。但是，"绿色印章"将模型和环境账户连接起来，这有许多优点。然而，在国民经济核算中明确地拒绝对环境影响进行成本核算，这本身可能会有问题。例如，美国国家科学院组建的由该领域中有名望的专家构成的国际小组得出这样一种结论："为了进行核算，BEA（美国经济分析局）应当依靠无论何时可能得到的市场数据和行为数据。但是，如果想要开发出一套综合的"非市场活动账户"，使用新式的评估技术是有必要的（Nordhaus 和 Kokkelenberg，1999）。

1.5.2 核算指标的政策用途

一些模型充分利用了核算指标，这要比决策者凭直觉对数据进行解释显得更加严谨。然而，直接使用数据也有其优点，它可以避免对模型分析时进行假设和简化这一束缚。传统的经济模型甚至被批评为"解谜"游戏，即它忽略了真实世界中存在的社会问题、生态问题和道德问题（Funtowicz 和 Ravetz，1991）。

像国民经济核算这样具有多重目标的统计体系，很难决定直接利用哪些数据，因为这些核算体系设计当初就是为尽可能多的决策者提供服务（联合国等，1993）。因此，彼得·巴特姆斯将环境核算数据用于特定目的，包括警告人们环境影响正朝着人们不希望出现的趋势发展，决定环境政策和经济政策的优先次序，以及根据环境影响的重要性（成本价值）来设定政策工具。他把经济运行及增长的环境可持续性划分为两类，即生态可持续性和经济可持续性。

生态可持续性可以通过物质吞吐量的减少来衡量，例如，经济系统的"非物质化"就是自然承载能力所面临压力减少的代表。对工业化国家（根据GDP 来衡量）经济运行的物质密集度进行的评估表明，经济增长和环境压力之间的联系（相对）较弱。目前对物质流进行分析得出的结果表明，这种"弱相关性"未必意味着物质流在绝对水平上是减少的，因为这可以由 GDP 的增长来补偿（Adriaanse 等，1997；Bringezu，2002）。

物质吞吐量本身不能回答，当经济系统中"非物质化"的量是"多少"时，生态就是可持续的。由"Factor 4"（甚至"Factor 10"）规定的自然资源总流量减少的目标表明，为了使经济按照"理想"的速度增长，同时满足生态的可持续性，一定量的"非物质化"是必要的。[24] 因此，在工业化国家，对自然资源需求保持在恒定不变的高水平上，这与经济系统绝对的"非物质化"相去甚远，并反映了经济运行的不可持续性。从对"非物质化"的评价到对其进行管理，这需要将总目标转化为特定标准和"管理规则"来计算不同自然资源利用的"生态效益"（Daly，1990）。其想法是通过降低原材料投入，并使用具有可再生性和被吸收能力的资源来提高资源的生产效率。

关于经济可持续性，巴特姆斯展示了 SEEA 的应用结果。它表明，根据总的（生产和自然）资本维持可知，工业化国家的经济增长是"弱"可持续性的。在某些发展中国家，经环境因素调整的净资本构成（ECF）为负数，这表明这些国家在维持其资本基础方面的做法是失败的，并损害了经济未来增长的可持续性。他也描述了为实现经济活动的环境可持续性，如何能够把环境成本的核算结果用于市场工具初始条件的设定上。市场调控工具包括生态税和可交易的污染权，这些是用于促使经济行为主体把环境成本内化到他们的计划和预算中。目标就是产生对环境有利的生产和消费类型，并鼓励技术革新。

1.6 前景展望

1992 年，里约热内卢峰会宣布将可持续发展作为解决世界贫穷和环境质量下降问题的方法。10 年过去了，《21 世纪议程》的应用情况令人感到失望。事实上，2002 年约翰内斯堡峰会上得出的微弱成果，似乎确定重新关注披着"可持续"这一微薄面纱的经济增长。[⑤] 在国家层面上，国家把假定意义上的可持续发展概念委托给处于弱势地位的环境部门来应用。在执行具有多重目标的经济发展复杂范式上存在的困难，以及在污染控制方面取得的成功，可能就是上述行为产生的原因。当然，被人们忽视的是，工业化国家在环境保护方面取得的成功，很大程度上是通过从其他国家购买自然资源并将污染工业转移出去以引进可持续实现的。

我们需要监视并扭转经济向传统增长方式回归的情形。系统的核算方法似乎是我们衡量环境和经济相互影响和相互作用的最好方法。这些方法使根据污染者付费或使用者付费原则来设定采用综合政策的先后顺序及市场工具的应用变得便利。

然而，综合性的核算方法仍处于研究阶段。上述提到的各种各样的"二分法"反映了许多有待解决的问题。它们是为了未来进一步研究以及对方法论进行改进所必须解决的问题，包括：

● 货币核算法和实物核算法，以及相应的衡量和估计环境影响的两种方法。
● 将公司会计和国民核算连接起来的需求。
● 区域核算和国民核算以及相应的可持续分析。
● 经济（弱）可持续性和生态（强）可持续性，分别用货币指标和实物指标进行记录。
● 环境核算的系统框架和模型框架。

大胆尝试对现在的衡量环境影响（Lomborg，2001）[26] 的方法提出疑问，这引发了严厉的争论，即使有的话，它表明使用更加透明而且具有可比性的衡量经济运行及其对环境影响的方法变得至关重要。在各种指标之间进行比较，需要绿色国民经济核算体系提供"权重"和"估值方法"。

现在似乎应该是官方统计人员克服他们那种不愿将环境影响账户纳入到通常的统计报告和分析中去的想法的时候了。这可以通过建立平行（"卫星"）账户来加以解决。数据使用者在决定他们需要利用什么账户来评价经济活动的可持续性时，这些账户为他们提供了一个在传统账户和绿色账户之间进行选择的机会。难道我们宁愿得不到我们需要的信息（甚至以牺牲某些信息的准确性为代价得到的信息），也不愿获得我们不需要的精确统计数据吗？国际社会对绿色国民经济账户（欧盟统计局，2001；联合国，1993，2000a，以及现行版本的 SEEA）进行标准化所作的努力，可以期望解决国民经济核算会计师心中存在的某些疑虑。

然而，现在的 SEEA 修订版与"实物—货币"二分法核算体系是矛盾的。一方面，修订的 SEEA 草案（联合国，在准备中），几乎不能将可以应用（在国家层面）的福利测度纳入进来；另一方面，重现的对于任何货币估值手段的警告意味着对实物核算的偏好。结果，原来 SEEA 综合体系的特征不能被保留下来。[27]

最后，我们应当明白，迄今为止，由于测量性的原因，绿色核算集中关注环境和经济的直接联系，并因此集中考虑经济运行和增长的可持续性。这种核算方法忽略了可持续发展范式的重要维度。在这些维度中，如健康、安全、物种多样性都不符合核算框架。然而，非经济的需求和价值能够在外部的目标和规范的政策框架门槛中被确定，正如巴特姆斯所建议的那样。在他的框架中，传统的以及环保的经济可持续发展战略将被消耗殆尽。合适的"社会"指标也必须监控经济运行是违背还是符合该框架提出的社会限制。

但是，有一些很有前景的尝试，通过扩展核算的界限来估计人力资本和社会资本的形成和使用（van Tongeren 和 Becker，1995；Bos，1996）。另一种尝试是建立"几乎综合性"的核算体系，它是利用货币、实物和时间单位编纂一个投入产出表的"魔幻三角"（Stahmer，2000）。尤其是时间账户，非常适用于测量人力资本投入和投资，为了使它们成为一种可持续发展的工具，这些方法需要培养并检验。这种范例的可持续性可能取决于它。

致谢

谨对伍珀塔尔研究院的斯蒂芬·布林佐所作的评论表示深深的感谢。

注释

①Authors of the essays presented in the book are cited with chapter numbers in parentheses; other references are shown in usual (author and year of publication) form.

② Such placement and interpretation necessitates some evaluation of the different tools of measuring sustainability. The views expressed in this regard are thus those of the authors and not necessarily those of their current or fomer affiliations.

③Reflected in well-known publications such as *Silent Spring* (Carson, 1965), *Death of Tomorrow* (Loraine, 1972), or the Club of Rome's *Limits to Growth* (Meadows *et al.*, 1972). The latter predicted a 'rather sudden and uncontrollable decline in both population and industrial capacity' for this century.

④ The FDES was later picked up by the Organisation for Economic Co -operation and Development (OECD) as a 'stress-response' framework for environmental indicators (OECD, 1994).

⑤The environmental sustainability index was advanced by a consortium of US research institutes (Global Leaders of Tomorrow, 2002).

⑥Quadruple-entry accounting is a feature of the established national accounts where 'transactions between economic agents are recorded simultaneously for each agent from a debit and credit angle' (United Nations *et al.*, 1993, part. 1.58).

⑦Green accounting is a popular term for 'environmental accounting' or more exactly 'integrated environmental and economic accounting'. All these terms include accounting in physical and/or monetary units.They are used interchangeably in the following, even if some authors seem to distinguish physical—material flow—accounts from monetary 'environmental' ones.

⑧This crude distinction between holistic views of the human environment and mainstream (neoclassical) economic approaches to the environment-economy interface is, of course, a simplification of existing schools of thought. For instance, 'ecological economists' can be placed somewhere in-between, while the 'bioeconomists' focus on biological processes is close to the ecological world-view.

⑨Quesnay himself called his *Tableau* 'booklet of housekeeping' (*livret de ménage*) (Kuczynski, 1971, p.382).

⑩ Smith (1776, 1991 edn, p.448) was particularly piqued by the physiocrats' honouring the farmers 'with the peculiar appellation of the productive class' while degrading 'artificers, manufacturers and merchants by the humiliating appellation of the barren or unproductive class'.

⑪ See note 3. For a 'rediscovery' of some largely ignored precursors of environmental and ecological economics, see Seifert (1985) and Martinez-Alier (1987).

⑫ Later renamed Net Economic Welfare (NEW) by Samuelson and Nordhaus (1992, pp.429-31) in their textbook. See Eisner (1988) for a review of this and other measures to better reflect economic welfare in 'extended national income and product accounts'.

⑬ See also Georgescu-Roegen (1971). Boulding (1966) vividly expressed similar ideas by the metaphor of the 'cowboy economy' which exploits the closed system of 'spaceship earth'. A critical review of Georgescu-Roegen's contribution to the field of ecological economics is given in a special issue of *Ecological Economics* 22/3 (1997).

⑭ As do others: see for a brief critical review of the 'energy theory of value' söllner (1997, pp.190-92).

⑮ Note that the original SEEA did allow for 'contingent valuation' (a particular form of damage valuation) in a separate version, albeit for 'experimentation' only (United Nations, 1993, para. 322). However, actual damage estimates were typically conducted outside the national accounts system, suffering from similar flaws as the above-described (section 1.2) indices of sustainable development.

⑯ Or lower at that: for example, in the Philippines the costs of water pollution control were estimated at nearly 10 times the benefits on health, ecosystems and economic productivity (delos Angeles and Peskin, 1998, p.99). In Germany, environmental damage estimates range between 100 and 1000 billion DM (Wicke, 1993, p.60 *et seq.*), depending on the definition, coverage and valuation mix of the damages.

⑰ 'Equivalent factors' estimate the contribution of individual indicators to the policy themes of the greenhouse effect, ozone layer depletion, acidification or waste accumulation. However, such calculations still do not permit inter-theme comparisons.

⑱ An assessment of the recent burst of activities in this area is beyond this volume. See for an overview, United Nations (2000c).

⑲ The Kunert AG report was chosen as the 'world-best' by SustainAbility

Ltd., a London-based research institute, on behalf of the United Nations Environment Programme (UNEP) in 1995.

⑳ The European Union's Fifth Action Programme (European Commission, 1992, p.72) considers that, with a view to getting the prices right, 'valuations, pricing and accounting mechanisms have a pivotal role to play in the achievement of sustainable development'. Similarly, Agenda 21 of the United Nations recommends that 'governments, business and industry, ...academia and international organizations should work towards...the internalization of environmental costs into accounting and pricing mechanisms' (United Nations, 1993, para.30.9).

㉑For a more general description of the MML in national accounting, see the SNA (United Nations *et al.*, 1993, paras. 1.58–67) and a handbook on SNA implementation (United Nations, 2000b).

㉒ Cf. the above-described (section 3.2) valuation controversy where economists call for damage valuation and pragmatic accountants settle for maintenance costing. Another issue is the treatment of Hicksian income in the SNA (United Nations *et al.*, 1993, para. 8.15) where *ex ante* and *ex post* views of the income concept seem to clash.

㉓A research group, consisting of the statistical offices of the Netherlands and Germany, the University of Paris-Versailles, the German Institute for Ecological-Economic Research (IÖW) and the Wuppertal Institute for Climate, Environment and Energy, carried out the EU-sponsored project.

㉔ The Factor 4 goal of halving material input while doubling wealth and welfare (von Weizsäcker, Lovins and Lovins, 1997) is derived from the need of maintaining the 'long-term ecological equilibrium of the planet'. Under current production and consumption patterns, global Factor 4 corresponds to a Factor 10 for industrialized countries. The assumption is that equal access to environmental services should be reached by all in about 50 years while permitting a limited increase of material use in developing countries (Schmidt-Bleek, 1994, p.168).

㉕ The Monterrey Consensus (of 22 March 2002) of the International Conference on Financing for Development, whose focus on public-private partnerships was taken up by the Johannesburg Summit, is quite revealing in its goals to '*achieve* sustained economic growth and *promote* sustainable development' (United Nations document A/CONF. 198/3, para.1), our emphasis.

㉖See the overview given in *The Economist* of 2–8 February 2002, pp.15–16 and 71–72.

㉗ In fact, the last draft of the revised SEEA (United Nations *et al.*, in prep.) seems to have dropped 'System' from its title.

参考文献

1. Adriaanse, A. *et al.* (1997), *Resource Flows: The Material, Basis of Industrial Economies*, Washington, DC: World Resources Institute.

2. Alfsen, K.H. (1996), 'Macroeconomics and the Environment: Norwegian Experience', in V.P. Gandhi (ed.), *Macroeconomics and the Environment*, Washington, DC: International Monetary Fund.

3. Alfsen, K.H., Bye, T. and Lorentsen, L. (1987), *Natural Resource Accounting and Analysis in Norway*, Oslo: Central Bureau of Statistics.

4. Ayres, R.U. and Kneese, A. (1969), 'Production, Consumption, and Externalities', *American Economic Review*, 59, pp.282–97.

5. Bartelmus, P. (1994), *Environment, Growth and Development: The Concepts and Strategies of Sustainability*, London and New York: Routledge.

6. Bartelmus, P. (1998), 'The Value of Nature–Valuation and Evaluation in Environmental Accounting', in K. Uno and P. Bartelmus (eds), *Environmental Accounting in Theory and Practice*, Dordrecht, Boston and London: Kluwer Academic Publishers.

7. Bartelmus, P. (2001), 'Accounting for Sustainability: Greening the National Accounts', in M.K. Tolba (ed.), *Our Fragile World, Challenges and Opportunities for Sustainable Development*, Forerunner to the Encyclopedia of Life Support Systems, Vol. II, Oxford: EOLSS Publishers.

8. Bartelmus, P. (2002), 'Unveiling Wealth–Accounting for Sustainability', in P. Bartelmus (ed.), *Unveiling Wealth–On Money, Quality of Life and Sustainability*, Dordrecht, Boston and London: Kluwer Academic Publishers.

9. Baumol, W.J. and Oates, W.E. (1971), 'The Use of Standards and Prices for Protection of the Environment', *Swedish Journal of Economics*, 73, pp. 42–54.

10. Bebbington, J., Gray, R., Hibbitt, C. and Kirk, E. (2001), *Full Cost Accounting: An Agenda for Action*, ACCA Research Report No.73, London: The Association of Chartered Certified Accountants.

11. Bos, F. (1996), 'Human Capital and Economic Growth: A National Accounting Approach', Paper presented at the 1996 IARIW Conference in Lillehammer.

12. Boulding, K.E. (1966), 'The Economics of the Coming Spaceship Earth', in H. Jarret (ed.), *Environmental Quality in a Growing Economy*, Baltimore: Johns Hopkins Press for Resources for the Future.

13. Bringezu, S. (1993), 'Towards Increasing Resource Productivity: How to Measure the Total Material Consumption of Regional or National Economies?', *Fresenius Environmental Bulletin*, 2, pp.437–42.

14. Bringezu, S. (2002), 'Industrial Ecology: Analyses for Sustainable Resource and Materials Management in Germany and Europe', in R.U. Ayres and L.W. Ayres (eds), *A Handbook of Industrial Ecology*, Cheltenham, UK and Northampton MA, USA: Edward Elgar.

15. Brown, L.R. (1993), 'A New Era Unfolds', in L.R. Brown *et al.* (eds), *State of the World 1993 –A Worldwatch Institute Report on Progress Toward a Sustainable Society*, New York and London: Norton.

16. Canadian Institute of Chartered Accountants (1997), *Full Cost Accounting from an Environmental Perspective*, Toronto: CICA.

17. Carson, R. (1965), *Silent Spring*, London: Penguin.

18. Center for Waste Reduction Technologies (1999), *Total Cost Assessment Methodology: Internal Managerial Decision Making Tool*, New York: CWRT.

19. Cobb, C., Halstead, T. and Rowe, J. (1995), 'If the GDP is Up, Why is America Down?', *The Atlantic Monthly*, October, pp.59–78.

20. Costanza, R. (1980), 'Embodied Energy and Economic Valuation', *Science*, 210, pp.1219–24.

21. Cottrell, W.F. (1970, first edn 1955), *Energy and Society*, Westport: Greenwood Press.

22. Daly, H.E. (1990), 'Towards Some Operational Principles of Sustainable Development', *Ecological Economics*, 2, pp.1–6.

23. Daly, H.E. (1996), *Beyond Growth*, Boston: Beacon Press.

24. Daly, H.E. and Cobb, J.B. Jr. (1989), *For the Common Good: Redirecting the Economy Towards Community, the Environment, and a Sustainable Future*, Boston, Mass.: Beacon Press.

25. Dasgupta, P. and Mäler, K.-G. (1991), *The Environment and Emerging Development Issues*, Beijer Reprint Series No.1, Stockholm: Beijer.

26. delos Angeles, M.S. and Peskin, H. (1998), 'Philippines: Environmental Accounting as Instrument of Policy', in K. Uno and P. Bartelmus (eds), *Environmental Accounting in Theory and Practice*, Dordrecht, Boston and

London: Kluwer Academic Publishers.

27. Drewnowski, J. (1970), *Studies in the Measurement of Levels of Living and Welfare*, Geneva: UNRISD.

28. Drewnowski, J. (1974), *On Measuring and Planning the Quality of Life*, Publications of the Institute of Social Studies, The Hague and Paris: Mouton.

29. Eisner, R. (1988), 'Extended Accounts for National Income and Product', *Journal of Economic Literature*, XXVI. pp.1611–84.

30. European Commission (1992), *The Fifth Action Programme*, Brussels: European Commission.

31. Eurostat (1994), *SERIEE. The European System for the Collection of Economic Information on the Environment*, Luxembourg: European Communities.

32. Eurostat (2001), *Eonomy-wide Material Flow Accounts and Derived Indicators: A Methodological Guide*, Luxembourg: European Communities.

33. Fergany, N. (1994), 'Quality of Life Indicators for Arab Countries in an International Context', *International Statistical Review*, 62 (2), pp.187–202.

34. Fischer-Kowalski, M. (1998), 'Society's Metabolism: The Intellectual History of Materials Flow Analysis, Part I, 1860–1970', *Journal of Industrial Ecology*, 2 (1), pp.61–78.

35. Fischer-Kowalski, M. and Hüttler, W. (1999), 'Society's Metabolism: The Intellectual History of Materials Flow Analysis, Part II, 1970–1998', *Journal of Industrial Ecology*, 2 (4), pp.107–36.

36. Funtowicz, S. O. and Ravetz, J.R. (1991), 'A New Scientific Methodology for Global Environmental Issues', in R. Costanza (ed.), *Ecological Economics: The Science and Management of Sustainability*, New York: Columbia University Press.

37. Gawel, E. (1998), 'Das Elend der Stoffstromökonomie–Eine Kritik [The misery of material flow economics-a critique]', *Konjunkturpolitik*, 44 (2), pp. 173–206.

38. Georgescu-Roegen, N. (1971), *The Entropy Law and the Economic Process*, Cambridge, MA: Harvard University Press.

39. Global Leaders of Tomorrow Environment Task Force, World Economic Forum, Annual Meeting (2002), *2002 Environmental Sustainability Index*, New Haven: Yale Center for Environmental Law and Policy.

40. Gray, R.H. (1990), *The Greening of Accountancy: The Profession after Pearce*, London: Association of Chartered Certified Accountants.

41. Gray, R.H. (1992), 'Accounting and Environmentalism: An Exploration of the Challenge of Gently Accounting for Accountability, Transparency and Sustainability', *Accounting Organisations and Society*, 17 (5), pp.399–425.

42. Hamilton, C. (1999), 'The Genuine Progress Indicator, Methodological Developments and Results from Australia', *Ecological Economics*, 30, pp. 13–28.

43. Hartwick, J.M. (1977), 'Intergenerational Equity and the Investing of Rents from Exhaustible Resources', *American Economic Review*, 67 (3), pp. 972–74.

44. Henderson, H., Lickerman, J. and Flynn, P. (eds) (2000), *Calvert-Henderson Quality of Life Indicators*, Bethesda, MD: Calvert Group.

45. Hinterberger, F., Luks, F. and Schmidt-Bleek, F. (1997), 'Material Flows vs. "Natural Capital": What Makes an Economy Sustainable?', *Ecological Economics*, 23, pp.1–14.

46. Hoffmann-Nowotny, H.-J. (1981), *Sozialbilanzierung [Social accounting]*, Vol. Ⅷ, Ser. *Soziale Indikatoren-Konzepte und Forschungsansätze*, Frankfurt / Main: Campus.

47. Hueting, R. (1993), 'Calculating a Sustainable National Income: A Practical Solution for a Theoretical Dilemma', in A. Franz and C. Stahmer (eds), *Approaches to Environmental Accounting*: *Proceedings of the IARIW Conference on Environmental Accounting* (Baden, Austria, 27–29 May 1991), Heidelberg: Physica.

48. Jevons, W.S. (1865, 1965 edn), *The Coal Question: An Inquiry Concerning the Progress of the Nation, and the Probable Exhaustion of Our Coal Mines*, reprint of the 3rd edn, New York: Augustus Kelly.

49. Kapp, K.W. (1950), *The Social Costs of Private Enterprise*, Boston, Mass.: Harvard University Press.

50. Kapp, K.W. (1963), *The Social Costs of Business Enterprise*, 2nd and enlarged edn, Bombay and London: Asia Publishing House.

51. Kapp, K.W. (1971), *The Social Costs of Private Enterprise*, New York: Schocken Books.

52. Keuning, S.J. and de Haan, M. (1998), 'Netherlands: What's in a NAMEA? Recent Results', in K. Uno and P. Bartelmus (eds), *Environmental Accounting in Theory and Practice*, Dordrecht, Boston and London: Kluwer Academic Publishers.

53. Kneese, A.V., Ayres, R.U. and d'Arge, R.C. (1970), *Economics and*

the Environment. A Material Balance Approach, Baltimore, ML and London: Johns Hopkins University Press.

54. Kuczynski, M. (1971), 'Quesnay', in *Ökonomische Schriften*, Bd.1, Berlin: Akademie-Verlag.

55. Leipert, C. (1989), 'National Income and Economic Growth: The Conceptual Side of Defensive Expenditures', *Journal of Economic Issues*, 23, pp. 843–56.

56. Leontief, W. (1987), 'Quesnays "Tableau économique" und die Einsatz-Ausstoβ -Analyse [Quesnay's *Tableau Économique* and the Input -Output Analysis]', in W. Leontief and H.C. Recktenwald (eds), *Über François Quesnays 'Physiokratie'* (Vademecum zu einem frühen Klassiker der ökonomischen Wissenschaft), Düsseldorf: Wirtschaft und Finanzen.

57. Lomborg, B. (2001), *The Skeptical Environmentalist –Measuring the Real State of the World*, Cambridge: Cambridge University Press.

58. Loraine, J.A.C. (1972), *The Death of Tomorrow*, London: Heinemann.

59. Markandya, A. and Pavan, M. (eds) (1999), *Green Accounting in Europe -Four Case Studies*, Dordrecht, Boston and London: Kluwer Academic Publishers.

60. Martinez-Alier, J. (1987), *Ecological Economics, Energy, Environment and Society*, Oxford: Basil Blackwell.

61. Marx, K. (1894, 1965 edn), 'Theorien über den Mehrwert [Theories of Surplus Value]', in Institut für Marxismus-Leninismus beim ZK der SED (ed.), *Karl Marx, Friedrich Engels*, Band 26, erster Teil, Berlin: Dietz.

62. Matthews, E. *et al.* (2000), *The Weight of Nations. Material Outflows from Industrial Economies*, Washington, DC: World Resources Institute.

63. Mayumi, K. (2001), *The Origins of Ecological Economics. The Bioeconomics of Georgescu-Roegen*, London and New York: Routledge.

64. Meadows, D.H., Meadows, D.L., Randers, J. and Behrens Ⅲ, W.W. (1972), *The Limits to Growth*, New York: Universe Books.

65. Meyer, B. (1999), 'Research-Statistical-Policy Cooperation in Germany: Modelling with Panta Rhei', in European Commission, *From Research to Implementation: Policy-driven Methods for Evaluating Macro-economic Environmental Performance*, EU RTD in Human Dimensions of Environmental Change Report Series, European Commission.

66. Moldan, B., Billharz, S. and Matravers, R. (eds) (1997), *Sustainability*

Indicators: *A Report on the Project on Indicators of Sustainable Development*, Chichester: Wiley.

67. Müller-Wenck, R. (1978), *Die ökologische Buchhaltung. Ein Informations-und Steuerungsinstrument für umweltkonforme Unternehmenspolitik* [*Ecological Bookkeeping. An Information and Control Instrument for Environmentally Sound Corporate Policy*], Frankfurt/Main and New York: Campus.

68. Nordhaus, W.D. and Kokkelenberg, E.C. (eds) (1999), *Nature's Numbers-Expanding the National Accounts to Include the Environment*, Washington, DC: National Academy Press.

69. Nováček, P. and Mederly, P. (2002), *Global Partnership for Development*, Olomouc: Palacky University.

70. Odum, H.T. (1971), *Environment, Power and Society*, New York: Wiley.

71. Odum, H.T. (1996), *Environmental Accounting. Energy and Environmental Decision Making*, New York: Wiley.

72. Organisation for Economic Co-operation and Development (OECD) (1973), *List of Social Concerns Common to Most OECD Countries*, Paris: OECD.

73. Organisation for Economic Co-operation and Development (OECD) (1994), *Environmental Indicators*, Paris: OECD.

74. Peskin, H.M. (1998), 'Alternative Resource and Environmental Accounting Approaches and their Contribution to Policy', in K. Uno and P. Bartelmus (eds), *Environmental Accounting in Theory and Practice*, Dordrecht, Boston and London: Kluwer Academic Publishers.

75. Pezzey, J. (1989), 'Economic Analysis of Sustainable Growth and Sustainable Development', Environment Department Working Paper No.15, Washington, DC: The World Bank.

76. Phillips, A. (1955), 'The Tableau Économique as a Simple Leontief Model', *Quarterly Journal of Economics*, 69, pp.137–44.

77. Pigou, A.C. (1920, 1932 edn), *The Economics of Welfare*, 4th edn, London: Macmillan.

78. Samuelson, P.A. and Nordhaus, W.D. (1992), *Economics*, 14th edn, New York: McGraw-Hill.

79. Schaltegger, S. and Burritt, R. (2000), *Contemporary Environmental Accounting. Issues, Concepts and Practice*, Sheffield: Greenleaf Publishing.

80. Schmidt-Bleek, F. (1993), 'MIPS–A Universal Ecological Measure?',

Fresenius Environmental Bulletin, 2, pp.306–11.

　　81. Schmidt-Bleek, F. (1994), *Wieviel Umwelt braucht der Mensch? MIPS, das Maβ für ökologisches Wirtschaften* [*How Much Environment Do We Need? MIPS, the Measure for Ecologically Sound Economic Performance*], Berlin, Basel and Boston: Birkhäuser.

　　82. Seifert, E.K. (1985), 'Zur "Naturvergessenheit" ökonomischer Theorien [Ignoring Nature in Economic Theories]', in R. Pfriem (ed.), *Ökologische Unternehmenspolitik*, Frankfurt/Main: Campus.

　　83. Seifert, E.K. (1993), 'Georgescu-Roegen', in G. Hodgson, W. Samuels and M. Tool (eds), *International Handbook for Institutional Economics*. Aldershot and Vermont: Edward Elgar.

　　84. Slesser, M. (1975), 'Accounting for Energy', *Nature*, 254, pp.170–72.

　　85. Smith, A. (1776, 1991 edn), *Wealth of Nations*, Amherst, NY: Prometheus Books.

　　86. Söllner, F. (1997), 'A Reexamination of the Role of Thermodynamics for Environmental Economics', *Ecological Economics*, 22 (3), pp.175–201.

　　87. Solow, R.M. (1974), 'Intergenerational Equity and Exhaustible Resources', *Review of Economic Studies*, Symposium, pp.29–46.

　　88. Stahmer, C. (2000), 'The Magic Triangle of I–O Tables', in S. Simon and J. Proops (eds), *Greening the Accounts*, Cheltenham: Edward Elgar.

　　89. Stahmer, C., Kuhn, M. and Braun, N. (1998), 'Physical Input–Output Tables for Germany 1990', *Eurostat Working Paper*, No.2/1998/B/1, Luxembourg: Eurostat.

　　90. Steurer, A. (1992), *Stoffstrombilanz Österreich 1988* [Material Flow Balance Austria 1988], Schriftenreihe Soziale Ökologie, Vol.26, Vienna: Institut für interdisziplinäre Forschung und Fortbildung der Universitäten Innsbruck, Klagenfurt und Wien.

　　91. Theys, J. (1989), 'Environmental Accounting in Development Policy: The French Experience', in Y.J. Ahmad, S. El Serafy and E. Lutz (eds), *Environmental Accounting for Sustainable Development*, Washington, DC: The World Bank.

　　92. United Nations (1973), *Report of the United Nations Conference on the Human Environment, Stockholm, 5–16 June*, 1972, New York: United Nations (sales no. E.73. II. A.14).

　　93. United Nations (1977), *Statistical Commission, Report of the Nineteenth*

Session, New York: United Nations.

94. United Nations (1984), *A Framework for the Development of Environment Statistics*, New York: United Nations (sales no.E.84. X VII. 12).

95. United Nations (1988), *Concepts and Methods of Environment Statistics: Human Settlement Statistics–A Technical Report*, New York: United Nations (sales no.E.88. X VII.14).

96. United Nations (1991), *Concepts and Methods of Environment Statistics: Statistics of the Natural Environment –A Technical Report*, New York: United Nations (sales no. E.91. X VII.18).

97. United Nations (1993), *Integrated Environmental and Economic Accounting*, New York: United Nations (sales no. E.93. X VII.12).

98. United Nations (1994), *Earth Summit, Agenda 21, the United Nations Programme of Action from Rio*, New York: United Nations (sales no.E. 93.I.11).

99. United Nations (2000a), *Integrated Environmental and Economic Accounting–An Operational Manual*, New York: United Nations (sales no.E.00. X VII.17).

100. United Nations (2000b), *Links Between Business Accounting and National Accounting*, New York: United Nations (sales no.E.00. X VII.13).

101. United Nations (2000c), *Improving Governments' Role in the Promotion of Environmental Managerial Accounting*, New York: United Nations (sales no.E. 00. II .A.2).

102. United Nations (2001), *Indicators of Sustainable Development, Guidelines and Methodologies*, New York: United Nations (sales no.E.01. II . A.6).

103. United Nations Development Programme (UNDP) (annual), *Human Development Report*, Oxford: Oxford University Press.

104. United Nations et al. (1993), *System of National Accounts 1993*, New York and others: United Nations (sales no.E.94. X VII.4) and others.

105. United Nations et al. (in prep.), *Integrated Environmental and Economic Accounting, 2003*, New York and others: United Nations and others.

106. Vaggi, G. (1987), 'Quesnay, François', in J. Eatwell, M. Millgate and P. Newman (eds), *The New Palgrave, A Dictionary of Economics*, Vol.4, Q–Z, London and Basingstoke: Macmillan.

107. van Dieren, W. (ed.) (1995), *Taking Nature Into Account*, New York: Springer.

108. Vanoli, A. (1998), 'Modelling and Accounting Work in National and

Environmental Accounts', in K. Uno and P. Bartelmus (eds), *Environmental Accounting in Theory and Practice*, Dordrecht, Boston and London: Kluwer Academic Publishers.

109. van Tongeren, J. and Becker, B. (1995), 'Integrated Satellite Accounting, Socio-economic Concerns and Modelling', DESIPA Working Paper Series, No.10, New York: United Nations.

110. Verein Deutscher Ingenieure (VDI) (2001), *Determination of Costs for Industrial Environmental Protection Measures* (VDI guideline 3800), Berlin: Beuth.

111. von Weizsäcker, E.U., Lovins, A. and Lovins, H. (1997), *Factor Four: Doubling Wealth–Halving Resource Use*, London: Earthscan.

112. Wackernagel, M. and Rees, W. (1996), *Our Ecological Footprint, Reducing Human Impact on Earth*, Gabriola Island, BC and Philadelphia, PA: New Society Publishers.

113. Weber, J-L. (1983), 'The French Natural Patrimony Accounts', *Statistical Journal of the United Nations ECE*, 1, pp.419–44.

114. Weitzman, M. (1976), 'On the Welfare Significance of National Product in a Dynamic Economy', *Quarterly Journal of Economics*, 90, pp.156–62.

115. Wicke, L. (1993), *Umweltökonomie: Eine praxisorientierte Einführung* [*Environmental Economics: A Practical Introduction*], Munich: Franz Vahlen.

116. World Bank (1997), *Expanding the Measure of Wealth, Indicators of Environmentally Sustainable Development*, Washington, DC: The World Bank.

117. World Commission on Environment and Development (WCED) (1987), *Our Common Future*, Oxford: Oxford University Press.

第一部分

将环境因素考虑进来：
历史的视角

第1章 《经 济 表》（第三版）

弗朗索瓦·魁奈

摹真复制品及英语译文

Ex Libris

Petri Du Pont, agriculturæ Regiæ

Societatis Suessionensis.

1764

经济表

Objets à considérer, 1.° Trois sortes de dépenses ; 2.° leur source ; 3.° leurs avances ; 4.° leur distribution ; 5.° leurs effets ; 6.° leur reproduction ; 7.° leurs rapports entr'elles ; 8.° leurs rapports avec la population ; 9.° avec l'Agriculture ; 10.° avec l'industrie ; 11.° avec le commerce ; 12.° avec la masse des richesses d'une Nation.

DÉPENSES PRODUCTIVES relatives à l'Agriculture, &c.	DÉPENSES DU REVENU, l'Impôt prélevé, se partage aux Dépenses productives et aux Dépenses stériles.	DÉPENSES STÉRILES relatives à l'industrie, &c.
Avances annuelles pour produire un revenu de 600.tt sont 600.tt	*Revenu annuel de*	*Avances annuelles pour les Ouvrages des Dépenses stériles, sont*
600. produisent net........	600.tt	300.tt
Productions		*moitié passe icy Ouvrages, &c.*
300.tt reproduisent net........300.tt		300.tt
150. reproduisent net........150.		150.
75. reproduisent net........75.		75.
37.10.s reproduisent net........37.10.		37.10
18.15. reproduisent net........18.15.		18.15
9...7...6.d reproduisent net........9...7...6.d		9...7...6.d
4.13...9. reproduisent net........4.13...9.		4.13...9
2..6.10. reproduisent net........2..6.10.		2..6.10
1...3...5. reproduisent net........1...3...5.		1...3...5
0..11...8. reproduisent net........0..11...8.		0..11...8
0...5.10. reproduisent net........0...5.10.		0...5.10
0...2...11. reproduisent net........0...2...11.		0...2...11
0...1...5. reproduisent net........0...1...5		0...1...5
&c.		

REPRODUIT TOTAL .... 600.tt de revenu ; de plus, les frais annuels de 600.tt et les interêts des avances primitives du Laboureur, de 300.tt que la terre restitue. Ainsi la reproduction est de 1500. compris le revenu de 600.tt qui est la base du calcul, abstraction faite de l'impôt prélevé, et des avances qu'exige sa reproduction annuelle, &c. Voyez l'Explication à la page suivante.

经济表

需要考虑这几项内容：①支出的三种类型；②它们的来源；③它们的借贷情况；④它们的分布情况；⑤它们的效率；⑥它们的再生产情况；⑦它们彼此间的关系；⑧它们与人口的关系；⑨它们与农业的关系；⑩它们与工业的关系；⑪它们与贸易的关系；⑫它们与一个国家全部财富的关系。

生产型支出 与农业等有关	收入型支出 扣除税收，介于 生产型支出与无 息型支出之间	无息型支出 与工业等有关
根据生产 600 里弗尔 收入为 600里弗尔的 要求的年度借贷情况	年度收入	根据无息型支出的 操作情况，年度借 贷为 300 里弗尔

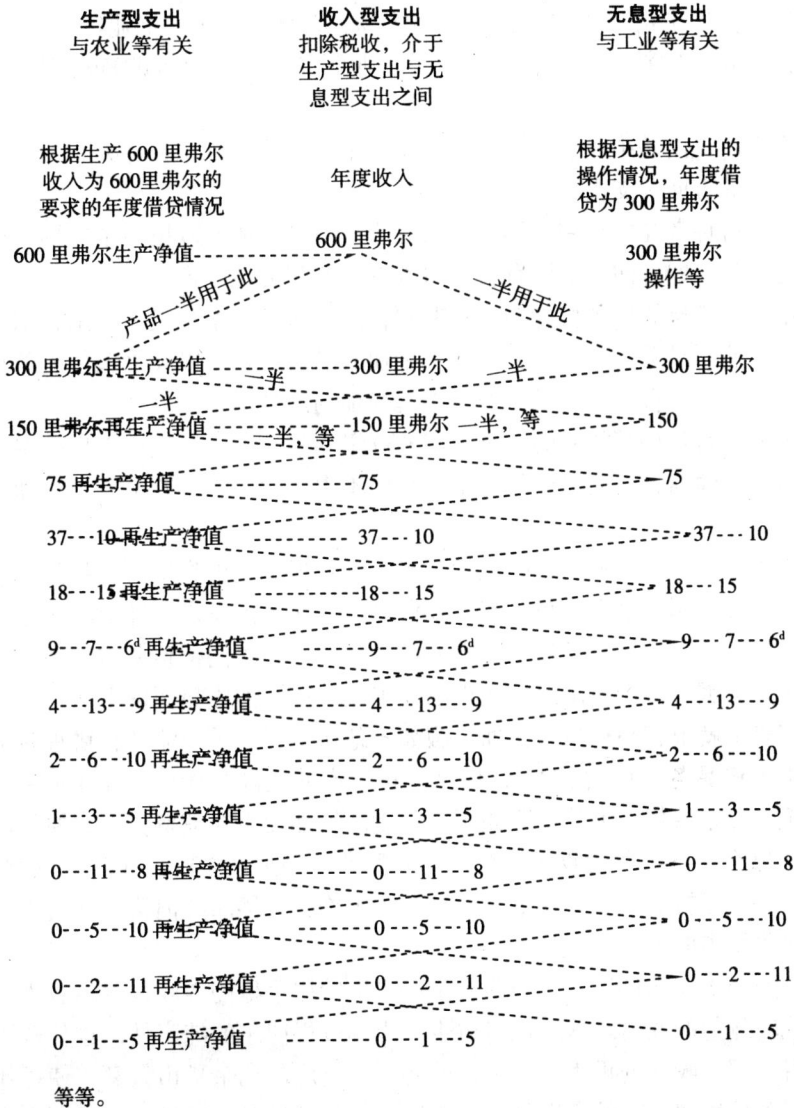

	600 里弗尔	
600 里弗尔生产净值	产品一半用于此　一半用于此	300 里弗尔 操作等
300 里弗尔再生产净值	一半——300 里弗尔　一半	300 里弗尔
150 里弗尔再生产净值	一半——150 里弗尔 一半，等	150
75 再生产净值	75	75
37---10 再生产净值	37---10	37---10
18---15 再生产净值	18---15	18---15
9---7---6^d 再生产净值	9---7---6^d	9---7---6^d
4---13---9 再生产净值	4---13---9	4---13---9
2---6---10 再生产净值	2---6---10	2---6---10
1---3---5 再生产净值	1---3---5	1---3---5
0---11---8 再生产净值	0---11---8	0---11---8
0---5---10 再生产净值	0---5---10	0---5---10
0---2---11 再生产净值	0---2---11	0---2---11
0---1---5 再生产净值	0---1---5	0---1---5

等等。

再生产总额……收入 600 里弗尔；加上每年费用 600 里弗尔和农民原预付的利息 300 里弗尔，使土地恢复生产。这样的再生产是 1500 里弗尔，包括构成计算基础数的 600 里弗尔收入，但未计入赋税和每年再生产所需的预付，等等。详情见下面的"说明"。

经济表的说明

生产支出是指用在农业、草地、牧场、森林、矿山、渔业等方面的支出，以便使谷物、饮料、木材、牲畜、手工业制品的原材料等财富得到永久性的维持。

不生产支出是指用于手工业制品、住宅、衣服、利息、仆人、商业费用和外国产品等方面的支出。

出售耕种者在去年用农场主投入在土地耕种上的 600 里弗尔年预付生产得到的纯产品，即可向土地所有者支付 600 里弗尔的纯收入。

不生产阶层的年预付为 300 里弗尔，用于贸易资本和成本支出，用于购买生产手工业制品需要的原料，以及手工业制品的原料，以及手工艺人的粮食和其他生活资料，直到他完成工作并售卖掉他的产品为止。

土地所有者将其收入的一半，即 600 里弗尔，用于从生产支出阶层那里购买面包、葡萄酒、肉类等；另一半用在向不生产阶层购买衣服、家具和日用生活品等。

支出到这一边或另一边的数量是多少，要根据支出到生活资料类奢侈品或装饰类奢侈品哪一个占优势来定。我们这里所作的假设是一种中间状态，即再生产支出年复一年地重新带来同等的收入。然而，我们很容易估计到，年收入的再生产会因不生产支出或生产支出在多大程度上占优势而发生变化。这一点从生产表中就很容易得出。比如，假如土地所有者、手工业者和耕种者消费的装饰类奢侈品各方均增加 1/6，那么，再生产的收入（现在是 600 里弗尔）就会减至 500 里弗尔。另外，假如同等程度的增加发生在消费支出或原产品的出口上，那么，再生产的收入就会从 600 里弗尔增加至 700 里弗尔，依此类推。因此，一个富裕的国家，如果过度沉湎于装饰类奢侈品的消费，就会因为它的奢侈而很快走向灭亡。

按照经济表的秩序，已经回到生产支出阶层手里的 300 里弗尔收入，以货币形式转作他的预付。这些预付再生产出 300 里弗尔的纯产品，这代表了土地所有者一部分收入的再生产；依靠返还给该阶层的剩余货币数额，使每年的总收入得到再生产。我的意思是指，在这一过程开始时，通过向土地所有者出售而回到生产支出阶层的这 300 里弗尔，由农场主将其一半花在这个阶层本身所提供产品的消费上；另一半花在衣服、家具和工具等需要向不生产阶层支付的产品上。这样，300里弗尔连同纯产品将被再生产出来。

土地所有者收入的一半，即300里弗尔转到不生产阶层的手里，不生产阶层将其一半用在从生产阶层那里购买生活资料和产品原料以及进行对外贸易上；另一半在不生产阶层内部进行分配，以维持和补偿它的预付。这个流通和相互分配持续地进行着，以同样的方式将从一个支出阶层手里转到另一个支出阶层手里的货币额，分配到最后一分钱。

流通给不生产阶层带来600里弗尔，其中的300里弗尔留做年预付，另一半300里弗尔留做工资。这笔工资等于这个阶层从生产支出阶层那里获得的300里弗尔，而这笔预付则等于转到这个不生产支出阶层手里的300里弗尔收入。

另一个阶层的产品额是1200里弗尔，为使支出秩序不致太过复杂，在这里我们将扣除赋税、什一税和农民预付的利息，它们将分别进行考察。价值为1200里弗尔的产品将依据以下方法进行处理：收入的所有者购进其中价值为300里弗尔的产品。300里弗尔的价值转到不生产支出阶层手里，其中一半即150里弗尔在这个阶层内部消费在生活资料上，另150里弗尔是用在这个阶层开展的对外贸易中。最后，300里弗尔的价值在生产支出阶层内部，由生产该产品的人们进行消费；300里弗尔价值被用于饲养牲畜。这样，在1200里弗尔价值的产品中，由这个阶层消费600里弗尔，这个阶层的600里弗尔预付经过售卖给土地所有者和不生产支出阶层而以货币形式回到生产支出阶层手中。产品总额的1/8进入对外贸易，或用于出口，或用于为该国生产出口的产品购买原料和生活资料。商人的销售被购进外国的商品和金银条块所抵消。

不同阶层的公民之间分配和消费原产品的秩序就是这样的，对于一个繁荣农业国对外贸易的用途和范围，我们坚持的观点也应该是这样的。

通过从一个支出阶层向另外一个支出阶层的售卖，600里弗尔收入被分配到两边，每边是300里弗尔，另外加上维持不动的预付额。土地所有者通过支出600里弗尔维持着生活。分配给每个支出阶层的300里弗尔，连同加给它的赋税和什一税等产品，能够各维持两边中一个人的生活；600里弗尔收入加上另外的数额能够维持一家3口人的生活。以此推算，6亿里弗尔收入能够维持300万个家庭的生存，每个家庭按照4口人进行计算。

生产支出阶层的年预付每年也会进行更新，其中大约一半用于饲养牲畜，另一半则作为工资支付给从事这个阶层的劳动的工人。这项年预付的各项开支，会增加3亿里弗尔的支出；再加上它所负担的其他产品，又可维持100万个家庭的生活。

因此，除去赋税、什一税、农民的年预付和原预付的利息，土地财产和原预付的利息，土地财产每年更新的这 9 亿里弗尔，按照年收入的这种分配和流通秩序，能够维持 1600 万人的生活。

这里所说的流通，是指各阶层的人用其分得的收入所进行的直接购买。而没有经过贸易，贸易虽然使得买卖得以增加，但没有增加什么东西，增加的只是不生产的开支。

一个国家的土地所有者常常能够获得 6 亿里弗尔的收入，那么，这个国家的生产支出阶层的财富可以按照如下方法进行计算：

向土地所有者支付 6 亿里弗尔收入，预期要从年产品中缴纳 3 亿里弗尔的赋税和 1.5 亿里弗尔的什一税（包括向适合征收什一税的各种耕种部门所收的费用在内），共计 10.5 亿里弗尔。还应加上再生产的年预付 10.5 亿里弗尔，还有这些预付的 10%利息 1.1 亿里弗尔，总计 22.1 亿里弗尔。

在一个拥有许多葡萄园、森林、牧场等的国家，用犁进行耕种大约只能获得这个 22.1 亿里弗尔的 2/3。假如在令人满意的状态下，用马拉犁进行大农经营，则需要 33.3334 万架犁（每架犁可耕地 120 亚尔邦），需要 33.3334 万人去扶犁，还需要使用 4000 万亚尔邦的土地。

使用 5000 万~6000 万里弗尔的预付，法国可以将这种类型的耕种扩大到 6000 万亚尔邦以上。

我们在这里所说的不是使用牛拉犁的那种小规模经营。在这种经营情况下，4000 万亚尔邦土地就需要 100 多万架犁以及大概 200 万人，而所能得到的产品仅为大规模经营得到的 2/5。这种小规模经营是耕种者在缺乏原预付所需财富的情况下不得已而为之的，大多情况下它仅仅能够收回费用，因此，这种耕种是以土地财产本身为代价的，还要用过多的年预付来维持众多耕种者的生活，结果会消耗掉几乎所有的产品。这种徒劳无益的耕种制度是国家走向贫穷和衰败的标志，它同经济表的秩序毫无关系。经济表秩序是基于如下条件考虑的：在原预付基金的支持下，半数用犁耕地的土地年预付可以生产 100%（纯产品）。

投放 1 架犁到耕地上的原预付总额，在大规模耕种情况下，在第一次收获前的两年劳动时间中，所需要的首付基金，即用于支付牲畜、器具、种子、食品、维修保养和工资等，估计是 1 万里弗尔。那么，33.3334 万架犁所需的预付是 33.3334 亿里弗尔（见《百科全书》中的"农场论"、"农产主论"、"谷物论"等条目）。

这些预付的利息最少应当为 10%，因为农产品常常遭遇自然灾害，10 多年就会损失至少一年得到的收成。此外，这些预付还需要有一大笔维修费和更新费。因此，农民创业所需要的原预付的利息总额是 3.33322 亿里弗尔。

牧场、葡萄园、池塘和森林等，不要求农场主进行大量预付。这些预付的价值，包括由土地所有者担负的耕种和其他工作原预付在内，可以减少至10亿里弗尔。

但是，葡萄园和园艺需要大量的年预付，可以将这些年预付和其他部门的年预付结合起来，用平均数计入上述年预付总额。

纯产品、年预付及其利息，以及原预付利息的年再生产总额，根据经济表的秩序，可以估算为25.43322亿里弗尔。

在预付和既定的市场条件下，在法国的领土上就可以生产出这么多甚至更多的产品。

在上述25.43322亿里弗尔中，有5.25亿里弗尔，即年预付再生产的半数，被用于饲养牲畜。余额应是（如果赋税全部返回到流通过程，而且赋税不落在农民的预付上）20.18322亿里弗尔。

对于人的支出，平均说来，每100万个家庭是5.045805亿里弗尔，或每个家庭530里弗尔，各种偶然出现的灾害使这个数目减少到530里弗尔。在此基础上，这个国家就是富裕的，即税收和资源充裕，人民生活安宁快乐。

土地每年为人们的福利贡献是20.18322亿里弗尔，其中10.5亿里弗尔是纯产品，如以年利1/30的比率来计算，则财富总额应是334.55亿里弗尔，再加上原预付43.3334亿里弗尔，总额就是367.8834亿里弗尔。增添的年产品是25.43322亿里弗尔。

生产支出阶层的财富，包括费用在内，总额是403.31662亿里弗尔。

牲畜的价值和产品一直没有进行单独计算，因为它们被计算到农场主的年预付和年产品总额中去了。

在这里我们也对土地进行了计算，因为相对于其市场价值，土地可以被认为是某种类似于动产的东西，其价格取决于耕种所需财富的其他项目的变化。如果土地发生退化，则农场主的财富就会减少，土地所有者就会在同一限度内失掉其土地财产的市场价值。

不生产阶层的财富构成如下：

（1）不生产阶层的年预付总额为5.25亿里弗尔。

（2）这个阶层为建设手工工场，为购置工具、器械、磨房、铁匠坊和其他工作所需的原预付为20亿里弗尔。

（3）富裕农业国的铸币与货币，约等于它每年从土地产品中通过商业媒介获得的纯产品为 10 亿里弗尔。①

（4）400 万个家庭的 400 万所房屋或住宅的资本价值，以每所房屋的平均价值 1500 里弗尔计算，总价值为 60 亿里弗尔。

（5）400 万所房屋的家具设备等价值，以 400 万户家庭平均一年的收入或收益进行计算，为 30 亿里弗尔。

（6）购置或继承的银器、珠宝首饰、宝石、镜子、图画、书籍和其他耐用手工制品，在一个富裕国家的总值为 30 亿里弗尔。

（7）海洋国家的商船和军舰及其附属设备的价值；各种火炮、武器和陆战所需的其他耐用物品；房屋、装饰建筑和其他耐用公共设施。所有这些加在一起，可达 20 亿里弗尔。

在这里我们没有把那些供进出口之用，或是存放在商人的商店和仓库里，或是供自己每年使用和消费的手工业商品计算在内，因为它们已经按照经济表设置的秩序，被包括和计算到年产品和支出之中了。

---

① 或大约为 1860 万马克白银。应当指出的是，英国的货币数量大约也维持在这个比例上，在英国目前的财富状况下，其货币量大约为 2600 万镑，即 1100 万马克。如果该国因为战争而急需货币，不得不进行巨额负债，那么这不是由于它缺乏货币，而是由于它的支出超过了它的收入。当货币用于借款时，其债务不低于对收入增加产生的负担，而如果收入的来源本身被逐渐消耗掉，导致财富年生产的减少，那么这个国家就会灭亡。应当从此角度来考察一国的状况；一国的财富如果不断进行更新，并不短缺，那么它的货币总是活跃的。在 1450~1550 年的大约 100 年间，欧洲的货币数量大大减少，从这一时期的商品价格就可看出这点。但是这个较小的货币量对各国来说都是不太重要的，因为这种财富形式的市场价值到处都相同；还因为就其货币与其收入的比例来说，它们的条件相对来说也是相同的，到处都用统一的白银价值来计量。在这种情况下，人们会更相信应以价值来补偿数量，而不是以数量来补偿价值。我们一直认为美洲的发现导致了欧洲金银的充裕，但在美洲的金银涌入欧洲之前，银价相对于商品来说就已跌至今天的水平。但所有这些一般的波动根本没有对各国的货币状况产生影响，其货币数量总是同其来自土地财产的收入以及来自对外贸易的利得成正比。在路易十四时代，1 马克银铸币的价值相当于 28 里弗尔。因此，1860 万马克在当时大概值 5 亿里弗尔。这也是目前法国的货币储存量，而此时的法国比路易十四时代末期更富裕。

1716 年，普遍重铸的硬币数量不足 4 亿；1 马克银铸币价值相当于 43 里弗尔 12 苏。因此，全部重铸币数量不足 900 万马克，还不足 1683 年和 1693 年普遍重铸币数量的一半。货币总存量的增加是硬币年生产的结果，而硬币生产的增加应限于国家收入增加的限度之内。自从重铸以来，铸币年产总量可能是很大的，然而，与其说这增加了铸币的总存量，还不如说更多地被用于补偿因走私、各部门的贸易逆差以及在外国使用货币等其他方面所引起的货币流失；40 多年以来每年流出的这些货币总量，如果经过适当计算，就会发现它是非常可观的。货币单位的提高（长期以来被固定在 54 里弗尔）并不能证明这个国家的货币存量有了很大增加。这种观点和对一国铸币数量的通俗看法是难以符合的。人们相信正是货币构成了一个国家的财富。但是，如同其他产品一样，只有在其市场价值的意义上，货币才构成财富；而且它也不比获得其他商品来得困难，只要付出其他商品就能够得到它们。一国的货币数量受限于对它的使用，这些使用要受到买卖费用的调节；同时又要受到收入的调节。因此，一国的铸币存量不应多于其与收入的比例；数量过多对它是没有用处的；它应以剩余货币与其他国家进行交换，以获得对它具有更大益处或能为它提供更大满足的财富；拥有货币的人，即使是最节俭的人，总会关心从中得到某种利益。如果发现货币在一国能以高利贷出，这就证明货币数量最多仅符合我们上面所描述的，因为需要它或想使用它的人愿意为它付出这样的高价。这就是长期以来一直调节着法国货币利率的情形。

不生产阶层的财富总额为 180 亿里弗尔。

总计为 590 亿里弗尔。

假定误差大概是 1/20，则总额应为 550 亿~600 亿里弗尔。

这里我们所说的是在一个富裕国家的情况，其领土和预付能够每年不间断地生产出 10.5 亿里弗尔的纯产品。如果一个农业国正在走向衰落，那么所有这些要靠年产品予以维持的财富项目，就会由于生产支出所需要的预付的减少而遭到破坏或损失其价值。由于下列 8 项主要原因，预付在短期内就会得到显著萎缩。

（1）坏的征税制度，它会侵蚀耕种者的预付。Noli me tangere（不许动我）——就是这些预付的箴言。

（2）征税费用使得税负过重。

（3）装饰性的奢侈消费过多。

（4）诉讼费过多。

（5）土地产品缺少对外贸易。

（6）原产品国内贸易和耕种缺乏自由。

（7）对农村居民的人身进行骚扰。

（8）每年纯产品没有流回到生产支出阶层的手中。

本文选自《魁奈的经济表》（摹真复制品及英语译文），M.库琴斯基和 R.L.米克（1972）合著，伦敦：麦克米兰出版公司出版，第 i~xij 页。

第2章 环境破坏：一般问题与方法论问题[*]

K.威廉·卡普

2.1 引言

自从被分派为本次国际研讨会作开场演讲的任务以来，我想用几句具有引导性的评论来为我要演讲的论文作序。我认为，主题为"人类环境破坏及可能遭受的毁灭"的首届国际研讨会在曾经遭受过严重环境打击的广岛和长崎举办是非常合适的。此外，日本作为当今工业化速度和经济发展速度最快的国家之一，它在发展经济的同时对环境产生了破坏性的影响。这也是为什么选择东京作为本次关于全球广泛关注的环境问题的国际研讨会举办地的另一个原因。

人类环境遭到破坏已有很长的历史，早在工业革命之前就已经出现了一些环境恶化的现象，现在在一些前工业化国家和欠发达国家中也以不同形式并不同程度地存在。但是，当滥砍滥伐、土壤侵蚀，甚至是空气污染和水污染成为司空见惯的现象时，在人口增长速度变得越来越快、居住密度变得越来越大的情况下，随着现代工业技术进步以及对其进行任意使用，环境破坏对人类福祉，事实上也是对人类生存所产生的威胁正在不断产生。事实上，诸如在原子能发电和热核发电之类的领域中所用科技的迅速进步、仍未解决的放射性废弃物排放问题、杀虫剂和"强"去污剂的任意使用、新式超音速交通工具使用带来的破坏性噪声污染、汽车使用数量的日益增长、城市聚集现象的稳步增长以及与之相伴的拥挤和不卫生现象、新的通信技术以及数据存储和信息集中技术，与其以控制和操纵人类行为和人类选择的潜在用途结合起来——这些问题与现象都给人类的自然环境和社会政治环境带来了危害，这些都注定会对人类

---

[*] 1970年3月8~14日，国际社会科学委员会环境破坏常务委员会在东京举办了主题为"当代世界环境问题：社会科学家的挑战"的国际研讨会。本章是这次大会上提交的一篇演讲论文经过修订之后的版本。这次大会的所有论文已经集结成册，书名为：《环境破坏国际研讨会会议论文集：社会科学家的一个挑战》（S.Tsuru 版）。该书不通过商业渠道发行，但是支付一定费用后可以向国际社会委员会获取。

的身体健康和心理健康①造成伤害，并最终会威胁到人类文明和人类的生存。我认为对这些现象所导致的实际和潜在的后果进行研究不是我的工作，事实上，在自然科学和社会科学两个领域中均有研究的更能胜任的学者们已经开始做这件事了。然而，我们需要提醒自己，我们的环境遭到的破坏不仅在数量上已经达到了一个新的高度，而且由于多种因素相互复杂影响的综合和累积效应使其在质量上也已达到了一个高度。在当前工业化国家已经遭受人为的森林砍伐、水土侵蚀和各种各样的自然灾害带来的威胁时，当空气污染和水污染在几十年前可能还被认为其对人类构成的危害有限时，引起人类环境破坏的因果关系已经增加至这样一种程度，即有必要把它看做是对改变人类赖以生存的世界的直接威胁和典型现象。

人们对自然环境和社会环境破坏问题进行探讨，并在某种程度上进行系统的研究已有 20 多年之久了。但是，人类正逐渐认识到其所面临威胁的严重程度，这使得环境破坏成为一个急需解决的新问题，也是人类有史以来所面临的最有挑战的问题之一，并需要立即采取实际行动加以解决，不容迟缓。社会科学必须提出更加合适的观点和概念，以便人们对造成环境破坏的因果链进行分析，从而为研究出有效的控制方法提供基础。

在现代社会，对环境破坏问题进行分析和控制不是任何一门具体学科或科研机构所专门研究的领域。没有哪一个单独的学科能够独自解决环境破坏这个问题（实际上，社会科学不能，自然科学也不能）。因为环境破坏是由社会因素和自然因素相互影响的复杂过程造成的结果，这不能根据任何传统学科提出的概念、理论和观点来进行详尽分析。由于人类自身活动和选择对环境造成的破坏是一个特殊的复杂过程，它超越了当今高度分工的任何学科研究领域及其所能提供见解的范围。由此以及我希望在随后分析过程中变得更有说服力的其他原因，我认为那些具体学科提出的术语和概念（如外部性、不经济、公害、生态不平衡、生物圈破坏等）有许多已经不适用于我们的分析了，虽然它们在特定的理论研究中或许曾经而且目前仍然发挥着作用。事实上，人类自然环境和社会环境所遭受的破坏日益增长，它已上升为对人类影响最为深远的问题。它不仅涉及使用合适的方法和理论规范的问题，而且还涉及合适的控制和政策制定模式问题。要解决这些理论和实践中存在的问题，需要社会科学家和自然科学家，包括技术专家在内最大可能地进行紧密合作。考虑到此，我赞成 Tsuru 教授提出的建议，即把"环境破坏"作为广泛和通用的概念用于概括所

---

① 摘自朱利安·赫胥黎先生于 1946 年 7 月 4 日发表在《核心日记》上的文章——《人口》中的一段话："拥挤使人产生的心理压力……在某些人身上产生的压力综合征等问题，会导致人死亡，增加人的挫折感并使其患上神经疾病……如果这种情绪持续较长时间就必然会导致暴力行为。……拥挤意味着管制的数量将会日益增加，如果不加注意，这会很容易转为独裁主义。"

有的现象。这些现象独自或者是共同影响人类自然环境和社会环境的性质和质量。使用"环境破坏"这一术语，应该使我们认识到这样一个事实，即我们正在关注那些涉及人类生存本质的问题，但由于其复杂性，它超越了任何一门具体学科的研究范围和能力。

2.2　循环因果

这个问题使我回到讨论引起自然环境和社会环境破坏的因果关系这个重要问题上去。只有当我们正确认识到产生这一问题的因果关系是什么时，我们才能希望人们采取紧急措施来控制环境破坏或至少降低其破坏作用。如果过度简单地对其因果关系进行分析，并以非常肤浅和不加批判的方式对待这个问题，那么没有什么比这更容易使人误入歧途了。

当然，单是人口增长本身就注定会对人类环境产生破坏，这种观点是正确的。某些环境破坏现象是由自然灾害而非人类活动介入造成的，这一说法也是正确的。同时，不可否认的是，环境破坏的迹象早在现代工业社会之前就已经存在了。早在 13 世纪的伦敦，就已经有关于空气污染的报道了。而且，早在工业革命以前以及在 19 世纪和 20 世纪形成明显的工业结构特征以前的瑞士，也已经出现了在陡坡和山谷中森林被滥砍滥伐的现象，这使得破坏性雪崩和泥石流（更别提水土流失了）的发生有了增长的趋势。类似地，森林砍伐的破坏性影响也已成为其他前工业化经济体的独有特征。这些经济体包括当今许多欠发达的亚洲国家，比如菲律宾、印度尼西亚和印度。[①]

然而，这些发生于早期的环境破坏现象不会使我们忽视这样一个重要事实，即在当今社会，经济行为和投资的法律关系及其类型是制度化的，在这一特定条件下，工业技术的任意使用使其对环境造成的破坏性影响开始显现了。因此，如果仅仅集中于自然因果链，或者脱离与造成环境破坏有关的体制结构而孤立地看问题，那么我们就只能得到一个不完整的从而是一个错误的结果。总之，因果关系的发生不仅是一个自然过程，同时也是一个社会过程。[②] 作为一个经济学家，长期以来我一直认为并坚信，在市场经济中，制度化的决策制定体系有一种不考虑这些负面影响（例如，空气污染和水污染）的内在倾向，即

---

① 见 K.W.卡普，于 1965 年发表在《经济和发展：引论》上的文章——《经济发展的社会成本》，另外参阅 C. Uhlig 于 1966 年发表在 der Entwicklungspolitik （斯图加特）上的文章《社会成本问题》。
② Tsuru 教授已经提出了如下观点："附加在自然因果链之上的是社会经济和法律关系，这会使自然因素对人类福利产生的影响有很大差别。"这是在"当代世界环境破坏国际研讨会"（第 1 页）上发表的论文《日本的环境污染控制》中的观点。

这些负面影响是决策制定考虑外的因素。就像许多垄断厂商所做的那样，即使某些公司打算采取措施去避免使用某项技术带来的负面影响，并将这项费用列入预算中，他们只有通过提高成本才能做到这点，也就是说，只有靠主动降低其利润率和盈利能力才能实现。因此，一套按照投资获利原则进行的决策制定体系，他们除了最大限度地把这些成本转嫁到其他人或者社会身上来降低成本之外，就不要期望他们采取其他行动。可能有两种观点和我说的相反：第一，有人可能会反驳道：如果那些受到环境破坏影响的个人或社会认为所受影响足够大的话，他们会通过法律手段来保护自己。如果他们没有采取行动来保护自己，这表明这些危害的程度并不大，它们不足以让他人对这些危害承担责任。但是，这一观点忽视了以下两点：①这种危害可能是逐渐积累，直到它在特征上以积累之后的形式爆发，而且经过很长的时滞之后才会暴露出来；②证明危害的存在可能会有困难，而且不可能把它们归罪于是由任何特殊的经济单位采取了某种行动或者是没有采取某种行动造成的。第二，可能有人会反驳——与我所持有的观点（在市场经济中，制度化的决策体系有一种不去考虑这些负面影响的内在倾向）相反——市民和政府当局的决策通常也应当对环境破坏负责。毫无疑问，这么说是正确的。可能有人会想得更深，并认为社会主义的计划经济当局也会采取类似的破坏行动。或许这么说是有道理的，尽管它的原因不是显而易见的。

　　但是让我们深入地评论一下这两种观点。首先，毫无疑问，市民也会对环境造成破坏。先不考虑由公共原因和个人原因①对环境造成的破坏相比谁更严重，这种观点与本书前面所讲的有冲突吗？如果市民和政府当局或计划制定当局为环境破坏创造了条件，比如，当他们通过吸引工业投资来增加税收而不考虑可能造成的负面影响时，他们就是以牺牲环境质量为代价来获得想要的税收收入。也就是说，他们的行为与私营企业在营利性原则的"约束"下运营是一致的。两者都试图保持一个人为的、纯粹形式上的短期偿付能力，而忽视了发展带来的社会成本。现在有人尝试通过对市场衡量的成本和收益进行分析，来使公共决策的制定变得更加理性，这么做可能带来这样一种危险，即在决策中对部分或全部负面影响的漠视可能变得更加普遍和习以为常。这种尝试带来的结果是，与环境破坏有关的社会成本的发生不仅不会减少，反而可能会增加。

　　我们暂停谈论这个可能会引起争议的推理过程，相反我要提出一个更加普

---

　　① "根据在某些领域中进行的估算，而且关于某种排泄物，如工业垃圾超过了所有市区排放的垃圾总和，更别提这样一个事实了，即工厂排放了大量不同数量的废弃物。" A.V. Kneese, "Research goals and progress towards them", in: H. Jarret (ed.), Environmental quality in a growing economy, Baltimore, Md., 1966, p.79.

遍的分析框架来解释人类环境遭到破坏的因果关系过程。人类行为（包括政府当局的决策制定）是在我们的自然—物理环境中产生，并会对其产生反作用，而这个环境有其自身的生态结构并遵循特定的法则。①如果不考虑这些结构和法则，不管这是由于疏忽还是故意造成的，那么任何决策的最终结果可能会与一个人的预期目标大相径庭，或者即使原来的目标实现了，也可能会带来额外的负面影响。从这个角度看，环境破坏可被看做是在下述情况人类行为产生的结果，即虽然在既定的制度化的社会经济和法律关系框架下，人类行为是理性的，但由于这种行为对自然环境、生物环境、心理环境和社会环境产生的影响被忽略了，它却导致了特殊的具有破坏性（社会）的不理性结果。

更重要的社会价值和社会目标牺牲了，而且人们对所偏好的不太重要的社会目标却仍未感到满足，从这个意义上讲，人们所采取行为的结果就是对经济手段和经济资源的低效利用。更具体地说，像以前那样"免费"的商品，如清新的空气和洁净的水，现在已经变得很稀有了。此外，通过把环境破坏的成本转移到第三者或者是社会身上，我们就增加了对现存的不完美的市场结构和价格结构以及分配过程的扭曲。一些经济实体能够通过破坏我们的环境来获得好处。这不是说它们可以不用付出任何代价而得到好处，从任何希望得到的以及经常宣称的收入和产出的相互关系来看，说他们不用付出任何代价便可以得到这些利益是有问题的，事实上，他们是以给别人带来危害为代价的。

我们可以再深入讨论：通过观察在具有特定结构和法则的自然环境和社会环境中发生的人类行为，以及人类行为对其产生的影响，可以很明显地看出，被自身行为所影响的人类环境的各种领域是彼此相互依赖的。此外，传统的学科领域按照它们的特定目标而彼此分离进行独立研究，这就形成了各种各样的研究体系。社会经济学领域与自然领域和社会领域（或者是关系体系）的相互影响要比上述体系中的任何一种都要更加复杂，同时也更少被人研究。如果我们以这种方式来对引起环境破坏的因果链进行分析，显而易见，根据相互分离的社会学科、自然学科和生物学科中的一门或其他几门来研究，因果分析不会成功地进行下去。当今，受过研究范围有限的单一学科的训练，而且只对其狭隘的学科领域中的概念和理论熟悉的社会科学家、自然科学家、工程师以及公众健康专家，他们都不能把注意力集中在整体的相互影响上，这必须经过"整体研究"才能做到——如果我们打算对环境破坏的因果分析有所进展的话，就需要这么做。诚然，我们仍然缺乏一种理论以及（或者）科学，即可以阐明几个体系之间相互复杂影响的方式以及结果。因此，我们对环境破坏产生的原因及其程度的了解是不全面的，接着又把这些不完整的信息输入到对数据进行处

① 对社会环境的破坏也同等适用。

理的计算机中。换句话说，我们不得不依靠过去获得的以及在未来获得的可能仍是不全面的信息来对环境破坏进行因果分析。

然而，关于导致人类自然环境和社会环境破坏的因果链，有一点我们肯定知道，那就是：在许多（如果不能用大部分来形容的话）环境破坏的例子中，因果链是一个因果循环的过程，即除非主动采取措施来阻止或改变这种循环因果的发展，否则它有一个继续发展下去的趋势。以空气污染和水污染为例，它就是典型的由好几种因素相互作用的结果。因此，任何污染物单独排放带来的影响会随着它排放的频率、浓度以及环境在不受危害的情况下吸纳污染物的能力的变化而变化。

"达到某一水平的污染浓度、废物处理、风景破坏以及人口拥挤，从最坏的角度看，它们都是局部地区令人头疼的问题。空气、水和陆地能够吸纳大量污染物而又不至于遭受较大损害。除了这点之外，真正的问题在于：污染频率和污染浓度的不同同样会产生不同的结果。"① 总之，这里有一个最低的污染限度，超过这一限度之后，废弃物的排放造成的破坏就不是恒定不变而是累积变化的，且其影响也是不成比例的。人类自然环境和社会环境的破坏通过另外一种方式仍然可以积聚起来。不仅来自不同渠道的不同种类的污染物会通过化学反应结合起来，而且一系列影响环境的因素，比如天气、风、地势以及在大城市中住宅的结构设计等，很可能结合起来并导致环境质量恶化程度的不断变化。空气污染和水污染都具有污染累积的倾向。我们经常忽视的事实是，我们的环境质量确实和我们的社会质量一样，是一个综合影响的产物。也就是说，对人类健康和寿命造成损害的实际影响和实际承受的由特殊类型的环境破坏造成的不适，总是随着所有环境破坏现象的综合影响的变化而变化。这些环境破坏现象，除了空气污染和水污染之外，还包括其他因素，比如噪声过高，城市集中度，交通状况混乱不堪，交通工具的数量不足、拥挤，而且事故率和死亡率颇高，在此种条件下耗费在大都市中上下班的时间上过长，用于休闲和娱乐以及更多享受自由空间和开阔风景②的时间不够。未来对人类造成危害的是那些在视觉上或多或少有点模糊的污染现象，比如声爆、放射性污染、对基因结构和基因突变带来的危害（这里仅举几个例子）。③

---

① Jarret（ed.），op. cit.，pp.ix–x.

② 一幅更加完整的画面，将必须包括以下这些可能不太容易看见但是却同等重要的因素：如，扩展的经济服务部门中固定工作条件带来的影响日益增长；工作和休息节奏的变化；某些工作的专业化和单调性日益增加；需要在其他专业中有狂热的表现。它们的综合影响在具体的职业发病率和死亡率以及新出现的独特的社会疾病中很明显地表现出来。（Cf. M. Hochrein, J. Schleicher, Herz-Kreislaufer-krankungen, 1959）

③ Cf. H. J. Barnett, "Pressure of growth upon environment", in: Jarret（ed.），op. cit., p.16.

2.3　日益增加的环境破坏现象及日益增长的社会成本

在解决某些由控制和维持人类环境质量引起的更多具体问题之前，我想先提出这样一种观点：我们正面临着这样一种趋势，即环境破坏现象的日益增加以及由此带来的社会成本的日益增长。这里将使用系统演绎的方法来尝试性地提出这种观点并加以证实。但是，我确信，一旦我们致力于开发出合适的统计指标和定量指标，我们也能根据实证—定量的数据来证实这种观点。随着人口以当前的速度增长、产出（由 GNP 来衡量）以快于人口增长的速度增加、休闲时间（以旅行的时间来测量）的减少和娱乐空间的收缩，不仅拥挤现象变得日趋严重，而且大量原材料的投入与随之而来的残余废弃物及其处理都在不成比例地增长着。在这种情况下，除非投入可以完全转化为产出，而且最终产品的消费是通过将其最终"毁灭"的方式进行的。或者从另外一个角度看，如果环境吸纳残余废弃物的能力可以表现为无限或能够在以不增加实际成本的情况下得到增长，否则破坏环境的现象很可能也会不成比例地增加。但是，所说的这些假设都没有出现，或者从目前情况来看不能期望此种情况在将来会发生。[1]

环境吸纳残余废弃物的能力是有限的，而且这种能力只有通过成本的日益增长才能得到提高。投入不能完全转化为产出，而且，所谓的最终产品的消费，远未达到这样一种过程，即这些产品被完全消耗掉或被"毁灭"掉，结果残留的废弃物被排放出去并通过种种方式来处理。当达到一定的限度，这些排泄物将会对环境造成更多的破坏，其结果就是对人类的健康和生命造成负面的影响，而要想解决和控制这个问题，只有靠成本的不断增加。根据以上考虑，有一点必须明确，即人口的日益增长、科学的迅速发展以及新技术的任意应用、产出的日益增加以及由此不断增加的投入（虽然狭义的"生产力"也是不断增加的），都引起了社会成本的不断增加。这既可以从实物角度（例如，根据对环境、人类健康和生活的破坏所表现的负面影响）来理解，也可以根据实际发生的支出来理解。这种支出可以根据用于阻止或弥补那些残余废弃物排放导致的环境破坏所需要的劳动力来衡量。产出（和投入）的日益增长以及生产商不同程度地任意排放残余废弃物，导致了普遍的环境破坏，即对环境质量造成了损害。直到最近，现代工业经济都不能使这些生产者对他们的这种行为负责。

---

① R. U. Ayres and A. V. Kneese, "Production, consumption, and externalities", American economic review 59 (3), June 1969, pp.282–284.

今天，我们看到人们正在逐渐认识到产生破坏和遭受损失的特征。只要这种认识消失了，或者由于考虑到经济增长和发展具有优势，同时考虑到对损失进行精确的测量和评估明显存在困难，就使这种认识不被人们所重视，那么关于这些损失人们就有可能承受一种"权衡利弊后的风险"，① 或者通过把这些损失转嫁给社会中在经济和政治上处于相对劣势的群体从而忽视它们产生的影响。当然，对人类的生存环境以及人类的健康和生活承担"权衡利弊的风险"的意愿，在过去而且现在也是在公然地违背道德体系。道德体系不会容忍以牺牲人类的健康和生命为代价来使产出得到增长或者得到"公益"这种抽象的概念。② 今天，随着人们对现有和潜在的环境破坏的程度及其威胁的认识不断增加，人类生存环境的恶化正在变成一个公共问题，从而也是一个政治问题。因此，很明显，经济实践和经济理论已经对生产成本进行了系统性的低估，未付款的成本或社会成本不计入企业传统方法核算的成本中，这种做法已经站不住脚，而且实际成本（根据用于弥补或阻止环境恶化所需的劳动力来衡量）在总成本和产出中占的比例正在日益增加。③

但是，人们是认同环境破坏和社会成本都在日益增长这一看法呢，还是几乎不会否认这样一种结论：在人类行为和决策制定以及科技迅速发展的影响下，我们的生存环境正在以日益增长的速度发生着转变？的确，人类总是根据自己的需要来改变他们所处的环境并使之与自己的需求相适应。从这种意义上说，目前的环境破坏表现出一种加速的趋势，这种趋势在过去出现过。但是，绝对不能忽视的事实是：我们正在遭受着环境破坏从量变到质变的变化过程。今天人们对于环境的改造不再意味着我们对所生活的世界的控制能力在增加，相反却意味着这种能力在降低。我们已经认识到这点：环境破坏数量的稳定增加会转化为严重的环境质量的损害。这种损害明显对人类健康和人类生活产生了威胁，同时它也产生了非常奇怪的现象。它的奇怪之处可以用这样一个事实来精确描述：我们的行为对环境造成的影响越深，我们就越不能不受惩罚地逃避控制破坏行为的发生和维持环境质量的责任。这首先给我们提出了如何对环

---

① "权衡利弊后的风险"当然是一个受欢迎的词语，它呼吁我们这代人要去计算和衡量风险。事实上，没有人"计算"过什么风险，而且一开始没有可以利用的可能用于核算的实际经验。Cf. L. A. Chambers, "Risk versus cost in environmental health", in: H. Wolozin (ed.), The economics of air pollution, New York, 1966, pp.51-60. 在"权衡利弊后的风险"的下面，以及在当代社会科学和军事科学中使用的概率计算，包括资本和投资理论以及商业管理。A. Rappoport, Strategy and conscience, New York, 1964, p.22 sq.

② Chambers, op. cit., p.52.

③ 在这里我不能够解释先前对未来增长速度进行分析的含义，除了强调以下观点，即如果总支出中仅用于保护和保持我们环境物质的完整性所占的数量和比例日益增长，那么，我们根据 GNP 来对产出和增长进行核算的传统方法作为衡量增长和发展的指标很可能逐渐变得不充分，而且不值得信赖。

境破坏进行测量和评估的问题。

2.4　测量和评估问题

　　由人类环境质量退化的程度来看，没有什么比研究出用来最大可能地评估、测量各种表现形式的环境质量退化的程度和影响的可靠指标来得更重要了。这个问题和环境控制问题有直接联系。首先，对环境破坏的消极影响进行评估是非常重要而且急需解决的问题，事实上，它是对由环境控制、保护以及环境质量改善所带来的益处进行评估的前提。这两项工作（评估环境破坏的消极影响以及评估环境改善的益处）是紧密相关的。其次，长久以来人们一直争论：只有当总收益大于或等于其支出的成本时，采取环境控制措施在经济上才是划算的。也是由于这个原因，评估和测量问题显而易见是非常重要的。

　　然而，衡量成本和收益的问题属于最棘手而且最富有争议的问题，这么说不会令人感到奇怪。环境破坏带来的成本和环境控制以及环境改善带来的收益在性质上显然是通过非市场方式衡量的。许多成本和收益不能被量化，而且仍然不能根据价格来充分衡量。通过某种方式，某些成本和收益就可以被衡量了。或者说，可能会找到一些方法和手段，来利用货币对它们进行间接的量化。例如，当空气污染和水污染影响到财产的价值时，任何对空气质量和水的质量进行改善的措施可以在更高的土地价值和房地产价值中得到反映。但是，即使使用这种方法也依然存在问题。假如我们能够发明一种技术，它能确定和估算出某一具体原因造成的水污染和空气污染导致的某一具体地点的价值损失，这仍是一种衡量社会成本以及环境控制带来收益的不值得信赖而且模棱两可的方式，正如由空气污染和水污染造成的土地和财产价值的减少会影响到第三方一样（第三方可能和应该对环境污染负责的生产过程没有任何关系），由于控制空气污染和水污染所引致的财产价值的增加是某些人"不劳而获"的增值，这在许多例子中可以看到。我们用环境控制带来的社会收益来确定这种"不劳而获"的增值是相当令人质疑的，即使在理论基础上，大多数社会科学家甚至是经济学家，也会因为其有问题而不得不反对，或者更准确地说，是因为这种方法可能会被一些房地产开发商所认可。①

　　根据对环境破坏作出补偿的意愿，或者通过承担一种容量来补偿那些必须

---

　　① 根据某些武断的以及关于市场结构的非常不切实际的假设，来证明根据"自然增值"确定社会收益是正确的，这是有可能的。M. Mason Gaffney, "Welfare economics and the environment", in: Jarret (ed.), op.cit., p.91 sq. and 99.

承担环境控制成本，由于财产价值或其他货币价值对其他人造成的增值没能考虑以下三个因素：①现实中的市场是很不完美的——事实上，这个市场的特征是"寡头垄断"。②环境破坏带来的影响在性质上迥然不同，而且彼此之间不能够进行定量的比较。③从环境控制中获得的收益同样性质迥异，既不能够在彼此之间进行定量的比较，也不能同环境控制的支出进行比较。但是，任意选用某一货币化的标准对它们进行量化，从最好的情况看，这么做是有问题的，但从最坏的情况看，如果这么做不违背我们的道德准则的话，它与逻辑也是相互矛盾的。人类健康和人类生活的货币价值是多少呢？在城区扩展过程中牺牲的城市居民的生活质量或者美丽风景的价值又是多少呢？事实是，环境破坏和环境改善两者都使我们面临一些决策的选择，即哪一种决策的长期影响差别最大呢？此外，哪些由上一代人做出的决策会对即将出生的下一代人产生影响呢？对未来的效用和负效用给予货币价值的估计，并用贴现率（它是什么呢？）对其进行贴现以求其现值，这样做可能使我们得到一个精确的货币计算结果。但是，这么做不能使我们摆脱在决策中遇到的两难困境，而且也不能使我们回避这一事实：我们正在对人类的健康和人类的生存构成威胁。出于这个原因，我认为这种仅仅根据货币价值或市场价值来衡量社会成本或社会收益的尝试注定会是失败的。社会成本和社会收益必须被看做是市场之外的现象；它们作为一个整体从社会中孕育而生，并在其中增长。它们在性质上是迥异的，而且不能够在其内部以及彼此之间进行定量的比较，甚至在原则上都不能够比较。

更具体地说，环境控制所追求的社会收益属于社会利益或是公共利益，而且必须像对待社会利益或公共利益那样来对待它。也就是说，它们首先是商品或劳务，这使得它们在整个社会中扩散流通，没有人能够也不应该避开它们带来的好处。它们是"非竞争性的"，也就是说，它们被任何一个人使用或享有不一定会减少它们的供给。出于这个原因，我们将必须寻找其他评估方法，而不是那些现有的或者被建议使用的根据市场价值来进行评估的方法。我们将不得不面对政治上的决策，它们是在可能存在分歧并缺少统一意见的情况下基于市场之外的评估手段做出的。这些决策类似于那些在过去而且现在继续根据劳动法（包括由于事故和职业疾病对工人做出的赔偿）、社会安全法、食品和药物以及教育设施供给法律管理准则等法规做出的决策。在上述情况中，没有使用成本—收益分析来帮助我们做出决策，而且市场价值甚至补偿性原则和帕累托最优标准都不能帮助我们现在决定是否采取环境控制措施，如果要采取的话应当采取哪种。就像在所有此类的决策制定中，即使一些行业的环境破坏行为可能会更严重或者不像他们最初承诺的那样，比如发生的一些涉及上述立法的案例，我们将不得不采取行动。事实上，我们越是承认由于采取环境控制措施带来的所有收益（第二位的、间接的、无形的，等等）最终必须被包括在成本—收益分析的计算中，那么根据单一的货币化标准做出的任何评估就越是问题重重。总之，我不认为今天广泛应用的成本—收益分析会有办法来解决这样一个问题，即如何评估环境破坏的社会成本以及如何评估采取环境控制措施使得环境改善带来的社会收益。①

然而，不应当把我看做是一个赞同采取武断行动的拥护者，也不应当把我看做是一个持有类似观点的经济学家，这些经济学家被指责赞同环境破坏行为的发生。为了采取理性的行为，我们必须知道而且估计我们采取行动以及不采取行动的后果分别是什么。为此，我们将必须从我所讲的环境破坏因果链的复杂和积累性的特征上进行必要的推理，而且必须为由投资决策和政府行为或政府非行为造成的实际或潜在的破坏和损失列出一个目录。为此，我们需要在国家范围内或许在国际范围内进行多学科的合作研究。②事实上，在当代工业社会，在做出投资决策之前预先考虑真实和潜在的破坏性影响总是很重要的，而且这也正变得非常紧迫。我们所需要的是采用新技术和生产投入对人类及其所处的环境产生的所有可能影响的目录。如果没有预先进行系统性的科学分析和预测，就不再会有理性的行为和决策制定。许多（尽管可能不是所有的）未曾预料到的负面影响和我们今天所面临的社会成本支出，通过预先进行研究并为科学分析提供充足的经费，它们本来应该是可以预料到的。今天，当我们能够依赖过去积累的经验和教训时，这种预先进行研究和推测的经验值得考虑。

通过对决策制定的影响进行评价，在此基础上进行的分析和预测，将会为我们提供环境破坏以及私人投资和政府投资带来的社会成本的归类。与此同时，它会产生一些必要的数据和资料，而且人们可以根据它们去评价并修改我们的目标，从而使我们的决策制定得到改善。然而，不可否认，测量是重要且科学的。我想强调的是，在测量方面，比精确性更重要的东西是目标的选择，比如，要能够区分哪些目标是重要的，哪些目标是较不重要的。这确实需要知道更多的数据和资料，不只需要知道关于替代方案实施可能产生影响的数据和

---

① Musgrave 和其他人已经提出了这点，当我们执行用于多种目的的水发展计划时，这种情况是更加 "容易控制的"。因为在这种情况下，我们面临的不是一个最终社会收益的问题，而是一个中间商品（社会商品或公共商品），它在市场价值上对最终商品是有贡献的。R. A. Musgrave, "Cost benefit analysis and the theory of public finance", Journal of economic literature 3（3），September 1969, p.800. 这么说都是正确的，除了这点——我怀疑这种情况事实上是否更加容易而且更加易于管理。因为即使在这种情况下，以下这些情况也不是明显的：现在的市场价值（例如，谷物或者电力）能够提供一个充分值得信赖而且有意义的指标来衡量商品和服务的相对重要性，这些商品和服务能够在这些中间社会商品或项目的帮助下生产——与这一棘手的关于资本投入的选择（例如，种子的质量）问题无关，而且由此产生的数据更不要说是用于选择为得到收益现值而选取的相关贴现利率。

② 这么做可能会好些，即这种研究尝试需要建立一个以国家研究学会或者国际研究学会形式存在的机构，它们的主要工作就是研究出学习方法并收集在特定条件下由各种类型的投资选择对人类环境造成的破坏相关的数据。

资料。它首先需要一些通用的标准，根据这些标准，有可能会在挑选我们寻找的社会目标方面达成一致。一旦目标达成一致并做出相关约定，就有必要对根据不同的行动方案或控制手段来实现这些规定的目标所付出的真实成本进行比较。

2.5　环境控制

在对环境破坏进行分析及其未来可能产生的影响的分析基础上得到的数据和相互关系，都和政策的精心制定以及我们寻求的环境控制方法有直接的联系。这句话中隐含的观点是：这些数据和相互关系指明了行为的准则，而且有利于形成明确的价值前提。告诉自己我们必须期待的东西是什么，给自己列出环境破坏意味着对人类健康和生存造成的危害和威胁有哪些，通过上述方法进行的分析和推测确定了我们将要采取何种决策，因此，它们也是做出聪明和理智决策过程的组成部分。总之，它们是形成目标、政策目的和控制方法这么一条逻辑路线必不可少的部分。

根据一定的标准有可能制定出具体的社会目标。当然，这些标准实际上仍然存在着分歧。出于这个原因，根据最大容忍的污染排放极限或者可以接受的污染物密集水平（例如，空气污染和水污染，或者维持人类健康和生存的最低要求）来制定客观的标准是非常重要的。这些安全限度的目标就是去决定任何类型的破坏在多大程度上就成为对环境以及对人类的危害了。这里我们不能阐述精心设计这些限度①的具体方法是什么，这是自然科学家、科技人员、公共健康专家和社会心理学家的工作。我们所关心的是，安全限度在控制环境破坏这个问题上所起的作用和重要性是什么。这些限度除了在既定的时间和地点为衡量（通过实物的手段）环境破坏的状况提供标准外（因此，它也可以作为衡量危险程度的指标），它还可以发挥多种作用。它们确定了个人生活（或者社会需求）的最低基本生存要求可能会是什么。同样，它们可能被看做是和构成社会目标直接相关的最低个体福利和社会福利水平。也就是说，这些安全限度不会自动表现为社会目标的形式——的确，在那些现在对环境破坏采取容忍态度的国家中，它们还没有被看做是社会目标的一部分——而且当政策目标的选择将继续需要在诸多选项中做出抉择时，这些选择将不得不被看做是一个函

---

① 根据我们对因果链的积聚性质的分析，很显然，这些限制条件或安全标准在所有的地区或国家是不能完全相同的。因此，空气污染和水污染来源的复杂性、影响环境的变量的多样性、气候条件和地形条件的多样性以及累积过程的本质这些将需要一系列标准。

数。这个函数一方面是由社会或者最低生存需求构成；另一方面是由社会的生产潜力构成。[①] 另外，根据人类个体生存需求衍生而来的目标来选择什么是重要的社会目标，这一社会最低标准和这种选择是相关的。同时，它将会使我们更清楚地理解经济理性概念的本质，它是由是否真正能满足人类需求来衡量的，而非由纯粹形式上的理性的概念来衡量的。这构成了我们当代的抽象模型的基础。

然而，必须承认的是，这些社会最低生存标准不能确定理想的或完美的状态是什么，从而不能确定如何最优地使用资源。事实上，它们仅仅对上述问题给出了一个合适但不算完美的答案——但是，它们将至少为使环境改善进行的决策制定提供了可供操作的标准或指标。这些可供操作的指标将是对根据市场支出和收益制定的最优标准进行的重大改进。这个最优标准没有充分考虑社会成本和收益，而且尽管这种做法具有明显可疑的特点，但它却反复被当做采取行动的标准。[②] 就像最大限度的可允许的污染浓度水平那样，一旦安全限度标准在政治决策制定过程中被推行，它们就能被转化为一个广义的生产函数（或者是实物投资类型），它以投入—产出模型的形式表达出来，这个模型可以用来确定投入、技术以及满足我们最低生存需求所需要的产出是多少。[③]

重点是必须寻找一种直接的事前预防措施来控制环境污染，而不是现在所采取的补救措施，比如通过一些间接的措施，如免税、补贴以及根据排污量来收费等。用于考核损害程度的事后弥补措施可能具有这样的优点，即可以让单个经济单位来选择经济投入的数量，以及采用何种技术。过去人们依赖的这种方法正变得危险重重，而且许多例子表明，这种方法不够理性，而且暗含着一种自我毁灭的特征。根据排污量来采取罚款、免税、补贴或者收费的措施，对于不同的企业有不同的激励（或者是抑制）效果，这取决于不同企业具有的市场影响的大小和他们收入的多少及其纳税情况。[④] 如果排放一些未经处理的废弃物就可以避免数十万美元处理费用的话，那么对每项污染排放行为征收 100 美元的罚款就是无效的，并会招致污染的排放。类似地，小额的补贴对企业安装必要的污染处理设备也几乎不起激励作用。购买处理废弃物的设备支出，可以

---

① C. Bettelheim, Studies in the theory of planning, Bombay, 1959, p.14. 不言而喻，社会最小标准和生存最低要求不应当被看做是静态的，而是应该根据我们的知识、技术以及生产力水平的不同而随之变化。

② 最近对"庸俗经济学的缺点"产生了谴责。Cf. J. Robinson, Essays in the theory of economic growth, London, 1962, p.27.

③ 我意识到，我正在使用的投入—产出关系概念是通过与它最初形成时相比更加广义的方式进行的。但是，我认为这一概念的扩展能够被证明是正确的。W. Leontief, "The problem of quality and quantity in economics", in: Essays in economic theories and theorizing, London, 1996.

④ 关于这一点，见 Gaffney, op. cit, p.91。

被看做是成本，因此具有抵税作用。从这个角度来看，它在过去不会产生激励效果。为了起到激励作用，必须给予企业大额的补贴，同时进行公共支出。这样做的结果可能会是将从一个人那里征收的额外税款用于对另外一个人进行补贴。① 总之，减少税收和采取激励措施，单靠他们自己是不起作用的，更别提他们会进一步扭曲现存的不完善的劳动力定价系统这样一个事实了。

面临威胁的程度以及处于危险中的价值，对我来说似乎需要针对生产的设计和技术进行一系列抨击。需要做出改变和控制的是"投入组合"，即工艺流程以及生产过程的选址和集约化程度，用一个具体的例子来描述是最好不过的了：如果我们想要避免植物遭受昆虫和害虫的破坏，我们可以使用杀虫剂。我们过去已经这么做了，却发现昆虫和病菌的携带者对杀虫剂产生了免疫力，对化学制品的使用及其残留物数量的日益增长污染了我们的环境，并将对人类的健康造成极大的危害。此外，要解决虫害问题，不是去发明更多、更好的不仅能消灭害虫通常也能消灭昆虫的杀虫剂，取而代之的是，植物基因学家和植物培养专家正在对植物做实验，希望培养出具有更强的抵抗昆虫和害虫侵袭能力的植物。通过改变资本投入的性质，这种类型的控制方法从长期来看可能会更加经济，而且更有效果。与此同时，这也避免了对环境造成破坏的危险。② 类似地，对汽车造成的空气污染进行控制，依我看来，通过设计新式和更加有效的引擎并（或者）使用汽油的替代品，这种方法和进行间接控制或制定更好的法律这些措施相比更加经济，而且更具有确定性。

另外一个通过新的投入组合和设计来控制污染的例子，就是在法兰克福（德国）西北地区的一个新住宅区安装了一个中央加热设备，它是按照瑞士洛桑之前进行的一项试验来安装的。这种加热设备以住宅区收集的垃圾为投入原料，然后将这些垃圾在 900 摄氏度的高温下进行焚烧。这样做不仅阻止了垃圾散发的恶臭气体进入大气层，而且由于安装了配备电子过滤器的具有特定高度（110 米）的单一烟囱，也避免了对住宅区的大气进行破坏。此外，要经过对常见的风向和风速进行仔细研究之后才能去选择烟囱的安装地点。这里所举的法兰克福西北城市的例子，是作为一个在废弃物处理的同时又将其作为中央加热设备（它是根据相关技术和气候考虑决定其设计和选址）的原料投入的例子

---

① 时间和空间不允许考虑这一问题，即如何恰当地分配用于弥补过去损害和阻止未来破坏所需花费的成本。

② Cf. S. S. Chase, "Anti-famine strategy, genetic engineering for foods", Bulletin of the atomic scientists 25（8），October 1969, p.4.

进行描述的。① 然而，即使这种方法不能解决所有的空气污染② 问题，它也明确表明了选择一种合理的投入组合，必然要求对安装地点进行慎重的选择。

事实上，这使我得出了最终结论，这也是我想在本书提出的。因为环境破坏程度很明显随地点和一个地区人口相对密集程度的不同而不同，那么在未来对工业区和住宅区所作的全部选择中，考虑这些因素是非常急切的事情。换句话说，一个合理的土地使用计划的制定，需要我们把调查环节和符合一个区域真实的自然相互依赖关系的环境控制区域加以扩展，将其延伸为由以下因素决定，即它的水源、地貌、气候和地形条件以及住宅密度。随着人们逐渐暴露于放射性废弃物污染带来的危害，以及诸如原子反应堆这样的放射源可能发生的事故之中，在地区的环境治理理论中需要有广阔的视野，这变得越来越紧迫了。一项合理的区域政策所需要的不是纯粹的地方区域法规，它需要的是一项规划，它是在一个完整的自然条件目录和在一个地区、国家甚至全球范围内的现存人口密度状况的基础上做出的。总之，地点的选择和定位问题，总的来说，不管是住宅选址、商业选址还是工业选址，都不能再仅仅根据传统的市场因素和诸如用于交通、原料和劳动力的成本支出来选择。在这里，成本和收益将必须根据由多学科研究得出的危害目录来进行评估。这些研究在实际应用中，是将工业区和住宅区分割开来还是将两者集中在一起，以及人们将需要采取哪种环境控制方法，这些在今天都是一个尚未解决的问题。

2.6 结 论

我们因此得出结论，当在既定的制度安排下，科技及其应用已经对人类的环境产生了严重破坏时，如果只依赖使科技应用对社会负责这种方式，人们就可以控制那些对人类健康和人类生活带来的危害。与此同时，社会政策和决策制定本身必须通过科学的研究来制定。到目前为止，我们在应用科学技术时，没有注意它们对人类和社会产生的影响。如果我们想要改变这个过程，并使其在社会和政治的控制之下，我们必须把更多的注意力放在利用科技的过程中人类生活和生存的必要条件上。

---

① H. Kampffmeyer et al., Die Nordweststadt in Frankfurt-am-Main, Frankfurt-am-Main, 1968, and personal communications.

② 这不是因为，完全减少或者消灭所有排出的有毒气体（例如，二氧化硫）是不可行的。Furthermore "the leeside of one city may be the windward side of another city", cf. J. R. Taylor et al., "Control of air pollution by site selection and zoning", in: World Health Organization (ed.), Air pollution, Geneva, 1961, p.294 (Monograph series, 46).

除非我们在这方面所做的努力取得成功，否则即使以显著改变我们的制度安排为代价，人类环境破坏的形势也可能会越来越严峻。事实上，环境破坏正成为即将过去的 20 世纪中一个显著的问题——和中世纪发生的瘟疫对人类健康和生存造成的威胁相比，和人们遭受独裁、暴政和剥削相比，和过去几十年中经济学家预言将出现的大规模失业造成的人力损耗和物质损耗相比，其严重程度甚至还要超过它们。

从现代生物学和人类学的角度看，人类已经被认为是一种处于危险之中的物种，它们的生存和发展进入了一个出现了很多奇怪的文化成就的时代。从滥用现代技术对自然环境和社会环境质量产生的累计影响来看，人类也使其自身处于危险之中。这是因为人类的行为及其未加控制的生产活动对其健康构成了威胁，而且事实上对它作为一个物种的存在也构成了威胁。最终，由人类自身的行为对生存环境产生的破坏，以及由此产生的人力成本和社会成本需要的不只是在这里或那里采取补救的措施，它们需要采取事先预防的措施来加以控制。出于当代人和下代人的考虑而应去维护环境质量，只要这种责任不在我们的道德体系中被明确地表现出来，而且不能在最终引导个体行为和社会行为的道德和政治必要条件中找到，那么我们对自己所生活的世界进行的破坏性改造将不会停止，也不会改变。

人类环境遭受破坏以及由此带来的社会成本和影响，寻找某些方法和手段来控制和改善人类环境质量等这些当代存在的问题，不仅对人类的智力和实践能力构成了挑战，而且也为加入这些早期的社会批评家和反对者（这些人都关注以上所述问题）的队伍提供了机会。另外，希望我能加上一条总结性的评论：或许，阻止对人类自然环境和社会环境更进一步的破坏并改善人类生活环境的质量，是人们迫切需要做的工作。它们可以在未受影响的年青一代和那些较老的一代（他们的批判性没有被对于现状的积极认可所侵蚀）之间架起一座桥梁。

K.威廉·卡普，瑞士巴塞尔大学经济学教授。他致力于研究环境破坏问题、发展经济学和制度经济学理论。他的著作有：《印度文化，经济发展和经济计划：论文集》（1962）；《商业企业的社会成本》（1962）；"Nationalökonomie und rationaler Humanismus"，Kyklos 21，1968；《社会成本的本质和意义》，Kyklos 22，1969。

本文载《社会科学信息》第 9 期，第 15~22 页。

第3章　增长过时了吗?[*]

威廉·诺德豪斯
詹姆斯·托宾　　耶鲁大学

　　10年前，经济增长是政治经济学领域盛行的研究主题，它同时也是经济学理论和研究中最炙手可热的主题，是各州的政治家们所极力宣称的口号，而且也是政府认真制定的政策目标。然而，现在舆论导向已经发生了显著的改变。醒悟了的批评家们开始指责经济科学和经济政策盲目地追求物质财富的总"增长"，忽视了这样做所带来的具有高代价的副作用。增长是有代价的，它扭曲了国家发展安排的优先次序，恶化了收入分配，而且不可修复地对环境造成破坏。保罗·埃里克说过的一句话可以清楚地表明舆论发生了变化：我们必须寻求这样一种生活方式，即它以个人得到最大的自由和最多的幸福为目标，而不是以追求最大的"国民生产总值"为目标。

　　增长是第二次世界大战之后经济学的一大发现，这具有重要意义。当然，对历史上那些具有深邃思想和大胆想法的学者来说，特别是马克思、熊彼特、库兹涅茨等人，经济发展总是他们研究的宏大主题。但是，经济学分析的主流对于研究主题的变化和进展感到不满。静态是古典经济理论和新古典经济理论中长期均衡时的状态，而相对应的比较静态均衡是最有力的理论分析工具。技术进步和人口增长曾是最令人震惊的外部冲击，可以利用比较静态分析来解释

　　* 本章所描述的研究项目是在国家科学基金会和福特基金会的赞助下进行的。本章及其附录，最初发表在《经济增长50周年纪念论文集》上（第Ⅴ卷）(纽约：国家经济研究局，1972年)，是按照它在论文集中发表的版本复制过来的，附录中的参考文献也和那本论文集所提供的一样。

　　该论文被收录到本书中得以出版，得益于执行委员会的推荐以及国家经济研究局的支持。因为它在大会上引起了人们广泛的讨论，其中的某些观点在这里被引用过来。当另外一位作者较早写的一篇论文没有出现时，这篇论文就被邀请录入本书。而且，最为重要的是因为它和本次大会的主题具有特殊的相关性。

　　我们对以下人员在准备这篇论文中提供的帮助表示感谢：Walter Dolde（瓦特·多德），James Pugash（詹姆斯·普加什），Geoffrey Woglom（杰弗瑞·沃格洛姆），Hugh Tobin（休·托宾），尤其是Laura Harrison（劳拉·哈里森）。同时对Robin Matthews（罗宾·马修斯）指出我们在第一篇草稿中存在的某些问题表示感谢。

它们是如何改变系统均衡的。但很显然，这些"冲击"是持续不断地发生的，绝不允许系统达到它的均衡状态，这一事实曾令人相当烦恼。凯恩斯理论试图将静态均衡理论运用于储蓄和资本积累这些本质上属于动态的问题中去，尽管取得了一定的成果，但也落入了传统的窠臼之中。

1940 年，罗伊·哈罗德先生开始从事将静态分析转化为动态分析的研究，到 20 世纪 50 年代，许多理论学家才实现此目的。系统的长期均衡变成了一条稳定的增长路径，而且，比较静态分析工具可被应用于其他增长路径，而不是与之对应的稳态中。虽然新凯恩斯主义宏观经济学开始变为描述经济偏离均衡增长的领地，但是在对增长理论所做的重新解释和整合工作仍未达到令人满意的结果。

迄今为止，当代新古典增长理论已经足够完善，并被写入了教科书。它是一种研究潜在产出（或是按照统一标准的生产力利用率得到的产出）增长的理论，该理论认为潜在产出由三个因素决定：劳动力、技术状况以及人力资本和有形资本的存量。前两个决定因素通常被假定以外生的非经济因素决定的速度缓慢增长，资本的积累由人口增长决定，而且当达到均衡状态时，资本存量的增长和劳动与技术的增长以及产出的增长相互匹配。正如它本身那么简单，模型得出的结果与可以观察到的经济增长趋势吻合得很好。

必须承认，现代新古典增长理论中的稳定均衡增长是一个常规的复制过程。和上面提到的历史上那些研究发展的学者所描述的震荡结构性变化、技术变化和社会变化相比，它显得比较呆板。在总增长中或者在抽象的跨部门生产模型中，该理论都隐藏了所有细节——产量的提高和降低、技术的进步和落后、行业中部门数量的增加和减少，以及随之而来的人口空间分布和职业分布的变化。许多经济学家赞同熊彼特提出的资本主义演化图景的轮廓，这一理论与现在的马萨诸塞州剑桥学派提出的增长模型不同，也与英国剑桥学派提出的不同。但是，那些图景必须被转化为一种理论，才能被应用于每天进行的分析和实证检验中去。

无论如何，一些增长理论现在已经成为被人们所接受的经济学准则。从经济周期的描述性语言中可以找到这种观点发生变化的迹象。国家有关部门定义的"萧条阶段"是指本质上总的生产活动处于下降的那段时期。从 1960 年以来，通过实际产出和潜在增长之间的缺口来描述经济运行状况，已经越来越常见了。尽管世界萧条仍然是引起混乱和争吵的来源，但几乎每个人都承认：经济正在失去其增长的基础——增长最终将不得不再次被剥夺——无论如何经济的真实扩张速度将低于潜在产出的增长速度。

在 20 世纪 60 年代初，经济增长就已成为政府制定政策时所宣称的目标，这在许多国家中都可以看到。谁会反对这么做呢？但是如同大多数价值负载的词语，增长在不同的时间对不同的人所具有的意义也不同。经济增长政策经常被简单地确定为，旨在使实际产出和潜在产出一致而采取的扩张总需求的措施。从这个意义上说，它是一种简单的稳定性政策，它和过去采取的经济周期平滑化政策相比只是具有更多的缺口意识和增长意识。

对于第二次世界大战后新古典经济增长理论学派的经济学家来说，增长政策的意义不止上述那些，同时也更富有争议。它意味着要有意识地采取行动来促进潜在产出本身的增长，尤其使劳动生产率得到提高。从这个意义上说，增长政策没有被广泛地理解和接受。新古典经济模型对以上所述的两种促进经济增长的政策进行了概括，这两者很可能是相互关联的：采取提高技术知识的措施，以及使潜在产出中用于物质资本积累和人力资本积累的份额得到增加的措施。①标准模型的另外一种含义就是：除非人们能够找到一种方法来使技术一直得到提高，否则增长政策将不会永远使增长速度得到提高。采取一种短期的措施可能会暂时促进经济增长，可以持续几年或者几十年，但是一旦经济把这些措施消化掉，其未来的增长速度将会再一次受到劳动力和技术的限制。然而，它的增长路径的高度将永远比不采取政策的情况要高。

促进增长的措施几乎总是涉及以下两方面：将现有资源从其他途径进行转移，以及为了未来几代消费者的利益而牺牲当代人的消费。支持较快速度进行增长的狂热者，都是追求未来的福利而不是追求现在的福利。他们之所以这么做，是以这样一种观点为理论基石：在放任自由的市场经济中，因为现在的产出中只有太小的一部分被保留下来，所以未来的增长会受到限制。我们现在提到这点，是因为我们应当回到这样一个具有讽刺意味的事实上去，即20世纪70年代反对增长的人们认为，正是那些声称未来经济会脆弱的人们反对现在过度利用资源。

就像那些狂热者，现在对增长持批判态度的人不再迷恋于理论和政策，不再迷恋于10年之前的经济教条的描述意义和规范意义了。今天，这种觉醒的缘由是值得我们思考的，因为它们为未来的理论研究和实证研究指明了方向。

我们已经选择把我们的注意力转向下面提到的三个重要问题上，它们是由那些质疑未来经济增长的需要性和可能性的人们提出来的：①目前用产出的核算来评估经济福利增长这种方法合适吗？②增长的过程是否必然会浪费我们的自然资源？③人口增长的速度是如何影响经济福利的？特别是，人口零增长的效果会如何？

----

① Edward Denison 在他的有影响力的文章"The variety of possible measures, and the difficulty of raising the growth rate by more than one or two percentage points"（New York, Committee for Economic Development, January 1962, Supplementary Paper No.13）中，已经研究得出可能采取的措施，以及促进经济增长超过 1%或 2%的困难。

经济福利测度

反对经济增长的人们提出的一个主要问题是，我们促进经济增长的方式是否具有某种意义呢？国民生产总值（GNP）的统计数字不能对此做出解释，因为 GNP 不是一个衡量经济福利的指标。恩里克称 GNP 的最大化不是一个合适的政策目标，这么说是正确的。经济学家们都知道，他们每天把 GNP 作为衡量经济运行的标准显然给人们这样一种印象，即他们是 GNP 指标应用的"保护神"。

GNP 具有一个很明显的缺点，即它是一个衡量产出的指标而不是一个衡量消费的指标。毕竟经济活动的目标是消费，虽然这是经济学的重要假设，但是在概念上或在统计上，经济学已经慢慢形成了针对消费的衡量经济运行绩效的方法，并得到了广泛定义和仔细计算。我们已经构建了一种初始的和实验性的指标，即"经济福利测度"（MEW），在这一核算方法中，我们试图允许在 GNP 和经济福利之间存在更加明显的矛盾。在附表 A（略）中列出了一个完整的账目。在这里我们讨论一下主要的结果，并在表 3-1 和表 3-2 中对其进行总结。

在提出一种衡量经济福利的方法时，我们绝不否认传统的国民收入核算的重要性，也不否认基于此基础上进行产出核算的重要性。我们所说的 MEW 方法在很大程度上是对国民核算账户所做的重新安排。国民生产总值和国民生产净值都是经济学家进行短期分析、预测经济以及政策制定的重要工具，同时也是实现许多其他目的的必不可少的衡量指标。

我们总体上按照三种类型来对 GNP 进行调整：第一，将 GNP 的支出按照消费、投资和中间产品来重新分类；第二，对消费者的资本服务、休闲和家庭劳动产出进行估算；第三，对在城市化过程中发生的不适进行纠正。

3.1　对 GNP 的最终支出进行重新分类

我们的做法是这样的：首先，把某些项目从总支出中去掉，把它们当做是辅助性产品和中间产品要比把它们当做最终产品更好；其次，把剩下的项目在消费和净投资之间进行分配。因为国民核算不会对政府采购的商品和劳务进行区分，我们所做的一项重要工作就是把国民经济核算账户分为三种：中间产品、消费和净投资。我们也将对某些私人的支出进行重新分类。

中间产品是指这样的商品和劳务，即它们对现在和未来消费者福利所做的贡献被完全计算在其他商品和劳务的价值中去。为了避免双重计算，在估算经济活动的净产出时不应当把它们包括进去。因此，所有的国民经济收入核算账户是对最终消费（比如是面包，而不是面粉）和资本构成（如盖好的房子，而不是木料）进行核算的。在将核算项目划分为中间产品还是最终产品时，存在的比较难以解决而且比较有争议的问题如下：

资本消耗　资本存量的贬值构成了产品的成本。需要抵消贬值的那部分产出属于中间产品，正如在生产过程中消耗掉的原料那样。在很多场合，包括许多评估福利指标在内，使用 NNP 指标要优于 GNP 指标。只是 NNP 指标在核算资本消耗时面临一些困难以及存在滞后现象，这使得 GNP 变成了一个受人欢迎的统计指标。

然而，NNP 本身不能把许多耐用品当做资本来处理，而且也不能把用于置换或者用于积累的整个产出都当做最终产品来计算。这些基本要点值得反复强调，因为我们有些同行对公众说，经济学家因为其自身缘故而赞成使用浪费的"生产量"。集中使用"NNP"指标，而且把所有耐用品看做是资本商品，将避免把这样一种愚蠢的悖论理解为：有意识地使商品变得更加耐用就会增加国民产出。但是，我们估计，对消费者的耐用品进行恰当的处理，几乎不会对NNP 产生影响（见表 3-1 第 3 项和第 5 项）。

表 3-1　经济福利测度，实际的以及可持续的数据，1929~1965 年

（单位：10 亿美元，1958 年的价格，除了第 14~19 行，表中对应位置已经标明）

	1929	1935	1945	1947	1954	1958	1965
1. 个人消费、国民收入以及产品账户	139.6	125.5	183.0	206.3	255.7	290.1	397.7
2. 私人辅助性支出	−10.3	−9.2	−9.2	−10.9	−16.4	−19.9	−30.9
3. 耐用商品采购	−16.7	−11.5	−12.3	−26.2	−35.5	−37.9	−60.9
4. 其他家庭投资	−6.5	−6.3	−9.1	−10.4	−15.3	−19.6	−30.1
5. 消费者资本服务价值估算	24.9	17.8	22.1	26.7	37.2	40.8	62.3
6. 休闲价值估算							
B	339.5	401.3	450.7	466.9	523.2	554.9	626.9
A	339.5	401.3	450.7	466.9	523.2	554.9	626.9
C	162.9	231.3	331.8	345.6	477.2	554.9	712.8
7. 非市场活动价值估算							
B	85.7	109.2	152.4	159.6	211.5	239.7	295.4
A	178.6	189.5	207.1	215.5	231.9	239.7	259.8
C	85.7	109.2	152.4	159.6	211.5	239.7	295.4
8. 不适纠正	−12.5	−14.1	−18.1	−19.1	−24.3	−27.6	−34.6
9. 政府消费	0.3	0.3	0.4	0.5	0.5	0.8	1.2

续表

	1929	1935	1945	1947	1954	1958	1965
10. 政府资本服务估算	4.8	6.4	8.9	10.0	11.7	14.0	16.6
11. 总消费=真实的 MEW							
B	548.8	619.4	768.8	803.4	948.3	1035.3	1243.6
A	641.7	699.7	823.5	859.3	968.7	1035.3	1208.0
C	372.2	449.4	649.9	682.1	902.3	1035.3	1329.5
12. MEW 净投资	−5.3	−46.0	−52.5	55.3	13.0	12.5	−2.5
13. 可持续 MEW							
B	543.5	573.4	716.3	858.7	961.3	1047.8	1241.1
A	636.4	653.7	771.0	914.6	981.7	1047.8	1205.5
C	366.9	403.4	597.4	737.4	915.3	1047.8	1327.0
14. 人口	121.8	127.3	140.5	144.7	163.0	174.9	194.6
人均实际 MEW							
15. 美元							
B	4506	4866	5472	5552	5818	5919	6391
A	5268	5496	5861	5938	5943	5919	6208
C	3056	3530	4626	4714	5536	5919	6832
16.指数（1929=100）							
B	100.0	108.0	121.4	123.2	129.1	131.4	141.8
A	100.0	104.3	111.3	112.7	112.8	112.4	117.8
C	100.0	115.5	151.4	154.3	181.2	193.7	223.6
人均可持续 MEW							
17. 美元							
B	4462	4504	5098	5934	5898	5991	6378
A	5225	5135	5488	6321	6023	5991	6195
C	3012	3169	4252	5096	5615	5991	6819
18. 指数（1929=100）							
B	100.0	100.9	114.3	133.0	132.2	134.3	142.9
A	100.0	98.3	105.0	121.0	115.3	114.7	118.6
C	100.0	105.2	141.2	169.2	186.4	198.9	226.4
19. 人均NNP							
美元 1929=100	1545	1205	2401	2038	2305	2335	2897
	100.0	78.0	155.4	131.9	149.2	151.1	187.5

注：变量 A、B、C 在表中对应不同的假设，来源于休闲和非市场活动的技术进步。见第 3.2 节的解释。

资料来源：附表 A.16（略）。

我们对其他资本消耗所进行的调整是由于考虑了政府资本以及考虑了体现在人们身上的教育资本和医疗资本引起的。事实上，我们已经将教育支出和健康支出（包括公共和私人的支出）重新分类为资本投资。

增长的必要条件　原则上，国民生产净值告诉我们经济能够无限地维持我们进行多少消费，这一点 GNP 就做不到；在任何一年将 GNP 全部消耗掉，会损害未来的消费预期。但是，福利目标是人均消费而不是总消费；一般说来，经济学家和其他评论者都不会把在享受同等平均生活水平下的人口数量的绝对增加看做是一种福利的改进。NNP 夸大了可持续的人均消费，除非在一个人口数量固定不变的社会中——这是另外一个在过去普遍的“稳态”假设的例子。在净投资为零的情况下，人均消费是不能够维持的，资本存量的增长必须和人口以及劳动力的增长速度保持一致。扩张资本这一必要条件，事实上就像完全的资本消耗一样，它是为了使经济达到同等发展水平所支出的成本。[①]

当增长仅仅表现为人口和劳动力增加时，这一原则就变得尤为明显。在一个技术进步的经济中，它的应用毫无疑问是明确的。实际上，国民收入这一概念正变得模糊。那么，资本扩张这一必要条件应当被看做它意味着资本应当和产出以及技术的增长速度保持一致，而不仅仅是和劳动力增长保持一致吗？如果答案是肯定的话，隐含的人均可持续消费就应按照技术进步的速度进行增长。这个观点和我们已经所接受的观点一致。另外，由于技术的进步，假定可持续的人均消费水平可以持续下去，并同时伴随着资本—产出比的稳定下降。[②]

表 3-2 的第 7 项列出了增长的必要条件。显而易见，这是对 GNP 进行的重大修正，在 1965 年，修正的部分大概占 GNP 的 16%。

我们在计算人均消费时，分为实际人均消费和可持续人均消费两种。实际的 MEW 可能超过可持续的 MEW，也可能低于可持续的 MEW。可持续的 MEW 是一个能够同时满足资本消耗和增长需要的数值。如果这些条件得到满足，人均消费就能够按照劳动生产率提高的速度进行增长。当实际的 MEW 低于可持续的 MEW 时，经济为未来消费者的福利增加做了更好的准备，当实际的 MEW 超过了可持续的 MEW 时，现在的消费实际上透支了一部分经济未来增长的成果。

辅助性支出　GNP 和 NNP 都是用来衡量产出而不是用来衡量福利的指标，所以它们把许多这样的经济活动都计算进去了，即这些活动很明显不能直接产生效用，但不合需要的是，必须把它们投入到那些可能会产生经济效用的活动中去。消费者的某些支出仅仅是辅助性的，例如上班时所花费的交通成本。政

---

① 考虑不存在技术变化的新古典模型这种情况。当劳动力以速度 g 增长，资本—劳动比率是 k，单位工人的总产出是 $f(k)$，单位工人的净产出是 $f(k) - \delta k$，此时，净投资需求为 gk，而且单位工人可持续消费是 $f(k) - \delta k - gk$。把资本—产出比率表示为 $\mu = [k/f(k)]$，单位工人可持续消费也可以写为 $f(k)[1 - \mu(\delta + g)]$。尽管 NNP 在原则上包含了折旧扣除 δk，但它没有考虑到资本扩充需求 gk。

② 众所周知，除非增长是纯粹的劳动—增加型，即所谓的“哈罗德—中性”，否则总的均衡增长就会瓦解。在那种情况下，上述的增长速度 g 等于 $n + \gamma$，其中，n 是增长的自然速度，而 γ 是技术进步的速度，而且“劳动力”意味着有效的或者是增加的劳动力。在均衡时，单位自然工人的产出和消费以速度 γ 增长，而单位“可持续”消费意味着消费以这个速度稳定增长。很明显，人均消费水平可以以比 $g\mu f(k)$ 更低的净投资维持着。因此，μ 和 k 稳定下降。见下面的内容。

表 3-2　国民生产总值以及 MEW，1929~1965 年

（单位：10 亿美元，按照 1958 年的价格计价）

年　份	1929	1935	1945	1947	1954	1958	1965
1. 国民生产总值	203.6	169.5	355.2	309.9	407.0	447.3	617.8
2. 资本消费 NIPA	−20.0	−20.0	−21.9	−18.3	−32.5	−38.9	−54.7
3. 国民生产净值 NIPA	183.6	149.5	333.3	291.6	374.5	408.4	563.1
4. NIPA 最终产出重新分类为不合需要的支出和中介支出							
a）政府	−6.7	−7.4	−146.3	−20.8	−57.8	−56.4	−63.2
b）私人	−10.3	−9.2	−9.2	−10.9	−16.4	−19.9	−30.9
5. 对于一些没有包含在 NIPA 总的项目进行估算							
a）休闲	339.5	401.3	450.7	466.9	523.2	554.9	626.9
b）非市场活动	85.7	109.2	152.4	159.6	211.5	239.7	295.4
c）不适	−12.5	−14.1	−18.1	−19.1	−24.3	−27.6	−34.6
d）公共资本服务和私人资本服务	29.7	24.2	31.0	36.7	48.9	54.8	78.9
6. 附加的资本消耗	−19.3	−33.4	−11.7	−50.8	−35.2	−27.3	−92.7
7. 增长需求	−46.1	−46.7	−65.8	+5.4	−63.1	−78.9	−101.8
8. 可持续的 MEW	543.6	573.4	716.3	858.6	961.3	1047.7	1241.1

NIPA＝国民收入和产品账户。

注：表 3-2 中的变量 A、B、C 是关于技术进步对休闲和非市场活动带来的影响的不同假设。变量 A 假定技术进步如果以实际工资进行增长，则不会给休闲和非市场活动带来任何益处。变量 B 假定休闲不会通过技术进步而增加，但是，其他非市场活动可以得到益处。变量 C 假定技术进步均会给休闲和非市场活动带来益处。

资料来源：附表 A.17（略）。

府的某些"购买支出"也属于这种性质，例如警卫服务、环卫服务、道路维护和国防。这些项目的支出属于一个复杂的工业民族国家必要的间接成本，尽管关于必要的支出数额还有很大的争论空间。将这些支出划为中间产品而不是最终资源的使用，对于这些问题我们不做任何评价。但是，对这些问题做出决定是困难而且有争议的。在国防这个重要的例子中，这些问题就已经明显暴露出来。

我们将防御支出排除在中间产品的范围，是出于两个原因：第一，我们看不到防御支出对家庭的经济福利产生的直接效果。没有哪个理性的国家（或家庭）出于自身的原因去购买"国防"这种服务。如果没有战争发生或没有战争的危险，那么就根本不需要防御支出，而且没有人会因为离开了这些"防御支出"而使自己的福利恶化。此时，从概念上讲，防御支出是总产出而不是净产出。

第二，防御支出是投入的数值而不是产出的数值。在防御支出的计算中，可衡量的产出的计算就变得模糊不清了。从概念上讲，防御支出是为了保证一

个国家的安全。1929~1965 年，国家安全的价值是否从 5 亿美元上升到了 500
亿美元了呢？很明显不是这样的。假设防卫支出的增长是由于国际关系的恶化
以及军备技术的变化引起的，这么说显然更加合理。提供一个既定安全水平所
花费的成本已经显著增加了。从 1929 年以来，如果在安全方面的支出没有相
应得到增加，那么防御成本就会是一个非常有误导性的衡量福利改善的指标。

经济满足增加的防御成本支出的能力对于它的产出表现是很有说服力的。
但是，生产能力转为实现这个目的，不能仅仅被看做是国家偏好以及产品结构
的转变。正如当技术进步、管理革新以及环境变化对我们有利（发明新的商用
机器或者发现矿藏）时，我们就会把它们计算进来一样，当环境恶化对我们不
利（坏天气和战争）时，我们也必须把它考虑进去。从经济福利的角度来看，
武器控制和解除武装协议将会释放一些资源，并使消费增长 10%，这样做的结
果和使用新的工艺过程一样都会产生同样的增长。

在将防卫费用（或者是警卫支出，或者是公共健康支出）划分在"不合需
要的"支出和辅助性支出账户中时，我们当然不会否认这样一种可能性，即考
虑在使得这些防卫支出发生的不利情况下，消费者最后可能在这些支出条件下
得到的福利要比没有这些条件更高。我们所做的唯一评价就是：这些支出不会
产生直接的满足感。即使这些"不合需要"的支出是对经济活动环境的不利变
化所做出的理性反应，我们也认为衡量福利时（或许不像衡量产出时）应当记
录这种经济环境的变化。

但是，我们必须承认，很难在最终产出和辅助性支出之间划分界限。例
如，消费者需求的可塑性所引发的哲学问题，从经济核算的角度看是很难解决
的。消费者容易受其他消费者购买的商品、偏好以及制造商的销售引导的影
响。或许我们所有的需求都只是"不合需要的"必需品，或许生产活动不比满
足它所产生的需求好多少，或许我们的净福利产出是重复为零的。更为严重的
是，我们不能仅仅通过商品和劳务的流通数量来衡量福利。我们需要其他度量
个体健康和社会健康的指标。这些测量指标也将和价值体系相关，它决定了假
设的迹象反映出来的是健康还是疾病。但是，最近几年的"社会指标"运动仍
然缺少一种连贯的、概念统一的以及具有统计意义的框架。

1929~1965 年，就我们已经能够定义并且能够测算的间接费用和不合需要
的支出部分来说，它们占 GNP 的比例从 8%上升到了 16%。

3.2 对资本服务、休闲和非市场交易性工作进行估算

在国民收入核算中，租金是根据房东拥有的房屋来估算的，而且它被当做

是消费和收入。我们必须在其他情况下对我们已经应用的资本核算做出类似的估算。像房东拥有的住房那样，其他消费者拥有的耐用消费品和公共投资也会直接构成消费，不需要经过市场交换。对于教育资本和健康资本来说，我们已经假定其产出属于中间服务而不是直接消费。也就是说，我们期望在劳动生产率和收入中看到对教育和健康进行投资的成果，而且我们不想对它们计算两次。在某种程度上，我们的计算低估了经济福利及其增长，即教育和医疗保健是消费者满意的直接来源而不是间接来源。

在核算国民经济产出时，对休闲和非市场生产活动的遗漏给人们这样一种印象，即经济学家是盲目的物质主义者。经济理论表明，即便NNP下降时经济福利也能够增加，这是因为可以自愿选择花更少的时间去工作赚钱，比如一周工作更少的小时数、一年工作更少的周数，或一生工作更少的年数。

不幸的是，这些估算产生了严重的概念性问题，这将会在下面进行讨论。假设在计算用美元衡量的总消费时，用于休闲和非市场生产活动的时间是通过它们假定的机会成本，即货币工资率来定价。在将现在的美元消费转变为常量时，对这段用于休闲和非市场活动的时间中所消费的商品和劳务计算的不能观察到的价格指数应该做出什么假设呢？是用工资率吗？还是用在市场交易的消费商品的价格指数呢？在长达40年的时间里，这两者之间明显存在着分歧。在它们两者之间做出的选择对于衡量MEW的增长产生很大的影响。就像在附表A中所做的解释那样，如果技术进步已经使得用于非市场活动的时间增加到与进行市场活动相同的程度，那么应当使用市场消费的"平减物价指数"。如果在无报酬的时间里的效率没有发生这种技术进步的话，那么工资率应当就是平减物价指数。

在表3-1和表3-2中，我们给出了三个衡量概念的计算结果。我们自己的选择是MEW指标的变形B，在这种方法中，休闲的价值通过工资率来消除通货膨胀，而非市场活动的价值可以通过消费平减物价指数来消除通货膨胀。

3.3　城市化带来的"不适"

国民收入核算很大程度上忽视了许多产生正效用和负效用的项目，它们和市场交换没有关联，或者说它们不能用商品和服务的市场价值来衡量。如果我的一个邻居耕种一片花园，它正变得越来越漂亮，而其他邻居却制造越来越多的噪声污染，那么商务部既不会关心我正在享受越来越美的风景，也不会关心我正在被噪声弄得越来越苦恼。

有一些社会性生产资本（比如环境），也存在着此种问题。它们不会列入任何一张资产负债表，它们对生产者和消费者提供的服务不会被计入国民收入中。同理，对于消耗它们在未来提供服务的能力，我们也不对其给予任何补贴。

许多经济增长带来的负"外部性"是和城市化以及人口拥挤联系起来的。由 NNP 数据所记录的现实经济的发展显示，它已经经历了乡村农业转移到城市工业的巨大变迁。没有职业类别的演进和居住方式的革新，我们不可能享受到技术进步带来的成果。但是，城市居民较高收入的一部分可能只是被用来弥补城市生活和工作中遇到的不适。如果是这样的话，我们不应当把人们从农场或小城镇转移到城市，而使 NNP 得到的全部增长都看做是福利的增加。将较高的工资和较高的人口密度持久地联系起来，为核算城市生活的成本提供了一种方法，当人们在做出居住选择和职业选择时，会把它们赋予价值进行考虑。

正如下面所解释的那样，我们已经尝试通过对截面数据进行回归分析的方法来估算将人们留在较高人口密度地区生活所必需的收入差额。表 3-1 第 8 项显示了对城市化的不适成本进行估算的结果。从中可以看到，估算出的不适成本是相当大的，几乎占 GNP 的 5%。然而，人口城市化的进度还没有快到此种程度，即支付如此高的成本就会显著减少预计的经济增长速度。

表 3-1 显示了如何把国民核算中的"个人消费"调整为 MEW 消费，表 3-2 则概括了 GNP、NNP 和 MEW 三者之间的关系。由于前面提到的原因，我们认为对福利的衡量应当包括人均水平这个指标。我们将会强调表 3-1 和表 3-2 列出的人均 MEW 数据。

尽管这里列出的数据是具有试验性质的，但它们确实可以表明以下观点：第一，MEW 与传统的产出衡量指标是非常不同的。从 GNP 中忽略掉的某些消费项目，它在数量上是很重要的。第二，我们选择变异后的衡量指标人均 MEW 一直比人均 NNP 的增长速度要慢（1929~1965 年，以每年的增长速度看，人均 MEW 的增速为 1.1%，而人均 NNP 的增速为 1.7%）。然而，MEW 一直在增长。由传统的国民核算所显示的增长，不只是一个神话（当一个面向福利的衡量指标被替代之后，这种神话就消失了）。像前面所说的计算过程不可能令持有下述观点的批评家满意，即他们认为经济增长本身会积累起庞大的社会成本，而即使在最细心的国民收入核算中也会把它们忽略掉。面对我们地球资源的有限性，以及经济和人口按照指数级的速度增长，环境学家认为未来不可避免会出现资源匮乏的现象。即使在富裕的国家，马尔萨斯的"幽灵"也会在那里游荡。

对于这种批评，有一种熟悉的声音警示着我们。自从工业革命以来，某些悲观的科学家和经济学家不断警告人们，经济扩张的可能程度最终会受到自然资源的限制，而且由于现在忽略了自然资源的有限性，最终社会会使未来的经济承受更大的痛苦。

对人口增长提出警告是本章的一个重要部分，这也是我们下面要谈的问题。把人口增长作为一个既定的条件，那么自然资源就会越来越严重地滞后于经济增长吗？我们还没有找到证据来证明这种担心是合理的。事实上，相反的观点看起来更可能会发生，即使自然资源的储备下降了，人均产出的增长也会非常轻微地加快。

盛行的标准增长模型假设：对于非劳动力生产要素供给的增加是无限的。该模型基本上是一个由两因素决定的模型，模型中的产出只取决于劳动力和可再生资本。土地和资源是经典的"三要素"模型的第三种要素，在这个模型中被舍弃了。理论的简化转向了实际工作之中。在过去10年里，计量经济学家建立的成千上万的总产出方程，都是由劳动和资本构成的方程。据推测，内在的合理性为：可再生资本是对土地和其他可耗竭资源的几乎完美的替代品，至少从宏观经济学惯有的总量特征这一角度看是这样的。如果在任何给定的技术条件下，对自然资源进行替代是不可能做到的，或者说，如果一种特殊的资源被消耗完了，我们会潜在地假设"增加土地"的新技术会解决资源贫瘠这个问题。

这些关于技术的乐观的假设与环境学家所说的不存在自然资源的替代品这一潜在假设形成了对比。在这种条件下，人们很容易看到产出将确实会停止增长或者说会减少。因此，新古典增长要素（资本和劳动力）和自然资源之间的可替代性（或用学术术语表达为"替代弹性"）对于未来经济的增长是非常重要的。这是一个需要进行进一步广泛研究的问题，但是我们已经进行了两项试探性的研究去寻找可行的证据。下面的附表B（略）对此做了详细说明。

首先，我们对几种经济增长的过程进行了模拟，来看哪种关于替代性和技术的假设会符合"程式化"的事实。重要的事实有：人均收入和人均资本的增长、自然资源投入及其对收入贡献份额的相对减少以及资本产出比率的缓慢下降。在所考虑的各种形式的生产函数中，下面的假设最接近于复制这些"程式化"的事实：①在自然资源和其他生产要素之间的替代弹性很高（要显著高于同质性），或者是扩充资源的技术变化已经比综合生产力水平进展的更快；②在劳动和资本之间的替代弹性接近不变。

在做完这些模拟试验之后，很显然对选择使用的生产函数的参数进行直接估计是可能的。计量经济学的估计结果证明了我们所说的第1个命题。同时，它似乎也支持另外一个命题，即在资本要素和新古典生产要素之间具有高替代弹性。

当然，未来与过去不同，这总是可能的。但是，如果我们的估计得到人们的认可，那么在未来50年中（也许许多环境保护者们预测到增长会结束的时期），替代的持续性将会带来小幅度的增长——或许每年以0.1%的速度增长——从人均收入增长这个角度来看。

虽然我们的经济是市场运行和政府管制的混合体，但是它就可以偏向于支持浪费性以及短视性地开发自然资源吗？考虑到这一指责，我们必须区分两种典型的情况，尽管许多实际中发生的情况是介于两者之间的。第一，这里有许多独占资源，购买者需要支付市场价值才能获得，使用者愿意支付市场租金来租入。第二，这里有许多不可占资源，即"公共产品"，它的使用对单个生产商和消费者来说都是免费的，但是对社会来说它是昂贵的。

如果过去对未来有任何启示性意义的话，那么担心资源的耗竭就显得没有道理了，因为市场已经把资源看做是经济商品了。我们已经对这一具有讽刺意味的事进行了评论，即赞同增长和反对增长的人都引用了后代人的利益来支持他们的观点。他们之间的问题不在于是否应该为后代人的发展做好准备或者应该为他们做出多少准备，而在于应该以什么样的形式来为他们做出准备。支持增长的人强调应当给他们提供可再生资本和教育，自然资源保护论者则强调为他们提供可耗竭的资源——地下的矿藏、广阔的空间、未开垦的土地。经济学家最初的假设是，市场将会通过一定条件来决定通过何种形式传输财富，这一条件是各种财富均具有可以比较的回报率。现在的自然资源储备（例如，矿藏储备）是非常贫瘠的。它们带给所有者的回报表现为：和其他商品的价格相比，这些资源价格是增加的。在一个功能健全的市场经济中，人们将以这样一种速度来开发资源，即它们的相对价格升值速度与其他种类资本回报的升值速度相比具有竞争力。许多自然资源保护学家已经认识到，这种价值升值是令人担心的。但是，如果这些资源的价格准确地反映未来资源的稀缺性，那么它们的价格必须上升，以便阻止资源被过快地开发。自然资源应当以相对紧缺的方式来得到增长；否则，和用于生产的物质资本和人力资本相比，它们对于社会生产并转移财富来说就是一种无效的方式。价格升值会保护资源不被过早地开发。

一个过度开发资源的情境如何表现呢？我们从资源的相对价格升值速度可以看出，它们将超过财产的普遍实际收益率。这表明相对于后面将会显示的偏好和技术，在过去的社会对珍稀资源的利用太过于浪费了。我们所拥有的零散的证据表明，资源价格的上升几乎不算是过度的。事实上，对于某些资源来说，其价格似乎比有效利用资源事后得到的价格增长得更慢。

如果这种推理过程是正确的，那么最后审判日以及经济崩溃（比如说，当所有的化石燃料永久消失时）这一天到来的梦魇，似乎是基于不能够接受现在以及未来能够找到替代能源和生产工序的可能性上得出的结果。当最后审判日越来越临近时，能源价格的上涨将会给那些替代能源以及剩余能源储备带来很强的刺激——虽然它们现在还不能做到这点。另外，环境学家和科学家的警告确实强调从国家范围和世界范围对能源和其他资源进行持续监控的重要性。替代性可能会消失，可以想象的是市场和政府机构可能对我们找到化石能源的新的并且安全的替代品的前景太过于自信了。在经济学家和自然科学家之间进行富有成果的合作，这样的机会和需求从来都没有变得更多。

　　可能存在的滥用公共自然资源现象是一个更加严重的问题，将生态失调划分为局部生态失调和全球生态失调是有帮助的。前者包括暂时的空气污染、水污染、噪声污染和视觉污染。我们没有向汽车使用者和电子产品使用者就其对空气造成的污染收取费用，也没有向农民和家庭主妇就其排放肥料和去污剂对湖水造成的污染而收取费用，这些都是不争的事实。从这个意义上说，我们的国民产出已经过高估计了福利的增长。对我们以上所提出的城市不适现象进行估算的结果表明，目前的总消费水平被高估了将近5%。

　　把一些实际上不是免费的资源看做可以肆意使用的资源，会带来其他严重的后果。这种做法对经济增长的方向发出了错误的信号，应当激励汽车制造商和电子产品制造商发明和采用"更加清洁"的技术。汽车和电子产品的消费者应当对他们使用这些产品带来的污染，或者对在减少污染的处理过程中带来的更高成本支付更高的价格。如果人们接受这些成本，并使得消费者转向购买其他商品和劳务，那也是有效的。目前，这些商品的过量生产受到了不经济的补贴，事实上就像是生产商收到了财政部门的现金补贴。

　　反对经济增长的人们所犯的错误在于，因为经济增长的方向错误而责备经济增长本身。方向的错误是由于定价系统的缺陷造成的——这是一个严重的缺陷，但绝非不可弥补。而且，它是一个在静态经济中无论如何都会表现出来的缺陷。在过去的30年中，污染物的增加已经快于人口和经济的增长。但是，通常的经济增长已经使这个问题变得更加明显，该问题似乎是由于采用特殊的技术引起的。采取适当的补救措施可以纠正价格体系以便阻止人们使用这些技术。为了能够呼吸更加清新的空气而采用经济零增长的方式是比较笨拙的方法，其代价是非常昂贵的，而且这很可能也是无效的。

　　关于全球生态系统面临崩溃这样的危险，单靠经济学解决此问题的可能性非常小。或许我们正在以这样一种速度将废气排放到大气中，即按照这种速度排放将会使极地的冰雪融化，并淹没全世界所有的海港。不幸的是，关于这种后果产生的原因及其发生的可能性似乎有很大的不确定性。这种具有灾难性的全球骚乱现象，确保了它比地区骚乱（人们已经给予了太多的关注）更有优先研究的价值。

　　就像自然资源所起的作用那样，人口在标准的新古典模型中所起的作用已经适于进行复查。假设人口和劳动力是可以外生的增长，就像复利那样是外生的。反对的声音是从叙述性和规范性角度考虑得出的。我们知道人口增长不可能永远持续下去。总有一天，人口会达到一个稳定的状态或者不断地下降，这或许是由于高出生率和死亡率以及较短的平均寿命造成的，或许是由于低出生率和死亡率以及较长的平均寿命造成的。正如理查德·伊斯特林在他的 National Bureall[①] 一书中所争论的那样，肯定会存在一种适应于经济环境的人口出生率和死亡率。阿拉斯既不是经济学家，也不是其他领域的社会科学家。他已经因为成功地提出了一种出生率理论而声名显赫，该理论大致与现实中的情况相符。这个研究项目应当受到现在经济学家和计量学家更多的关注。

从规范分析的角度来看，人们抱怨道：经济学家不应当想当然地认为无论如何人口都会增长。取而代之的是，经济学家应当帮助政府当局制定人口政策，因为"多生的子女"带给社会的成本可能超过他们带给父母的成本。生育选择是市场失效的一个典型例子。怎样吸收人口繁衍带来的全部社会成本，这甚至是一个比吸收污染所带来的社会成本更有挑战的问题。

在过去 10 年里，美国的人口出生率已经显著下降了。如果这一趋势持续下去，它将很快使出生率下降到一个最终满足人口零增长要求的水平。但是，这种趋势在过去已经得到扭转，而且在缺乏对出生率的决定因素真正理解的情况下，对人口出生率进行预测是非常危险的。

通过比较 1960 年和 1967 年两年中美国人口的净出生率和内在（经济学家称之为"均衡"）增长率，可能会看出这种下降趋势。表 3-3 列出的计算结果，指出了 1960 年或 1967 年特定时期的出生率和死亡率无限增长的渐进稳定状态的含义。如果在 20 世纪 60 年代的人口增长趋势持续下去的话，内在增长率将会变成零，而且在 20 世纪 70 年代的人口净出生率为 1。假设人口出生率的下降趋势到那时会停止。当遗传优势在生育能力更强的年龄段逐渐消失时，在未来 40 年或 50 年中，实际人口数量将会缓慢增长。拟合计算得到的人口增长规模可能会在 2.5 亿~3 亿人口。

表 3-3　均衡条件下的美国人口特征

	内含增长率（每年百分比）	净出生率	平均年龄
1960 年出生率-死亡率	2.1362	1.750	21~22
1967 年出生率-死亡率	0.7370	1.221	28
假定的人口零增长率	0.0000	1.000	32

通过减少出生率来降低人口增长速度带来的一个后果，当然就是均衡时人口平均年龄的显著增加，如表 3-3 的第 3 列所示。质变以及创新在多大程度上

---

① Population, Labor Force, and Long Swings in Economic Growth: The American Experience, New York, NBER, 1968.

依赖于数量的增长，这是很难判断的。当我们的制度在规模和数量上不断扩张时，我们可以去掉陈旧过时的制度，而年青一代可以制定出新的制度。在一个静态的人口中，制度的改变将会是要么变得很慢，要么更加痛苦。

现在美国人口出生率的发展趋势表明，与某些更加极端的反增长人士的消极警告相反，当生育仍是私人自愿做出选择的事情时，实现人口零增长似乎是非常有可能的。政府的政策应该集中在以下方面，即通过宣传避孕知识和技术，并使合法堕胎变得可行，以使生育变成一种完全出于自愿的事情。因为现在出生的人口中估计有20%不是出于自愿而生的，这很可能表明，现在计划的人口出生率不足以维持人口的增长。

一旦人口增长的速度被看做是一个变量（或许它受到社会有意识的控制），新古典增长模型就能够告诉人们它的变化所带来的某些结果。正如上面所解释的那样，可持续的人均消费（以技术进步的速度增长）需要足够的净投资来使资本储备以经济增长的自然速度（人口增长速度和生产率增长速度的和）得到增加。考虑到资本产出比率，可持续的人均消费使较低的人口增长速度提高，与此同时，资本扩张的必要条件被降低了。

表 3-4　人均可持续消费和边际资本生产率以及资本产出比率的关系

边际资本生产率					人均消费指数（c）		
总量（R） （1）	净折旧 （R − δ） （2）	资本占 GNP 的比率（μ'） （3）	资本占 NNP 的比率(μ) （4）	人均 NNP 的指标（y） （5）	1960 年人 口增长率 （6）	1967 年人 口增长率 （7）	人口零 增长率 （8）
0.09	0.05	3.703	4.346	1.639	1.265	1.372	1.426
0.105	0.065	3.175	3.637	1.556	1.265	1.344	1.386
0.12	0.08	2.778	3.125	1.482	1.245	1.309	1.343
0.15	0.11	2.222	2.439	1.356	1.187	1.233	1.257

注：柯布-道格拉斯生产函数被假定为 GNP，它有一个恒定不变的规模收益和资本相关的产出弹性（α）为 1/3，而且扩展劳动力的技术进步（γ）为每年 3% 的速度增长。折旧率（δ）被假定每年为 4%，人均 GNP（Y）为 $ae^{\gamma x} k^{\alpha}$ 以及人均 NNP（y）为 Y−δk，这里，k 是资本—产出比率。

第三列：因为 Rk = αY，所以 μ' = k/Y = α/R。

第四列：μ = μ'/(1 − δμ')。

第五列：y = (1 − δμ') Y，对于指数，令 $ae^{\gamma x}$ 等于 1。

第六、七、八列：c = [1 − (n + γ) μ] y，令 γ = 0.03，则 1960 年有 n + γ = 0.0513，1967 年有 n + γ = 0.0374，ZPG 为 0.0300。

但是，这不是降低人口增长速度所带来的唯一结果。均衡的资本—产出比率本身也被改变了。一个人的平均财富是处于不同年龄段人们的财富状况的加权平均。从一个典型的家庭生命周期来看，开始时财富较少或者是负的，然后财富积累到老的时候进行消费；或者当他们在人生的中间阶段子女需要较大开支的时候进行消费。现在，一个稳定的或低速增长的人口有其特有的年龄分布

表 3-5　不同人口增长速度估算得出的意愿的财富—收入比率
（以及针对不同的均衡成人规模以及主观的折现率得出的比率）

净利率 (R-δ)	意愿的财富—收入比率 (μ)		
	1960 年的人口增长率 (0.021)	1967 年的人口增长率 (0.007)	ZPG
青少年, 1.0; 儿童, 1.0; 折现率, 0.02			
0.05	-1.70	-1.46	-1.24
0.065	0.59	0.91	1.16
0.08	2.31	2.70	2.90
0.11	4.31	4.71	4.95
青少年, 0.8; 儿童, 0.6; 折现率, 0.01			
0.05	0.41	0.74	0.97
0.065	2.36	2.75	3.00
0.08	3.74	4.16	4.41
0.11	5.17	5.55	5.75
青少年, 0.8; 儿童, 0.6; 折现率, 0.02			
0.05	-1.17	-0.95	-0.75
0.065	1.08	1.38	1.60
0.08	2.74	3.11	3.34
0.11	4.61	4.98	5.18
青少年, 0.0; 儿童, 0.0; 折现率, 0.02			
0.05	-0.40	-0.15	0.02
0.065	1.93	2.20	2.36
0.08	3.56	3.85	4.01
0.11	5.20	5.47	5.61

注：意愿的财富—收入比率是为了计算一个既定稳定的人口增长状态下，并且可以计算相应的均衡年龄分布。它是不同年龄家庭的财富和收入的加总。正如在附表 C（略）中所解释的那样，它也取决于利率、典型的年龄—收入状况和期望的收入增长（γ = 0.03）、未来消费效用的主观贴现率，以及赋予不同年龄人口的权重（男孩，14~20 岁；女孩，14~18 岁）以及其他子女在家庭于不同年度中的收入。进一步的解释参见附表 C（略）。

表 3-6　估算得出的均衡资本—产出比率，以及单位资本消耗比率[a]

人口增长率	利率 (R-δ)	资本—产出比率 (μ)	消费指数 (c)	1960 年以来的增长百分比用 c 表示
青少年, 1.0; 儿童, 1.0; 折现率, 0.02				
1960	0.089	2.88	1.23	
1967	0.085	2.99	1.30	5.62
ZPG	0.082	3.07	1.34	9.04
青少年, 0.8; 儿童, 0.6; 折现率, 0.01				
1960	0.074	3.28	1.25	
1967	0.071	3.38	1.33	6.23
ZPG	0.069	3.47	1.37	9.74

续表

人口增长率	利率（R－δ）	资本—产出比率（μ）	消费指数（c）	1960年以来的增长百分比用 c 表示
青少年，0.8；儿童，0.6；折现率，0.02				
1960	0.084	3.00	1.24	
1967	0.080	3.11	1.31	5.82
ZPG	0.078	3.16	1.35	8.97
青少年，0.0；儿童，0.0；折现率，0.02				
1960	0.077	3.22	1.25	
1967	0.074	3.28	1.32	6.42
ZPG	0.073	3.33	1.36	9.99

注：利用表 3-4 和表 3-5 中的数据，用内插法来进行估算。见图 3-1。
a 均衡成人规模和主观贴现率用粗体显示。

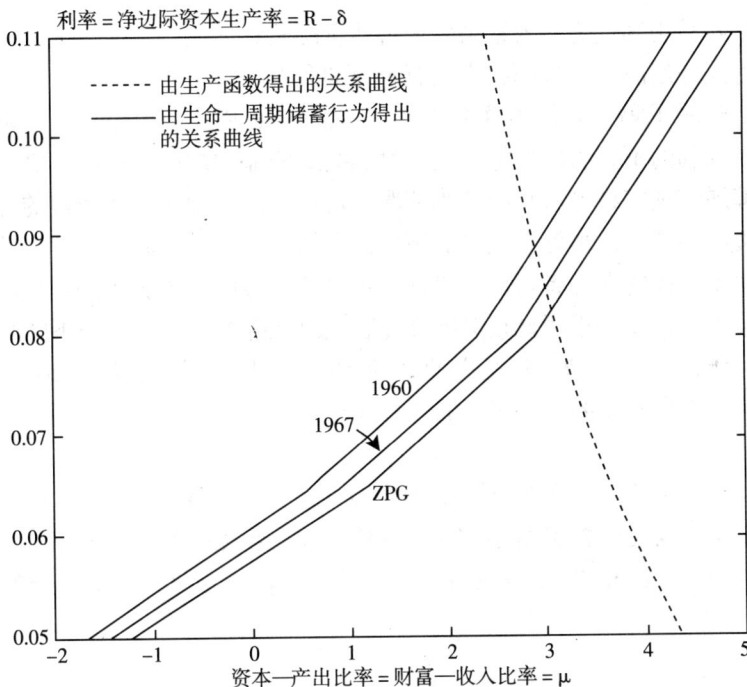

图 3-1　均衡资本—产出比率和均衡利率的决定
（青少年和儿童的均衡成人规模等于 1，主观贴现率等于 0.02）
资料来源：见表 3-4 和表 3-5。

结构，它与快速增长的人口的年龄分布特征显著不同。在早期的低财富阶段，稳态人口的模式中将会拥有相对较少的人口，但是，在后面到来的低财富阶段就会拥有相对较多的人口。因此，权重的变化会把平均水平移向哪个方向是不能明显看出来的。

但是，我们已经通过附表 C（略）中列出的一系列计算结果来对这种变化进行估计了。直观的结果通过表 3-4 至表 3-6 和图 3-1 显示出来了。显而易见，增长速度的下降增加了社会期望的财富—收入比率。这意味着资本—产出比率得到增加，它会使社会可持续人均消费得到增长。①

因此，通过两方面的考虑，人口增长的减少应当提高可持续的消费。我们已经尝试对这种增加进行估计。根据 1960 年的出生率和死亡率计算得出的稳态增长速度为 2.1%，在 ZPG 均衡情况下可持续的人均消费将比其高 9%~10%；根据 1967 年的出生率和死亡率计算得出的稳态增长速度为 0.7%，在 ZPG 均衡情况下可持续的人均消费将比其高 3%。

采用这些新古典方法进行计算时，不考虑人口增长对自然资源带来的较低压力。正如在 1960 年的均衡模型和 ZPG 模型之间的关系那样，人均消费每年增长 1%，资源限制因素下降的比例占其 1/10。此外，如果我们进行乐观的估计，即很容易用其他生产要素来代替自然资源是错误的，那么，人口增长的下降在推迟经济崩溃到来方面会产生更重要的影响。

增长过时了吗？我们不这么认为。尽管 GNP 和其他国民收入总量指标是衡量经济福利的不完善的指标，经过对那些最明显的缺陷进行纠正之后，它们仍然能够展示现实经济增长的总体情况。现在，没有理由阻止通常的经济增长对自然资源的消耗，尽管有充分的理由让人们采取激励措施来保护资源，但这在目前使得资源的使用者付出的代价比真实的社会成本要少。人口增长不能无限地持续下去，而且很明显在美国已经表现出下降的趋势。这一下降将会显著增加可持续的人均消费。但是即使达到 ZPG 情况，也没有理由来阻止技术进步。经典的稳态不需要成为我们的"乌托邦"形式。

本文选自《经济增长 50 周年纪念论文集》上（第 V 卷），纽约：国家经济研究局。同时也发表在 M.Moss (ed.)，《经济和社会运行绩效衡量：收入和财富研究》（1973 年第 38 期），纽约和伦敦：国家经济研究局，第 509~532 页。

---

① 我们只做如下假设：变化是在初始情况下做出的，即净边际资本生产率超过经济的自然增长率。否则，增长的资本—扩张条件超过从产出中获得的收益。

第二部分

实物账户：对经济的物质基础进行评估

第4章 能源危机和经济估值*

尼古拉斯·乔治斯库·罗根

地区性研究机构，西弗吉尼亚大学

Faculté des Sciences Economiques, Université Louis Pasteur, Strasbourg

4.1 引言

自从 1973~1974 年的石油禁运以来，人们开始谈论能源危机。不管我们是乐观主义者还是悲观主义者，迄今为止，大部分人已经认识到这场经济危机最终带来的不是个一般性的问题。自然资源稀缺和经济运行两者之间具有不可分割的关系，但只有经济学家还不愿把这种关系看为一个整体。比如，有人借口说能源危机将不会引起任何引以为奇的后果，这就好像说稀缺能源并不是经济体系运行所依赖的因素。但是这种"官方"的观点却似乎得到了大部分有影响力的经济协会的系统支持。在东京举办的国际经济组织世界大会上所生成的文件里，没有一篇是谈到自然资源稀缺问题的。按照一些官方言论的说法，之所以如此，是因为大会的计划委员会"非常挑剔"。最令人感到离奇的是，1977年举办的这次大会主题却是"能源和经济增长"。但是，我们倒应该赞扬摩根斯·博斯拉普在闭幕式上所提出的公正结论：

对于自然资源的"世界末日"这种观点和态度，绝大部分人认为应该予以拒绝甚至忽略，除了某些个别观点之外，几乎没有很强烈的反对意见。

我们知道，在经济学家的集会上，某个问题很关键，但表决后却没有产生任何异议，这是很稀奇的事情，甚至可以说是个耻辱……因此，我立刻想到了一个问题，无论是在东京的国际经济组织大会上，还是在整个经济学界，为什么经济学家们对自然资源这个问题的态度是如此的一致。

在其他领域出现了相反的状况，越来越多的新能源专家满怀喜悦地述说着

─────────

　*作者是范德比尔特大学的名誉退休教授，他非常感谢 Jean-Paul Fitoussi, Egon Matzner 和 William H. Miernyk 对本章的热心支持和所做出的贡献，还要感谢 Earhart 基金会及时给予的研究资金支持。

关于可用能源的话题，这往往会给学生和决策者造成困惑。

　　然而，有些作者并没有等到石油禁运发出警告之后就已经提出了自己的观点。在这之前很久，他们已经开始从新的角度重新审视能源供应、人口规模和人类福利三者之间具有何种关系这一陈旧问题了。但是，很显然，这些作者也毫无例外地认为能源是经济运行所必需的唯一支撑。因此，这一观点不是因为石油禁运而产生的，而是代表了纯学术研究的结果。

　　显然，"能源"一词与过去物理学中的含义有细微差别，但是把能源仅仅看做是教科书所定义的"能源"是很自然的事情。最初，"energetics"一词是由 William Macquorn Rankine 创造的，用来表示现在我们所称的"热力学"。之后，"energetics"用来表示由一些受 Ernst Mach 认识论影响的科学家所形成的思想学派（比如德国的 Wilhelm Ostwald，George Helm 和法国的 Pierre Duhem），这一学派反对由 Ludwig Boltzmann 提出的认为能量定律直接产生于牛顿的适用于物质粒子运动的力学定律这一观点。相反，他们认为物质经过分解后最终还原成唯一的"本质"——能量。他们的观点并不完全等同于现在流行的认为只有能量才关乎人类生存的特殊模式这一观点，但实际上，两者在使用"能源"这一术语作为自己的标识这一点是非常相似的。

　　围绕着旧能源学派的激烈争论，在当时只是代表了纯粹的学术问题，而现在对能源问题的争论绝不是这样的。作为当今的主要问题，它确定了指导决策者关心能源短缺和技术估计的准则。有人可能会认为这些准则的有效性也只是一个纯学术的问题，但是，对于整个人类社会而言，它却是至关重要的事情。

　　在本章中，首先，我打算解释为什么能源教条是错误的，为什么物质也是重要的。[①] 其次，我将用一个多步骤的分析图示法来讨论能源分析存在的一般问题。在此基础上，我将指出现存新观点的错误所在：这些观点认为能源分析是进行经济评估的基础。再次，由于物质不可能还原成能量，我将指出经济选择不是一个物理、化学的行为，而是一个纯粹的经济行为。最后，我将会把这些结论应用于可行性技术的构成，以便和可行的方法相区别。在应用中，我将用目前[②] 所掌握的方法来研究直接使用太阳辐射这一技术的可行性。虽然人们会对现有的积极心态感到惊讶，但是经过长期研究之后却发现这一技术是不可行的。而且，对于所有其他能源利用技术来说，任何现有的直接利用太阳辐射的

---

　　① 能源和物质能够不可逆转地从可用的形式降解成不可用的形式，这将会在我的关于经济运转过程中熵的性质的第一次分析部分予以解释。届时，相信对自然科学家来说我的文章只是常识，所以我没有进行技术上的细节分析。但是石油禁运之后能源问题逐日提高的地位证明我的想法是错误的，然后我开始给出专门的论述来支持我的文章。

　　② 虽然另一份官方文件宣称，对于已存的声明来说，技术估值并没有受到人们的追捧。但是在本篇论文中讨论这个问题，我自认为无须怀有任何的歉意。

技术都是"寄生的"。因此，这一结论要求我们对现有的技术评估方法进行彻底的重新定位。

4.2　能源定理

　　不同的作者在证明现有的能源定理时会采取不同的方法，而且这些方法在本质上存在着差异。比如，早期的倡导者弗瑞德·科特尔认为，人类所需要的只是如何取得净能。"净能"这一概念并不难理解，比如，如果我们用相当于 1 吨原油的能量来提取 10 吨页岩油，通过简单的算术计算我们可知，最后得到的净能是相当于 9 吨石油的能量。20 年之后，美国最杰出的生态学家之一，H.T.奥德姆重新应用了科特尔的思想，并把它提升到效率原则的行列。他认为，在某个过程中产生的净能越多，这个过程的效率就越高。[①] 由于其简单性，这一定理在日后的研究中得到了广泛的接受，甚至得到了更有力的支持。确实，比起用一吨石油来得到比一吨石油更少的东西来说，还有什么比这个过程更没有意义呢？

　　但是，这一观点促使人们思考："为什么不把效率和净物质联系在一起呢？"的确，我们利用铜矿生产出了铜，由此我们得到了一些净物质。不管怎样，我们都会面临新的困难。铜矿的开采也意味着负的净能，因此，任何电厂都意味着会产生巨大的负净能。

　　虽然奥德姆没有如人们希望的那样对这一观点作出非常清晰的解释，但是我们仍要感激他所做的贡献：因为他指出了在计算净能时，不仅要把过程中耗用的直接能量从总产出中减去，而且还要把生产过程中耗用的、用来制造或者补修物质的必要能量减去。但按照这种解释，能量的偏差就特别大。因为要是没有这种偏差，根据对称性，人们就会很可能把一切物质还原成净物质，并将其定义为输出的多余物质，这些多余物质是超过必须耗费的物质和能量的部分。按照这种观点，在热电场利用物质来生产能量，就如同在其他某个过程中利用能量生产物质。但是，随后我们将发现，二者都无法构成技术估值的一般原则。

　　在最近几年，用来证明唯能论的另一种方法可以追溯到当今的经典著作《未来一百年》。这本书谈道："我们所需做的只是把足够的能量投入到这个体系中，然后我们就可以得到我们想要的任何物质。"在此之后，这一能量学的真理，已经被无数作者以文字形式予以传播。但是，哈里森·布朗和其助手通

---

① 不同的方法是注重用总能量。

过另外一个公理也证明了唯能论，这个公理认为，从原则上讲，物质的循环利用是可以实现的。令人感兴趣的是，他们随后补充说，"基本上，用来加工的矿石没有等级要求的下限"，很明显，这是上述公理的必然推论。①

研究这一问题的为数不多的物理学家和化学家也似乎支持唯能论，例如，阿尔文·温博格认为能量是"一种最原始的物质"，因为他认为能量可转变为其他大多数生活必需品，而这些必需品只包括物质。再如，格恩·思伯格认为科学最终将取消所有技术上的无效性。所以在拥有足够数量的能量时，我们将能够"重新利用所有的废弃物，通过对在形式上、数量上、地点上可以接受的物质进行提炼、转变、还原，自然环境将依然保持原来的状态，而且能够承担所有生命形式的不断增长和进化"。

从表面现象判断，这是一个很有说服力的判断。这个观点表明，整个地球将永远保持完整性。但是，针对现代能量定理，肯尼斯·鲍尔丁提出了一个更有说服力的观点："幸好不存在逐日增加的物质的熵定律。"②它毫不遮掩地揭示了能量定理的本质：对于人类的经济运行，只有能量才是有价值的，而物质则不然。

先前已存在的变量似乎涵盖了能量问题的全部范围。但是，在考虑经济运行和环境的关系时，他们都指向了一个相同的分析性结论。这个结论在表 4-1 中得到了描述，表 4-1 是关于流量与资金的多步骤矩阵。③为了避免不相关问题的存在，我们把经济过程划分成合并的过程和合并的种类两部分，其中合并的种类与现在的争论有关。

P_1：从天然能源（ES）中汲取"可控"能源（CE）；

P_2：生产"资本品"（K）；

P_3：生产"消费品"（C）；

P_4：回收利用所有生产过程中产生的废物（W）来生产再循环物质（RM）；

P_5：维持人口数量（H）。

现在来详细解释一下前面讲述的内容。第一，日益增长的经济和日益衰退

---

① 在布朗早期的作品中也有唯能论的观点。但奇怪的是，他的所有作品中都用到了直接反对能源教条的例子。

② 提出这个观点之后的几年内，鲍尔丁还认为在熵定律和经济运行之间存在着密切的关系，但后来他转而认为熵是一种"负电位"，所以无法用来解释改良的发展。但最近他逐渐意识到原料也属于至关重要的环境因素。

③ 这篇分析性的文章既简洁又可靠。它摒弃了生态学家和能源分析家（他们往往忽略掉资金流）所经常使用的令人迷惑的流量表格，也避免了遇到"内部流量"这一分析性陷阱，内部流量往往适用于投入—产出表格的使用者。而且，我们不应该把资金流量模型与存货流量模型相混淆，存货流量模型是由约翰·希克斯先生在他的市场失衡理论中提出来的。存货的作用是把流量积累起来，并把它们自身分解为流量。资金存在于整个过程中，但一直保持不变。

的经济都不能为能量原理提供严格测试的环境。物质增长不能单靠环境的能量流动来维持，[①] 而日益衰退的经济不需要环境物质的流动。因此，这种测试必须在一个稳定的环境中进行，或者用马克思所说的更为恰当的术语来表达：是一个可再生的环境。

但是，在 100 年以前，开尔文认为能量不是消失了，而是变得不可用了。在不考虑现实体系的情况下，这一点是毋庸置疑的。因此，所有过程必然会产生已消耗的或不可用的能量（DE），它们会返回到环境中。但是，在这个能量模型中，没有物质是脱离经济过程的，所有的物质都是在经济运行过程中彻底被循环利用的。因此，并不需要把物质从环境运送到经济运行过程中，在经济过程和环境中存在的唯一流量是能量流，即输入流量 e_1 和输出流量 $d = \sum d_i$。

第二，表 4-1 的描述反映了现实中存在的一个基本现象，鉴于"流量复合体"似乎成为现代经济学中的主导思想，我们要突出强调上述这一基本现象。如同所有的现实过程，经济过程需要它的资金要素等作为物质支撑。例如，固定设备 K_i、人力 H_i 和 H，还有土地 L_i。脱离了物质的杠杆、物质的感受器和传感器，我们将无法利用能量。我们自己也是物质的结构，没有这一结构，任何生命都无法存在。在上述分析中包括了物质的储备（更确切地说是媒介）。我提出了一个假设（我认为它是一个非常公正的假设），关于能量的观点，并不是实际过程不需要物质结构，这种物质结构有助于我们从宏观的角度来理解能量。

第三，在一个可再生的环境中，资本的输出流 x_{22} 是用来维持资本基金 K_i 的，因此，它们的耗费可以用来维持能量流 x_{2i} 得到补偿。同样，由流量 x_{i5} 补偿人力 H，以保持它的"完整性"。这些都是 $(P_i)'$ 得以循环利用的基本条件。考虑所有的流量都用物理单位（如卡路里或摩尔）来表示，下列等式必须总是成立的，它们在宏观转化过程中遵循能量守恒定律：

$$d_1 = e_1 - x_{11}, \quad d_i = x_{1i} \ (i=2, 3, 4, 5)$$

$$w_1 = x_{21}, \quad w_2 = x_{42} - x_{22}, \quad w_3 = x_{23} + x_{43} - x_{33}$$

$$w_4 = x_{44} - x_{24}, \quad w_5 = x_{25} + x_{35} \tag{1}$$

第四，每一种方法（P_i）都被假定是可行的，即只要它们有特定资金和特定投入的支持，利用每种方法都能得到自己的产出。但是，各种方法（P_i）的可行性并不必然意味着所有过程中使用的技术都是可行的（这是进行进一步研究的关键所在）。不等式 $x_{i5} \geqslant x_{i5}^0$ 和下列等式中，给出了是可再生经济体系中利用的技术可行的充分条件和必要条件（其中 x_{i5}^0 是由生活标准决定的最小值）：

---

① 该观点看似很明显，但是它需要进行进一步的技术论证，在后面我们将会谈到。

$$\sum{}'x_{1i} = x_{11}, \quad \sum{}'x_{2i} = x_{22}, \quad x_{35} = x_{33}, \quad \sum{}'x_{4i} = x_{44}, \quad \sum{}'w_i = w_4 \qquad (2)$$

对于这些等式，关键是下标是可以变化的，而不能等于固定的值。[①]

表 4-1　基于能量定律的经济运行与环境之间的关系

生产	(P_1)	(P_2)	(P_3)	(P_4)	(P_5)
			流量坐标		
CE	x_{11}	$-x_{12}$	$-x_{13}$	$-x_{14}$	$-x_{15}$
K	$-x_{21}$	x_{22}	$-x_{23}$	$-x_{24}$	$-x_{25}$
C	*	*	x_{33}	*	$-x_{35}$
RM	*	$-x_{42}$	$-x_{43}$	x_{44}	*
ES	$-e_1$	*	*	*	*
W	w_1	w_2	w_3	$-w_4$	w_5
DE	d_1	d_2	d_3	d_4	d_5
			资金坐标		
固定资本	K_1	K_2	K_3	K_4	K_5
人力	H_1	H_2	H_3	H_4	H_5
土地	L_1	L_2	L_3	L_4	L_5

4.3　第三种永恒运动

现在让我们回忆一下由艾尔亚·博里格真创立的热力学术语，如果一个体系可以和它的外界进行交换，那么这个体系必须是密闭的。因此，表 4-1 描述的经济过程应该是密闭的。另外，这个密闭的体系还应该是可再生的，例如用热力学术语来说是一个稳定的状态。根据能量定理，只要是有现成的环境能量的 e_1 不断供给，体系就能够以不变的产量进行内部的机械工作。鉴于这种体系对于研究能量以及其他问题具有理论上的重要性，我已将其定义为第三种类型的永恒运动。[②]我认为这种永恒运动是不可能实现的，所以，根据热能的第一、第二定律，对其他两个永恒运动进行否定，我们类似地将这种不可能性定

[①] 这里的 w_i 都是零，根据鲍尔丁提出的原则，我们没有考虑任何循环的需要。

[②] 据我所知，只有泽曼斯凯在一个密切相关的系统中用到了相同的术语，在这个相关的系统中，摩擦力和黏滞性等并不对功产生耗散。我相信，我所给出的定义从分析性上来说更加具有相关性。

义为热能学的第四定律。[①]

在讨论这个问题之前，我们要涉及一个技术问题，即爱因斯坦著名的物质能量恒等式：$E = mc^2$。诺贝尔奖得主汉·艾尔文也提到："物质也是一种能量。"他的论断也只是对能量的偏好，这并不是因为物质只是一堆物质，而是因为物质是大量的正物质和正能量，它们由特定模式的化学元素和复合物构成。这些观点在爱因斯坦恒等式中得不到证明。基于物体与能量的不均衡性，我想提出一个观点，即物质与能量之间存在固有的不均衡性。如果选择合适的单位，爱因斯坦等式就可能被写成非常对称的形式：$E = m$。确实，要是我们不能辨清等式两端的元素存在着不可还原的非对称性，那么，把"物质危机"说成是"能源危机"就是非常合理的了。

在无数的核反应中，能量被转化为物质，反之亦然。核反应是以物质为起点和终点的，在常见的两个关系式中：

质子 + 反中微子 ⇔ 中子 + 正电子

中子 + 中微子 ⇔ 质子 + 电子

在这个等式中，当一个电子与一个正电子通过碰撞转变成一个光子时，一对反粒子和正电量可以全部转变为纯能量。同样，相反方向的反应也是成立的。宇宙大爆炸之后的短时间内，大量的光子转变成电子和正电子；光子可能会转变成几对电子和正电子，整个宇宙的温度超过了 6×10^9 开氏度，这个温度是核反应的极限。但是，这些电子和正电子极不稳定（就像所有的物质和反物质那样）。它们几乎在瞬间转变为纯能量，这就是为什么在一些强烈的天文现象和高能试验室中只存在一些正电子。当光子转变为中子和反中子时，温度会高于 10^{13} 开氏度，这个温度比大爆炸之后 0.01 秒内的温度要高 100 倍。这个温度（大约为 10^{11} 开氏度）比最热的星球的温度还高。在这一时刻之前发生的事情无从推测，但我们所知道的是：物质粒子（质子和中子）不是后来产生的，而且不能由纯能量制造而成。[②]因为没有核子就没有原子，更没有物质，所以关于化学元素起源的现有解释都认为质子与中子的结合就是原动力。在宇宙

---

① 这条定律不应该被看做熵定律的推论（人们经常这样认为）。在这条定律下，某个隔绝的系统（一个既不和外界进行物质交换，也不和外界进行能量交换的系统）往往会引起热寂，或者是在包含有物质的情况下会引起混沌现象。这种困惑可能是源自人们习惯于用"密闭"而不是"隔绝"系统，这种做法是不精确的。

在这里，我们将既能和外界进行物质交换又能进行能量交换的系统称之为开放的。第四种逻辑上的分类是指进行物质交换的系统，这种系统实际上是不存在的，因为任何物质的交换必然会引起能量的交换。

② 在这一时刻，唯一可以证明的事实有一个合理的地方。推测没有任何值得证明的价值，甚至是危险的。比如，我们总是毫无置疑地相信科学，坚持认为我们肯定能够利用一些"cavorite"来屏蔽掉地球引力（这种物质是在 H.G. Wells 的科幻小说中由 Cavor 先生发现的），从而使人们产生了误解，认为我们可以建成没有电梯和楼梯的房子。

中，无论如何净能量都无法生成物质。为了说明这一事实，爱因斯坦等式应该写成：$E + mc^2 = E_0 + m_0c^2$，在任何情况下，m_0 都应该大于零，m 包括一些核物质，即一些物质（这个下标识别了初始的数量）。

重金属元素通常会被较轻的物质熔解，但这只发生在温度达到很高的星球上，大约在 10^7 开氏度到 10^{10} 开氏度之间。[1] 但是在这种温度下，物质只能以分解的状态存在，例如等离子。在一个封闭的体系中，温度如果达到这么高，它将不能进行任何机械运动（更不用说孕育生命）。

在我们生活的星球上，核反应也在时刻进行着，放射性元素在逐渐衰退。但是这些现象以及人类进行的核反应活动通常将物质转化为能量，反向则不成立。甚至当我们点燃一根火柴时，物质也在变成能量。由于 c 的巨大价值，这种物质的耗费是极其渺小的，但是耗费的核心重量与初始重量的差异可以按正常的比例表示出来。在太阳照射的范围以内，每秒钟有 420 万吨物质被"耗费"，当然我们也已经能够将能量转化为附加物质。但是这只发生在非常特殊的情况下（通常是在试验室的特殊装备），而且数量相对较小，不是核子物质。

在机械工作可以进行的温度下，大部分化学元素是稳定的。在一个密闭的系统中，每种元素的数量保持恒定。能量专家斯莱瑟说："当矿石中的铁变成钢时，或是它被氧化生锈，铁分子仍然是铁分子，物质没有被破坏。"斯伯格也同样认为："在地球上，自从有历史以来，我们一直拥有相同数量的物质。"实际上，是从地球形成一个稳定的星球就开始了。斯莱瑟与斯伯格都坚持自己的观点。布鲁克斯与安德鲁也同样认为："矿物原料被耗尽的这种观点是荒谬的。整个星球是由矿物质构成的。"

揭示布鲁克斯与安德鲁观点的错误最简单的方法是：按照他们的观点，我们可以认为由于整个星球是充满能量的，所以能量是不会被用完的。的确，仅是海洋中含有的热能就可以维持一个生产活动进行上亿年，这是我们做梦也想不到的。但是，关键问题在于，在引擎源有限的情况下，所有这些巨大能量是无法转入到机械工作中的，它需要的是循环操作。正如普朗克提出的那样，当气缸中的活塞以无限缓慢的速度运动无限长的时间后，恒温的热能就可以转变成机械运动了（和卡诺循环中控制等温气体扩展是相同的原理）。[2]

当然，整个星球是由物质构成的，但是，这个观点却忽略了一个事实。就像地球上的热能，地球上的物质并不都是以可用的形式存在的，而且物质不断

---

① 尽管拥有这么大的密度，物质界依然只包括氢。据估计，大约是 92.06% 的氢和 7.82% 的氦。

② 类似的这种独特的热力学思想使我们想起了 Dirk ter Haar 的观点，他认为熵的概念"是一个甚至连物理学家也无法理解的概念"，这个重判看起来在该领域是很有权威性的。但是现在的物理学家似乎对热力学也只是了解一些皮毛（如果是了解的话），所以有些人还没有搞清楚热能的概念（见 1972 年 12 月的《经济著作》，第 1268 页，第 14 条）。

地降解为不可使用的东西。

我们可以从两方面的因素来解释上述事实被忽略的原因。第一，我们的大脑以机械模式来探索所有的热反应，最可能的原因是，我们主要通过推或拉作用于周围的环境。在1894年的巴尔的摩讲座上，劳德·开尔文承认，除非他能够把一种现象用物理模型表示出来，否则，他无法理解这一现象。这一机械定理忽略了他对物理过程的拉普雷斯控制，这正是机械论的"Weltbild"引力。它使我们相信，物质不是绝对不能复原的。确实，在机械学里，物质只能改变它的位置而不能改变它的质量。因此，在不发生任何质变的情况下，任何体系都不能进行机械运动。[①]

第二，因为热力学是关于能量变化的理论，热力学的基础是关于能量的，尽管这看起来很奇怪。事实上，尽管呈现在图表中的是物质，但是它只作为化学反应的一个支撑（因为它们总是涉及能量转变），而且只存在于纯混合物的问题中（因为非混合的物质需要经过进一步加工）。所有这方面的因素都已经被 J. 维拉德·吉布斯归纳为热力学理论，他因此成为"化学能量学"的创始人。

我们可以用非常熟悉的气缸活塞设备来描述和证实热力学的基本理论，还可以证明卡诺的基本提议，即他认为只有用一个非常完美的可逆机才能达到效用最大化。在存在摩擦的情况下，运动是不可逆的，为了绕过这个不可否认的事实，热力学假设在速度无限慢时，任何运动都是可逆的。[②] 这样的速度确实消除了摩擦，但是这个假设却引出一个更为重要的难题：活塞需要以无限慢的速度在有限的时间里行进有限的距离。如此往复，无限的介入超出了我们人类的可控范围，[③] 因为现实中的机器不可能以最大效率进行运转，所以可逆机只是纸上谈兵。

最终，热力学不得不考虑摩擦因素，以及其他一些存在的实际因素。这不仅证明了自然界的不可逆性，也说明了可用的能源不可能被完全转为可用的，总有一部分能量成为不可用的热能。

---

① 在机械论学界，比较著名的是 Ludwig Boltzmann 的著作，他将牛顿力学中可逆转原理的理想决定论与概率论相结合，解释了不可逆转现象。对于经济学家来讲，这个混合微电路结构的意义是很重要的。概率论提议者坚持认为不可用能源再造是绝对不可能的，他们认为熵的游戏可能存在欺骗性（就像我们可能在任何碰运气的游戏中进行欺骗），或者像 P.W.Bridgman 50 年前嘲笑这种思想为"走私漏税的熵"。因此，令人遗憾的是，并不是所有的物理学家都知道，当年 Boltzmann 的提议曾经遭受到这么多著名物理学家的严厉批评。更令人遗憾的是，他们还不知道，对于 Boltzmann 的先驱性的建议，Ilya Prigogine 认为 Boltzmann 关于"物质演化的机械理论是完全凭直觉而形成的观点，而且虽然反面的观点不断地出现，但是他的观点是不会被人们意识到的"。如果某个人还没能超过 Boltzmann，他往往会宣称（正如 Auer 所为），熵定律没能对无止的经济增长造成任何障碍。

② 这说明在热力学中，只有在某个运动及其周围的所有物质都可以还原成原始状态的时候，某项运动才能够说是可逆转的。

③ 回忆前面提到的普兰克的无限活塞运动。

　　因此，在创建热力学的时候，摩擦可以说成为一个"魔鬼"，这个"魔鬼"掠夺了我们可用的能量。事实上，热力学并没有进一步分析并认识到，摩擦也同样掠夺了可用的物质，它甚至没有涉及关于摩擦所分解的热能。这个工作留给了物理学家，但是物理学家也只是就关于高频使用物质的摩擦力建立了相关的表格。在这些表格的帮助下，我们才能够确定摩擦力的功 W_f，用在下面的转变恒等式中：

$$Q_a = W_u + W_f \tag{3}$$

　　其中，Q_a 是可用能量，W_u 是可用的功（我们假设体系内部能量是恒定的）。[1]

　　关于摩擦力中物质的损耗，实际上我们知之甚少。对于这个明显的缺陷，一个可能的解释是，摩擦现象是十分难以解释的。适用于物质部分的机械定律不能完全给予解释，这些定律以纯粹的实验为基础，随着越来越精密的测试，就会发现越来越多的错误。该领域中一个资深学者得出的结论认为，摩擦"仍是一个很有争议的课题，至今还没有一个被大家所共同接受的观点"。

　　摩擦掠夺我们的物质和能量，但它并不只是大量物质的"缺陷"。正如不存在完全刚性的物质和完全弹性的物质，即不存在绝对的绝缘体也不存在绝对的导体一样，同样也不存在无限摩擦的物质和无摩擦的物质。正是由于这些无数的不完美性（无法列尽），物质和能量的掠夺者正是物质本身。

　　在整个物质世界中，由于摩擦导致了损耗，温度的变化产生了裂变和分解，就会导致管道和隔板的阻塞以及金属疲劳和自燃现象的发生。因此，物质在不断地转移，改变并耗散到世界的范围内。所以从我们的角度看，物质变得越来越不可用了。

　　能量定理认为，如果有足够的可用能量，那么损耗是可以完全消除的。但是这个过程要用到一些有形的方法，因为这种方法所需要的经久耐用的物质结构并不存在，所以需要不断利用其他物质来取代，这些物质是由其他方法生成的，也会被损耗掉，然后再被取代，如此形成一个永无止境的衰退过程。这是一个否定彻底循环存在的可能性的充足理由。它同样也是在热力学中反对可以彻底消除变化的理由，这种变化是指在自然过程中所产生的能源结构的变化。

　　最后，另外一种支持彻底循环的思想可能会被接受。该思想涉及约翰·冯·诺依曼的观点，他认为可以通过涉及一个通用的图灵机来实现以下的现象：如

---

　　[1] 因为在热力学中，只有存在摩擦力的时候才可以定义功，所以传统的公式是 $Q = W$。公式（3）是由 Silver 最近提出来的，他也是没有提到摩擦力的物质效应就结束了。而且，为了包含所有的能量废弃物，公式应该写成 $Q_a = W_u + W_f + Q_l$，其中 Q_l 指的是热能的泄漏，即热能在没有做功的情况下而下降了一个温度梯度的数量。

果在一个浮动的媒介中存放有大量的构成某种物质的基本元素，这个物质就能够被重新生成。如果事实如此的话，难道在表4-1中所列示的过程中的基本元素就不能构成这样一个"设备"吗？在这样一个密闭的界质中，包括所有用于仿制还原的必要元素，这种设备确实可以"浮动"，也就是 (P_i) 过程的废料输出。但是这并不适用于经济运行过程，作为否定某个项目可行性的必要条件，诺依曼的观点是一个非常精妙的文字活动。通用图灵机令人感到麻烦的一个必要条件是发出指令的能量必须是无限的。而且，即使我们弱化了这个"无限"的条件，该设备依然需要一个无限的时间序列来完成自我复制过程，因为设备的每一个"运动"都需要一个持续的时间。因此，最后完全循环的证据也像其他理想模式一样，是不可能达到的。

但是，我们还是可以从其他分析性的观点中对热能进行研究。

4.4 物质耗散与普朗克定律

前面我们已经谈及能量与质量以及能量和物质的不对称性，此外还存在另外一个不对称性。质量与能量都是同质的"物质"。无论是来自于光子还是风力，能量都是一样的。这就是为什么万物都可以还原成能量这一观点受到如此关注的原因。但是，质量之间也不存在本质的差异，比如，光子和其他基本粒子。但是这一事实对于经济运行与环境二者之间的关系来说没有任何价值，有价值的是大量的物质（当然包括能量）。难点在于，不像质量与能量那样，物质是一个高度多样性的类别，每种化学元素至少有一种属性来表证自己的特点，使其独立于某种技术方法。

我们认为，大量物质转变的研究和一般的热能理论相反，因此，它的进展会很困难，就像我们刚刚看过的关于摩擦的研究那样。这很容易理解，即随着热量从体系中的高温物体转移到低温物体，能量是如何降解的。能量正是在这个过程中逐渐被转变为机械功。记住著名的卡诺原则：在蒸发器和冷凝器之间，必须存在一个温差，这样才能够用循环设备取代机械功。无须进入学术的迷宫，人们就可以理解为什么需要用下面的热力学函数公式来度量能量的耗散。

$$\Delta S = (\Delta Q / T)_{可逆的} \tag{4}$$

其中，ΔQ 是在绝对温度 T 之下由传导器所转换的热量。[1]

在相同的气压 P 和温度 T 之下，对于两种显著理想化的气体混合物，我们

---

[1] "热度"是最常见的感觉之一，但是热能流量（在热力学中严格来说）却没有直接的物理特性，也没有直接的方式来测量。

可以得出著名的吉比公式：

$$S = -R\left[m_1 \ln(m_1/m) + m_2 \ln(m_2/m)\right] + (c_1 m_1 + c_2 m_2)\ln T$$
$$+ (a_1 m_1 + a_2 m_2) - Rm\ln P \tag{5}$$

其中，$m_1 + m_2 = m$ 是相应的摩尔数，R 是气体常数，a_i、c_i 是气体的物理特征。因此，将同一气压和温度的两种气体混合，将会使熵的增加值为：[1]

$$\Delta S = -R\left[m_1 \ln(m_1/m) + m_2 \ln(m_2/m)\right] \tag{6}$$

我们都非常熟悉这一公式，它适用于稳定和不稳定的情况。

吉比认为，在通常情况下，这个公式存在矛盾的地方。如果两种气体是同质的，虽然两种气体的混合物没有对熵造成任何变化，但是公式（6）仍然是正确的。但是，马克思·普朗克提出公式（6）的另外一个方面影响了现在的观点。他认为在公式（6）中，"与其说是物质的耗散，不如说是能量的耗散更能够切中要点"。[2]

根据公式（5）或公式（6），在给定的 m 下，当 $m_1 = m_2$ 时会发生最大限度的耗散。但是，现在我们考虑，当 $m_1 = 1$，$m_2 = 10^{100}$ 时，ΔS 几乎可以忽略不计。根据耗散的直观概念，这意味着如果气体 1 是贵重的，那么从人类的角度来看，后面那种情况下的耗散比起前面那种情况要大得多。在后面那种情况下，我们可以认为 1 摩尔的气体 1 是不可用的。的确，重新集合这些分子的任务是艰巨的，这就像重新集合扩散在太平洋上的一滴墨水所含有的分子那样。

毫无疑问，只要赋予我们足够多的时间、精力，并耗费不计其数的财物，我们就能够找回在某间房屋、某个剧院甚至整个曼哈顿所散落的断了的项链上的珍珠。当把这种宏观的方法推到微观层面，如原子，甚至是更为微小的比特层面时，就无法保证了。据我们所知，收集所有轮胎磨损产生的橡胶分子、收集使用中的排气管所耗散的铅分子或者收集硬币耗散的所有铜原子，你认为有可能做到吗？在一个合理的时间中能做到吗？结论就是收集散落的项链所使用的方法在微观领域则需要无限长的时间。因此，这些过程和不可逆以及普朗克利用海洋热能的构想属于同一类别。普朗克甚至推论出：因为 $\Delta S > 0$，所以"像摩尔和热传导这些传播应该是一个不可逆转的过程"。

但是，先前的测试表明公式（6）测量的是扩散强度。在我们实际操纵物质时是能够理解如此构想的目的。根据这个公式，把一卡车针和一卡车干草混在一起，比起把一根很重要的针混在一车干草中，会产生更多的漫射，这就相当

---

① 由于在后面第 6 章我们会提到相同的技术细节，所以在此处应该指出，热含量 H 是不变的。热含量，其字面意思是指热能的含量，它是指在压力保持不变的情况下，将物质从绝对零度提升到它的温度状态所必需的热能。在现实中，热含量是指燃料的卡路里值，即燃烧某个燃料所能得到的最大热能。

② 我们可以理解，普朗克没有将之称为"物质的耗散"。

于完全重复利用矿物和采矿的任务。虽然我们能轻易地从富矿中提炼出金属来，但是，随着金属含量的降低，提炼就会越来越困难，也就是说，当只有10^{-100}的含量时，就没有办法来提炼了。

但是，热力学对公式（6）的解释依然存在问题。我们可以回想一下，在热力学理论中，TΔS表示把相应的体系恢复到初始状态所需要做的功。在此处，意味着要将两种气体完全分开。化学界第一位诺贝尔奖得主杰克巴斯·亨利卡斯·豪富（Jakobus Henrikus van't Hoff）设计了一套在理论上可行的分离方案。设备（the van't Hoff box，豪富箱）包括一个完全隔离的气缸和两个做反向运动的活塞，每个活塞上有一个半透膜，其中一个半透膜对气体1是可透的，另一个对气体2是可透的。气体置于两个活塞之间，初始时两个活塞距离较远，随着两个活塞朝着彼此以无限小的速度运动，混合的气体就逐渐被分开了，每种气体都被渗透到各自的半透膜之后了。这就很容易显示出推动所必须做的功确实等于公式（6）的结果。这个结论对于净能理论似乎是一个强有力的支持。如果我们有足够的能量（至少等于TΔS），我们就可以将任何混合气体分开了。但是这种方法在实际操作中却十分困难。

首先，在现实中不存在完全无摩擦的情况，不存在完全弹性的材料，也不存在完美的半透膜，因此这种分离是无法实现的。[1]其次，试用所有的薄膜是不可行的，在试用中，一旦不可行就得替换，这就回到了我们前面提到的倒退了。[2]

豪富箱至少构成了分离气体的理想程序，但是相似的设备却并不存在。现实中，每种混合物的分离都需要在一些特定的程序下进行，比如通过化学反应、离心力或者磁力等。的确，一个总体规划的产生并不能证明，每种混合物都不存在这样一种理想的方案，但是，有些观点反对这种想法。

我们要记住麦克斯韦尔的错误理论，他预先假定把气体中快速运动的气体和缓慢运动的气体分开，现在这个不可思议的恶魔已经被"驱除"了。所以，将"热的"和"冷的"分子分开耗费掉的能量将比产生的能量要多。所以，要分离一种混合物，比如分离氮气和氧气，就成了比麦克斯韦尔更荒诞的事情了。事实上，麦克斯韦尔并不需要把每个分子都恢复到起始的那种容器，而且可能会将一些"热的"或"冷的"分子放进错误的容器里，它只是计算出一个平均速度。相反，我们是绝对不能把一个分子和其他类别的分子混在一起的。为了除去这个"魔鬼"，我们不仅需要足够多的能量，而且要给予它一些实物。

---

① 在现实中还存在另外一种缺陷，无论两个活塞之间的压力有多大，有些混合气体总是能存在两片薄膜之间，而不渗透出去。

② 和本节密切相关的是，最近人们（克里夫兰市，美国国家航空和宇航局的 R. K. Knoll 和 S. M. Johnson）逐渐发现太阳能收集器也遇到了困难。

所以，问题归结为，在完全复原混合气体的同时，我们的"恶魔"能否完全复原自己。事实上，表 4-1 描述了这样一个"恶魔"。这就难怪在关于物质能量的无限可再生思想中，都暗含了这个"恶魔"的离奇特征。

对于布朗利用放射性元素来开采整个地壳的思想，就属于这种情况。这样一个离奇的技术只有在所有岩石都被粉碎之后才会有结果。可悲的是人们至今还没有提出一个如何实施这项技术的方案，而且这种思想也被所有地质学家认为它只是一些空想而已。地质学家大都支持比特·弗洛斯的观点，他认为"不是每块岩石都能被开采的"。普雷斯顿·克雷德因为其反对矿物学家的一系列思想而闻名于世，他试图告诉外行人："矿石因为拥有不凡的特征才会成为被开采的对象。"这也是为什么你家后院并不总是一个潜在的矿井的原因。

布鲁克斯和安德鲁公然抨击弗洛斯的观点，他们指出钛作为副产品，是从低于平均值的矿石中开采出来的。其他一些学者也声称"世界将不会耗尽地质资源"，并让我们确信，只有能源限制才可能会阻止普通岩石的开采。但是大部分情况很难保持一致，比如，由于地球化学屏障的存在以 16 倍的平均丰度切断了铜矿的开采。

让我们来关注一下这样做的必要性，即使普通岩石也应被开采，但是这未必要求整个地壳中的矿物质都是可用的。矿物质量等级的分布是特殊的双峰形状，而且是不对称的。因此，大多数岩石都是在平均等级之下的，能否从一个给定的岩石中开采出矿物质，主要取决于矿物和矿石在理论上的参数截止值，而不是去估计它的平均地壳丰度。事物是多样性的，所以对每种物质和岩石都有一种特殊的开采过程。这就是为什么在确定混合物的某些物质是否是可用时，无法建立一个通用的公式，用一个通用的方程来定义不可用形式的物质就成为了理论上的困难。

描述粉碎的岩石量及其所耗能量二者随着岩石金属含量变动而变动的曲线，在文献中，这很容易找到，这些曲线都是渐近于纵轴的。对于所耗用能量的曲线也应该是渐近于一条平行于纵轴的直线，以证明截频的存在。

最后，我们将谈论普朗克的一个相关论点，它虽然很重要，但似乎已被遗漏。在这场关于所有类型混合物的详细讨论结束的时候，普朗克提出了一个公式，并由此得出了一个结论："无论是气体、液体还是固体，都无法免于外来物质的干扰。"而例外的情况只有在绝对零度时才出现。

根据热力学第三定律，能斯特认为在现实中绝对零度是不可能达到的。因此，能斯特和普朗克的否认是相互联系的，他们也设想了一个成对的容器。前者认为，大量物质不能脱热能而得到"净化"，而后者认为物质不能从任何污染物中得到净化。

值得强调的是，不同于热力学定律，这些定律都不受设备的限制，显然，它们都是正确的。从理论上讲，如果拥有一定数量的能量和一些可用的特定设备，我们能把一个分体系准确地恢复到它的初始位置，但是这样仍然无法超越能斯特和普朗克所提出的不可能性。

正是普朗克的关于物质的定律，给我们提供了一个非常重要的分析性特点，来反对认为学会利用可以实现以及任何矿石都应被开采的热力学定理。

4.5　物质也很重要

完全循环是不可能的，即使在一个很稳定的状态下，经济运行和环境之间的"交换"必须存在一些可用的物质，以便弥补正在不断耗散的物质，这些耗散是不可逆转的。正如哈里森·布朗所观察到的那样，如果美国在 1870~1950 年所生产的钢铁（大约 20 亿吨），在 1950 年的时候还都在使用之中，那么每个人将拥有 13.5 吨铁，这是现有数目的两倍。如果这个差额建立在过去所有产量的基础之上，那么会使人的印象更加深刻。而且，我们应该知道这些差额去哪里了。"被空气氧化，被液体腐蚀，以及其他一些损耗（当然也包括摩擦和金属疲劳）。"我们经常列举这样的例子：虽然已经消失了的铁是无法恢复的，其数目是无法计量的，但是根据布朗的估计，在钢的生产过程中，会有 10% 的钢铁永远地消失。100 年之后，现存的所有铁都将变成不可用的物质。为了把铁储备量维持在 1954 年的水平（不考虑经济增长），每年需要开采的矿物流量大约合 0.3 吨/人。

当然，这个维持流量对于不同的物质是不一样的，它不仅与技术的变化有关，而且与生产过程中的库存有关系。在金子的例子中，它的维持流量较小，主要有以下几个原因：化学弹性、特殊用途以及相对较少的现存量。但是，我们不能肯定地说"大部分已经开采出的金子仍然是可用的"。过去成千上万的金手镯、金项链、金币等，并不都是已经被美国储存到黄金库里了。

物质耗散的流量随着物质存量的增加而增加这一事实，在本篇的讨论中是一个重要的环节。一方面，它解释道，即使某些矿物质的截频很低，以至于不能在实验室里测试出其精确值，但是从整个地球和长远的角度来看，它们的作用是不容忽视的；另一方面，它解释了为什么我们倾向于相信氧气、二氧化碳、氮气所谓的自然循环的永续性，这种永续性修饰了所有生态学的原则。①

---

　　① 正是由于这些物质存量的巨大性，使得逐渐逃离这个循环的物质数量在短期内显得不那么显著。其中一个有力的事实是，以碳酸钙的形式储存的海洋底的碳元素不能重新回到碳循环中取得，而且这只是一个很小的影响碳元素全球循环的因素之一。

只要涉及经济运行，我们一定不要忽略物质真实的耗散，它不是由纯粹的自然现象造成的，而是由生物（主要是人类）的行为所致。人类对粮食和木材的消费，导致了某些重要元素的耗散，而这些耗散的发生却离生产粮食的农场和树木生长的森林很远。这种现实（全球高速城市化的结果）也同时在浪费可用能源。最为奇怪的是，我们意识到了这种能量的浪费，却没有意识到物质的浪费。正是这种认识上的差异，致使人们错误地认为，由于太阳能是无限的，所以森林可以为我们提供"用之不竭的木材"。但是，地球表层的土壤在没有外界的帮助下是无法永久保持其质量的，那么森林将不再是永久性的资源。[①]

经过上述分析，我们得出以下结论：对于环境这笔交易，我们必须准备两本分开的账本（物质一本，能量一本），因为在现实的宏观层面，不存在切实可行的办法把能量转变成物质，或者把任何形式的物质转变成能量。物质和能量之间的关系不像美元和日元之间，也不像土地和农业生产工具之间的关系那样。

因此，表4-1必须用一个新的多步骤矩阵来代替在这个新矩阵中（表4-2）新增加的步骤（P_0），把环境中的物质（MS）转变为可控物质（CM），其余的步骤和以前有着相同的作用和内容，但另外存在几项重要的变化。

表4-2　经济运行和环境之间的实际关系

生产	(P_0)	(P_1)	(P_2)	(P_3)	(P_4)	(P_5)
			流量坐标			
CM	x_{00}	*	$-x_{02}$	$-x_{03}$	$-x_{04}$	*
CE	$-x_{10}$	x_{11}	$-x_{12}$	$-x_{13}$	$-x_{14}$	$-x_{15}$
K	$-x_{20}$	$-x_{21}$	x_{22}	$-x_{23}$	$-x_{24}$	$-x_{25}$
C	*	*	*	x_{33}	*	$-x_{35}$
RM	*	*	$-x_{42}$	$-x_{43}$	x_{44}	*
ES	*	$-e_1$	*	*	*	*
MS	$-M_0$	*	*	*	*	*
GJ	w_0	w_1	w_2	w_3	$-w_4$	w_5
DE	d_0	d_1	d_2	d_3	d_4	d_5
DM	s_0	s_1	s_2	s_3	s_4	s_5
R	r_0	r_1	r_2	r_3	r_4	r_5

第一，新流量 S_i，表示耗散的物质（DM），它表示的是在每个步骤中将生成物传送到环境中。第二，就像在能量模型中假设的那样，在循环过程（P_4）

中，不能还原所有的废料。因为耗散的物质不可逆转地消失了，(P_4) 只是可以再循环但不具备有用外形的物质，比如，破瓶子、破管子、废旧电池、旧摩托等。因为可循环物质都归入了垃圾箱或废物清理场，为了简化，我们把它们定义为"垃圾或清理场"（GJ）。[1] 第三，经济运行的另一个本质特点是，这个流量也会返还到环境中，物质流表示"残渣"（R）。在大部分可用物质中和可用能源中，都存在这种流量，但是目前却都没有价值。例如，应开采铜矿中形成的碎矿石，大部分成为垃圾，以及核垃圾都属于这种类别。[2]

在表 4-1 中，有如下恒等式：

$$\sum{}'x_{0i} = x_{00}, \quad \sum{}'x_{1i} = x_{11}, \quad \sum{}'x_{2i} = x_{22}, \quad x_{35} = x_{33}, \quad \sum{}'x_{4i} = x_{44}, \quad \sum{}'w_i = w_4$$

$$(7)$$

这些等式表示了稳定状态的生存性，但是因为 R 既包含能量又包含物质，所以我们不能再分开写这些项目的存量了，就如在公式（1）中所列的那样。

4.6　能量分析和经济学

我一直认为熵定律是经济萧条的主要原因，在一个法则无效的世界里，相同的能量就会被任意以流通速度来重复利用。实物不会被耗尽，当然生命也就无法存在。[3] 在我们的世界里，每个低熵的物质都具有某些有用性（或者是合意性），正是基于这个原因，经济运行在所有的物质结构中都是满足熵定律的。但是，我认为低熵是有用性的必要条件，它也不是充分条件（就像有用性是经济价值的必要条件而非充分条件），比如低熵的毒蘑菇。

经济运行有着熵的特征，但是由此就认为经济过程可以用一系列热力学等式来表示是错误的。就像 Lichnerowicz 所提出的类似的错误观点。经济运行中，熵的过程穿过了一个复杂的被赋予人性的复杂的网，更重要的是效用和劳动力的网。它的真正产物不是物质和能量耗散的物质流，而是生命的乐趣——对劳动苦工的计量。而且尽管有一些反对的声音，但乐趣不是通过一个明确的

---

[1] 如果我们能够对废弃物进行循环利用，那么这就意味着在物质和能量之间还存在着另外一种不均衡。因为物质在做机械功或者是其他的功的时候没有在一瞬间内降解掉。从这个意义上说，与能量相比较而言，物质是"耐用品"，所以，物质的循环利用是可能的。很久以前，在循环利用和一次性消费之间存在着经济争论，该项争论正和此处有关。

[2] 为了节省空间，在表 4-2 中没有列示资金坐标。

[3] 我们经常将熵定律和混乱联系在一起，但是如果没有这条定律，现实生活会变得没有秩序。事实上，熵定律是有序而且连贯的定律。因为（据一项极端的观察）要是没有熵定律，人们将不敢洗澡，一半的水会自己变得很热，以至于烫伤了你的脖子；另一半水会自己变得很凉，以至于会冻伤你的脚。

可以量化的定律与消耗低熵联系在一起的，也不是通过劳工的负效用与扩展的低熵联系在一起的。威廉·比特说过，大自然是财富之母，劳动是财富之父，这种说法是正确的。唯一需要补充的是"我们的存在"。因此，能量学认为，整个经济是在环境能量流 e_1 的支持之下运转的，尽管我们接受了这一观点，但经济价值仍不能还原到能量。[①]

然而，自从石油禁运以来，人们就开始考虑对能源进行流量分析，并试图将价格还原成能量单位（用英热单位代替美元），这种做法的可能性逐渐受到人们的关注。吉利兰德曾经指出，在经济学家不得不在增加苹果还是增加橘子之间做出选择的时候，进行能量分析是最自然的方法。斯莱瑟和 R.S.贝瑞提出了两个最有力的方式：用货币来衡量事物的成本，"毕竟只不过是一个高度复杂的价值判断"，而不能为经济估值提供一个稳定的基础。事实上，如果经济学家要用一种更完美的方法来看待经济萧条，那他们的经济估值就会"越来越接近于能量学的估计"。[②] 这种观点受到了一致欢迎，以至于现在的净能分析构成了美国技术评估和能源政策的正式标准之一。

令人奇怪的是，在能源分析领域的资深专家之间还存在一个难以解决的难题。对于奥德姆的净能分析和总能分析之间的差异（1974 年由 IFIAS 大会创建相关原则），进修研究所国际联合会仍然存在一些争议。斯莱瑟作为后一派别的代表，他认为"人们应该了解净能的严格定义"。诚然，在奥德姆最新的著作中可以看出他对很多要点还不是很清楚。比如，劳动力能量是否应该考虑在内，而且他的关于货币应该包括在总流量之中的观点使读者感到很迷惑。但是从一些寄给编辑的信以及一些很模糊的注释中，我们可以看出，在其他派别中，情况也是这么不容乐观。[③] 曾有一条批评指责说道，因为"能源分析家在基本法则上是不一致的"，却认为可以用它来证明。能源分析可有四种不同的目标，可以采用三种不同的方法。正如他所指出的那样，结论可能是对立的。关于如何测量矛盾还存在很多矛盾（正如我们所看到的）。

能量分析能否为价格体系提供一个等价基?

[①] 我自己认为，价格在经济体系中是一个很有限的要素，而且市场机制本身也没有办法来预防环境灾难。但是我并不否认市场机制在资源配置和在同代人之间进行收入分配的必要性。

[②] 基思·维尔德最近使我想起，很久之前哈耶克反对"欧内斯特·索尔维，怀尔德·奥斯特瓦尔德和福瑞德瑞克·索迪所宣扬的任何形式的社会能源学说"。但是，前面的三位学者和现在的能源学家相比，所持的观点并不相同。他们认为，不管经济价值是如何确认的，经济运行都不会违背任何的自然规律，也不会违背热力学。事实上，奥斯特瓦尔德首次提出从人类的存在开始，技术的进步总是存在于生命量的提高之中。与哈耶克的职责相反的是，奥斯特瓦尔德具体论述道："如果我们只是用比例来测量能源的数量的话，我们将会犯错误。"只有索迪恰当地研究了经济问题，并花费了几周的时间对由于信用的产生而带来的不稳定性问题提出了解决办法。最近戴利写的一篇关于康复中的索迪的文章非常有趣。

[③] New Scientist, 9, 16, and 23 January 1975.

最近，大卫·冯特对这个问题产生了兴趣。但是，某些信中表明他似乎没有成功。[①] 冯特在推导价格等式时，采用了一个经济学常见的错误方法，即忽略了流量（再生产过程中发生转变的材料元素）和资金（体现了变化所在）。结果，他得出的价格等式和签署的能量等式有着完全相同的形式。由于这二者完全一样，所以就无法解释经济估值和能源估值之间的差异了，也就没办法来解决由价格所引发的问题了，"为什么能源分析会得出和经济分析不一样的结果"，在我下面给出的表格中，流量—资金模式将会很容易解决这个问题。

我们先来考虑最简单的情况（见表 4-1），从净能分析开始，先需要弄清楚什么是我想根据科特尔·奥特姆给出的概念，我们可以很放心地认为，净能旨在确定最终以各种形式到达消费者的可控能源 CM 中，有多少能源是可以利用的。第一，对于净能的概念，我们只需区分各种各样的环境能源（ES），换句话说，净能是来自矿物燃料还是风能，都是无关紧要的。第二，在计算净能时无须计算散失的热量，即我们无须将 d_1 加到能量净输出 x_{11} 里，也无须从总输入量 x_{1i} 中减去 d_i。第三，我们同样不必将工作中人所消费的食物和能量计算在内。否则，混淆经济分析和能量分析，双范围的抵消会使分析的结果出错，因为在一个稳定的状态（这正是我们目前所研究的地方）下，任何环境因素的总投入量等于相应的总输出量。

有四种关于净能的定义值得我们注意：①x_{11}；②x_{11} 和 x_{21} 的能当量的差额；③x_{15}；④x_{15} 加上 x_{25} 和 x_{35} 的能当量。其中，第①中情况很容易给予否定，比如是由矿物燃料产生的电能，那么 x_{11} 就不是在过程（P_1）产生的净能，因为其中的部分用于生产物料流 x_{21} 的间接过程，x_{21} 是用来补偿在采掘 e_1 和热电厂使用 e_1 中所耗费的 K_1。

由定义②可得：

净能 $= x_{11} - (x_{21})_e$ 　　　　　　　　　　　　　　　　　　　　（8）

其中，$(x)_e$ 表示的是 x 的能当量，但是这个定义的难点是如何确定一个钢梁的能当量是多少。

已经存在多种方法，一种简单的方法是只考虑在某个过程中所直接耗用掉的能量，因为相关数据易于从官方的统计数据中得到，由这种方法得出：

$(x_{21})_e = x_{21}(x_{12}/x_{22})$ 　　　　　　　　　　　　　　　　　（9）

净能 $= (x_{11}x_{22} - x_{12}x_{21})/x_{22}$ 　　　　　　　　　　　　　（10）

显然，这个公式明显低估了净能，因为 x_{22} 单位的产量需要 x_{42} 单位的 RM。因此，我们也必须计算出 $(x_{42})_e$。这种计算方法只有在确定了产品的能当量之

①　1977 年 4 月 15 日的《科学》第 259~262 页，特别是 M. Slesser，也可以见 1976 年 4 月 2 日的《科学》第 8~12 页。

后才能计算出结果。[①] 结果是一系列被称为里昂惕夫的等式。[②] 我们把（P_i）过程中生产的每单位流量用 a_i 来表示，从表 4-1 中可得：

$$\text{净能} = x_{11} - a_2 x_{21}$$

$$-x_{12} + a_2 x_{22} - a_4 x_{42} = 0$$

$$-x_{13} - a_2 x_{23} - a_4 x_{43} + a_3 x_{33} = 0$$

$$-x_{14} - a_2 x_{24} + a_4 x_{44} = 0 \tag{11}$$

结合公式（2）得出：

$$\text{净能} = x_{15} + a_2 x_{25} + a_3 x_{35} \tag{12}$$

这个关系式表明，定义②和④是等价的，同时还表明，每单位的可控能量（净能）中的平均成本是 a_2。

公式（11）所定义的净能也可以表示成只含流量坐标的函数：

$$\text{净能} = \begin{vmatrix} x_1 & -x_{21} & 0 \\ -x_{12} & x_{22} & -x_{42} \\ -x_{14} & -x_{24} & x_{44} \end{vmatrix} \div \begin{vmatrix} x_{22} & -x_{42} \\ -x_{24} & x_{44} \end{vmatrix} \tag{13}$$

由这个公式可以得出一个特别奇怪的结论：在某个能量体系中，净能不是取决于消费品行业的流量。

对于是否应该将能当量归入 W，在能量分析学者之间无法形成一致的意见。这个问题就如同在经济学中，是否要把成本归入联产品中一样。如果我们把 w_i' 引入公式（11）中，用一个初期数来表示能当量，并用 z_w' 表示 w 的能当量，由公式（2）我们可以得到：

$$a_i' - a_w' = a_i \tag{14}$$

这个等式并没有彻底地计算出能当量，这是意料之中的。

现在我们可以转向总能分析，我们已经说过，这种分析目的在于确定环境中能量的数量，即"直接或间接地把某种商品或者服务传递到消费者手中所需要的能量"。但是，似乎又出现了一些关于如何确定精确的准则的"困惑陷阱"。总量分析主要考虑的是矿物燃料。基于这个原因，热值就成为了最适合

---

① 值得强调的是，术语"能量等价物"并不意味着物理意义上的相等，比如，一吨的铜可以转换成它的能量等价物，反之亦然。

② 即使在现实中具有了详细的投入—产出表格，分析家们也无法完成这项任务。但是，这种困难跟我们要考虑的问题完全不相关。但是，卡普曼认为，在这个方法中，我们不应该只考虑整个国家的经济，而是要考虑子系统。而且当这种方法被直接运用到能源部门的时候就无法知道如何计算非能量项目的能量等价物。经过多次讨论之后，我们可能会推断认为对这些项目使用美元的能量等价物，但是这种方法并不兼容于整个能量分析。

使用的单位，热值表示燃烧给定数目的燃料所能得到的可用能源。[1]难点是对核燃料来说，不存在一个可接受的热值，而且也没人能说出一个热电厂输入能量的热值。其规则同时指出，由于太阳能是"无偿使用的"，所以太阳能不应该算做输入量，而且太阳能不影响计算的方法。一位学者认为，"劳动力甚至利润也应该算做能量输入量"。但是大部分总能分析专家认为，劳动力和废品都不应列入计算范围。但还有一些问题尚未解决，其中一个问题就是资本成本 x_{2i}，确切地说，是它应该包括哪些内容。

现用 X 表示表 4-1 中前四行和前四列的转置矩阵，e 表示列向量 $(e_1, 0, 0, 0)$，令 $b = (b_1, b_2, b_3, b_4)$ 表示单位 ES 中能当量的列向量。可得：

$$Xb = e \tag{15}$$

结合公式（1）可得：

$$e_1 = b_1 x_{15} + b_2 x_{25} + b_3 x_{35} \tag{16}$$

它表示在环境中能量的数量，b_i 表示家庭。[2]

对比公式（12）和公式（15）可得：

$$净能 = e_1/b_1 \tag{17}$$

或等价于：

$$b_i = b_1 a_i \quad (i = 2, 3, 4) \tag{18}$$

这些结论表明：在总能分析中，为什么主要问题总是围绕着能量的恰当单位是什么，比如：e_1 包含矿物燃料，查姆帕认为，应该存在：当 $b_1 = 4$ 的时候，1000 瓦小时被换算成 4000 瓦小时的热能。

但是它们之间的关系会使人们产生疑问，即这两个等式能通过比如简单的关系联系起来，为什么大家还会围绕着哪种方法是正确的而争论不休呢？事实上，尽管 a 能够从 b 中减去，但这种换算是错误的。然而，这并不意味总能分析是一个较好的办法。根据先前提到的规则，就太阳能而言，$e_1 = 0$，则 $b = 0$，[3] 净能 $= \infty$。简单地说，总能不能够根据太阳能而辨清两种技术。另外，净能分析完全忽略了技术的功效，在这些技术下，环境中的能源转变成了可控能量。只要涉及净能分析，是耗用环境中的 2 吨原油还是用 100 万吨原油来提炼 1 吨油就变得无关紧要了。

仍然根据表 4-1 来推理，我们转向经济估值。简而言之，就是在经济世界

---

[1] 在一个更为复杂的表格中解释道：我们应该只考虑自由能量，因为自由能决定了在正常的压力和温度下的最大功。特别地，在吉布斯自由能公式中 $G = H - TS$ 也说明了这一点。但是，热含量 H 被替代了，因为在正常的条件下燃烧燃料，ΔG 和 ΔH 相差并不大。

[2] 显而易见，只有 b_3 受到了流量坐标（P_3）的影响。而且，W 的能等量 b_w 的引入会导致等同于式（15），在这个式子中，b 由 b′替代了，其中 $b' = b_1$，$b'_i = b_i - b_w$，$i \neq 1$。

[3] 这是因为如果 $|X| = 0$，那么式（15）就没有解了。

里什么是标准价格，在这个关系中，非常关键的一点是，在任何经济体系中，不论是生产的元素还是部门提供的服务，都是有价值的。设 p = (p₁, p₂, p₃, p₄) 是元素流价格的列向量，P_K, P_H, P_L 是特定时期的服务价格，则经济等式为：

$$X_p = B \tag{19}$$

其中，B 是列向量 (B₁, B₂, B₃, B₄)，而且

$$B_i = P_K K_i + P_H H_i + P_L L_i \tag{20}$$

于是，我们可以进一步得出：

$$p_1 x_{15} + p_2 x_{25} + p_3 x_{35} = \sum B_i \tag{21}$$

等式 (21) 是关于全国预算的等式。

只有在非常不现实的情况下，预算 B_i 才只包括劳动力，公式 (19) 才可以确定所有的相关价格。[①] 例如偏好和收入分配[②] 就是这样。

事实上，将经济价值还原成能量比起劳动力纯理论，是一个更极端的观点。按照一个普通的方式，一盎司黑鱼子（富含蛋白质）和一盎司意大利面（富含碳水化合物）的价格相等，如果是生产二者耗费相同数量的总能或净能。而这样的等价是行不通的。

4.7　全球分析和经济学选择

在现实情况中，既考虑了能量又考虑了物质，就一个一般的里昂惕夫系列而言，现实情况中相异素数分析是按相同的方式进行的，在列昂惕夫体系中存在若干非常重要的因素（比如，相同的土地和相同的劳动力），这就意味着可以通过假设其他元素可以无限供应来建立和某个元素的关系。

我们先不考虑 MS，用 Y 表示表 4-2 前五行和前五列的转置矩阵，用 f 表示新的总能当量的列向量 (f₀, f₁, f₂, f₃, f₄)，用 e 表示列向量 (0, e₁, 0, 0, 0)。开始之前，我们有：

$$Yf = e \tag{22}$$

推出：

$$e_1 = f_1 x_{15} + f_2 x_{25} + f_3 x_{35} \tag{23}$$

$$f_i = e_1 \Delta_{i1} / \Delta \tag{24}$$

[①] 在非现实经济中，$P_K = 0$，而且 $P_L = 0$，不同的税金会产生收入转移。
[②] W 应该加上一个市场价格 p_w，同样也适用于新价格 p′ 在第 35 条中的应用。

其中，Δ 是 Y 和 Δ_{i1} 的行列式，Δ_{i1} 是下标为 (i, 1) 的元素的行列式。

我们要从 ES 提出物质等价物。用 g 表示这些等价物的列向量，m 表示列向量 (M_0, 0, 0, 0, 0)，则：

$$Yg = m \tag{25}$$

由此可得：

$$M_0 = g_1 x_{15} + g_2 x_{25} + g_3 x_{35} \tag{26}$$

$$g_i = M_0 \Delta_{i0} / \Delta \tag{27}$$

由此可以直接得到关于净能的相关等式：

$$净能 = e_1 / f_1, \quad 净物质 = M_0 / g_0 \tag{28}$$

我们可以得出：比如，我们向最终消费者传送一边际单位的 C，那我们最终将耗费 f_2 单位的能量，以及 g_2 单位的物质。

前述讨论的关键点在于不论能量的来源（太阳辐射还是地表），我们千万不能忽视在各种生产过程中造成的对地表沉积的可用物质的耗费。实际上可以看出，尽管会有陨石坠落及偶尔逃离地球引力飞出的物质粒子，但地球是一个封闭的热能体系。

因此，从长远来看，对于主要类别的工业体系，一些物质要素将会比能量更为重要，越来越多的自然学家开始相信这一观点，并且认为一些重要因素正在逐步接近供不应求的危险边界。然而，遗憾的是，我们并没有遵循旧律，也没有"将我们的剑变成犁头"，而是继续致力于将后代的犁头变成现在可怕的"剑"。

让我们记住能量和大量物质之间是不能相互转换的，例如，不存在 F (M, e) = const 这种关系。因此，我们不能得出一条等产量线，来把关于自然资源的经济选择问题还原成物化计算。考虑两种技术下 $T_1 (M_0^1, e_1^1)$ 和 $T_2 (M_0^2, e_1^2)$，具有相同的产出，其中 $M_0^1 > M_0^2$，$e_1^1 < e_1^2$。如果使用地表的能源，没有任何的物理或化学的建议能够告诉我们哪种技术从经济上来讲更优。这个问题涉及关于转变历史不确定性和无重量性的多重因素，所以本质上它是纯经济的问题。

由于物质也很关键，所以把对经济的选择仅仅还原到能量是会让人误解的。事实上，在某些情况下，有影响作用的只有物质。假定前述的技术利用"免费的"太阳能，那在进行经济选择时就必须考虑，净能 NE 而不是总的能量。当 $M_0^1 > M_0^2$，$NE^1 < NE^2$ 时，如何在两种技术 $T_1 (M_0^1, NE^1)$ 和 $T_2 (M_0^2, NE^2)$ 之间进行选择又成为了一个经济的而不是纯技术的问题。但是，如果 $NE^1 = NE^2$，那么物质是起决定作用的，技术 T_2 更可取，而不论它消耗多少总能量。

在熵转化的现代分析中，物质一直被忽略掉，可以解释这一现象的一个因素（除了前面已提到的）就是 200 年前发现化石燃料的富矿带，而且今天仍在继续。这个富矿带有一个非常好的双重优点。从地球的内部提取燃料需要相对较少的物质，而且可以花费更少的物质将其转化成工业热能。而核能并不如此，它需要很多设备来进行提炼、浓缩和转换。用现有的方法直接利用太阳能仍然存在很多困难，这些困难也同样来自对它的巨大需求。根据我们现在的判断，某种技术所必需的物质的数量随着所耗能量的密度而变，低密度能量所需的物质数量较高（正如地表的太阳辐射），这是因为这种低密度能量必须用来支持密集的工业过程，如同化石燃料一样，高密度的能量需要的物质能量较高，因为这种能量必须经过贮藏（除了事先进行筛选之外）。

4.8 全球分析和技术估值

最近，我们一次又一次地听到一种观点，认为没有什么能阻止我们利用太阳能技术，因为太阳能"毕竟是免费的"。但是，大自然没有一个结账柜台，因为我们利用环境中的能源而需要付钱，所以从某种意义上讲，每种环境能量都是免费的，金钱至上是人为设定的，而不是大自然设定的，太阳能量是免费的，我们就会简单地以为它是"极其丰富的"。的确，它是非常富裕的，它能达到大气表层的流量是地球上消耗所有能源产生的能量的 12000 倍，不幸的是，"丰富"不见得是一个优点。太阳能到达我们的时候是非常微弱的，这就是它的一个巨大缺点。

现在，太阳能的直接利用成为一个很有希望的课题，[①] 基于本篇论文所提出的观点来评估某项技术应该是很有益的。我们在开始之前先回忆一下"方法"和"技术"之间的必要区分，而且合理的方法并不一定构成一个可行的技术，大量的成功试验证明现有的合理方法是合理的，但并不可能取代地球上的采掘，更进一步让我们把讨论限定在特定的技术范围内，这些技术是基于一定方法的，这些方法是我们已知而且用来利用太阳能的。[②] 我们可以很放心地把一些"集合器"名义之下的设备包括在内，这些设备是在上述方法中用到的。

为了简易起见，我们把整个体系只划分成三个独立的过程：P_1 在集合器（CL）和一些设备（K）的作用下，生成了收集在一起的太阳能，用 SE 表示。

---

① 例如，1975 年 7 月 31 日和 1975 年 12 月 10 日的参议院的国会档案；塞维亚博特在 1975 年 9 月 16 日的《新闻与观察》中提到，"我们还处于应用太阳能的初始阶段"；1977 年 7 月 25 日的《国际先驱讲坛》中提到"欧洲共同市场对太阳能的应用正在升温"。

② 相应地，利用外界空间的太阳能集合器，将收集的能源传送到地表，我们并没有考虑过这种建议，这种方法也没有被证实。

P_2 是指在太阳能 SE 和设备 K 的帮助之下，生成集合器。P_3 指的是借助太阳能 SE 用金属矿物来制造相关设备 K。[①] 显然，

$$x_{21} = x_{22} \tag{29}$$

因为集合器没有在 P_1 之外的过程中使用到。

假设所有的方法（P_i）都是合理的，（P_1）当然也是合理的。集合器也被生产出来了，虽然生产过程中用到了其他能源——主要是矿物燃料能源 FE，K 也是如此，但是，因为能量是同质的"东西"，当然可以用集合的太阳辐射代替矿物燃料的能量。唯一存在的困难可能是与密度有关，令人遗憾的是，能量的密度（用 dQ/dt 表示）是被热能学忽略的另外一方面（除了物质），因此，它对于问题的解决不能起到任何作用。[②] 但是，我们不应该忽略一个事实，已经被证实的方法能够把集合的太阳辐射的温度提高到一个可观的水平。太阳能加热量奥德罗（在比利牛斯山）能够产生 4000 摄氏度的温度和 65 千瓦的功率。如果想得到更大的功率，我们应按需要建造尽可能多的奥德罗。但是，一个太阳能发电站需要一个巨大且复杂的设备。在巴士顿（加利福尼亚）建造的电厂使用了不少于 1700 块磨光镜子，每块 400 平方英尺（总共约 18 英亩），这些镜子由一个非常复杂的机器来控制，对准太阳，以便及时而准确地集中在集热器上，它的功率是 10MW。

表 4-3　基于太阳能的技术

生产	（P_1）	（P_2）	（P_3）	净流量
SE	x_{11}	$-x_{12}$	$-x_{13}$	y_1
c	$-x_{21}$	x_{22}	*	*
k	$-x_{31}$	$-x_{32}$	x_{33}	y_3

要使表 4-3 中的技术可行，必须有：

$$y_1 = x_{11} - x_{12} - x_{13} > 0, \quad y_2 = -x_{31} - x_{32} + x_{33} > 0 \tag{30}$$

其中，y_1 和 y_2 表示维持相关要素（人力和固定资本）的必要流量。

我们应该正确理解这点。与某类物种能否生存下来一样，一项可行技术能否得到认可，关键在于它能否做到自我支撑。比如，与制造石斧相比，用石斧制造铜斧的技术含量就更高了。但是只有付出的额外代价，才能实现技术上的飞跃。如果我们忽略了这点，我们将无法看到太阳能技术的缺陷。同时，我们

[①] 让我们记住，P_1 应该包括扣除 K 之后的 CL。

[②] 根据标准的等式 Q = W，如果一根接一根地划火柴，只要在一瞬间内产生足够多的热量 Q，那就可以把火箭送到月球上去了。尽管太阳能非常丰富，但是还不能被用到现在的工业生产中。这正好解释了为什么有很多学者被这一悖论困惑至今的原因了。

唯一需要做的是，如何生产出能够赚钱的集热器。正如青铜器时代的例子所示，一项可行技术唯一需要的是，不管在什么情况下，它在实质上是自我支撑的。

让我们考虑价格问题，如果公式（30）是满足的，那么将存在一个价格体系，使得整个体系可以运行。也就是说，如果用 X 表示表 4-3 的转置矩阵，p 是列向量（p_1, p_2, p_3），那么体系就有一个正解，其中 B 已经在公式（20）中定义了。

$$Xp = B \tag{31}$$

因此，如果不存在 B 大于零，那么这项技术就是不可行的。但奇怪的是，反过来却并不对。在技术可行的情况下，公式（30）可能有一个正解。[①] 另外，我没有生活在一个基于太阳辐射的技术中，这样一个不可否认的事实并不能证明这就是不可行的。如果根据金钱和人力来言，这种技术比起化石燃料技术来，效率可能会更低。这个问题非常棘手，但是其对立面的缺乏却胜过了这个不确定的观点。

对于为什么太阳能还没有取代其他能源，最容易令人接受的一种解释是，其必需的集合器造价太高。除了这个可以挽回的情况之外，在维持现代工业活动方面，太阳能技术实际上是可行的。困难在于"成本问题而不是物质问题"。但是，如果唯一的阻碍是在于由太阳方法引起的资金短缺，那么有一个问题急需回答。在过去 5 年中，为了研发更有效的方法耗费了至少上亿的资金。尤其是能源研究与开发机构（ERDA）已经在全国分散了无数的试验家庭以及无数的试验风车，但是还没有取得任何突破，来增加对使用太阳能技术可行性的信心。目前，还没有任何家庭会大力资助机构取得对于一个可行的向导，结合相互支持运行的（P_1）和（P_2），更不用说，取得一个成熟的太阳能技术的向导，来说明它独立于价格的可行性，当一项技术思想被证明可行时，它的成本也就无关紧要了。否则，在证明人类能登上月球的时候，我们不会取得成功。

目前，非常明显的一点是，仅靠收集的太阳能来生产集合器是不大可能的，因此，关于太阳能集合器的可行方法的利用，都是对已有技术的寄生，而且如同其他寄生品那样，这种技术是不能自主存在的。

这就意味着，我们可以用下式代替公式（30）：[②]

$$x_{11} < x_{12}, \quad x_{11} < x_{13} \tag{32}$$

即使我们把其他的条件弱化到：

---

① 见最后的数学注释。
② 倘若从矿石中生产出金属需要巨大数量的热能，那么不等式 $x_{11} < x_{13}$ 就是最先得到的结论了。

$$-x_{31} - x_{32} + x_{33} = 0 \tag{33}$$

由于对太阳能技术的综合性分析正在被利用，我们必须考虑表 4-4 中的流量矩阵，我们假设在这个矩阵中，公式（29）和公式（32）是成立的。在 P_2 中，用来生产集合器的必要能量现在来源于非太阳能（矿物燃料）电厂（P_4^0），这个电厂同时通过新过程（P_3^0）为资本设备的生产提供能量。为了使讨论具有启发性，我们假设唯一的净流量是 x_{11}。

表 4-4　目前的混合技术

生产	(P_1)	(P_2)	(P_3^0)	(P_4^0)	净流量
SE	x_{11}	*	*	*	x_{11}
CL	$-x_{21}$	x_{22}	*	*	*
K	$-x_{31}$	$-x_{32}$	y_{33}	$-y_{34}$	*
FE	*	$-x_{12}$	$-y_{43}$	y_{44}	*

根据这一事实 $y_{33} > x_{33} = x_{31} + x_{22}$，可以合理地认为 $y_{43} > x_{13}$。

因此，$y_{44} = x_{12} + y_{43} > x_{12} + x_{13}$，而且由公式（32）有：

$$y_{44} > 2x_{11} \tag{34}$$

这不仅说明 P_1 是矿物燃料生物，而且说明这种技术比起其净输出来，要多耗费两倍的其他能量。[1]

下面的结果将能进一步证明无利可图的耗费的真正含义，因为由表 4-4 表示混合技术可以生成一个有效的净产出，那么将存在一个正价格体系。如果我们把（P_1）、（P_2）的预算式合并，可以得到：

$$B_1 + B_2 + p_3(x_{31} + x_{32}) = p_1 x_1 - p_4 x_2 \tag{35}$$

由第一个不等式（32），可得 $p_1 > p_4$，换言之，在混合技术下，从太阳能中得到的英制热单位的价格要比从矿物燃料中得到的更高。[2] 可见，利用太阳能生产英制热单位是无利可图的。这一事实并不能归因于价格，而是它反映了太阳能技术存在一种隐性的损耗（浪费）。

如果（P_1）、（P_2）的结合只需要外界的物质，那么这种成功的向导将会是非常重要的，但是目前还没有任何结论，表 4-5 表示的这种结合依然需要像（P_3^0）、（P_4^0）这样的过程，代替公式（32），我们可以得到：

---

① 虽然我们相信，由于 FE 具有很高的密度，y_{43} 未必会大于 x_{13}，公式（34）会被一个较弱但是却高度相关的不等式替代。

② 人们购买家用太阳能装置的事实并不令我们感到奇怪。比如，用电比用煤会耗费更多的能量，人们依然会用电来去取暖。而且，人们购买电器却不必从电器中取得一定数量的能量。

$$x_{11} > x_{12}, \quad x_{11} < x_{13} \tag{36}$$

因为即使在这个例子中，我们可以像以前那样得到：$y_{33} > x_{33}$。

$$y_{44} > x_{13} > x_{11} - x_{12} \tag{37}$$

像前面一样，关于全球资源短缺，我们可以得到相同的结论。但是在这个例子中，这种短缺似乎不见得能得出 $p_1 > p_4$。[1]

表 4-5　由太阳能收集的能量

生产	(P_1)	(P_2)	(P_3^0)	(P_4^0)	净流量
SE	x_{11}	$-x_{12}$	*	*	$x_{11}-x_{12}$
CL	$-x_{21}$	x_{22}	*	*	*
K	$-x_{31}$	$-x_{32}$	y_{33}	$-y_{34}$	*
FE	*	*	$-y_{43}$	y_{44}	*

　　丹尼斯·海伊认为，"我们可以利用太阳能，因为我们拥有技术"。这种观点在一定程度上反映了研究能源稀缺方面一个热切学者的过度乐观。事实上，只有一些可行的办法，但是却并不存在一个可行的技术。

　　更多有效的方法发现可能会从根本上改变当前的局面。但是，利用太阳辐射不是一个最近才开始困扰我们的问题。正如如何安全地利用核能的问题已经困扰了我们 40 多年那样。当时，在关于利用新发现能源的可能性问题上，人们很容易犯错误。劳德·卢瑟福德就是这样的一个人，但是太阳能集合器已经被大规模地应用了 100 年，而且在这段时间里并没有取得任何实质性的突破。毫无疑问，无论是在一个新的"森林时代"还是其他太阳能时代，太阳能是唯一稳定而且完全健康的能源，尽管人类能够使太阳能应用在喷气式飞机上，住在摩天大楼里，以及以每小时 100 公里的速度行驶的汽车，但是，目前看来这是不太可能的。

　　不断试图寻找新的有效方法，这不只是被允许的，而且是强制性的。但是在这项技术出现之前就声称这项技术已存在了，或者鼓吹"我们一定会发现一种方法"，这样做只会向公众隐瞒自然能源这一迫切问题的严重性，并使得在转向解决这一问题的有效办法的道路上变得更加困难。

　　数学注释：
　　用 X 表示表 4-3 的矩阵，用 "′" 表示转置。

$$Xs' = w \tag{38}$$

---

　　[1] 可能这项结果并不代表未来的研究方向。为了耗费少于 1BTU 的热量，间接地利用矿物燃料来取得 1BTU 的太阳能，这看起来是非常奇怪的。

w=y≥0① 时，体系就存在一个正解，s= (1, 1, 1)，根据定理 5，对任意的 w > 0，有解 s > 0，因此 $|X| = 0$，② 根据定理 4，体系：

$$X'p' = B' \tag{39}$$

其中，B = (B₁, B₂, B₃) > 0，体系就存在正解 p > 0。这就证明了，对于任意的可行技术以及任意的设备价格，流量元素总存在正价格。

我们假设式 (39) 有一个正解，根据定理 4，可以提出：

$$X\lambda' = z'$$

在 z > 0 时，有正解 λ > 0，因为 Ω ∈ Γ，其中 Ω 表示非负象限，Γ 是根据 (P₁)，(P₂) 和 (P₃) 确定传送界面，除非 X = I，否则一定存在一个 w，使得 w ∈ Γ，但是 w ∈ Ω。而且 y 也可能是这种情况。举一个简单的例子：

$$X = \begin{bmatrix} 4 & -2 & -3 \\ -1 & +1 & 0 \\ -1 & -2 & 5 \end{bmatrix}$$

参考文献

1. Alfvén, Hannes. *Atom, Man and the Universe*. San Francisco: H.F. Freeman, 1969.

2. Allen, C.W. *Astrophysical Quantities*, 3rd ed. London: Athlone, 1973.

3. Auer, Peter L. "Does Entropy Production Limit Economic Growth?" in *Prospects for Growth: Changing Expectations for the Future*, edited by K.D. Wilson. New York: Praeger, 1977, pp.314–334.

4. Boulding, Kenneth E. "The Economics of the Coming Spaceship Earth", in *Environmental Quality in a Growing Economy*, edited by H. Jarrett. Baltimore: Johns Hopkins University Press, 1966, pp.3–14.

5. "The Great Laws of Change", in *Evolution, Welfare and Time in Economics*, edited by A.M.Tang, F.M.Westfield and J.S.Worley.Lexington, Mass: D.C.Heath, 1976, pp.3–14.

6. "Energy Policy: A Piece of Cake". *Technology Review*, December 1977, p.8.

7. Boserup, Mogens. "Chairman's Report on Specialized Session Ⅲ". Plenary

---

① 向量记法 a≥b，包含 a=b 的情况。
② 直接计算结果会产生 $|X| = x_{22}y_1(x_{31} + x_{32}) + x_{22}y_3(x_{11} - x_{12}) > 0$，有时候，用单位值可以减少定理 7 使用的限制条件。如果三阶子式的行列式（在这个例子中就是 X 的行列式）是正的，那么其二阶子式也是正的。

Session, Fifth World Congress of the International Economic Association, Tokyo, 29 August–3 September 1977 (*Proceedings* forthcoming).

8. Bridgman, P. W. *The Logic of Modern Physics*. New York: Macmillan, 1927.

9. Brooks, David P. and P. W. Andrews. "Mineral Resources, Economic Growth, and World Population". *Science*, 5 July 1974, pp.13–19.

10. Brown, Harrison. *The Challenge of Man's Future*. New York: Viking Press, 1954.

11. James Bonner, and John Weir. *The Next Hundred Years*. New York: Viking Press, 1957.

12. Butti, Ken and John Perlin. "Solar Water Heaters in California, 1891–1930". *CoEvolution Quarterly*, Fall 1977, pp.4–13.

13. Chapman, P. F. "Energy Costs: A Review of Methods". *Energy Policy*, June 1974, pp.91–103.

14. "The Energy Costs of Materials". *Energy Policy*, March 1975, pp.47–57.

15. "The Ins and Outs of Nuclear Energy." *New Scientist*, December 1977, pp.866–69.

16. G.Leach and M. Slesser. "The Energy Cost of Fossil Fuels". *Energy Policy*, September 1974, pp.231–43.

17. Chynoweth, A.G. "Materials Conservation: A Technologist's Viewpoint". *Challenge*, January–February 1976, pp.34–42.

18. Cloud, Preston. "Realities of Mineral Distribution", in *Man and His Physical Environment*, 2nd ed., edited by G. D. McKenzie and R.O.Utgard. Minneapolis: Burgess, 1974, pp.185–98.

19. Committee for Economic Development (CED). *Key Elements to a National Energy Strategy*. New York, 1977.

20. Committee on Mineral Resources and the Environment (COMRATE). *Mineral Resources and the Environment*. Washington, D.C., 1975.

21. Cook, Peter. "Mineral Resources, Economic Growth, and World Population", *Science*, 5 July 1974, pp.13–19.

22. Cottrell, Fred. *Energy and Society*. New York: McGraw Hill, 1953.

23. Daly, Herman. "The Economic Thought of Frederick Soddy". Unpublished essay, 1978.

24. Denbigh, Kenneth. *Principles of Chemical Equilibrium*, 3rd ed. Cambridge, England: University Press, 1971.

25. Ehrenfest, Paul and Tatiana. *The Conceptual Foundations of the Statistical Approach in Mechanics*. Ithaca: Cornell University Press, 1959.

26. Energy Research and Development Agency (ERDA). *A National Plan for Energy Research, Development, and Demonstration: Creating Energy Sources for the Future*. Washington, D.C., 1975.

27. Feyman, R.P., R. B. Leighton and M. Sands. *The Feyman Lectures on Physics*, vol. I. Readings, Mass: Addison-Wesley, 1966.

28. Flawn, Peter T. *Mineral Resources: Geology, Engineering, Economics, Politics*. Chicago: Rand McNally, 1966.

29. Georgescu-Roegen, Nicholas. *Analytical Economics: Issues and Problems*. Cambridge, Mass.: Harvard University Press, 1966.

30. *The Entropy Law and the Economic Process*. Cambridge, Mass.: Harvard University Press, 1971.

31. "A Different Economic Perspective". Paper read at the Boston Meeting of the American Association for the Advancement of Science, 21 February 1976.

32. *Energy and Economic Myths: Institutional and Analytical Economic Essays*. New York: Pergamon Press, 1976.

33. "Is Perpetual Motion of the Third Kind Possible?" Paper read at the Colloquium of the *Ecole Nationale Supérieure de Transportation*, Paris, 19 November 1976.

34. "Economics and Mankind's Ecological Problem", in U.S. *Economic Growth from 1976 to 1986: Prospects, Problems, and Patterns*, Joint Economic Committee, Congress of the United States, Washington, D.C., Vol.7, pp.62–91.

35. "Bioeconomics: A New Look at the Nature of the Economic Activity", in *The Political Economy of Food and Energy*, edited by Louis Junker. Ann Arbor: University of Michigan, 1977, pp.105–34.

36. "The Steady State and Ecological Salvation: A Thermodynamic Analysis", *Bio-Science*, April 1977, pp.266–70.

37. "Matter Matters, Too", in *Prospects for Growth: Changing Expectations for the Future*, edited by K.D.Wilson. New York: Praeger, 1977, pp. 293–313.

38. "The Role of Matter in the Substitution of Energies" (Third International Colloquium on Petroleum Economics, Québec, 3–5 November 1977), in *Resources énergétiques et coopération internationale*. Québec: Presses de l'Université Laval, 1978 (forthcoming).

39. "Myths about Energy and Matter". *Growth and Change*, January 1979,

pp.16–23.

40. "Matter: A Resource Ignored by Thermodynamics", in *Proceedings of the World Conference on Future Sources of Organic Materials* (Toronto, 10–13 July 1978), Toronto: Pergammon Press, 1979 (forthcoming).

41. "Technology Assessment: The Case of the Direct Use of Solar Energy". *Atlantic Economic Journal*, December 1978, pp.15–21.

42. Gilliland, Martha W."Energy Analysis and Public Policy". *Science*, 26 September 1975, 1051–56, and 2 April 1976, pp.8–12.

43. Hayek, F.A. *The Counter–Revolution in Science*. Glencoe, Ⅲ: The Free Press, 1952.

44. Hayes, Denis. "We Can Use Solar Energy Now". *Washington Post*, 26 February 1978, D1–D4.

45. Hiebert, Erwin H. "The Energetics and the New Thermodynamics," in *Perspectives in the History of Science and Technology*, edited by Duanne H. D. Roller. Norman: University of Oklahoma Press, 1971, pp. 67–86

46. Huettner, David A. "Net Energy Analysis: An Economic Assessment". *Science*, 9 April 1976, pp.101–104.

47. Kenward, Michael. "The Analyst's Precedent". *New Scientist*, 9 January 1975, p.51.

48. Kirkwood, John G. and Irwin Oppenheim. *Chemical Thermodynamics*. New York: McGraw-Hill, 1961.

49. Leach, Gerald. "Energy Analysis". *New Scientist*, 16 January 1975, p. 160.

50. Lichnerowicz, Marc. "Economie et thermodynamique: Un modèle d'échange économique". *Economies et Sociétés*, October 1971, pp.1641–86.

51. Nash, Robert."The Future of Wilderness: A Problem Statement". *Bulletin of the American Academy of Arts and Sciences*, May 1978, pp.18–24.

52. Neumann, John von. "The General and Logical Theory of Automata", in *Cerebral Mechanisms in Behavior: The Hixon Symposium*, edited by L. A. Jeffress. New York: Wiley, 1951, pp.1–31.

53. Odum T.H. "Energy, Ecology, and Economics". *Ambio*, 1973, No.6, pp.220–27.

54. "Energy Analysis". *Science*, 15 April 1977, p.260.

55. Ostwald, Wilhelm. *Die Energie*. Leipzig: J. A. Barth, 1908.

56. Page, Norman G. and S. C. Creasey. "Ore Grade, Metal Production, and

Energy". *Journal of Research*, *U.S. Geological Survey*, January–February 1975, pp.9–13.

57. Planck, Max. *Theory of Heat.* London: Macmillan, 1932.

58. *Treatise on Thermodynamics*, 7th ed. New York: Dover, 1945.

59. Price, John H. *Dynamic Energy Analysis and Nuclear Power.* London: Friends of the Earth, 1974.

60. Prigogine, Ilya. "Time, Structure and Entropy", in *Time in Science and Philosophy*, edited by Jiří Zeman. Amsterdam: Elsevier, 1971, pp.89–100.

61. "Irreversibility as a Symmetry-breaking Process." *Nature*, 9 November 1973, pp.67–71.

62. C. George, F. Henin and L. Rosenfield. "A Unified Formulation of Dynamics and Thermodynamics". *Chemica Scripta*, 1973, No.1, pp.5–32.

63. Rabinowicz, Ernest. *Friction and Wear of Materials.* New York: Wiley, 1965.

64. Rose, David J."Materials Requirements for Emerging Energy Technology", in [20], Appendix to Section I, D.15–D.23.

65. Seaborg, Glenn T. "The Erehwon Machine: Possibilities for Reconciling Goals by Way of New Technology", in *Energy, Economic Growth and the Environment*, edited by Sam H. Schurr. Baltimore: Johns Hopkins University Press, 1972, pp.125–38.

66. Seeger, Raymond J. *Men of Physics*: *J. Willard Gibbs.* New York: Pergamon Press, 1974.

67. Silver, R. S. *Introduction to Thermodynamics.* Cambridge, England: University Press, 1971.

68. Skinner, Brian J. *Earth Resources*, Englewood Cliffs, N.J.: Prentice-Hall, 1969.

69. "A Second Iron Age Ahead?" *American Scientist*, May–June 1976, pp. 258–69.

70. Slesser, Malcom. "Accounting for Energy". *Nature*, 20 March 1975, pp. 170–72.

71. "Energy Analysis". *Science*, 15 April 1977, pp.259–60.

72. Solow, Robert M. "Is the End of the World at Hand?" *Challenge*, March–April 1973, pp.39–50.

73. Tayler, R. J. *The Origin of the Chemical Elements.* London: Wykeham, 1972.

74. Thomson, Sir William (Lord Kelvin). *Mathematical and Physical Papers*, Vol. I. Cambridge, England: University Press, 1881.

75. Weinberg, Steven. *The First Three Minutes*. New York: Basic Books, 1977.

76. Woodwell, G. M., R.H. Whittacker, W. A. Reiners, G. E. Likens, C. C. Delwiche and D.B. Botkin. "The Biota and the World Carbon Budget." *Science*, 13 January 1978, pp.141–46.

77. Wright, David J. "Goods and Services: An Input-Output Analysis". *Energy Policy*, December 1974, pp.307–14.

78. Zemansky, Mark W. *Heat and Thermodynamics*, 5th ed. New York: McGraw-Hill, 1968.

本文载《南方经济学报》第 45 期，第 1023~1058 页。

第 5 章　环境统计

物质能量平衡统计原则草案秘书长报告

摘要：联合国统计委员会在其第 18 次大会上考虑了一种环境统计的起草系统（E/CN.3/452），同时建议该领域的工作应当继续下去。本文主要涉及大会上提议的环境统计整体框架中的某一部分，是物质与能源平衡方面的统计，并提出了该统计工作的起草指南。它的原则与国家会计系统原则相同，还完全与《综合性能源统计系统》（E/CN.3/476）相一致，该项内容也已经递交给联合国统计委员会。与后者不同的是（后者集中关注短期的可能性与目标），本文主要涉及长期统计规划，这种规划往往着眼于远期目标，而并非立即就要着手实施的某项工程。

本文讨论了这种类型统计学的使用（第 5.3 节）、设计标准（第 5.4 节）以及所提议框架的结构（第 5.5 节），并且提供了各种必要的定义（第 5.6 节）。第 5.7 节的内容是有关环境破坏与消除破坏成本的评估的短述，而第 5.8 节则提出了短期内可实施的可行性方法的建议。

5.1　引言

1. 这篇论文①是在统计委员会第 18 次会议②上出台的《环境统计》部分内容的延续。它作为环境统计工作总体进展的一部分，包含了对物质能量余量统计方针的草案。涉及能量统计的准则和《综合能量分析体系》中的准则是一致的，而且后者较早。该框架提出的目的是形成一个统计共同核心，使这个核心在应用于经济能量分析的同时，也适用于环境能量统计。

---

① 由联合国顾问 R.U.Ayres 编写。
② 联合国经济及社会理事会第 58 次会议的官方报告第 2 号补充文件，第 86~92 页。

2. 在众多的会议和讨论①中，以及之前发表的文章②中，我们已经对一个环境统计体系的大体特征、目的和潜在用途进行了广泛的讨论。因此，在这里我们只给出一些简短的摘要。物质能量余量的统计信息可以看做是环境统计工作各阶段计划的组成部分，它将在未来几年内，在联合国环境部门的支持下，由联合国统计局和欧洲统计学家联合会来实施。因此，它被看做是一个完整的统计体系的"模块"。整个体系的结构和内容还没有完整的定义来使得各部门之间相互连接更加紧密，而这些部门最终将负责定义类别、对统计数据和潜在的国内和国际使用者进行汇总。在原料和能量模块中，你会发现用户需求已经被完全定义好，这样就可以进行更进一步的分类了。

3. 简言之，环境统计体系的主要目的就是为政府和环境机构进行研究和分析提供策略和帮助。特别是，这些研究提供了经济、人口或技术等方面政策的变动趋势对环境的影响，或者是反过来预测环境变化对经济和社会的影响。

4. 显然，我们已经积累了大量与某些环境主体相关的原始数据，但是其他领域还需要更多数据。这些原始数据可能有不同的来源，比如科学的测量、问卷调查以及抽样调查、行政记录等。其中大部分数据已经或将要被加工、汇编、公布，成为专用的统计系列。

5. 为了使国际间的统计数据具有可比性，在人口、城市化、健康营养、教育、社会变化、天气与气候、资源、能量、农业、贸易等方面的统计项目正在进行中。

6. 在已经产生的联合国计划中，上述环境统计体系有两方面的重要作用。第一，它将提供一个被广泛接受的框架体系，这会有利于众多共存的统计组织之间进行协调。第二，为国内和国际的统计部门提供了向导，以使它们在未来的工作中按照这个方式进行，从而能够形成一个规范一致的整体模式。

7. 为什么我们真正需要的是一个被广泛接受的环境体系呢？提出这个问题是很正常的。换言之，为什么不围绕纯粹的环境改变（如大气的污染水平和排放）来建立另外一个专门的统计信息？由于有很多统计学家已经明确提出，环境统计信息可能（确实）会局限于这类数据，所以上述问题显得更为重要。另外，物质能量余量模块不包括环境大气状态的统计信息，但是却覆盖了已经存在的类似的专业统计信息，比如能量和工业统计。

---

① 1973 年 3 月，由欧洲统计学家在日内瓦举办，关于环境研究与政策统计的会议（"会议报告"，CES/AC/40/5，1973 年 3 月 26 日）；1973 年 10 月 15~19 日，在日内瓦，由欧洲统计学家和欧洲经济委员会环境问题高级顾问共同举办的环境统计问题研讨会（"研讨会结论"，CES/Sem.6/11–Env./Sem 1/11，1973 年 11 月 27 日）。

② 欧洲统计学家会议，"环境研究和政策统计"（CES/AC–40/2）（日内瓦，1973 年 2 月 13 日），以及"环境统计体系建设步骤"（CES/Sem 6/2–Env/Sem 1/2）（日内瓦，1973 年 9 月 4 日）。

8. 上述问题的答案可以在环境的本质中得出（都是围绕着环境定义的），而且在研究环境问题时，我们需要某些特定的分析性工具，并要求这些工具具有某些综合性特征。在这些特征中，我们也可以发现上述问题的答案。仅仅孤立地考虑生物或生态效应是不够的。为了达到评估和鉴定环境政策的目的，生物圈或地球气候的变化应该追溯到人类的社会活动和经济活动，反过来，人类进行的各种活动又依赖于资源的限制和现有的技术。物质使各种不同的现象之间产生了非正式的联系，因此，必须建立一个国际统计体系。一组统计信息如果只是简单地描述这种非正式关系最终产生的物理结果或生物结果，而没有在一个关键的动态机制下，对数据进行汇编，那么这种统计信息对于决策者来说，它的价值是有限的。从全世界的范围来讲，对取得处理必要数据的巨大成本而言，这种价值是不匹配的。①

9. 简而言之，在解决短期环境问题的情况下，为了特定目的而得到的统计信息是有价值的，但是从长期的分析性研究来看，它们似乎是不充分的，毕竟它们并不是为此而设置的。对于后者而言，重要的是要把观察到的现象或效果（至今为止最容易测量的，因此在现存的数据中占主要地位）与更基础的变量区分开来。

尽管在这里不能对这种区分进行全面解释，但是令人满意的是，环境统计体系将会满足政府机构更广泛的要求。从而，在考虑公共项目工程、技术发展、材料替换、燃料置换等对环境产生的作用时，能够为决策者提供一个系统的方法论，这些目的的实现需要分析工具和模型的发展，同时会利用到关于环境介质、能源、过程以及材料和能量的存量和流量的大量数据。

10. 通过直接测量得到的统计信息，或者通过直接测量与物理、生物或经济模型相结合而得到的另一种统计信息，这两种统计信息之间存在一个重要的区别，其重要性可以通过一个例子得到最好的解释。我们假设在测量不同地区的大气污染物的排放量时，得到一致的统计信息是重要的。最直接的方法就是利用光谱仪、激光器以及其他设备，在大量的研究地点抽取大气样本，然后再对测量的信息进行汇总。当然，由于这种方法在现实中存在困难和成本，这就决定了抽样的时间和地点的数量是有限的，所以，在随机抽样取得的时间和地

---

① 这些数据所具有的潜在价值是另外一个问题。但是，需要指出的是，这类数据虽然对科学而言具有很高的价值，但是对于统计而言价值很小或者是没有任何的价值。例如，对有毒物质的运动（比如汞）感兴趣的海洋生物学家在监控某个湖泊或者海湾汞的输入时，往往会通过有机物的"食物链"来收集一套相关的完整数据，这些数据包括大量的有机物体。另外，环境政策的制定者则倾向于统计所有销售到消费者手中的鱼中汞含量的时间序列或者是截面序列。在这两种不同的情况下，需要设计不同的监控系统，一种情况下收集的数据对于另一种情况而言，它的价值是微不足道的。但是，我们还是要观测某项数据是否能同时满足科学和环境政策的需要。

点需要具有代表性。①另一种可供选择的方法依赖深入的工程研究，它从被污染最严重和面积最大的地方开始，包括各行业必要的细节测量，目的是形成一套特性系数，这些特性系数是关于材料和能量的投入、有用品和废品的产量等。在统计上，这些系数也会与生产规模、设备寿命以及其他变量有关（简而言之，每个模型都是为特定行业建立的），然后通过结合二者就可以得到某一地区的污染物排放量。将工程程序的数据与工业产品的产量、生产过程、地点的经济统计数据相结合，就可以测得某些地区的污染物排放量了。这个备用策略在环境领域是非常重要的，而且在设计环境统计体系（特别的原料/能源余量统计）的过程中，这种方法会成为进行基本决策的关键影响因素。

11. 通过利用部分合成统计量以及其他创新方法，可以有效地将开发新模型的困难和成本控制在合理范围之内。但是（正如我们将要看到的），其极限范围依然是很大的。第一，建成如此巨大的体系是否是一个可以实现的目标？第二，为了能够在建成全面的体系之前，建立起操作步骤，是否存在一些方法，使得这个体系可以分阶段实现，是否可以从某些较小的部分着手？第三，当整个体系中的某个合理部分独立于其他部分之后，其本身是否仍然具有重要的价值？

12. 可见，对于这些问题如果存在一个否定性的方案，那么其成功的概率还是很小的。但是，在后面我们将论证这三个问题都有肯定答案，而且还提出了一个分阶段实现的具体方法。

5.2　委员会提出的方案

13. 由于此处所描述的框架，一方面与环境统计主体存在关系，另一方面与整个国民核算与平衡存在关系，因此，它可以看做是原料能源余量统计的基础，而且统计委员会希望对这个框架的作用范围、可行性以及需要性做出评论。

5.3　模拟和优化模型中原料能源余量统计的效用

14. 正如同对投入—产出模型的发展会应用一系列国民核算数据，原料能

---

① 这种假设前提很可能是错误的。很明显，执行样本采集的技术人员很可能倾向于在日常时间（白天）来工作。排污者也知道这一点。因此，由于夜间的可见度较低，大多数的排污者都在夜间排放污染最严重的物质。

源余量中的大部分统计信息会成为构建大规模模型的基础，以便于进行环境预测或实现管理目标。事实上，这个模块有助于投入—产出模型的自然扩张，从而实现能源需求和废弃物排出量的结合。同时，它也反映了这样一个事实，即对于经济而言，物质和能量的投入量和产出量必须总是平衡的。

15. 框架中显示了每种商品（原料或能源）的来源和去向，但是这些信息也可以以投入—产出表的形式表示出来，这个表显示的是所有原料和所有形式的能量之间的关系。

16. 这种类型的表格可以当做传统投入—产出表的补充，或者它可以单独以一种非常类似的方式加以应用（事实上，它们的基本方程式都是相同的）。因此，如果是在当前的技术条件下生产，所需要生产的每种物质和能量形式的总体数量（包括仅有的原材料和媒介），当矩阵被转置之后，我们也可以发现每一特定的最终商品中直接或间接包含的所有物质或者能量形式。

17. 转置了的商品矩阵将会准确地告诉我们，在生产某一给定的最终商品时（无论它是一片面包还是一辆汽车），有多少能量（按等级）被直接或间接地耗费掉。因此，物质能量投入—产出矩阵将会有助于回答前面提出的问题，尽管这些问题已经被证明是难以解决的。例如，新技术能否达到产生的能量比它所耗费的能量多，如太阳能电池直接把太阳能转变成电能，或者直接经过微生物转变为蛋白质（绕过传统的农业）。通过分别计算生产太阳能电池和维持设备，或者合成蛋白质所需要的直接和间接能量，这一问题就可以很容易地解决。一方面，可以把这些数字与太阳能电池输出能量的平均时间进行比较；另一方面，把输入的直接和间接能量与传统农业生成的动物蛋白质相比较。

18. 为实现环境管理的目的，优化模型可能会得到越来越多的利用。这种模型利用线性规划的最优化算法，是典型的"活动性"类型。非线性规划按等级顺序列示以及其他的方法都可以应用。

19. 原料能源余量统计在建立和完善各种类型的环境评估和（或）预测模型中的正式应用，将在下面予以讨论。但是，当原料能源余量的统计信息或它们的等价物对决策者有帮助时，对其进行评论是有利的。在最近几十年，突然出现了一些特殊的污染物，由于某种原因，可能会存在潜在的风险。例如：

（1）1959 年，汞中毒被暂认为是"水俣病"（1953 年生活在日本"水俣海湾"的人集体出现的一种奇怪的病，包括视野变窄、活动缺乏协调性、行走困难、语言障碍，严重的出现神志不清甚至死亡。这是由于当地的人们食用了汞含量很高的鱼和贝所致。——编者注）产生的原因，之所以称为"水俣病"，是由于这种病大规模的发现是在日本的"水俣村"。

近 10 年所做的研究显示工业废弃物排放的汞在细菌的作用下，转变成有机甲基汞，这种物质溶于水，而且进入到海洋中，然后逐渐地积累并集中到鱼类及其他高级生物的体内。这种现象的发现明确告诉我们，无论是什么形式的汞对环境都是有害的。

（2）1910 年，在金租河下游流域，出现了一种被称为 "Itai-Itai"（"疼痛病"，该病首先发生于日本富山县神通川流域，居民长期饮用受镉污染的河水或食用以此水灌溉的稻米造成慢性中毒。——编者注）的新病，这种病源于一个铜矿，它使人感到疼痛。该病的成因逐渐被追溯到矿废弃物中的镉。很显然，像汞一样，环境中的镉是有毒和极度危险的。

（3）拉舍尔卡森写的一本有关地面标记的书——《寂静的春天》（Silent Spring），[①]认为 DDT（"滴滴涕"，有毒品，主要用作农用杀虫剂。它属神经及实质脏器毒物，对人和大多数生物体具有中等强度的急性毒性。——编者注）对环境是有害的，因为它会在土壤和自然生物中滞留很长时间。如同甲基汞，DDT 通过食物链逐渐地集中在高等动物的体内，例如食鱼的鸟类和食虫动物，它可以直接对人类造成危害。正是由于此类原因，在美国，DDT、有机氯杀虫剂、497 农药都被禁止使用了。在这一点上，其长期的后果还不清楚。

（4）有证据表明，氯化联苯（另一种持久性的碳氢化合物）正在海洋世界里形成。它可能会影响到浮游植物的成长。而浮游植物是整个海洋中食物链所依赖的可以主要用来进行光合作用的植物。同时，它还是整个世界氧化循环中的重要链条。

（5）有些证据已经表明，被用作气溶胶推进剂的碳氟化合物是一种非活性的、长久的具有抗氯性质的物质。可能会在大气的平流层中积累，而平流层是氯气和臭氧相结合的地方，所以该物质会使"臭氧层"消失。这样会使更强的紫外线辐射直接到达地球表层，从而潜在地增加了皮肤癌的发病概率。

（6）我们已经发现另外一种氯化物质——氯乙烯，它是一种高致癌物质。这种高致癌物质是专门用来生产日常生活中常见的塑料聚氯乙烯的（聚氯乙烯是非常安全的）。但是，在生产塑料的过程中难免会有一些氯乙烯分子跑到大气环境中去。特别是生产工人，他们接触到这种物质的几率就非常大。而且还会有很少一部分的聚氯乙烯很可能会混杂在塑料完工产品中，因此，人们就有可能接触到这种物质了。

（7）大气中的二氧化碳能够吸收红外线，而且还能将一部分吸收到的红外线反射到地球表面，也就是起到了反射镜的作用，这种作用被称为"温室效应"。因此，大气中的二氧化碳能够防止热量逃离地球，从而保持地球的温度。一方面，矿物燃料的燃烧能够产生二氧化碳，增加大气中二氧化碳的平均浓度，从而提高了地表的平均温度；另一方面，燃烧会产生小颗粒，特别是直径

---

① New York, Fawcett World, 1962.

小于 1 微米（10^{-6} 米或者 10^{-3} 毫米）的颗粒，这种颗粒能够有效地反射可见光。在大气的平流层，这种颗粒的积累会导致冷却的趋势。燃烧既向大气中排放二氧化碳，又产生微小颗粒，而且都会对地球气候产生影响。我们无从知道，这两种现象究竟哪一种会占主流，而这也正是科学家们目前正在激烈讨论的课题之一。

20. 很明显，在诸如此类的例子中，当我们发现某种残余物可能存在一些问题的时候，往往会引出一些其他的相关问题，比如，这种残余物的数量、它的地域分布，以及它们所产生的行业和过程，而这些信息并不容易找到。有人认为，既然二氧化碳是由于矿物燃料的燃烧产生的，那我们可以估计出一年内燃烧了多少燃料，也就是燃烧过程中耗费的燃料。同样，虽然不同地区有不同的 DDT 使用规模，各个地区的使用量也很难确定，但是生产的所有 DDT 也就是扩散到环境中的 DDT。

21. 很多产品中都含有汞，比如杀真菌剂、药物、温度计、镜子、汞蒸汽、牙用合金等，它还被用作生产氯和氧化乙酰的催化剂，这些可能就是汞向环境中泄漏的主要原因。镉是锌生产过程中的副产品，它经常在铜或锌的燃烧残渣中被发现。镉经常被用作电镀材料（在电池中）、燃料，以及其他一些用途。镉在上述一些用途中，难免会造成对环境的污染。那么我们该如何来估计当前的污染程度与区域分布呢？它们在将来的应用和污染情况又会如何变动呢？

22. 多氯联苯主要是用作变压器以及类似设备中的高温冷却剂。如前面提到的，氯化碳氟化合物经常用于非常性的气溶胶喷射剂，除此之外还用于家用冰箱和空调中的冷冻剂。那么我们该如何估计它们当前的产量和应用规模以及未来的变化趋势呢？

23. 材料能源余量统计系统主要就是来解决这些问题的。

5.4 标准的制定以及存在的问题

24. 环境统计体系及其各个组成部分（比如原料能源余量统计）和当前的国民核算体系（SNA）是一致的。建立这样一个统计体系的重要性在前面已经反复强调了，而且，我们也应该在体系中使用同等重要的框架和定义。尽管该统计体系比国民核算体系更需要进行分类，但是我们应该尽可能使各个类别之间保持一致。因此，除非有特殊原因，否则我们将应用 SNA 中的定义和分类。任何一处偏差都应该得到解释并予以纠正。同样，体系的框架经过设计应该能够协调各种各样已存在的统计资料，比如能量、资源、工业产值等方面的统计资料。

25. 物质能量平衡统计的主要目的是追踪物质和能量的提炼和转移，看看它们是如何从自然资源经过各个不同连续阶段的加工转化为最终使用状态的，并由此回到生成废弃物的环境中。因此，该统计信息必须详细涉及物质或能量从一种形式（或类别）到另一种形式的转变，这就有可能造成一系列困难，并有可能产生不完全统计或者过度统计的风险。比如，煤炭可以用来生产另一种形式的能源——电。很显然，从烧煤锅炉里生成的电在账户中，不能被看成是与煤等价的项目。从统计的角度看，经过加工的物质和能源应该和原始形式区分开来。而且，每一个处理阶段都应该从概念上予以区分。

26. 基于其他原因，燃料和物质之间的相互转变又提出了另外一个问题。天然气、石油、煤以及木材都可以燃烧产生热量。或者，煤炭可以转变成焦炭，用来减少铁矿的使用。焦炭中所包含的化学能量的价值以热和副产品的形式浪费掉，比如形成了二氧化碳，而且有一部分还留在了产品中。如果纯铁被氧化（即被燃烧），它会转变成铁的其他化学形式（比如三氧化二铁、四氧化三铁）。从能量角度看，这种还原反应是氧化反应的逆过程。

27. 像精炼金属应用，比如铅、锌以及作为电池阳极的金属镍等，在当前看来，这些金属在数量上是微不足道的，但是在将来可能会很重要（在将来，锂、钠、镁在这个领域会得到广泛的应用）。废旧电池阳极中的金属经过和氧气或者其他元素反应形成的物质，会含有较低一级的可用能量。利用外部供电给电池重新充电，可以实现这个过程的逆转。一个令人满意的统计体系应该能够将此类能源转换过程厘清。

28. 另外一个麻烦的例子是，天然气和大气中的空气转变成氨气。氨气中的氢源自气体中的甲烷。因此，实际上该气体是可以成为生产某种非燃料化学产品的原料的（当然，氨气本身也含有能量，也是一种燃料）。天然气也是形成乙烷和丙烷的主要来源，它们可以依次转化成乙烯和丙烯，而这两者是有机化学物质的基本元素，可以形成合成纤维、塑料等诸如此类的物质。同样，丁烷、苯、甲苯、二甲苯等都是从原油裂变得来的，少数情况是从沥青煤焦油中得来的。这些物质可一次用来生产丁烯、丁二烯、苯乙烯以及许多合成弹性体和聚合体。

29. 很显然，从一些潜在的一次燃料生产得来的某些原料，后来又成为可用的二次燃料，有些有机原料就属于这种情况，比如纸和纸板。同样，必须考虑这些非燃料原料的二次流动。一个令人满意的统计体系应该详细地反映这些因素。

30. 还要提到一个重要方面，即许多已加工原料能够从（有时是众多类型的）替代资源中取得。乙酸和甲醇可以大量通过木材分解干馏（裂解）或从化石碳氢化合物中得到。虽然工业用乙醇来自液态天然气（这样比较便宜），但人们所饮用的乙醇主要是碳水化合物的蒸馏产物（谷类、马铃薯、水果等）。苯和甲苯从工业上来说是从焦炭和汽油中提炼出来的。碳酸钠（苏打灰）以前主要是通过索尔维法由氯化钠（石盐）和石灰石合成的，但是现在它主要是从天然沉积物（二碳酸氢三钠）中取得。反之亦然，氟化铝（冰晶石）被大量地用于铝工业，以前是从英格兰的天然沉积物中取得，但在未来，要通过合成的方式来取得（除非因为某些变化，它的用途被取消了）。

31. 许多化工原料现在是直接从原材料中得到的，在未来大部分或者全部化工原料会用废弃物生产。最明显的一个例子就是硫酸，它现在是从硫元素生产而来，但是未来它会逐渐成为煤炭或石油除硫过程或气体净化过程中的副产品。诸如此类的例子并不是局限在化学或者冶金行业。熟石膏（用于建筑业）现在从天然矿物石膏中生产而来，但是，未来可能主要是作为气体净化过程中的副产品。毫无疑问，未来的绝缘材料、铺路材料以及其他建筑材料都将逐渐从可循环废弃物中获得。现在一些加工食品和添加剂已经不再来自农业，配制饮料和脱硫设备就是明显的例子，但是在 21 世纪以前，相当数量的动物性饲料和合成蛋白可能需要继续从碳氢化合物中提取。

32. 从建立一系列表格的角度出发，可以得出上述例子的一个重要结论：今天看起来很"正常的"事物，可能在几年之后就很少存在了。尤其是不能作出这样的假设，即认为某个给定的已加工原料总是来自相同的原材料，或者某个给定的原材料总被用来生产同一种最终产品。因此，区分原材料（未经加工过的）和已加工原料有时候是很有用的，但是如果这种区分是在更窄定义的分类内进行（比如"农产品"、"燃料"或"化工产品"），就没有任何意义了。

33. 原料和各种形式的能源之间的相互转化给我们提出了一系列诸如计量单位的棘手问题。传统上，某个物理或化学过程中各种各样的投入是按不同的单位计量的，类似地，输入和输出也按不同的单位来计量。例如，投向某发电厂的煤炭是按重量单位（吨）来计量的，而输出的电却是按千瓦时来计量。煤炭的吨数和电的千瓦时之间的等效因数不是一个确定的常数，它取决于煤炭的质量、电厂的效率以及各种超额时间（每次输出的"能量余额"也会涉及不同的计量单位——英制热单位和千瓦时）。

34. 另外一个例子是关于炼油厂的，在这里需要提供同步的物质和能量平衡表。投入的原油是按实物数量（通常是桶）来计量的，这个单位可以表示成一个确定的平均热量含量（英制热单位/桶）。产出也是按实物来计量的，但是每单位不同的提炼成分（汽油、石油、燃料油、残油）含有的能量随着比重值的不同而显著变化。因此，输出总量不必完全等于输入数量，但是，在考虑损耗时，重量的总和应该与能量的总和相等。输入原油的比重值随着国家的不同而变化,[①] 产出的各项参数（包括比重值）也同样会发生变化。因此，要为每个转换过程、每个国家提供一系列补充性的重量/数量/能量当量值。在国际间的能量统计中会用到一些此类的当量值表格。

35. 有一点我们必须记住，物质和能量平衡表不能够用来汇编所有现实的和潜在的污染物。它们必然会涉及大量污染物（比如有机污染物和燃烧污染物）和一些特殊化学物质、金属等。但是有些污染物并不遵循守恒定律，包括噪声（一种废弃能源的非守恒形式），视觉污染，零乱的、致癌的、畸形或有毒的有机药品和放射性废弃物。只有把物质和能源平衡表与补充性的表格联系起来，才能解决这些问题，比如已经提出的有毒化学物质国际登记表。[②]

36. 从逻辑上讲，物质和能量平衡表应该包括一些要素的"存量和流量"，比如主要环境容器（如大气层、土地、森林、地表水以及海洋）中的二氧化碳、氮气、磷（和能量）等。目前，我们还无法对多数元素的流量进行量化，所以这将成为我们在未来需要实现的目标。从环境的角度看，我们要解决这个问题，首先要设计一个合理的环境监控体系，比如当前由联合国环境规划委员会提出的全球环境前控体系（GEMS）。

37. 同样，污染对生态和健康的影响不应该被纳入到物质和能量平衡表，而是由国际机构（粮农组织和世界卫生组织）来汇编。类似地，也应该协调现存的工业和能源统计信息。通过编制补充性表格来建立关联，以使相关概念和类别能够一致。在未来某个时间，人们会要求把这些协调一致的外部数据纳入到环境统计体系。

5.5　物质和能量平衡统计结构

38. 物质和能量守恒是进行物质和能量平衡统计的重要设计原则：输入到全球经济体系（以及每个国家）中的所有物质和能量，要么把它们作为最终输出来考虑，要么作为累计存量的变化量来考虑，既要包括正在使用的耐用物品，又要包括储存的物品。这里运用了两个"平衡"的概念：在考虑多数能源和商品的生产、消费、交换的情况下的总平衡。一个更加精炼的物质能量平衡经常用于解释能源或商品的生产和消费与废弃物的生成之间的关系。

---

① 在热带地区国家，由于燃料的重馏分不易取得，所以经常在原油中"掺入"溶剂油，以增加轻馏分的输出量。

② 见 1975 年 1 月 20 日联合国环境规划署研讨会报告——"潜在有毒化学物质的国际注册——成分及组成结构"，UNEP/WG.1/4/Rev.1。只要两个系统都采用相同的或者相关的分类，那么这种关联就会自然而然地存在。

39. 我们使用的一些分类是源自国民核算统计的标准分类，也就是国民产出、进口、出口、国内消费和经济主体的部门分类。另外增加了两个重要的账户：①物质的存量和流量，包括商品和废弃物；②物质和能量之间明确的转换，即过程。

40. "存量"和"流量"这两个术语在前面用的有些泛泛且不清晰。这些术语在这篇文献中有特殊的含义，它们的定义将在下面给出，我们必须在各种可以显著区分的自然容器之间进行区分，比如地下水、海洋以及其他的本质上可以进行账户分类的存量，它们的差别是因为所有权不同，或者是由于生产过程不同等造成的。同样，流量需要从某个给定的自然容器所包含的物理资源中加上或者减去；它们可能是从一种物理形态到另一种物理形态的转变，也可能表示从一个账户类别到另一个账户类别的转移。

41. 存量所有的增减变动值等于流量，这个恒等式是建立统计体系的关键所在。同样，我们既可以直接测量或计算，又可以通过测量和汇总相应流量的投入和产出来得到存量值。这两种方法都是可行的，并且可以进行相互检验。但是有时候只有一种方法是可行的，在这里没有必要来具体说明什么情况下哪种方法不可行。

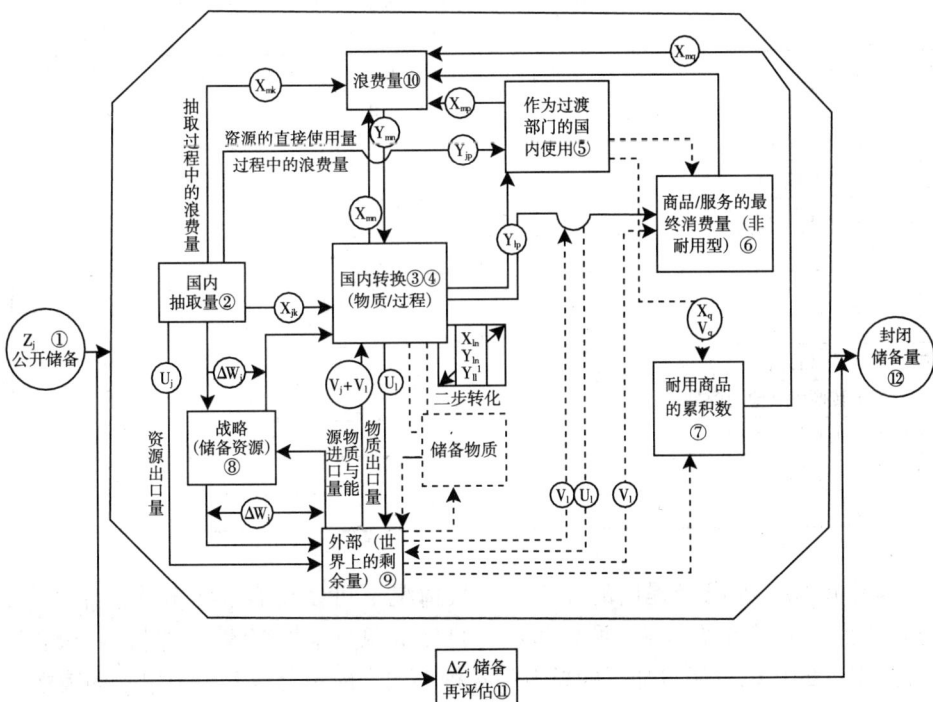

图 5-1　物质与能源平衡图示

42. 由于物质和能量的存量和流量之间的相互关联性，我们自然而然地想到可以通过一个图示矩阵的形式来表示，这种格式强调了与国民经济核算体系之间结构上的联系，这也有助于理解两个体系之间的差别。图 5-1 中的矩阵形式列示了已提的框架结构（附表中还包含体系中的注释、一系列符号以及会计恒等式）。需要说明的是，我们可以根据集合的两种不同的方法来定义平衡。首先，我们可以通过某些存量的减少或者累加，来解释图 5-1 中某个给定的类别和相互作用部分投入和产出的所有物质和能量的流量。这种方法不仅适用于总量（比如按量或者重量来测量），而且适用于具体的化学元素。例如，某个部门所耗费的所有的磷，必须通过生产或积累的含磷量得到补偿。当然，在一定程度上，同一类型的余额应该适用于多个部门，甚至是整个经济整体。因此，每年从地球上提取的硫，有的直接形成硫酸，有的形成石油或者煤炭的污染物，它们累积在某种自然容器或者耐用物质中，或者成为相应的废弃物流量。

43. 下面四个表可以很方便地表示出完成这项计划所需要的存量和流量等相关数据。表 5-1 列示了整个过程中所有阶段关于生产、消费和资源存量的汇总数据，它以自然资源、未经加工物品为起点，涉及形成最终材料和可分类产品的过程中所有的中间类型。燃料和各种形式的能源也包括在内。

表 5-1 资源/商品账户
国家/年

账 户	资源/商品的名称	资源 No.1 公顷 $\times 10^3$	资源 No.2 m^3	资源 No.3 Bb1
未经提取期初库存				
用于战略储备的库存				
战略储备的减少（或增加）				
国内的产量（总量）				
出口				
进口				
国内消耗量（总量）				
国内用来转换为其他的商品				
国内未转换形式的利用				
期初库存的增加				
期末库存				

44. 正如有人已经提出的那样，一般情况下可以将表 5-1 分成若干个部分。例如，为了方便起见，我们可以将自然资源（未提炼的）、原材料、燃料（经过提炼的）以及经过加工的材料和各种形式的能量分成若干个单独的表格。同样，在每个独立的表格中，自然资源又可以分成可再生和不可再生的类别。

因为合并的表格太大了，为了方便最终会进行这些分类。但是，任何分类都会引起一定程度上的任意性。被动物占用的牧草或者牧场是否也被认为是"经过提炼的"呢？地下水和地表土壤是"可以再生的"还是不可以再生的呢？为了避免在这个问题上进行毫无疑义的争论，我们最好取消这种多余的划分。

45. 表5-1的目的是为了列示每种大规模生产的主要自然资源或商品总的账户余额。就可再生自然资源而言，这些图表可以为我们提供一个调整提取率的基本管理工具，在不减少资源的情况下使产出达到最大化。就不可再生资源而言，随着勘探活动的进行和提炼技术的进步，我们可以用物品的增长率为标准来评价当前的提取率。对于能源和环境管理与经济预测模型而言，当前生产原料及其增长率的局限性构成了一个重要的考虑因素。

46. 商品的数据列示在同一个基本表格中，因为它们为我们提供了商品和服务的最终需求与自然资源需求二者之间的必然联系。而且，这些数据也同样主要被用在资源和环境管理和预测模型中。

47. 从当前政府对农业、渔业、林业、矿业、制造业和流通业的统计数据中，可以得到表5-1中资源和商品余量的数据。管理公园、旅游和都市的部门同样也会提供一些相关的数据。虽然这些标准的统计来源未必有很高的质量，但是这些资料提供的总体数据为我们提供了一个有效的方法，这种方法可以用来更新及预测表5-2中处理过程的数据，在下面将进行讨论。表5-1可以提供一些物质的生产、销售、进口、出口的相关数据，比如DDT、氯化联苯、碳氟化合物、聚氯乙烯、汞和镉，从而为处理前面提到的问题提供了基础数据。

48. 表5-2是对表5-1的详细描述，按提取和生产过程对原料和能源进行了分类，按程序对转换过程进行了分类，按部门对效用进行了分类，并按类别对不同的耐用商品进行了汇总。

49. 表5-2的目的是要说明，在自然资源生产或转化成商品和最终产品与服务的各个连续的阶段上，物质和能量（包括废弃物）的投入和产出之间所存在的关系。随着工业技术水平和政府管理模式的改变，这些数据会在环境污染减少之前，为进行计划提供一些基础，主要是指对物质和能量的具体需求量以及总的残余物的生产的计划。就资源、守恒、环境保护的相关准则而言，表中的数据也允许线性规划及相关模型的改进，从而有利于工业发展策略和消除污染策略的优化选择。

50. 在大多数国家，表5-2中的统计数据是无法完全获取的，需要将诸如工业普查之类的数据资料进行汇总。在可预见的未来，每年都进行这样的汇总是不可能的，由于在任何情况下，都需要对数据进行处理和核查，就会存在严重的滞后性。因此，表5-2的编制要比表5-1滞后若干年，等到数据发表又是若干年，因此，这些数据将会按较小的频率来编制。这将构成一个"基准点"，

表 5-2　转化/处置账户

账　户	资源/商品 (名称，单位)	资源 No.1 (单位)					
按主要生产 过程对能源 的分类	生产过程名称	过程 1	过程 2	过程 3	过程 4	过程 5	其他过程
	过程类型，代码						
	生产数量						
按主要转换 过程对处置 的分类	转换过程名称	过程 1	过程 2	过程 3	过程 4	过程 5	其他过程
	过程类型，代码						
	转换数量						
按主要商品 合并对处置 的分类	商品名称	商品 1	商品 2	商品 3	商品 4	商品 5	其他商品
	商品代码						
	计算数量						
按部门对效 用的分类	部门	农业	制造业	建筑业	交通运输业	政府与服务	家庭
	数量						
按耐用商品 类别的效用	类别	机械设备	生产商结构	住宅建筑	个人车辆	家用设备	其他私用
	数量						

就如同当前投入—产出表是由几个政府轮流编制的那样。表 5-2 会包含一些关于基础生产过程的信息。例如，表中会给出通过所谓的"水银槽"电解方法（对应于隔膜电解槽方法）得到氯的数量。只有前一种方法会导致汞泄漏到环境中去。表 5-2 还可以显示用来生产增塑剂镉的数量，它最终可能会通过固体废弃物的燃烧而进入到环境中去。

51. 如果没有一系列补充性的附表来说明在每个转换过程中投入—产出计量单位（比如重量、数量、热能、电能）之间的等价关系，那么表 5-1 和表 5-2 之间的联系就不能被完整地定义。需要具体指出的重要的等价关系包括：密度（质量/体积）、含能量（英制热单位/千克或者英制热单位/升）和发电效率（千瓦时/英制热单位）。就像前面所提到的那样，这些等价关系随着年份和国家的不同而不同。

52. 表 5-3 按照不同的类别，涉及耐用品的生产、消费（损耗）以及库存。它同样需要编制一个附表，用来解释不同类耐用品特别的或一般的原料含量。

53. 表 5-3 的主要目的是形成一个关于耐用品存量的记录，通过这些记录我们可以推断未来将要被丢弃的废弃物，以及潜在的可循环利用的物质，特别是金属。一个总体核算类型的平衡表很可能已经足够了。大部分数据（除了损耗和报废的）都能够比较容易取得。对家庭和厂商进行调查统计，通过诸如此类的信息来源，从一定程度上说关于耐用品损耗和报废的数据也是可以得到的。

表 5-3   累积账户

账 户	计量	耐用品类型					
		机械设备	生产商结构	住房建筑	个人车辆	家用设备	其他
期初存量	价值（$）						
	单位						
国内的产量	价值（$）						
	单位						
出口	价值（$）						
	单位						
进口	价值（$）						
	单位						
国内的耗费 （增加到期初存量中）	价值（$）						
	单位						
国内的报废 （从存量中减去）	价值（$）						
	单位						
期初存量重估	价值（$）						
	单位						
期末存量	价值（$）						
	单位						

54. 如果某些发现正在广泛被使用的材料可能是有害的（比如铅管、铅造的颜料等）。有些家用的设备或者机器含有一些成分，当这些设备被丢弃特别是被焚烧的时候，这些成分就对环境造成了危害，比如碳氟化合物冷冻剂、高温冷却剂、水银灯以及汞制开关。合成纤维织物和塑造结合其他各种各样的增塑剂、稳定剂、阻燃剂、着色剂和防水剂等，被迅速而广泛地应用于家庭装备和结构零件，但是这些目前尚未被人们怀疑的危险，会逐渐暴露出来。很明显，当这种情况发生时，关于这些有害物质分散和使用情况的信息数据会被用到。

55. 表 5-4 按照类别列示的是关于废弃物和各种形式的废弃能量的产生和积累情况。它按照最终使用类别、部门等，列示了各种类别的废弃物及其来源。耐用品损耗产生的废弃物也被编制在耐用品这一类别中。

56. 从某些方面来说，表 5-4 是物质能量平衡统计的核心，之所以这么说，是因为它把经济主体同污染环境的废气残留物的产量和累积量联系在一起。这些统计数据主要是用来预测经济增长和发展对环境产生的影响；用来制定政府的计划，目的是改善环境现状，或者使发展项目对环境的负面影响达到最小。因此，表格中给出了资源提取、商品生产过程以及各种类型的消费的具体关系。废气残留物也和每个部门联系在一起，废弃物流量通常被称为环境媒介。

57. 这些统计数据的主要来源是工程研究的汇总（比如进行某一给定提取和生产过程的"有代表性的"工厂），以及由相关负责的监管机构调查或监控得来的数据的汇总。在大多数国家，大部分详细的数据是无法取得的，因此，我们更加致力于恰当的测量和汇总的方法设计研究。

58. 表5–4将会包含这样一些数据，比如在电解产生氯的过程中流失到环境中的氯气的比率，或者使在开采或者熔化锌的过程中产生的废弃物里镉的含量。一般来说，表格还应该包含由于燃烧的纸混有汞制杀真菌剂而形成的汞残留物，以及由于燃烧含有镉制增塑剂的塑料制品而形成的镉残留物。对于多氯联苯、碳氟化合物，表格会直接给出使用这些物质所造成的污染物流量。

59. 需要指出的重要一点是，从物质和能量平衡方面来说，表5–4中的数

表5–4　废气残留物账户

账　户	废弃物类型 （名称、单位）		废弃物 No.1 （单位）					
主要材料的生产和转换过程产生的废弃物ª	生产过程名称		过程1	过程2	过程3	过程4	过程5	其他
	过程类型、编码							
	废弃物的产量	石油						
		空气						
		淡水						
		海洋						
服务和消费过程中产生的废弃物ᵇ	部门		商用运输部门	公共服务部门	其他商业部门	政府	个人交通	其他的家庭耗费
	介质的数量	石油						
		空气						
		淡水						
		海洋						
部门产生的废弃物（总计）	部门		农业	工业	建筑	交通	政府与服务	家庭
	介质的数量	石油						
		空气						
		淡水						
		海洋						
耐用品损耗产生的废弃物	类型		机器设备	产品结构	住房建筑	个人车辆	家庭装修	其他私人
	介质的数量	石油						
		空气						
		淡水						
		海洋						

注：a. 包括市政焚烧垃圾所产生的空气中的废气或工业固体废弃物。
　　b. 不包括焚烧垃圾之后所产生的固体废弃物（以避免重复计算）。

据应该和表 5-1、表 5-2、表 5-3 的数据完全一致，通常，这些数据应该能够单独地从废弃物和周围的环境污染物集中度的测量值中得到。在建立表格的过程中会经常出现矛盾（投入—产出表的编制也存在这样的问题），而且通过解决这些问题，可使得数据比起仅仅基于生产或者销售的数据而言得到改善。

5.6　自然资源、商品和废弃物的定义

60. 前面我们已经对可再生和不可再生资源进行了区分。简而言之，可再生资源主要是指阳光、水和一些化学物质，比如碳水化合物、蛋白质等构成生物体系的基本元素。这些资源在自然的、气象的、生物的和地理的过程从一种形式转变为另一种形式，或者是被认为从整个自然循环体系中提取出来。这些原料主要是由氢或水、氧、碳或二氧化碳，[①] 碱金属（钠、钾、钙）和氮等元素构成的。[②] 由于自然循环的存在，这些元素从本质上来说是完全可循环的。而像硅、硫、氯这些元素，比起它们在生物体系中合成的数量来说，它们在地壳中含量是巨大的，所以它们的自然循环就不那么让人感兴趣了。土地经常被认为是可再生资源，因为从理论上来说它是可以无限重复利用的，比如在传统的耕作方式下，土地是不会被"用完"的。显然，这种说法并不适用于土壤中的特殊养分，在某些类型的耕种方式下，某些养分会被或者已经被用光，而且要分别更新。有些耕作方式会不可逆转地导致表层土壤的冲蚀流失，要处理这些问题就要用到补充的附表。

61. 我们考虑了几个主要循环（土地、空气、水、生物体系等循环）中的某些元素，并进行了区分。因此，如果某个国家的地下水是其灌溉用水的来源之一，那么表格中就应该包括地下贮藏的可用于灌溉用水的当前存量，但没有必要对这个国家所有的地下可用水的数量进行估计。说到木本植物果实（比如柑橘、苹果、李子、桃、坚果、橄榄、椰子、咖啡、可可粉、天然橡胶），以及其他多年生植物（比如葡萄树、紫花苜蓿），可以通过生产这些果实的树木数量或者种植面积来测得它们当前的存量。就乳制品来说，产奶奶牛的数量是一个重要因素，特别是在最近几年乳制品的产量正在快速增长。整个统计体系的重要作用之一就是能够计量显著的趋势，比如在某些国家用大豆的年收成作

———————————

① 从生物上讲，氢来自水，反之亦然。同样，碳和氧可以相互转化。当然，在每个例子中，我们都会涉及氧气。

② 作为另外一种重要的生物组成元素磷，就是不可以循环利用的，除非对整个地质年代而言。这就使得磷成为地球上生命要面临的一个难题。

为多年生植物的替代变量。

62. 任何可再生资源的总量是由自然界确定的，但是以某个给定的形式或存在某个地点的数量却是经常变化的，并会受人为因素的影响。而"流量"就是从某个形式、地点、类别到另一个形式、地点、类别的传输器。在大多数情况下，某种处于自然状态下的可再生资源的总量实际上是无关紧要的（而且除了粗略的初始近似值，精确的总量是不可知的），这是因为在某个形式、地点或时间，只有可得到的数量才是重要的。这是流量速度的作用，而不是总的存储量的规模的作用。

63. 大家都知道，地球上大部分的水资源是在海洋中，但我们也知道，对于人类而言，重要的是流掉的和贮存的地表淡水，这些淡水可以直接用于农业、工业或者公众使用。地球上大部分的碳存在于大气中的二氧化碳，或者以碳质岩的形式存在于石灰石中，但是对于工厂而言，只有空气中的二氧化碳是可以利用的。同样，地球上的氧大部分与氢气结合形成水，或者以氧气的形式存在于大气中，但是对于动物而言，只有大气中的氧气是可用的。最后，大气中的氮气对于动物或者工厂而言都是不可用的，除非它形成水溶性的硝酸盐，才可以被生物有机体利用。

64. 表 5-1 和表 5-2 可以看成是可再生资源的如下：

水（体积）：淡水，地表的；地下的；冰/雪（水的等价物）；盐碱地（内陆的）。

土地（面积）：已开垦的；未开垦的；已用于放牧的；只用于放牧的；有收成的林区；没收成的林区；沙漠；苔原；城市化；自然公园；过渡带，盐碱地；过渡带、沙丘；过渡带、上游流域；过渡带、高山草甸，受保护的；海滩；湖畔或河畔，受保护的。

渔业（年产量，按质量）：鲑鱼、金枪鱼、沙丁鱼、鳕鱼、比目鱼、鲽鱼、蚝蛤。

果树林和大农场（年产量，体积或质量）：葡萄酒（体积）；各种水果（质量）；各种坚果（质量）；橄榄、咖啡、可可树等；制浆木材（质量）、软木材（体积）、硬木（体积）。

各类畜牧业（生产单位）：家畜；绵羊；山羊；猪；马；骡；水牛；公牛。

水的同化作用形成的物质（成为有机物污染）。

气体经同化作用成为微粒和废气：硫的氧化物；氮的氧化物；一氧化碳。

土壤经同化作用成为有机污染物（比如下水道污泥）。

阳光（每年每平方公里）。

65. 不可再生资源是从地壳中提取出来的，无法通过自然循环来重新产生，除非再经历一个地质时标。表 5-1 和表 5-2 中提到的不可再生资源至少包括以下几种：

化石燃料：煤、褐煤、天然气、石油、其他。

金属和矿物质：铝、锑、砷、石棉、重晶石、铁铝氧石、铍、铋、沥青、硼砂、盐水（B、Li、K、Cl、Br、I）、镉、铬、黏土、高岭土、煤、钴、建筑石、铜、硅藻土、白云石、蒸发盐、长石、石膏、氦、铁、蓝晶石、铅、石灰石、白云石、锂、铯、铷、镁、锰、大理石、汞、云母、钼、镍、铌、油页岩、磷酸盐岩、铂、碳酸钾、石英岩、稀土元素、铼、食盐、沙/砂砾、钪、硒、硅砂、银、页岩、硫、滑石、钽、铊、钛化锡、天然碱、钨、铀、钒、沸石、锌、锆、铪。

66. 在本书中，商品只是指已加工的材料以及各种形式的能源或者产品。任何具有持续性的国际分类，比如所有商品和服务的国际标准分类（ICGS），都可以作为表5-1和表5-2进行分类的基础，但在利用这些标准的过程中需要稍作进一步处理。在这里我们无法复制所有商品的列表，但是所有的列表都可以在ICGS中得到，它要早于委员会（E/CN.3/493）。

67. 在现有的大部分国际商品分类中，存在的主要问题是它们对化学物品采用了"篮子"分类。为了能够建立所有商品的平衡表，我们不要因为某些化学物品（或其他的一些材料）具有相同的总标题，比如"环状中间体"，就把它们归类在一个类别中。而是要将重要的化学物质在表中分别列示，其他不重要的物质就合并在一起，归入其他类别（n.e.c.）中。

68. 国际上还不存在对残余废弃物的分类，但是它至少应该包括以下几类：

水污染物：BOD（生化需氧量）、[1] COD、[2] 溶解固体、悬浮固体物质。

大气污染物：微粒、一氧化碳、二氧化碳、碳氢化合物、氮氧化物、硫氧化物。

固体污染物：易燃固体、不燃固体。

重金属：铅、汞、钙、砷、其他（铬、硒、铋、铊等）。

氯化烃：DDT、碳氟化合物（氟烃）、氯化联苯。

废热：高于环境温度5℃的废水、水蒸气。

核废弃物：钚（放射性强度单位居里）、其他高放射（居里）、其他低放射（居里）。

69. 早已有评论提出应该尽可能严格地遵守国民核算体系中的定义，利用它们来定义国内生产、出口、进口以及国内消费不存在任何的困难。

70. 下面我们将对需要更加精确定义的术语（比如未经提取材料、战略储

---

① 水中的生化需氧量是在5天之后测得的，这是对废水中可生物降解的有机物质的数量的测量。
② 化学需氧量。

备物资、转换/耗用之类的术语，转换过程、耐用品、损耗、废弃物）进行定义。

71. 未经提取材料这一术语主要用于不可再生资源，比如石油或者铁矿。但是为了保持一致性，这些术语也可以用于可再生资源的自然累积，比如未经砍伐的森林、估计可开垦的田地、贮存的淡水（地下的或地表的）。但是这些术语不适用于根本不能保存的自然资源，比如直接照射在地表的阳光或者大气中的水蒸气。

72. 就不可再生资源而言（比如矿物质或者化石燃料），某些资源"存量"的直接定义应该是能够从地壳中提取出该资源的密度。但是，这并不是一个固定不变的数值，它取决于技术以及用于提取的精力。但是，矿物质密度的分布情况我们并不知道。确实存在很多不完全知识，对于大众（政府）来说，这些知识是不可用的。因此，开始出现了越来越多的限定性的概念（比如"已证实"储量或者"推测"储量）。

73. 在某个给定的时间，可用矿物质或者化石燃料已证实的储量主要取决于发现的速度、提取的速度和相应商品的已定价格，同样也适用于推测或者估计的储量。商品价格的上升会自然而然地使已存矿井的经济开采量上升，反之亦然。如果事先指定一些合理的价格协议，那么，在现实中，这些变化就可以在每年的统计数列中反映出来。因为矿物商品的价格波动性很大，而且在现实中，某些商品并没有市场价格，[①] 所以，如果用每年某个特定日期或者某个固定区域的现货价格来对可恢复资源进行估价，就会容易使人误解。但是，我们可以利用某些地区历史价格的五年移动平均数来作为估价的基础，另外一种可能性是利用未来市场的价格（当然也是恰当的平均数）。

74. 在估计已证实的和（或）推断储量的过程中，给它作出任何持续性的解释说明时，人们应该认识到所存在的一个重要的困难。这个问题就是，从推断的储量到已证实的储量的转变过程与特定开采投资的具体筹划过程发生在同一个时期。在这次机会之前，对于采矿公司或石油公司来说，不存在任何对已知积累进行详细测量的动力。所以，在大多数情况下，存在这样的说法，认为按当前或预测的产量，已证实储量还够我们使用 20 年的时间。很简单，这是因为一个普通的矿井或者油田的经济寿命大约是 20 年。

75. 在理论上，一个备选的方法是使用推测的储量。推测储量对采掘业或者钻井业的经济参数不那么敏感。但是，从另一方面来说，这种方法本身就具

① 这可能是因为生产者和消费者之间长期双边合同的存在，或者是因为距离遥远的供货商的部分资源不合适。而后者的产生可能是由于缺乏相应的商品存储和维护设备（比如食品），或者是因为高额的运输成本。

有更大的不确定性，主要是因为以下两个原因：①根据定义，我们还没有对这个类别中的矿体或沉积进行详细的勘察测量，因此，我们不能只根据以前的经验来确定某一地区或者某一地质层的产量大小。②现在大部分相关数据还不能被大众所得到，而是属于煤矿或者石油开采的相关人士所专有。至少在目前，公众所能取得的数据是不完整而且不可靠的。事实上，越来越多的人意识到，在这个领域我们需要更多更好的信息，而且这些信息的提供需要借助于统计领域的相关法规。①

76. 战略储备中的货物。为了实现这些准则，从概念上，我们把"战略"储备同一般的商业上材料存货进行了区分。我们知道，由于存在着供货中断和市场波动的风险，原材料及已加工材料的商业使用者会在手头持有最小数量的存货，而每年这些风险的变化并不显著，因此，相对来说，商业存货的数量是不变的。

77. 战略储备是政府根据国家安全和政治原因的需要来确定的。根据政府的政策，某一年的存货数量同下一年的数量相比会有显著的变化。某些重要物质的储备量（钨、铬、锰）能供应几年的正常消费。如果某种物资很快就卖完了（已经发生过），可能会对当时的生产造成剧烈影响，而且会使生产和销售之间出现较大的脱节。

78. 转化和耗用的对比。对二者进行区分是很重要的。某种资源或者商品只有在物理或者化学上被合并到另一种商品或产品中，才算是被"转化"。因此，化学原料被合成到橡胶、塑料或纤维中，纤维（合成的或天然的）被合成到编织物或针织物中，它们再被合成到纺织品中。同样，制浆木材转化成木浆，再转化成纸，最后转化成纸制品。金属矿转化成精矿，之后转化成粗糙的铸块，然后被进一步提炼成铸件、钢条、钢板、金属薄片、电线导管中的合金（经过分割、加工成型、机械加工、焊接等），最后形成金属制品。煤或者残油中的化学能量也可以通过电厂被"合成"到相应的产品中去。

79. 但是，有些重要的原料和能源燃料没有从物理或者化学上被合并到相应的产品中去，反而在中间步骤或生产阶段被用光或者被当作废弃物丢弃了，比如清洁剂、润滑剂、冷却剂、分散剂、漂白剂、防冻剂、助熔剂、固定剂及其他。工业和商业中耗用的电能和燃料就是如此（除去在上面提到的只用来转化成电能的燃料能源）。这同样也适用于一些产品，比如维修项目和生产资料，这些产品不会被销售到最终需求者的手中而是作为工业上的中间投入物。因为

---

① 通过不向单个的生产者或者是不在某个特定的地方公布相关数据，可以有效地保护合法的业主权益（正像在大多数的工业国家所作的调查一样）。但是，我们可以通过将单个生产者的数据进行汇总来得到全国的汇总数。

这些产品没有从物理上或者化学上被合并到相应的产品中去，所以，可以说它们都被"照此"耗用完毕了。

80. 转化过程。根据前面的定义，"转化"这一术语的意思已经很清楚了。一般情况下，在生产某种给定的商品或产品时存在很多种不同的、已被接受了的方法。它们可能开始于不同的投入原材料，或者它们的生产过程不同。例如，乙烷既可以通过石油的分馏来得到，又可以通过天然气的分离来得到。同样，乙烯可以以从石油、乙烷、丙烷或者碳氢化合物的热裂解来得到。此外，二氯化乙烯（EDC）既可以由直接氯化作用得到，又可以通过氧氯化来取得。氯乙烯单体可以由二氯化乙烯的高温分解或者乙烷的直接氯化作用来取得（见图5-2）。上述构成了不同的生产过程。

81. 不同的规模或者不同的生产车间设计并构成不同的生产过程。在一些基本材料行业（比如化学、金属），只存在少量的转化过程，以致众多的技术人员对投入、产出、固定设备、劳动定员的定义和特征形成了广泛的一致性。当然，关于详细的定义依然存在一些异议，但是，一个相关专业人士构成的国际组织应该能够针对大部分的困难给出令人满意的解决办法。在制造业和建筑业产品中，存在着更为严重的问题。在这些行业中，生产过程的定义不是很明确，这主要是因为它们的最终产品的数量和范围非常大，所以生产过程只能从功能上给予定义，而不是从投入—产出的角度来定义。因此，这些行业会在很大程度上对过程进行合并。

82. 要不是因为制造业和装配业不会产生大量的废弃物对环境没有重要的不良影响（除了被大量循环利用的燃烧产物和废料），这种合并将会成为一个很严重的缺陷。在供热厂或者固定设备中，燃料的燃烧可以被看成是被明确合理定义了的生产过程。

83. 耐用商品。从本质上讲，此处的"耐用"一词和国民核算中的"耐用"具有相同的意思。耐用产品和非耐用产品之间的区别取决于可供使用的寿命，我们经常用一年作为标准。按照这个标准，大多数的生产资料（机器设备、工具、建筑物）都是耐用品。消费资料要分开来看，房屋、汽车、家用设备、休闲物品、家具以及大部分的衣服都是耐用品。食品、饮料、清洁设备、化妆品、药物、报纸、杂志、杂物以及一些衣服都是消费资料。

84. 进行这种区分是有益处的，因为消费资料会在短期内转化成废弃物（各种形式的废弃物），而耐用品只有在报废时才会成为废弃物。遗憾的是，并不存在关于耐用品报废的直接数据。在有些情况下，很多国家通过对比当年新登记的汽车和总的在册汽车变更数来推测每年报废汽车的数目，尽管这种方法并不能保证完全正确。在有些国家，比起汽车的价格，登记费是很昂贵的，所以就会存在旧车永远不会报废，而是不断翻新的情况。但是关于这个过程的具

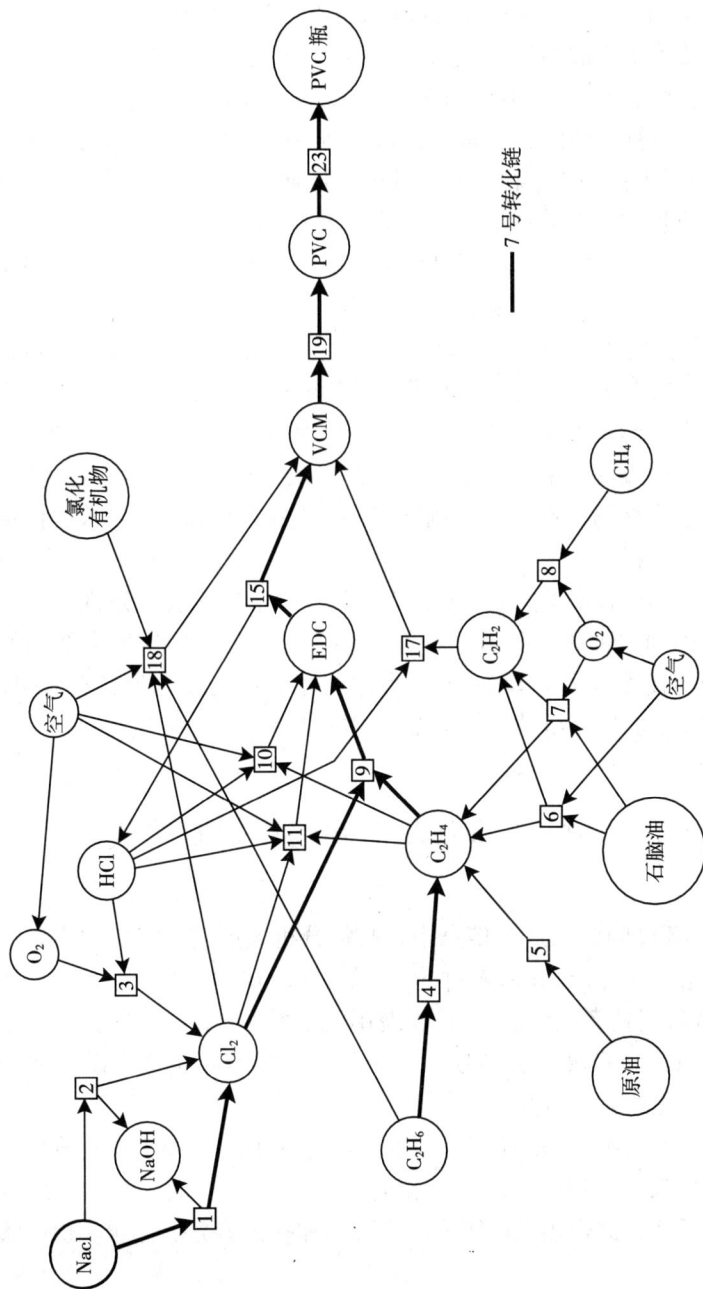

图 5-2 PVC 瓶的转化网络

体数据是无法得到的。

85. 对于其他耐用物品，相关报废的信息也无法取得。因此，我们有必要假定，当商品折旧后的经济价值可以忽略不计时，该商品就属于报废了。所以，我们需要关于折旧的信息数据。

86. 废弃物与可循环利用的比较 。在大多数情况下，"废弃物"这一术语的意思并不是模糊不清的，只有当它和可循环利用联系在一起时，才会使人感到不确定。特别地，如果某个生产过程的任何副产品不能立即通过市场被出售，并且需要长期的储存或者通过一定的环境媒介（大气、地表水、土地等）进行处理，那么这些副产品就可以被看做是废弃物了。当消费品被使用者丢弃并被集中起来进行处理时就变成废弃物了。

87. 工厂生产过程中产生的废料（金属、纸、废料），先经过收集再卖给专门的处理者。根据这个定义，这些废料没有被并入废弃物一类，因为它们的原料是永远无法被丢弃或者通过环境媒介来处理的。另外，从混合的废弃物（从初始使用者手中收集来的）中分离出来的二次废料，尽管以后还可以再使用，但是被列入了废弃物类别。在这篇文章中，"循环利用"这一术语仅指二次废弃物的回收和再利用。

88. 在某个地方积累下来的废弃物原料，可能以后会被发现具有一定的经济价值。考虑到这种废料可能会存在一些问题。已经发生过类似的例子，比如，在当今的技术水平下有一个 19 世纪的尾矿现在又成为了有价值的矿藏。通过对资源存量的适当重估，可以解决这些偶然发生的事件。

5.7 环境破坏以及消除破坏因素的代价[①]

89. 关于环境问题的众多信息中，政策分析人员经常需要的类型之一是有关成本的数据（包括已付和未付的）。在已付的成本中，包含一类费用支出（由生产者或者消费者支付的），这类费用支出可以直接或者间接地归因于污染消除活动和（或）环境监管活动。由于相关方的实际费用支出不属于政府预算，所以它们往往是不可知的。

90. 理论上，用于环境控制和消除的实际支出的相关信息应该能够从国民核算中推导出来。政府用于环境监管的支出可以明确区分出来。在生产方面，某个为消除污染和进行环境监管而生产商品和提供劳务的行业，也能够与其他

---

① 本章应该结合 "以福利为导向的国民核算与平衡体系的可行性报告" 中的第 4 章来理解。

部门区分开来。政府或者其他部门购买了这些商品或者服务，就形成了这个部门的收入。

91. 对这些信息进行汇总的实际困难在于，我们很难区分每个企业购买这些商品和服务的不同目的。虽然经过对大多数国家的税收法则的长期认识和会计、审计人员对相关区别的精通，基建费用和经营费用之间的区分已经被神圣化了，但是这种区分从本质上来说是人为的、虚造的。但是对各种不同的基建费用和各种不同的营业费用进行区分是很棘手的事情。大多数企业按照这种方法对费用对内进行分配的时候会存在困难，对外进行分配也是如此。

92. 要解决这个困难，一个似乎最可行的方法是，由税务部门来对基建费用和财务费用的某些类别进行具体的设计（比如购买静电滤尘器、完全水处理厂、完全除硫厂、汽车里的催化剂变流器）。如果费用被恰当地记录，那么加速折旧或者其他一些减税方法就是可行的。如此积累下来的信息就可以构成一个用于对环境控制的已付成本进行统计的信息数据库。

93. 确定未付环境破坏成本会更加困难，因为它们中的大部分（至少是一部分）已经被支付，其困难之处在于不存在一个客观的市场机制来确定它们的合理价格。很多经济学家试图研发一种成本—收益分析方法来评估实际或者潜在的环境破坏。[①] 尽管这些方法有各自的优点，但是它们都有一个共同的间接的、理论上的缺陷（从统计学的角度来看）。这个缺陷就是，不存在一系列经验性的破坏成本用于国际水平的对比。

94. 令人遗憾的是，对于这个缺陷，近期不太可能取得一个令人满意的解决方法。除了这个完美的方法之外，我们还能做什么呢？关于已付成本，在现阶段唯一的办法就是体系利用生产信息来估计成本，利用调查数据来估计消除污染相关活动的范围。比如，在水污染控制中，下面的水污染处理过程的三层分类已经被广泛地应用了：

（1）初级处理。装置并过滤；去除大部分的悬浮固体；30%的生化需氧量。[②]

（2）二级处理。对初级处理的产出物进行净菌处理，可以累计除去90%的生化需氧量、50%的氮、20%的硫以及5%的可溶盐。

（3）三级处理。各种程序除去了95%的生化需氧量、98%的氮、97%的硫以及50%的可溶盐。

95. 我们可以根据处理的最高层次来对所有工业废弃物和污水废弃物进行

---

① 参见美国交通运输部，"生态和气候变化的经济和社会测量"，我们可以看到一些相关方法的汇总。

② 生化需氧量是指需氧有机体在5天的时间内所要消耗的氧气的数量。它可以测量废水中可降解有机物质的数量。

分类，比如10%的三级处理和80%的二级处理。这种类型的数据可以根据地区和来源进行分类（工业、农业）。令人遗憾的是，初级、二级、三级的这种区分方法主要适用于利用了有机材料城市废物的行业或制造工业（纸浆、纸和食品加工等），但这并不适用于化学废弃物或冶金废弃物。

96. 同样，我们也可以对烟尘处理进行等级分类，这些烟尘主要来自工业或城市的火力发电厂、烘箱、高炉等。通过静电降尘的方法去除的悬浮微粒可以按百分比来进行估计。我们可以对每年新增机动车辆的街面样本进行工程分析和测功试验，来对机动车尾气处理的等级进行估计，同时也可以对一些车辆的整个使用寿命进行纵向调查，来测定它们的老化作用。大家都知道，可以用煤炭和燃料油消除部分硫和灰尘，而且可以通过对比原始的和用过的燃料来确定。汽油中二氧化硫的部分去除是处理过程（如果存在）的作用的表现之一，通过土地填埋或者焚烧炉或者其他方法对城市固体废物进行处理的相关记录，并不像我们所期望的那样。但是在很多地方，我们可以取得很好的估计值。

97. 至于其他污染物，处理或者消除的办法还没有被标准化，处理的层级和成本将很难进行汇总。涉及冶金或化学加工衡量污染物或废弃物时，问题会变得非常麻烦，而且无法马上得到解决。

5.8 最初执行的可能性

98. 我们可以对准则中提议的框架进行分段，从而能够在一个更小的层次上实现对整个体系的逐渐建设和完善。进行横向或者纵向的分段都是可行的。横向的分段可以从一个合理定义的物质流阶段开始（比如对原料的提取），然后确定投入和产出所有相关的流量。这只需要对生产和交易的统计数据进行相对简单的拓展，而这两种统计数据在很多国家已经存在了。此处新增了两个要点：一个是对主要提取过程中产生的废弃物流量的规范说明，另一个是根据是否涉及进一步的转换过程对日后的使用作出规范说明。体系不可能在任何情况下都是"封闭的"，物质能量平衡只能从提取活动本身来直接取得。

99. 我们可以按照相同的方法对表5-1中的其他部门进行依次处理。因此，所有原材料、商品、成品的进出口数经过汇编以后形成所有其他部门的平衡表。通过直接数据或其他间接（合并）的方法，可以得到关于非耐用品的消耗和耐用品积累的平衡表。转化行业和制造业也是如此。我们可以通过工程研究来增加调查统计型数据。废弃物部分（放在了最后）的投入和产出将在后面给出具体的说明。

100. 这种方法的缺点是很明显的：这种方法只有在所有部分最终完成之后

才会产生一个有用的结果。而且，迄今为止最庞大、最困难的部分依然是一项难以解决的巨大工程。

101. 纵向分段的方法似乎希望更大一些。我们可以确定某一个对象（或者一组相关的原料），然后在经济中对其从初始原料到最终消费的整个过程进行跟踪，并考虑所有的废弃物流量，然后把这些数据进行汇总，就可以得到一个完整的体系了。同时，局部的数据也可能是非常有用处的。

102. 事实上，从环境中最重要的原料开始会比较有意义，比如有毒重金属（铅、镉、汞等）。这些金属的用途非常有限。汇总这些金属的过程—废弃物—耗费的流量数据时会需要一些相关的经验，而这些经验有助于对用途更广、更复杂的主要金属的流量模式进行处理，而且这些数据对很多重复的金属进行了调整。比如，镉是锌提取过程中的副产品，所以在对镉的相关数据进行汇总的时候，我们一定会取得很多与锌相关的数据，从而减轻了汇总锌的任务。同样，锌和铅、铜、银、砷以及其他金属经常出现在一起。

103. 纵向分段方法是以有毒金属为开端，然后逐渐扩展到其他金属材料的。这种逻辑可以从下面这个事实中看出，自然资源保护学家和环保人士都认为，某些原料或元素要比其他元素重要得多。很大一部分不成比例的环境破坏是由少量的生产过程（比如燃料的燃烧）和少量特别强烈的元素组成的化合物造成的。

104. 在本章中，值得一提的是生物体系中的主要元素（碳、氢、氧）相互之间进行组合是无害的，但是，当生物体系中的四种微量元素（氮、硫、磷、氯）与它们进行结合（单独或者一起）时，就会形成有毒的或者致癌的物质，比如氮氧化物、硫氰化物、硫醇、亚硝胺、神经毒气（比如光气）、醋性硝酸盐、杀菌剂、杀藻剂、杀真菌剂、除草剂、杀虫剂、食品防腐剂、氯乙烯。显而易见，监控这四种元素及其用途比起监控其他三种更为重要。

105. 同样，一些稀有金属（包括铅、镉、汞、砷、铬）比起其他被广泛应用的元素（比如铝化合物或者铝合金、钙、铁、硅、钠）要危险得多，虽然后者在经济中有更重要的地位，但是我们应该更注重监控前者。

附录　原料能源余量统计数据的矩阵表现形式

	1	2	3	4	5	6	7	8	9	10	11	12
1 期初库存	Z_j											
2 内部提取		X_{jk}	y_{jn}	y_{jl}		—	—	ΔW_j	U_j	X_{mk}		
3 内部转变（过程）		NT	NT	y_{ln}	NT	NT	NT	—	NT	X_{mn}		
4 内部转变（物质的）		—	y_{ln}	X_{ll}		y_{lp}	y_{lq}	—	U_l	NT		
5 中间产物		—	—	—	—	NT	NT					
6 最终消耗，不耐用		—	—	—	—	—	—			X_{mp}		
7 积累，耐用		—	—	—	—	—	W_q	—		X_{mq}		
8 内源战略储存		—	ΔW_j	NT	—	—	—	W_j	ΔW_j			
9 外部部门		V_j	V_l	NT	—	NT	V_q	ΔW_j				
10 废弃物		—	y_{mn}	—	—	—	—	—	—	W_m		
11 重新估值											ΔZ_j	
12 期末库存												Z_j

NT：无法列入表的。

本文选自联合国经济社会委员会，统计委员会，新德里，E/CN.3/492，第 1~33 页，Annex 第 1~4 页。

第6章　物流分析

斯特凡·伯明祖

尤奇·莫里古奇

　　了解工业和社会代谢的结构和功能是工业生态系统的核心（Ayres，1989a）。物流分析（MFA）是指生产能力的过程链分析，这个过程链由物质获取（或收获）、化学转化、制造、消耗、循环利用以及最终处理组成。它建立的基础是输入和输出的数量情况，这些过程通常以物理单位（一般用"吨"来表示）来进行量化。从化学角度来定义核算的主题，一方面可以是物质（比如碳或者二氧化碳）；另一方面，也可以是天然或人工混合物或基体材料（比如煤炭、木材）。物流分析通常被当成物流核算的同义词进行使用；从严格意义上来讲，核算仅仅体现了分析的其中一个步骤，但它明显与经济学核算有着密切的联系。

　　因政策不断出台，物流分析已经成为一项快速发展的研究领域。到目前为止，这些研究都是参照工业代谢的一般情况，它们应用了质量平衡的方法和原则。然而，在实际研究中，事实上也存在多种方法，它们的目的、概念和针对的问题各不相同，尽管每项研究都号称是在研究工业代谢。1996年，网站ConAccount建立，它的目的是提供交流有关物流分析的信息的平台（www.conaccount.net）。有关物流分析的项目和活动的第一份总清单已经面世，也召开了几次会议（Bringezu et al.，1997，1998b；Kleijn et al.，1999），而且通过互动方式确立了一份研究和发展议程（Bringezu et al.，1998c）。

　　物流分析方法的多样化源自不同的概念背景。研究中常见的基本概念是工业系统及其融入生物地理系统中的社会互动，因此那些对两种系统共存至关重要的要素也是这种研究的依赖因素（Ayres 和 Simonis，1994；Baccini 和 Brunner，1991）。可持续的工业系统的样式愿景的特点是人类社会和环境之间物质交换的最小化以及持续化，内部的物质循环由可再生能源流来促进（比如，Richards et al.，1994）。然而，受追捧的各种不同的战略都是以可持续方式来发展工业代谢。

　　其中一种基本战略就是工业代谢的去毒化。这是指为了减少污染，缓解排放危险物质到环境中去。从更广义的含义讲，这可指代任何某种具体的对环境的影响，比如对人体和其他有机物的毒副作用、富营养化污染、酸化作用、臭氧消耗、全球变暖等。有关物质禁用和限制使用方面的政府监管行为，体现了环境政策的首要措施。清洁技术这一概念的首要目标是缓解危险物质排放到环境中去。作为这些措施的结果，污染问题很有可能在小范围内得到解决。然而，跨区域问题和全球问题已经影响到下代的问题以及工业代谢的复杂性都促使我们有必要以一种系统化的方式来分析危害物质、所选物质和产品的流量；这必须从摇篮到坟墓全方面地进行贯彻，同时还应考虑不同物质流之间的关系。

另一种补充战略则是工业代谢的去物质化。考虑到当前工业经济对主要资源的使用量，已经有人提出一种说法：要以 4/10 的要素增加资源使用效率（Schmidt-Bleek 1994a，1994b；Weizsäcker et al.，1997）。该目标已经被众多国际组织和各国政府采纳。在规划层面，4/10 要素概念已经被联合国（UNGASS，1997）和世界可持续发展工商理事会（WBCSD，1998）的特别会议采纳。经济合作与发展组织（OECD）的环境部长们（1996a）也在督促各国朝这个方向努力。不少国家都将此目标列入其政治规划中（比如奥地利、荷兰、芬兰和瑞典；也可参见 Gardener 和 Sampat，1998）。斯堪的纳维亚半岛国家已经发起研究来测试要素 4/10 可行性的范围（北欧部长理事会，1999）。德国起草了一份有关环境政策规划的草案（BMU，1998），内容是要增加不可再生原材料的生产力（1993~2020 年）。现在，经济效率的增加已经被欧盟环境部长们认为是最重要的因素（1999）。第五（环境）行动规划（第 2179/98/EC 号决议）的回顾强调了资源的使用和效率。

要素概念的目标就是规定降低资源需求的同时，要增加服务和附加值。经济的去物质化可能会减少所有硬件产品，从而会减少使用初级和次级材料的整个经济的生产能力。然而，去物质化的导向可能会具体到减少初级输入和（或）最终废弃物的处理。经济效率的概念不仅包括了主要的输入（材料、能源、水、土地），也包括了对环境的主要输出（排放到大气中的光热、污水以及废弃物），以及将它们与产品、服务和所产生的效益相联系（EEA，1999a；OECD，1998b，Verfaillie 和 Bidwell，2000）。然而，对环境来说，降低物质的绝对影响是最重要的。因此，必须对人类通过工业系统创造的物流进行调整，使其符合对经济和环境之间交换。

6.1 分析类型

从上述内容可见，与物流相关的分析可以划分为两大基本类型；尽管实践中存在多种不同的方法（见表6-1），可根据自身主要关注点判断属于哪种类别。无论类型 I 还是类型 II 都没有严格地和上述的两种范式战略相一致。然而，去毒化概念的重要性在 I a 中体现最高，而在 II c 中最低。相反地，支持去物质化的力度在 II c 分析中最高，而在 I a 中最低。不过，两种补充战略日益相互联合，尤其在 I c 和 II a 分析中。类型 I 分析是从技术工程的角度进行的，而类型 II 分析则更多是从社会经济间的关系出发的。

表6-1　与物流相关的分析的类型

分析类型	I		
	a	b	c
	这些具体环境问题，与每单元下列物质流的某些影响有关：		
	物质	材料	产品
	比如：Cd, Cl, Pb, Zn, Hg, N, P, C, CO_2, CFC	比如：木制产品、能源载体、开采、生物质、塑料	比如：尿布、电池、汽车
	存在于某些公司、部门和区域中		
主要关注对象	II		
	a	b	c
	与下列单位的生产能力有关的环境问题：		
	公司	部门	区域
	比如：单个工厂、中型和大型公司	比如：生产部门、化学工业、建筑行业	比如：总生产能力或主要生产能力、质量流量平衡、材料总需求
	与物质、材料和产品相关		

资料来源：Adapted from Bringezu and Kleijn（1997）.

类型 I a

物质流分析（SFA）是用来明确进入环境主要入口途径的，这些过程既和工业系统中的光热排放、储量和流量相关，也和跨媒介流量、化学、物理、生物转化和环境中产生的浓度有关。在物质流分析中，时空分布很重要。为了量化评估某种具体物质最终形态的风险，这些分析的结果经常被作为未来分析的参考基础。

已经开展了不少针对有毒重金属的研究，比如砷、镉、铬、铜、汞、铅和锌（Ayres，Ayres 和 Tarr，1994；Ayres 和 Ayres，1996；Ayres 和 Ayres，1999a；Reiner et al.，1997；Dahlbo 和 Assmuth，1997；Maag et al.，1997；Hansen，1997；Maxson 和 Vonkeman，1996；Voet et al.，1994）。

将富营养物（比如氮和磷）考虑在内主要是因为富营养化问题日益突出，以及想要寻找有效的减缓措施（Ayres 和 Ayres，1996；Voet，1996）。

研究碳流量是因为它与全球变暖有关，全球变暖与目前以煤炭做燃料有关。统计组织已经越来越多地报告有关二氧化碳和其他温室气体排放的数量，以及对趋势、来源、可靠技术、可能导致的地面下沉以及消除这些问题的措施的研究。

氯流量以及含氯物质已经成为众多研究的课题，因为含氯物质的溶解、有机氯杀虫剂的持续存在（Ayres 和 Ayres，1999a；Kleijn et al.，1997）、氯氟烃的臭氧损耗效应（Obernosterer 和 Brunner，1997），以及诸如 PVC 等物质燃烧产生的风险的激烈争辩（Tukker，1998）产生的潜在毒性和众多污染问题。

类型 I b

之所以要研究所选的基体材料，是出于多种原因。研究有关采矿和采石方面的资源开采问题，是为了评估城市化进程导致的地理和水文变化。研究人类生产中产生的物质的流量，是为了将其与自然生态系统中产生的生物质生产相联系，目的是为了评估生物多样化的压力（Vitousek et al.，1986；Haberl，1997）。

一方面，金属（比如铝）纸浆、纸等木材产品和建筑用混凝土是用于工业的重要基础材料的代表产品。另一方面，这些产品的流量——尽管危害不大——可能和其他产品的流量有关，而那些流量会对环境造成沉重的负担，比如，氧化铝生产和铝的能源密集型生产导致的"红泥"问题（Ayres 和 Ayres，1996）。基础材料（比如塑料）也已成为众多研究的主题。这些研究都是围绕着循环和重复使用的潜力以及它们对环境的影响进行的（比如，Fehringer 和 Brunner，1997；Patel，1999）。

针对有关全球变暖的可替代技术和材料可能产生的效果也已经进行了研究，比如建筑材料（Gielen，1999）。这种分析与类型 Ic 及类型 IIb 有关。

类型 I c

当某些产品和服务的环境影响成为其最重要的关注点时，通常的方法就是采取生命周期评估（LCA）。第 12 章讲述了产品的生命周期评估。一般来说，生命周期评估的系统边界（从摇篮到坟墓）与人类圈、技术圈以及物质经济的系统角度相一致。有些评估方法同时适用于生命周期评估和物流分析。

从类型 I a 到类型 I c，主要关注点变得越来越综合和复杂（见表 6-1）。它开始分析所选物质、所考虑的复合材料和产品过程（由多种材料组成）。不仅仅是潜在对象的数量在增加，而且每项研究对象的潜在影响的数量也呈数量级的速度增加。同时，相关链条网络的复杂性也在增长。

类型 II a

主要关注点可能存在于公司或家庭、部门或区域的代谢表现上。在这种情况下，可能没有有关具体环境问题的信息，或者是信息不够充分。通常情况下，主要的工作就是评估这些实体的生产能力，目的是找出主要问题，检查改善措施的可能性以及为监督措施的实施效率提供工具。

公司物质生产能力的核算变得日益普通，尤其对于大型企业来说是这种情况。这在公司环境报告中得到了证实。材料账单可用于环境管理（请参见 Orbach 和 Liedtke，1998 有关德国的评论）。公司方面的经济效率在报告中也作了说明（比如，WBCSD 1998，1999——方法观察和导航研究结果；Verfaillie 和 Bidwell，2000——规划活动）。物流分析已经被用来作为优化公司的手段（Spengler，1998）。然而，公司账单的有限范围要求以更宽泛的系统角度来进行补充分析，或者以生命周期评估类型来对基础建设（Bringezu et al.，1996）和主要产品（比如，Liedtke et al.，1998）进行分析，或者对生产和消费的更高集合体进行分析，即对生产部门全部或整个经济体进行分析。

类型 Ⅱ b

当主要兴趣集中于某些工业部门或活动领域时，物流分析可根据质量和（或）数量来识别最关键的流量。举例来说，不同工业部门可能就多种输入和输出进行比较，不管这些输入是来自其他部门还是来自环境（Ayres 和 Ayres，1998；Hohmeyer et al.，1997；Windsperger et al.，1997）。当分析以比较的方式涵盖了某一区域或国家经济体的所有部门时，核算就与类型 Ⅱ c 紧密相关。在那种情况下，主要兴趣可能仍然集中于作为一个整体的国家经济体，而这部门分析就用来说明这些部门的情况，这些部门在某些具体的兴趣标准下显得格外重要（比如，CO_2 排放浓度或资源浓度）。在这样的情况下，一般使用自上到下的方法，可详细分析某些部门及其活动，比如建筑部门（Glenck 和 Lahner，1997；Schandl 和 Hüttler，1997）或者某些现象，比如富营养化、清洁、维护居住和工作环境、交通和通信（Baccini 和 Brunner，1991）。举例来说，当以综合方式核算建筑材料流量时，这种类型的分析和类型 Ⅰ b 就有强烈的相互关系（Bringezu 和 Schütz，1998；Kohler et al.，1999）。

类型 Ⅱ c

物流分析的大多内容都表现了对城市、区域、国家或超国家经济体的代谢分析。核算的出发点可能是所选物质和材料，或者是全部材料输入、输出和生产能力。

Wolman（1965）、Duvigneaud 和 Denayer-DeSmet（1977）的早期研究就分析了城市代谢，以中国香港（Boyden，1980；Koenig，1997）和越南（Obernosterer et al.，1998）为例，彻底对其进行了分析。详见 Einig 研究

（1998）。就区域层次来说，综合性的里程碑式研究是由 Brunner 等（1994）作出的，他对瑞士山谷 Bünztal 进行了详细分析。Stigliani 和 Anderberg（1994）以莱茵河盆地为例，对污染物质的流量进行了分析。Bringezu 和 Schütz（1996b）对德国的老工业基地鲁尔区域的代谢进行了分析。国家层面的经济体物流分析尤其引人注目。主要的兴趣聚焦于被研究实体的代谢表现的总体特征，目的是了解生产能力的体积、结构和质量，以及评估可持续性方面的状态与趋势。

物流分析这个词一般是指代类型 I a，I b，II b 和 II c 的分析。类型 I c 的研究一般被认为属于生命周期分析的范围。类型 II a 的核算主要与环境管理有关。同时还有区域和以产品为基础的分析的复合体。进口（和出口）的隐藏流量的核算——这是进出口产品的上游资源需求，可能与区域或国家经济体的国内资源需求相联系，目的是为了提供材料总需求（TMR）（以及材料总消费——TMC）指标（Bringezu et al.，1994；Adriaanse et al.，1997）。然而，所有这些分析都以量化方式使用过程材料输入和输出的核算法，许多分析还应用系统或链条观点。

6.2 使用与物流相关的分析

一般来说，物流分析为众多相关的过程和流量提供了系统分析观点，目的是为了支持管理措施的战略性设计和以优先权为出发点的设计。为了和环境保护政策（从 20 世纪 60 年代开始就涉及）相一致，类型 I a 分析法已经被用来控制危险物质的流量。有益于公共政策的结果以不同的方式得以体现（Bovenkerk，1998；Hansen，1998）：

● 分析有助于就数据达成一致意见，这是政策措施的重要前提。

● 物流分析可形成新的观点以及使环境政策发生变化（比如，为了控制大多数有害物质排放，摒弃关闭氯循环的目标）。

● 分析有助于发现新问题（比如，氯气工厂中的汞储量问题）。

● 它们还有助于找到新的解决方法（比如，对于不可降解的物质，减少以来源为出发点的输入）。

近年来，类型 II 分析的使用和政策措施以下列方式加大了使用频率（Bringezu，2000b）：

● 支持就目标、目的方面的政策辩论，尤其是资源和经济效率的辩论，以及环境和经济政策一体化。

● 提供公司和产品账目的公司数量。

● 在官方统计文件中有关常规使用的经济范围的物流账目规定。

● 用于可持续性过程的指标的出处。

6.3　分析程序与要素

虽然对材料核算和流量分析的方法框架没有一致的意见，研究程序与某些要素却具有相同的重要特征（请参见 Bringezu et al.，1997，第 309~322 页中 ConAccount 聚焦集团报告——《物流分析基本框架》）。程序一般由四个步骤组成：目标和系统定义、过程链分析、核算和平衡、模式化以及评估。

系统定义包括了目标问题、范围和系统边界定义的描述。目标问题是根据主要对象进行定义的。在所有分析类型中，在流量类别需要计算在内时需要确定目标问题，目的是量化流量的体积和途径，找出那些与主要关注点的问题关系最密切和最重要的流量，以及那些为这些流量负责的要素。范围的定义是指被研究对象的空间、时间以及功能幅度。应该研究已分类的流量及其路径，这些路径与按照空间划分的部门或区域有关，或者与按照功能划分的工业领域有关。范围可能类似于类型 I 和类型 II。系统边界规定了要进行核算流程的开始与结尾。它至少部分是由范围决定的，但可能也包括了附加的功能性要素，比如某区域环境和经济部门间的边界。范围与系统边界并不需要一致，尤其以区域为导向做出的账单与以产品为导向做出的账单相联合时。

在某种具体层次上，过程链分析确定了那些输入及输出由核算和平衡进行量化确定的过程。这里，质量守恒的基本原则被用来平衡过程系统（次系统）的输入和输出（Ayres 和 Ayres，1999a）。平衡用来检验经验数据的精确度，改善一致性以及"填补"缺失的数据。这通常是在化学计量或技术系数的基础上实施的（比如，Windsperger et al.，1997；Bringezu et al.，1998a），可能由计算机模拟进行辅助（Ayres 和 Ayres，1999a），并建立在数学模式的基础上（Baccini 和 Bader，1996）。

我们可用"簿记"的基本形式来应用模型，如果是作为统计和动态模式的话，它们的复杂性已经日益增加。结果的评估与主要兴趣和基本设想有关。这里可应用影响系数，比如在臭氧损耗的事例中。标准可指示普通环境压力潜力。在这种情况下，流量体积[①]（比如水消耗量、材料开采量）可用于监督某种压力。更详细地说（但还是属于普通情况），标准可建立在以流量为基础的能量参数的基础上，比如放射本能（Ayres 和 Ayres，1999a）或能值（Odum，1996）。

6.4 经济系统物流分析

物流分析账目可以量化国家经济体和环境的物质交换。在 Ayres 和 Kneese (1969) 的第一次研究后，国内物流分析单独确定了奥地利 (Steurer, 1992)、日本 (日本环境代理, 1992) 和德国 (Schütz 和 Bringezu, 1993) 的情况。如表 6-2 所示，整合物流平衡包括国内资源开采、进口 (输入) 和国内排放到环境中的流量与出口 (输出)。与进出口 (资源需求或排放) 相关的上游或下游流量也可考虑在内。可通过物质输入—输出表反映各部门的情况。

表 6-2   经济系统物流平衡及其指标

输入 (源头)	输出 (目的地)
国内开采	排放与废弃物
化石燃料 (煤炭、石油等)	排放到大气中
矿物 (矿石、砂砾等)	废弃物掩埋
生物质 (木材、谷类等)	排放到水域中
	产品的浪费使用 (肥料、堆肥、种子等)
进口	
直接材料输入 (DMI)	国内处理的输出排放到自然中 (DPO)
来自下列源头的未经使用的国内开采	来自下列源头的未经使用的国内开采的处理
矿业/采石	矿业/采石
生物质收获	生物质收获
土壤开采	土壤开采
材料总输入 (TMI)	国内输出排放到自然中的总量 (IDO)
	出口
	材料总输出 (TMO)
	储量净增额 (NAS)
	基础设施和建筑
与进口相关的上游流量	其他 (机械、耐用货物等)
材料总需求 (TMR)	与出口相关的上游流量

注：不包括水和大气流量 (除非已经涵盖在其他材料里)。
资料来源：Adapted from Eurostat (2000).

物流分析还可在整合环境与经济核算的框架下进入正式的统计概述中 (Radermacher 和 Stahmer, 1998)。欧盟统计局 (2000) 提供了方法指南。下列国家具备国家材料账单：奥地利 (Schandl, 1998；Gerhold 和 Petrovic, 2000；Matthews et al., 2000)、丹麦 (Pedersen, 1999)、德国、芬兰 (Muukkonen, 2000；芬兰统计学, 1999；Mäenpää et al., 2000)，意大利 (De Marco et al., 1999；Femia, 2000)，日本、荷兰 (Matthews et al., 2000)、瑞典 (Isacsson et al., 2000)，英国（Vaze 和 Barron，1998）和美国。澳大利亚、中国（陈和乔著作续篇，2000）、埃及（Mahdi，1999）和亚马孙河流域（巴西部分请参见 Machado 和 Fenzl，2000）的这项工作正在进行。

6.5　部门、活动和功能的归因

整个经济体的生产能力可根据"自上而下"法划分为具体的工业部门。这种归因[②] 可以经济或功能标准为导向。一般情况下，基于经济的输入—输出（I/O）类别、部门生产能力可通过 I/O 分析进行确定。这可对所有工业部门进行总体比较。单个部门流量的总和大体上等同于经济系统总和。经济 I/O 表格用来说明国家经济体对中介部门或最终需求的物质输入（Bringezu et al.，1998b）或输出（Hohmeyer et al.，1997）的情况。物质 I/O 表格（PIOT）更加详细地描述了部门产品供应和交付，以及从环境中得来的资源输入以及废弃物处理和排放到环境中的情况。德国（Stahmer et al.，1998）和丹麦（Pedersen，1999）已经制定了 PIOT。

整体生产能力也可归因到人类圈的代谢功能中，比如能量供应、营养、建筑和维持（Bringezu，1997a）。"活动领域"的归因，比如食物供应、能量供应、建筑、水供应和交通可以参与者为导向，但不能简单地聚合到某个国家账单中去（Schandl 和 Hüttler，1997）。

"自下而上"的方法可用来分析某个具体部门的物流。比如，建筑部门的流量可在不同建筑类型的基础上粗略计算。"自下而上"法与"自上而下"法的比较揭示出其中重大的区别（Friege，1997；Kohler et al.，1999）。具体部门的物流分析通常综合使用"自下而上"法、"自上而下"法以及相关数据来源（比如，Glenck 和 Lahner，1997）。

6.6　以物流分析为基础的指标

物流账单为环境指标和用于可持续性的指标的来源提供了重要的基础（Berkhout 1999；Jimenez-Beltran，1998；FME，1999）。为了监测和评估国家和地区经济的环境表现，需要应用多种指标（Moldan et al.，1997）。驱动力—压力—状态—影响—反应模型（DPSIR）作为框架得以确立（EEA，1999a，1999b；OECD，1998a）（自 20 世纪 90 年代开始，它就以"PSR"的形式被经济合作与发展组织使用）。从输入方面的资源开采到输出方面的排放物与废物的排放都与环境压力有关，（部门）活动体现了驱动力。流量可能会改变环境状态，这将加深多种影响，而社会和政治反应则会影响到可持续性方面的代谢状况。

与表 6-1 中不同目标相对应的是，指标集中关注每单位流量的特殊影响（比如影响到全球变暖的物质排放），或者是会产生一定普通压力的流量的体积（比如水、能源和物质的消耗）。以物流分析为基础的指标已经被引用在官方报告中，阐述了其中一些重要事件，例如资源使用、废物处理和大气与水的排放物，以及经济效益等（EEA，2000；UKDETR，1999；Hoffrén，1999）。

一方面，与单个指标相比，经济系统的物流账目提供了有关工业代谢方面的更加综合的信息。另一方面，它们可用来引申参数，这些参数可排成时间系列且用于国际比较——为国家或地区经济的代谢表现提供综合信息（详见表6-1）。第一例有关输入和资源效益指标的国际比较是由 Adriaanse 等（1997）做出的，有关输出和平衡指标是由 Matthews 等（2000）做出的。

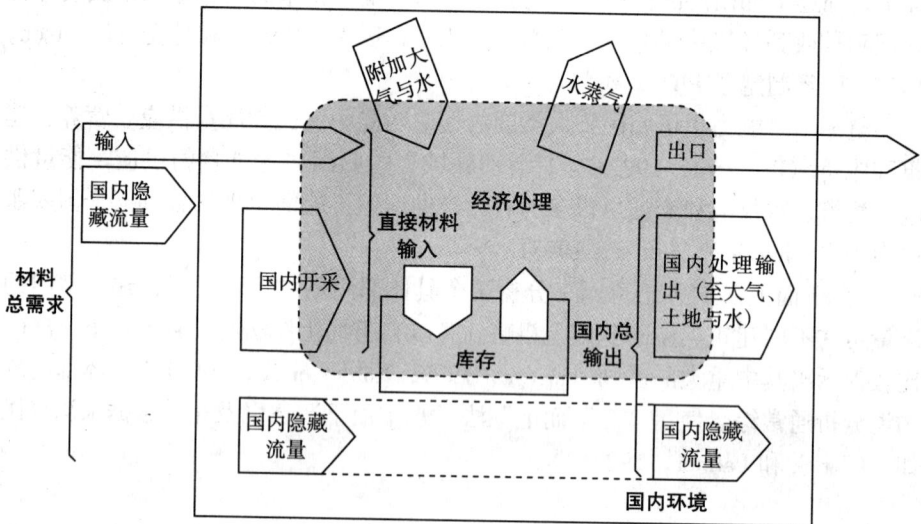

图 6-1 经济系统物流

资料来源：Matthews et al.（2000）.

输入指标

直接材料输入（DMI）衡量了用于经济中的材料的输入，这是指具有经济价值、用于生产和消费活动中的所有材料；直接材料输入等同于国内（已用）开采加上进口的材料。由经济活动开采但一般不作为输入用于生产或消费活动（过多采矿及其他）的材料一般被定义成为"隐藏流量"或"生态包袱"。生态流量（Adriaanse et al.，1997）或包袱流量（Schmidt-Bleek et al.，1998；

Bringezu et al.，1996）包括了不进入生产本身的主要资源要求。主要生产的隐藏流量被定义成为未经使用的内部开采或"间接物流"（欧盟统计局，2000）。进口的隐藏流量等同于未经使用以及已用的主要的国外开采，这都与进口的生产和运送有关。它们不用于进一步加工，一般来说没有经济价值。直接材料输入加上未经使用的国内开采构成了全部（国内）材料输入。

除了材料总输入之外，材料总需求（TMR）[③] 还包括上游隐藏物质流量，这与进口有关，并且对其他国家的环境造成负担。它衡量一个经济体的全部"物质基础"，也就是说生产活动的全部主要资源需求。算上游流量后，将进口转化成其"主要资源开采等价物"。

下列国家和地区已经具备有关材料总需求和直接材料输入的数据（这是工业代谢的输入结构）：中国（陈和乔，2000）、德国、荷兰、日本、美国（Adriaanse et al.，1997）、波兰（Mündl et al.，1999）、芬兰（Juutinen 和 Mäenpää 1999；Muukkonen，2000；FME，1999）和欧盟（Bringezu 和 Schütz，2001）。瑞典具有直接材料输入的材料（Machado 和 Fenzl，2000）。澳大利亚已经具备材料总输入（也称之为材料总需求）（Poldy 和 Foran，1999）。

输出指标

国内处理输出（DPO）体现了用于国内经济但还未流入环境中的材料总量。这些流量会在生产—消费链中的处理、制造、使用和最终处理阶段出现，不包括出口材料，因为它们的废弃物会在其他国家发生。包括在国内处理输出中的是商业燃烧以及其他工业处理中排放到大气中的废气、掩埋到地下的工业和家庭废弃物、废水中的材料负荷、作为生产使用结果排放到环境中的材料（消耗材料）以及焚化植物产生的排放物。在工业中循环使用的物流不包括在国内处理输出中。

国内总输出是国内处理输出与未经使用的国内开采处理的总和。这个指标体现了输出到国内疆界中环境的材料总数，是由经济活动产生的。直接材料输出（DMO）是国内处理输出和出口的总和。这个参数体现了使用后脱离经济的直接材料输出的总量，或者是排放到环境中，或者是输入到世界其他国家。材料总输出（TMO）也包括出口，因此衡量了脱离经济后的材料的总量；材料总输出等同于国内总输出加上出口。

消费指标

国内材料消费（DMC）衡量了直接用于某一经济体的材料总量，不包括隐藏流量（比如，Isacsson et al.，2000）。国内材料消费等同于直接材料输入减去出口。

材料总消费（TMC）衡量了与国内消费活动有关的主要材料需求的总量（Bringezu et al.，1994）。材料总消费等同于材料总需求减去出口及隐藏流量。

平衡指标

储量净增额（NAS）衡量了一个经济体的物质增长率。每年增加到经济体储量中（毛增长率）的建筑、其他基础设施以及融入新耐用品中的新材料，比如汽车、工业机械以及家用电器，在建筑物被推翻以及耐用品被处理时，旧材料就从储量中清除出去。储量净增额也可通过间接方式计算出来，即进入到经济体的年度物流加上大气输入（比如，氧化处理），减去国内处理的输出排放，减去水蒸气，以及减去出口后得出的平衡项目。储量净增额也可通过直接方式计算出来，即储量的毛增量，减去退出使用的建筑材料的材料输出（比如建筑和不再使用的废弃物）、处理掉的耐用品以及循环使用的材料。

物质贸易平衡（PTB）衡量了一个经济体的物质贸易顺差或赤字。物质贸易平衡等同于进口减去出口。物质贸易平衡也可包括与进口和出口相关的隐藏流量（比如建立在材料总消费账目基础上）。

效率指标

提供的服务或经济表现（术语为附加值或 GDP——国内生产总值）与为效率措施服务的进口或出口指标有关。比如，每份直接材料输入的国内生产总值说明了直接材料生产力。每份国内总输出的国内生产总值衡量了与环境物质损失有关的经济表现。设定附加值与最重要的进口和出口相关，为一个经济体的经济表现提供了信息。这些相关措施的解释应该考虑到绝对参数的趋势。后者用于支持国际比较时才会提供。

物流分析及其指数日益成为政治措施和评估这些措施的有效性的基础条件。基于这个目的，基体材料流量分析以及物质流量分析可进行联合，促进可持续性的过程的监测可通过逐步方法逐渐得到改善（详细内容可参见 Bringezu et al.，1998a）。

注释

①The indicative value depends on the relation to (a) other flows, (b) assessment parameters such as critical levels, and (c) system properties of the accounting (for example, systems borders from cradle to grave) (Bringezu 2000a).

②To conform to LCA usage, attribution is sometimes called "allocation".

③In studies prior to Adriaanse et al. (1997), TMR had been defined as total material input, TMI (for example, Bringezu 1997b).

参考文献

1. Adriaanse, Albert (1993), *Environmental Policy Performance Indicators*: *A Study on the Development of Indicators for Environmental Policy in the Netherlands*, The Hague: Sdu Uitgeverij Koninginnegracht.

2. Adriaanse, Albert, Stefan Bringezu, Allen Hammond, Yuichi Moriguchi, Eric Rodenburg, Donald G. Rogich and Helmut Schütz (1997), *Resource Flows*: *The Material Basis of Industrial*, *Economies*, Washington, DC: World Resources Institute.

3. Ayres, Robert U. (1989a), "Industrial metabolism", in Jesse H. Ausubel and Hedy E. Sladovich (eds), *Technology and Environment*, Washington, DC: National Academy Press.

4. Ayres, Robert U. and Leslie W. Ayres (1996), *Industrial Ecology*: *Closing the Materials Cycle*, Cheltenham, UK and Lyme, MA: Edward Elgar.

5. Ayres, Robert U. and Leslie W. Ayres (1998), *Accounting For Resources 1*: *Economy-wide Applications of Mass-balance Principles to Materials and Waste*, Cheltenham, UK and Lyme, MA: Edward Elgar.

6. Ayres, Robert U. and Leslie W. Ayres (1999a), *Accounting For Resources 2*: *The Life Cycle of Materials*, Cheltenham, UK and Lyme, MA: Edward Elgar.

7. Ayres, Robert U. and Allen V. Kneese (1969), Production, consumption and externalities', *American Economic Review*, 59 (3), pp.282–97.

8. Ayres, Robert U. and Udo E. Simonis (eds) (1994), *Industrial Metabolism*: *Restructuring for Sustainable Development*, Tokyo, New York, Paris: United Nations University Press.

9. Ayres, Robert U., Leslie W. Ayres and Joel A. Tarr (1994), "Consumptive uses and losses of toxic heavy metals in the United States, 1880–1980", in Robert U. Ayres and Udo E. Simonis (eds), *Industrial Metabolism*: *Restructuring for Sustainable Development*, Tokyo: United Nations University Press. pp. 259–95.

10. Baccini, Peter and Hans-Peter Bader (1996), *Regionaler Stoffhaushalt*: *Erfassung, Bewertung und Steuerung*, Heidelberg, Berlin, Oxford: Spektrum Akademischer Verlag.

11. Baccini, Peter and Paul H. Brunner (1991), *Metabolism of the Anthroposphere*, Berlin and Heidelberg: Springer-Verlag.

12. Berkhout, Franz G. (1999), *The Concept of Industrial Metabolism and*

its Implications for Statistics, Eurostat Working Papers 2/1999/B/2, Luxembourg.

13. BMU: see Bundesministerium für Umwelt, Naturschutz und Reaktorsicherheit.

14. Bovenkerk, Michiel (1998), "The use of material flow accounting in environmental policy making in the Netherlands", in Stefan Bringezu, Marina Fischer-Kowalski, René Kleijn and Viveka Palm (eds), *Proceedings of the ConAccount Conference*, *September 11-12 1997*, Wuppertal Special Report 6, Wuppertal, Germany: Wuppertal Institut, pp.28-37.

15. Boyden, Stephen (1980), "Ecological study of human settlements", *Nature and Resources*, 16 (3), pp.2-9.

16. Bringezu, Stefan (1997a), "From quality to quantity: Material Flow Analysis", in Stefan Bringezu, Marina Fischer-Kowalski, René Kleijn and Viveka Palm (eds), *Proceedings of the ConAccount Workshop*, *January 21-23*, *1997*, Wuppertal Special 4, Wuppertal, Germany: Wuppertal Institut, pp.43-57.

17. Bringezu, Stefan (1997b), "Accounting for the physical basis of national economies: material flow indicators", in B. Moldan, S. Billharz and R. Matravers (eds), *Sustainability Indicators*: *A Report on the Project on Indicators of Sustainable Development*, SCOPE 58, Chichester: John Wiley and Sons, pp. 181-8.

18. Bringezu, Stefan (2000a), *Ressourcennutzung in Wirtschaftsräumen... Stoffstromanalysen für eine nachhaltige Raumentwicklung* (Resource use in economic regions... material flow analyses for sustainable development), Berlin: Springer Verlag (in German).

19. Bringezu, Stefan (2000b), "Industrial ecology and material flow analysis", *Proceedings of the international symposium* "*Industrial ecology and sustainability*", Troyes, France, Technical University of Troyes, September 22-25, 1999.

20. Bringezu, Stefan and René Kleijn (1997), "Short review of the MFA work presented", in *Proceedings of the ConAccount Workshop*; *Regional and National Material Flow Accounting*, Leiden and Wuppertal, Germany: Wuppertal Institute Special Report 4, pp.306-8.

21. Bringezu, Stefan and Helmut Schütz (1996b), "Die stoffliche Basis des Wirtschaftsraumes Ruhr. Ein Vergleich mit Nordrhein-Westfalen und der Bundesrepublik Deutschland", *Zeitschrift für Raumforschung und Raumordnung*, 6/1996, pp.433-41.

22. Bringezu, Stefan and Helmut Schütz (1998), *Material Flows Accounts-Part II -Construction*, *Materials*, *Packaging*, Luxembourg: Eurostat -Statistical Office of the European Communities, Doc. MFS/97/7 (*http: //www.wupperinst.org/download/index.html*).

23. Bringezu, Stefan and Helmut Schütz (2001), *Total Material Requirement of the European Union*, Copenhagen: European Environment Agency Technical Report nos. 55 and 56.

24. Bringezu, Stefan, Marina Fischer -Kowalski, René Kleijn and Viveka Palm (eds) (1997), "Regional and national material flow accounting: from paradigm to practice of sustainability", *Proceedings of the ConAccount Workshop January 21-23, 1997*, Leiden The Netherlands, Wuppertal Special 4, Wuppertal, Germany: Wuppertal Institut.

25. Bringezu, Stefan, Marina Fischer -Kowalski, René Kleijn and Viveka Palm (eds) (1998a), *The ConAccount Inventory: A Reference List for MFA Activities and Institutions*, Wuppertal Special 9, Wuppertal, Germany: Wuppertal Institut.

26. Bringezu, Stefan, Marina Fischer -Kowalski, René Kleijn and Viveka Palm (eds) (1998b), "Analysis for action: support for policy towards sustainability by regional and national material flow accounting", *Proceedings of the ConAccount Conference September 11-12 1997*, Wuppertal Special 6, Wuppertal, Germany: Wuppertal Institut.

27. Bringezu, Stefan, Marina Fischer -Kowalski, René Kleijn and Viveka Palm (eds) (1998c), *The ConAccount Agenda: The Concerted Action on Material Flow Analysis and First Research and Development Agenda*, Wuppertal Special 8, Wuppertal, Germany: Wuppertal Institut.

28. Bringezu, Stefan, Friedrich Hinterberger and Helmut Schütz (1994), "Integrating sustainability into the system of national accounts: the case of interregional material flows", in *Proceedings of Papers Presented at the International AFCET Symposium: Models of Sustainable Development: Exclusive or Complementary Approaches to Sustainability*, Paris, March, pp.669-80.

29. Bringezu, Stefan, H. Stiller and Friedrich B. Schmidt -Bleek (1996), "Material intensity analysis -a screening step for LCA: concept, method and applications", *Proceedings of the Second International Conference on EcoBalance*, *November 18-20, 1996*, Tsukuba, Japan, pp.147-52.

30. Brunner, Paul H., Hans Daxbeck and Peter Baccini (1994), "Industrial

metabolism at the regional and local level: A case study on a Swiss region", in Robert U. Ayres and Udo E. Simonis (eds), *Industrial Metabolism: Restructuring for Sustainable Development*, Tokyo: United Nations University Press, pp.163–93.

31. Bundesministerium für Umwelt, Naturschutz und Reaktorsicherheit (BMU) (1998), *Nachhaltige Entwicklung in Deutschland-Entwurf eines umweltpolitischen Schwerpunktprogramms*, Bonn: BMU.

32. Chen, X. and L. Qiao, (2000), "Material flow analysis of Chinese economic-environmental system", *Journal of Natural Resources*, 15 (1), pp.17–23.

33. Dahlbo, Helena and T.W. Assmuth (1997), "Analysis of lead fluxes in municipal solid waste systems for identification of waste prevention and recycling potential", in Stefan Bringezu, Marina Fischer-Kowalski. René Kleijn and Viveka Palm (eds), *Proceedings of the ConAccount Workshop*, *January 21–23*, *1997*, Wuppertal Special 4, Wuppertal, Germany: Wuppertal Institut, pp.227–32.

34. de Marco, Ottilie G. Lagoia and E. Pizzoli Mazzacane (1999), "Material flow analysis of the Italian economy: preliminary results", in René Kleijn, Stefan Bringezu, Marina Fischer-Kowalski and Viveka Palm (eds), *Ecologizing societal metabolism. Designing scenarios for sustainable materials management*; *Proceedings of the ConAccount Workshop November 21*, *1998*, CML Report 148, Leiden: Leiden University, pp.3–14.

35. Duvigneaud, Paul and S. Denayer-DeSmet (1977), "L'écosystème urbs. L'écosystème urbaine bruxellois", in Paul Duvigneaud and P. Kestemont, *Productivité biologique en Belgique*, Gembloux, France: SCOPE.Travaux de la Section Belge du Programme Biologique International, pp.581–99.

36. EEA: see European Environment Agency.

37. Einig, Klaus (1998), Ressourcenintensität der Stadt –Dem urbanen Mctabolismus auf der Spur (Resource intensity of the city –tracing the urban metabolism), *RaumPlanung*, 81, pp.103–9 (in German).

38. el Mahdi, Alia (1999), "Material flow accounts: the case of Egypt", paper presented at The Material Flow Account Workshop, Cairo University, February 23, 1999.

39. European Environment Agency (EEA) (1999a), *Environment in the European Union at the Turn of the Century*, Copenhagen: European Environment Agency.

40. European Environment Agency (EEA)(1999b), "Environmental indicators: typology and overview", *Technical report No. 25*, Copenhagen: European Environment Agency.

41. European Environment Agency (EEA) (2000), "Environmental signals 2000", *European Environment Agency Regular Indicator Report*, Copenhagen: European Environment Agency.

42. European Union (1999), *Presidency Summary of the Informal Meeting of the EU Environment Ministers and Environment Ministers of the Candidate Countries of Central and Eastern Europe and of Cyprus*, *July 23-25*, Helsinki.

43. Eurostat: Statistical Office of the European Communities (2000), *Economy-wide Material Flow Accounts and Derived Indicators. A Methodological Guide*, Luxembourg.

44. Fehringer, Roland and Paul H. Brunner (1997), "Flows of plastics and their possible reuse in Austria", in Stefan Bringezu, Marina Fischer-Kowalski, René Kleijn and Viveka Palm (eds), *Proceedings of the ConAccount Workshop*, *January 21-23, 1997*, Wuppertal Special 4, Wuppertal, Germany: Wuppertal Institut, pp.272-7.

45. Femia, A. (2000), "A material flow account for Italy 1988", *Eurostat Working Papers*, 2/2000/B/8, Luxembourg.

46. Finnish Ministry of the Environment (FME) (1999), "Material flow accounting as a measure of the total consumption of natural resources", *The Finnish Environment*, 287, Helsinki, Finland.

47. FME: see Finnish Ministry of the Environment.

48. Friege, Henning (1997), "Requirements for policy relevant MFA-Results of the Bundestag's Enquête Commission", in Stefan Bringezu, Marina Fischer-Kowalski, René Kleijn and Viveka Palm (eds), *Proceedings of the ConAccount Workshop*, *January 21-23, 1997*, Wuppertal Special 4, Wuppertal, Germany: Wuppertal Institut, pp.24-31.

49. Gardener, G. and P. Sampat (1998), "Mind over matters: recasting the role of materials in our lives", *World Watch Paper 144*, Washington, DC: World Watch Institute.

50. Gerhold, S. and B. Petrovic (2000), "Material Flow Accounts, material balance and indicators, Austria 1960-1997", *Eurostat Working Papers*, 2/2000/B/6, Luxembourg.

51. Gielen, Dolf (1999), "Materialization Dematerialization -Integrated

Energy and Materials Systems Engineering for Greenhouse Gas Emission Mitigation", Thesis, Delft University of Technology, Delft, The Netherlands (also Design for Sustainability Program publication no.2).

52. Glenck, Emmanuel and T. Lahner (1997), "Materials accounting of the infrastructure at a regional level", in Stefan Bringezu, Marina Fischer-Kowalski, René Kleijn and Viveka Palm (eds), *Proceedings of the ConAccount Workshop*, *January 21-23, 1997*, Wuppertal Special 4, Wuppertal, Germany: Wuppertal Institut, pp.131-5.

53. Haberl, Helmut (1997), "Biomass flows in Austria: integrating the concepts of societal metabolism and colonization of nature", in Stefan Bringezu, Marina Fischer-Kowalski, René Kleijn and Viveka Palm (eds), *Proceedings of the ConAccount Workshop*, *January 21-23, 1997*, Wuppertal Special 4, Wuppertal, Germany: Wuppertal Institut, pp.102-7.

54. Hansen, Erik (1997), "Paradigm for SFA's on the national level for hazardous substances in Denmark", in Stefan Bringezu, Marina Fischer-Kowalski, René Kleijn and Viveka Palm (eds), *Proceedings of the ConAccount Workshop*, *January 21-23, 1997*, Wuppertal Special 4, Wuppertal, Germany: Wuppertal Institut, pp.96-101.

55. Hansen. Erik (1998), "Experiences with SFAs on the national level for hazardous substances in Denmark", in Stefan Bringezu, Marina Fischer-Kowalski, René Kleijn and Viveka Palm (eds), *Proceedings of the ConAccount Conference*, *September 11-12, 1997*, Wuppertal Special 6, Wuppertal, Germany: Wuppertal Institut, pp.115-8.

56. Hoffrén, J. (1999), "Measuring the eco-efficiency of the Finnish economy", *Research Report 229*, Statistics Finland, Helsinki.

57. Hohmeyer, Olav, J. Kirsch and S. Vögele (1997), "EMI 2.0 -A disaggregated model linking economic activities and emissions", in Stefan Bringezu, Marina Fischer-Kowalski, René Kleijn and Viveka Palm (eds), *Proceedings of the ConAccount Workshop*, *January 21-23, 1997*, Wuppertal Special 4, Wuppertal, Germany: Wuppertal Institut, pp. 204-10.

58. Isacsson, A., K. Jonsson, I. Linder, Viveka Palm and A.Wadeskog (2000), "Material Flow Accounts, DMI and DMC for Sweden 1987-1997", *Eurostat Working Papers*, 2/2000/B/2, Luxembourg.

59. Jimenez-Beltran, Domingo (1998), "A possible role of material flow analysis within a European environmental reporting system -changing course in

environmental information", in Stefan Bringezu, Marina Fischer-Kowalski, René Kleijn and Viveka Palm (eds), *Proceedings of the ConAccount Conference*, *September 11–12, 1997*, Wuppertal Special 6, Wuppertal, Germany: Wuppertal Institut, pp.16–27.

60. Juutinen, Arrti and Ilmo Mäenpää (1999), *Time Series for the Total Material Requirement of Finnish Economy*, *Summary*, http://thule.oulu.filecoeflecoweb3.htm.

61. Kleijn, René, Amold Tukker and Ester van der Voet (1997), "Chlorine in the Netherlands Part I, An Overview", *Journal of Industrial Ecology*, 1 (1), pp.95–116.

62. Kleijn, René, Stefan Bringezu, Marina Fischer-Kowalski and Viveka Palm (eds) (1999), "Ecologizing societal metabolism. Designing scenarios for sustainable materials management", *Proceedings of the ConAccount Workshop November 21, 1998, Amsterdam*, CML report 148, Leiden University.

63. Koenig, Albert (1997), "The urban metabolism of Hong Kong: an extreme example in the Asian region", *Conference Proceedings POLMET '97 Pollution in the Metropolitan and Urban Environment*, The Hong Kong Institution of Engineers, pp.303–10.

64. Kohler, Nikolaus, U. Hassler and H. Paschen (eds) (1999), *Stoffströme und Kosten in den Bereichen Bauen und Wohnen* (Material flows and costs in the fields of construction and housing), Berlin, Heidelberg, New York: Springer Verlag (in German).

65. Liedtke, Christa, Holger Rohn, Michael Kuhndt and Regina Nickel (1998), "Applying material flow accounting: eco-auditing and resource management at the Kambium Furniture Workshop", *Journal of Industrial Ecology*, 2 (3), pp. 131–47.

66. Maag, Jacob, E. Hansen and C. Lassen (1997), "Mercury-Substance Flow Analysis for Denmark", in Stefan Bringezu, Marina Fischer-Kowalski, René Kleijn and Viveka Palm (eds), *Proceedings of the ConAccount Workshop*, *January 21–23, 1997*, Wuppertal Special 4, Wuppertal, Germany: Wuppertal Institut, pp.283–7.

67. Machado, Jose A. and Norbert Fenzl (2000), "The sustainability of development and the material flows of economy: a comparative study of Brazil and industrialized countries", paper presented for The Amazonia 21 Project, Federal University of Paraguay.

68. Mäenpää, Ilmo, Artti Juutinen, K. Puustinen, J. Rintala, H. Risku-Norja and S.Veijalainen (2000), *The Total Use of Natural Resources in Finland* (in Finnish), Helsinki, Finland: Ministry of the Environment, Finnish Environment 428.

69. Matthews, Emily, Christof Amann, Marina Fischer-Kowalski, Stefan Bringezu, Walter Hüttler, René Kleijn, Yuichi Moriguchi, Christian Ottke, Eric Rodenburg, Donald Rogich, Heinz Schandl, Helmut Schütz, Ester van der Voet and Helga Weisz (2000), *The Weight of Nations: Material Outflows from Industrial Economies*, Washington, DC: World Resources Institute.

70. Maxson, Peter A. and G.H. Vonkeman (1996), "Mercury stock management in the Netherlands", background document prepared for the Workshop "Mercury: Ban or Bridle It?", Institute for European Environmental Policy, Brussels.

71. Moldan, Bedrich, S. Billharz and R. Matravers (eds) (1997), *Sustainability Indicators: A Report on the Project on Indicators of Sustainable Development*, SCOPE 58. Chichester: John Wiley and Sons.

72. Mündl, A., Helmut Schütz, W. Stodulski, J. Sleszynski and M.J.Welfens (1999), *Sustainable Development by Dematerialization in Production and Consumption, Strategy for the New Environmental Policy in Poland, Report 3, 1999*, Warsaw: Institute for Sustainable Development Muukkonen, J. (2000), "Material Flow Accounts, TMR, DMI and Material Balances, Finland 1980-1997", *Eurostat Working Papers*, 2/2000/B/1, Luxembourg.

73. Nordic Council of Ministers (1999), "Factor 4 and 10 in the Nordic Countries. The transport sector–the forest sector–the building and real estate sector–the food supply chain", *TemaNord 1999*, 528, Copenhagen, Denmark.

74. Obernosterer, Richard and Paul H. Brunner (1997), "Construction wastes as the main future source for CFC emissions", in Stefan Bringezu, Marina Fischer-Kowalski, René Kleijn and Viveka Palm (eds), *Proceedings of the ConAccount Workshop, January 21-23. 1997*, Wuppertal, Germany: Wuppertal Institut, pp. 278-82.

75. Obernosterer, Richard, Paul H. Brunner, Hans Daxbeck, T. Gagan, Emmanuel Glenck, Carolyn Hendriks, Leo Morf, Renate Paumann and Iris Reiner (1998), *Materials Accounting as a Tool for Decision Making in Environmental Policy* (Case study report 1.Urban metabolism: The city of Vienna), Vienna, Austria: University of Technology, Institute for water Quality and Waste Management, Department of Waste Management.

76. Odum, Howard T. (1996), *Environmental Accounting, Emergy and Decision Making*, New York: John Wiley.

77. OECD: see Organisation for Economic Cooperation and Development.

78. Orbach, Thomas and Christa Liedtke (1998), "Eco-management accounting in Germany", *Wuppertal Papers*, 88, Wuppertal Institut, Wuppertal, Germany.

79. Organisation for Economic Cooperation and Development (OECD) (1996a), *Meeting of OECD Environment Policy Committee at Ministerial Level. Paris, 19–20 February 1996*, OECD Communications Division.

80. Organisation for Economic Cooperation and Development (OECD) (1998a), *Towards Sustainable Development: Environmental Indicators*, Paris: OECD.

81. Organisation for Economic Cooperation and Development (OECD) (1998b), *Eco-Efficiency*, Paris: OECD.

82. Patel, Martin (1999), *Closing Carbon Cycles-Carbon Use for Materials in the Context of Resource Efficiency and Climate Change*, Thesis, Faculty of Chemistry, Utrecht University, Utrecht, The Netherlands.

83. Pedersen, O.G. (1999), *Physical Input-output Tables for Denmark. Products and Materials 1990. Air Emissions 1990–1992*, Statistics Denmark, Copenhagen, Denmark.

84. Poldy, F. and B. Foran (1999), "Resource flows: the material basis of the Australian economy", *Working Document 99/16*, Canberra Australia: Commonwealth Scientific and Industrial Research Organization (CSIRO), Wildlife and Ecology (*http://www.dwe.csiro.au*).

85. Radermacher, W. and Carsten Stahmer (1998), "Material and energy flow analysis in Germany-accounting framework, information system, applications", in Kimio Uno and Peter Bartelmus (eds), *Environmental Accounting in Theory and Practice*, Dordrecht, Boston, London: Kluwer Academic Publishers, pp.187–211.

86. Reiner, Iris, C. Lampert and Paul H. Brunner (1997), "Material balances of agricultural soils considering the utilization of sewage sludge and compost", in Stefan Bringezu, Marina Fischer-Kowalski, René Kleijn and Viveka Palm (eds), *Proceedings of the ConAccount Workshop, January 21–23, 1997*, Wuppertal Special 4, Wuppertal, Germany: Wuppertal Institut, pp.260–3.

87. Richards, Deanna J., Braden R. Allenby and Robert A. Frosch (1994), "The greening of industrial ecosystems: overview and perspective", in Braden R.

Allenby and Deanna J. Richards (eds), *The Greening of Industrial Ecosystems*, Washington, DC: National Academy Press, pp.1–22.

88. Schandl, Heinz (1998), "Materialfluβ Österreich; Die materielle Basis der österreicheschen Gesellschaft im Zeitraum 1960–1995", *Schriftenreihe Soziale Ökologie*, 50 (Vienna, Interuniversitäres Institut für Forschung und Fortbildung (IFF).

89. Schandl, Heinz and Walter Hüttler (1997), "MFA Austria: Activity fields as a method for sectoral material flow analysis -empirical results for the activity field 'Construction'", in Stefan Bringezu, Marina Fischer -Kowalski, René Kleijn and Viveka Palm (eds), *Proceedings of the ConAccount Workshop*, *January 21–23, 1997*, Wuppertal Special 6, Wuppertal, Germany: Wuppertal Institut, pp.264–71.

90. Schmidt -Bleek, Friedrich B. (1994a), *Wieviei Umwelt braucht der Mensch? MIPS, Das Mass für ökologisches Wirtschaften* (How Much Environment for Human Needs?), Berlin, Basle, Boston: Birkhauser Verlag.

91. Schmidt-Bleek, Friedrich B. (1994b), "Where We Stand Now: Actions Toward Reaching a Dematerialized Economy", Declaration of the First Meeting of the Factor 10 Club held in Carnoules, France, September 1994. (*http: //www. techfak.uni–bielefeld.del~walter/f101*).

92. Schmidt-Bleek, Friedrich B., Stefan Bringezu, Friedrich Hinterberger, Christa Liedtke, J. Spangenberg, H. Stiller and M. J. Welfens (1998), *MAIA - Einführung in die Material-Intensitäts-Analyse nach dem MIPS-Konzept*, (MAIA- Introduction to Material -Intensity Analysis According to the MIPS Concept), Berlin, Basle, Boston: Birkhäuser.

93. Schütz, Helmut and Stefan Bringezu (1993), "Maior material flows in Germany", *Fresenius Environmental Bulletin*, 2, pp.443–8.

94. Spengler, Thomas (1998), *Industrielles Stoffstrommanagement* (Industrial material flow management), Berlin: Erich Schmidt Verlag, (in German).

95. Stahmer, Carsten, Michael Kuhn and Norbert Braun (1998), *Physical Input -output Tables for Germany*, *1990*. Eurostat Working Papers, 2/1998/B/1, Brussels: European Commission.

96. Statistics Finland (1999), *Finland's Natural Resources and the Environment 1999*, Helsinki, Finland.

97. Steurer, Anton (1992), *Stoffstrombilanz Österreich 1988*. Austria: Schriftenreihe Soziale Ökologie Band 26. Institut für Interdisziplinäre Forschung

und Fortbildung der Universitäten Innsbruck, Klagenfurt und Wien.

98. Stigliani, William M. and Stefan Anderberg (1994), "Industrial metabolism at the regional level: The Rhine Basin", in Robert U. Ayres and Udo E. Simonis (eds), *Industrial Metabolism: Restructuring for Sustainable Development*, Tokyo: United Nations University Press, pp.119–62.

99. Tukker, Arnold (1998), *Frames in the Toxicity Controversy Based on the Dutch Chlorine Debate and the Swedish PVC Debate*, PhD thesis, Tilburg, Veenendaal, The Netherlands: Universal Press.

100. UKDETR: see United Kingdom Department of the Environment, Transport and Regions.

101. UNGASS: see United Nations General Assembly Special Session.

102. United Kingdom Department of the Environment, Transport and Regions (UKDETR) (1999), *Quality of Life Counts: Indicators for a Strategy for Sustainable Development for the United Kingdom: a Baseline Assessment*, London: Her Majesty's Stationary Office.

103. United Nations General Assembly Special Session (UNGASS) (1997), *Programme for the Further Implementation of Agenda 21*, Adopted by the Special Session of the General Assembly, New York, June 23–27.

104. Vaze, Prashant and Jeffrey B. Barton (eds) (1998), *UK Environmental Accounts 1998*, London: Her Majesty's Stationary Office.

105. Verfaillie, Hendrick A. and R. Bidwell (2000), *Measuring Eco-efficiency–a Guide to Reporting Company Performance*, Geneva, World Business Council for Sustainable Development.

106. Vitousek, Peter M., Paul R. Ehrlich, A.H. Ehrlich and P.A. Matson (1986), 'Human appropriation of the products of photosynthesis', *BioScience*, 36 (6), pp.368–73.

107. Voet, Ester van der (1996), *Substances from Cradle to Grave (Development of a Methodology for the Analysis of Substance Flows Through the Economy and the Environment of a Region –with Case Studies on Cadmium and Nitrogen Compounds)*, Molenaarsgraaf, The Netherlands: Optima Druk.

108. Voet, Ester van der, L.van Egmond, René Kleijn and Gjalt Huppes (1994), "Cadmium in the European Community: A policy-oriented analysis", *Waste Management and Research*, 12, pp.507–26.

109. Weizsäcker, Ernst-Ulrich von, Amory B. Lovins and L. Hunter Lovins (1997), *Factor Four: Doubling Wealth-Halving Resource Use: the New Report to*

the Club of Rome, London: Earthscan.

110. Windsperger, Andreas, G. Angst and S. Gerhold (1997), "Indicators of environmental pressure from the sector industry", Stefan Bringezu, Marina Fischer -Kowalski, René Kleijn and Viveka Palm (eds), *Proceedings of the ConAccoant Workshop, January 21–23, 1997*, Wuppertal Special 4, Wuppertal, Germany: Wuppertal Institut, pp.178–83.

111. Wolman, A. (1965), "The metabolism of cities", *Scientific American*, September, pp.179–90.

112. World Business Council for Sustainable Development (WBCSD) (1998), "WBCSD Project on Eco-Efficiency Metrics and Reporting", state-of-play report, M. Lehni, Geneva.

113. World Business Council for Sustainable Development (WBCSD) (1999), "Measuring eco-efficiency with cross-comparable indicators", *WBCSD Executive Brief*, January (*http: //www.wbcsd.ch*).

本文选自《工业生态手册》，罗伯特·U.艾尔斯和雷思丽·W.艾尔斯合著，英国切尔腾汉姆和美国麻省北安普敦：爱德华埃尔加出版公司出版，第79~90页。

第 7 章　供应—转化—归还循环的 生态—经济核算

冈特·斯特拉瑟

7.1　导论：经济生产与环境间的关系

为了证明"经济过程的所有物质材料均是熵变的"（Georgescu-Roegen，1984，28）这一说法，Georgescu-Roegen 反复使用一种合并流量——资金矩阵作为"由其自然环境包围着的固定经济"（1971，254）或"根据能源原则，与环境有关的经济过程"（1979，1028；1981，56；1982，8）的解析表述方法，或仅仅是"经济过程和环境间的关系"（1984，27）。

表 7-1 是这种推理思路的修正版本，它与输入—输出核算更加一致。

表 7-1　一个代表经济生产与环境关系的物质与能量的流量矩阵

输出 ↓ 输入	经济活动							最终 使用	环境			
	M	E	K	C	F	D	R		w^s	w^f	w^g	D^e
M	x_{11}		x_{13}	x_{14}		x_{16}		f_1	w_1^a	w_1^f	w_1^g	d_1
E	e_{21}	e_{22}	e_{23}	e_{24}	e_{25}	$e_{26}\vert x_{26}$	e_{27}	f_2	w_2^a	w_2^f	w_2^g	d_2
K	x_{31}	x_{32}	x_{33}	x_{34}	x_{35}	x_{36}	x_{37}	f_3	w_3^a	w_3^f	w_3^g	d_3
C					x_{45}	x_{46}		f_4	w_4^a	w_4^f	w_4^g	d_4
F		T_A				x_{56}		f_5	w_5^a	w_5^f	w_5^g	d_5
D							x_{67}	f_6	w_6^a	w_6^f	w_6^g	d_6
R	x_{71}					x_{76}		f_7	w_7^a	w_7^f	w_7^g	d_7
物质储存	x_1^m											
环境												
M^s	x_1^a	$x_2^a\vert e_2^a$										
M^f	x_1^f	$x_2^f\vert e_2^f$										
M^g	x_1^g	$x_2^g\vert e_2^g$										

中心矩阵 T_A 体现了七种经济活动的生产领域 (A_i)，完成物质与能源的转化。所有物质输入来自环境，环境是所有转化输出的最终目的。

七种经济活动按照下列方式进行区分：

(A_1) M：在原位通过物质开采用于处理的原材料的取得

(A_2) E：在原位通过物质开采有效（可利用的）能源（燃料）的取得

(A_3) K：资本货物的生产：资本资金 (X_k) 和维护货物（维修）

(A_4) C：消费品的生产

(A_5) F：最终生产：无形财产（广义上的消费，如自我实现或享受生活）

(A_6) D：可循环物质的处理（包括沉积物）

(A_7) R：可循环物质的循环利用

请注意这里所描述的状态属于经济领域内。如从变革角度引申含义的话，请查看下面内容。

在以简写形式说明时，进一步解释性的评论是指下列等式：

(1) $x_1 + x_2 + x_1^m = f + w$：物质平衡（物理单位）

这里：

(a) $x_1 = x_1^s + x_1^f + x_1^g$：在原位以固态、液态或气态的方式、非高能转化的物质

(b) $x_2 = x_2^s + x_2^f + x_2^g$：（质量单位）

或者：$e_2 = e_2^s + e_2^f + e_2^g$：（能量单位）：原位是固态、液态或气态的物质，比如：煤炭、石油、天然气

(c) x_1^m：从物质储存中得来的输入（存储处理）

(d) $f = \sum_i f_i$：存储积累，如果是活动 k，则还有可能是用于资本资金的新设备 $(f_3 = x_k)$（投资）。设定其他最终使用（出口—进口）为零

(e) $w_i = w_i^s + w_i^f + w_i^g$：以固态、液态或气态的方式在循环前或循环后的最终废弃物

(f) $w = \sum_i w_i$；$i = 1, \cdots, 7$

经济体中经济活动的物质转化的最终物质输出是废弃物。只要该活动（投资包括物质储存和维护）还能继续维持，废弃物的产生可通过加深资本资金的方式得以减少。

(2) $e_2 = \sum_i d_i$；$i = 1, \cdots, 7$：能源平衡

这里：

（a）$e_2 = e_2^s + e_2^f + e_2^g$：根据 x_2［见上面（1）（b）］的能量单位

（b）$d_i = e_{2i}$（$i \neq 2$）：已耗能源

（c）$d_2 = e_2 - \sum_{i \neq 2} c_{2i}$：已耗能源

经济活动的物质转化的最终物质输出是已耗（不能再利用的）能源。

7.2　供应—转化—归还循环

正如上述流量矩阵（表 7-1）所示，环境同时是发射器和接收器。作为发射器，环境向经济活动提供了所需的物质输入。这就是说，环境的供应功能体现了凡事皆有源头的原则。

供应的概念与施体的地位相一致（这是从发射器的角度出发），而不是普通取得的地位（这是从主流经济学家的角度出发），它涵盖了环境开采的所有形式——正如"勒索"的概念所示（Perrings，1987，35）。

转化后，施体的地位高于经济活动的参与者。它们从环境中得到的东西现在应该要归还给环境，这正是重点。归还的概念（充满希望地）隐含了归还的输出的品质，而不能被理解成为"插入"（Perrings，1987，35），它同时包括了与废弃物处理有关的蓄意或无意的污染。一位生物经济学家要研究的问题还远远不止如此。"环境"不是黑匣子，而是代表生态系统的一个术语，在环境中，生物社区（所有有生命的自身以及寄生群体）以及没有生命的环境（石头、水以及大气）一起作用（Odum，1987，27）。生物社区代表了另一个生产领域，换句话说，是所谓的生物活动的自然生产领域。对于这些活动来说（下面将作出解释），上述的概念也有关系：物质和能量的转化就输入来说要求供应，而从输出来说要求归还。

根据输入—输出—核算的逻辑来说（这里某个活动的输入即是另一个活动的输出，反之亦然），供应和归还或者归还与供应是同一件事情的两个方面。这构成了一种循环，我称之为供应—转化—归还循环（图 7-1）。

图 7-1 的右侧，生物活动的供应可视作经济活动的归还输出的循环，左侧经济活动的供应，则可视作是生物活动的归还输出的循环。

这些链接是任何经济生产领域的重要运转状况。作为一个封闭系统（我们的全球物质系统）的次要系统，它是一个开放的系统，因为封闭系统是不可分解的（Perrings，1987，18）。总之，"在不可分解的物质系统中运作的任何次要系统都受到其环境中的活动的影响。总体来说，没有哪个单个过程可孤立于其余过程之外"（ibid.，45）。

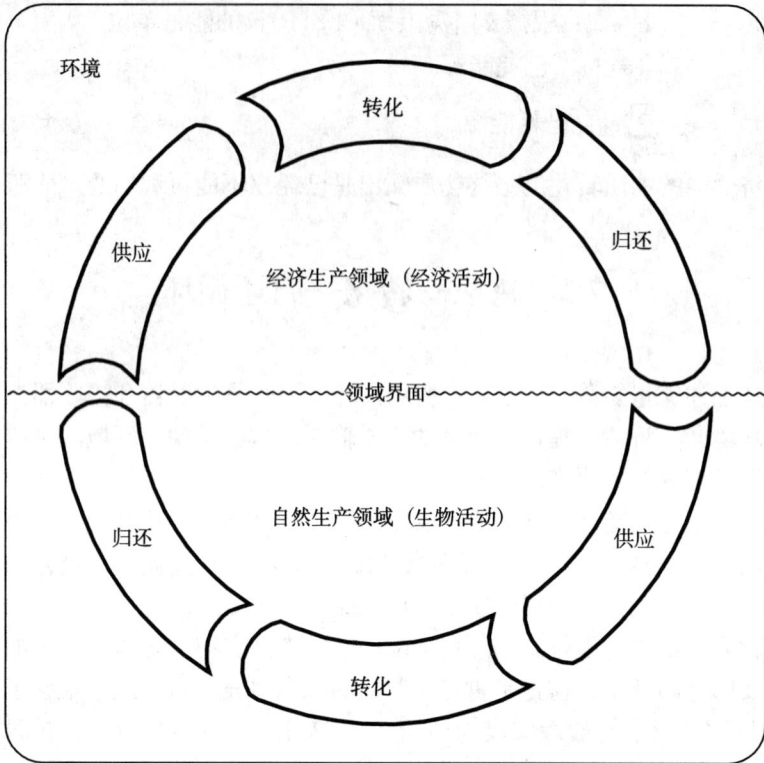

图 7-1 供应—转化—归还循环

这个"其余过程"不是别的内容，正是具有生物活动的自然生产领域。如果生物活动的供应受到经济活动的归还输出的数量和质量的影响，那么通过转化或非转化生活活动的归还输出、其水平和成分也将受到影响。一旦经济活动的供应受到影响，则该循环变成封闭式。

7.3 自然生产与环境的关系

上半圈（图 7-1）与表 7-1 的开头的核算图解相一致。现在，它尝试用相同的输入—输出框架来对自然生产和环境的关系进行解析表述。表 7-2 体现了这种尝试。

因许多生物学家将输入—输出分析引入到生态研究中，我因此备受鼓舞（Hannon，1973；Finn，1976；Patten/Bossermann/Finn/Cale，1976），这将同时改善生态系统和模式应用的核算（Hannon，1979，1991；Fruci/ Costanza/ Leibowitz，1982；Costanza/Hannon，1989；Szyrmer，1986，1987）。

表7-2　一个代表自然生产领域和(无生物)环境之间关系的物质和(或)能源的流量矩阵

输出 → / ↓ 输入	经济活动							最终使用	环境			
	P	H	C	SO (11)	SO (12)	SO (21)	SO (22)		M^s	M^f	M^g	D^e
P		y_{12}	y_{13}	y_{14}	y_{15}	y_{16}		f'_1	r_1^s	r_1^f	r_1^g	d'_1
H			y_{23}	y_{24}	y_{25}			f'_2	r_2^s	r_2^f	r_2^g	d'_2
C			y_{33}	y_{34}	y_{35}			f'_3	r_3^s	r_3^f	r_3^g	d'_3
SO (11)				y_{44}	y_{45}	y_{46}	y_{47}	f'_4	r_4^s	r_4^f	r_4^g	d'_4
SO (12)	T_B					y_{56}	y_{57}	f'_5	r_5^s	r_5^f	r_5^g	d'_5
SO (21)							y_{67}	f'_6	r_6^s	r_6^f	r_6^g	d'_6
SO (22)						y_{76}	y_{77}	f'_7	r_7^s	r_7^f	r_7^g	d'_7
环境												
S	e											
M^s	m_1^s			m_4^s								
M^f	m_1^f			m_4^f								
M^g	m_1^g			m_4^g								

中心矩阵 T_B（表7-2）以综合形式理解成七种活动（生物活动：B_k，$k = 1，\cdots，7$），这是食物网中的关键组成部分，可通过下列方式进行区分（Richards，1987，141，154）：

捕食食物链：

（B_1）P："植物"[植物生物质的生产：光合自养生物和异养生物的原始生产（光合作用）]

（B_2）H："食草动物"[从植物生物质（活组织）转化到食草牲畜]

（B_3）C："食肉动物"（被掠食的牲畜转化到食肉牲畜——包括寄生虫）

腐食食物链：

（B_4）SO（11）：消耗不同种类的有机物质死体的土壤有机体

（B_5）SO（12）：在土壤层次1和层次2中的减少和转化

噬细胞体食物链：

（B_6）SO（21）：消耗不同种类的有机物质活体的土壤有机体

（B_7）SO（22）：在土壤层次1和层次2中的减少和转化

捕食食物链的一般产物是培育生命。腐食食物链和噬细胞体食物链的一般产物是分解，换句话说，是无机（矿物质）物质（r_k^s，r_k^f，r_k^g）的循环。这些食物链间的交叉食物摄取产生了食物网。

为了营养和能量水平以及其主要的依赖组织更加清晰，生物活动以矩阵向三角表达的方式进行陈述。

再一次，在以简写形式说明时，进一步解释性的评论是指下列等式：

（1）$m_1 + m_4 = f' + r$：物质平衡（物量单位）

这里：

（a）$m_1 = m_1^s + m_1^f + m_1^g$：原位物质，即固态、液态或气态的无机物质

（b）$m_4 = m_4^s + m_4^f + m_4^g = w^s + w^f + w^g$：经济生产领域中的最终废弃物

（c）$f' = \sum_k f'_k$；$k = 1, \cdots, 7$：在有机物的维持和生长含义来讲，最终使用也可理解成为输出储存。其他最终使用（出口—进口）假设为零。

（d）$r = \sum_k r_k$；$k = 1, \cdots, 7$

$r_k = r_k^s + r_k^f + r_k^g$：作为用来储存或循环的归还输出，保持有机或无机物质的状态。

如果最终使用（f'）为零，则生态系统停止运转，换句话说，循环停止，一直保持未经使用的状态（被废弃了）。等式（1）不能隐含 f' 和 r 的可替代性，从其最强烈（局限性）的含义来讲，而更像是补充关系说法：

$m_1 = [af'; \; br]$，为常量参数。另外，最终使用向量的构成 $f' = [f'_1, \cdots, f'_k]$ 和剩余物向量 $r = [r_1, \cdots, r_k]$ 由补充关系来决定。

（2）$e = e_f + e_r + d'$：能源平衡（能量单位）

这里：

（a）e：太阳能输出

（b）e_f，e_r：f 和 r（有机物质）的能量含量

（c）$d' = \sum_k d'_k$；$k = 1, \cdots, 7$：已耗能源

太阳能转化为可利用的能量，储存在 f 和 r 中，以及不能被利用的能量，即已耗能量。如果使用了，储存起来的能量将被耗尽，变成不可利用。

7.4 综合核算图解

最终，两张表格（表 7-1 和表 7-2）可合并在一起，这样的话完整的供应—转化—归还循环的核算图解就完成了（表 7-3）。

每张表格由三个次矩阵组成，P_A，T_A，R_A（表 7-1）和 P_B，T_B，R_B（表 7-2）体现了经济活动和生物活动（P_A，P_B）的供应，物质和能量的转化（T_A，T_B），以及两种活动的归还（R_A，R_B）。

表7-3　供应—转化—归还循环的核算图解

输入＼输出	经济活动 $A_1\cdots A_1$	最终使用	由 A_1 产生的环境归还				输入＼输出	经济活动 $B_1\cdots B_4\cdots B_k$	最终使用	由 B_k 产生的环境归还			
			w^s	w^f	w^g	D^e				M^s	M^f	M^g	D^e
A_1	$x_{11}\cdots x_{11}$	f_1	w_1^s	w_1^f	w_1^g	d_1	B_1	$y_{11}\cdots y_{1k}$	f'_1	r_1^s	r_1^f	r_1^g	d'_1
$\vdots$	$\vdots\ T_A$	$\vdots$	$\vdots\ R_A$				$\vdots$	$\vdots\ T_B$	$\vdots$	$\vdots\ R_B$			
A_1	$x_{11}\cdots x_{11}$	f_1	w_1^s	w_1^f	w_1^g	d_1	B_k	$y_{k1}\cdots y_{kk}$	f'_k	r_k^s	r_k^f	r_k^g	d'_k
物质储存	$x_1^m\cdots x_1^m$		w^s	w^f	w^g	d	B_k 的环境供应			m^s	m^f	m^g	d'
A_1 的环境供应													
M^s	$x_1^s\,x_2^s\mid e_2^s$		w^s				M^s	$m_1^s\ m_4^s$		m^s			
M^f	$x_1^f\,x_2^f\mid e_2^f\ P_A$		w^f				M^f	$m_1^f\ m_4^f\ P_B$		m^f			
M^g	$x_1^g\,x_2^g\mid e_2^g$		D_W				M^g	$m_1^g\ m_4^g$	D_M	m^g			

　　两种生产领域的链接是由两个对角线矩阵（D_W 和 D_M）完成的。第一个（D_W）将废弃物从经济归还账目中（行向量 $w=[w^s,\ w^f,\ w^g]$）转移到自然供应账目中（纵向量 $m'=[M^s,\ M^f,\ M^g]$），尤其是将固体废弃物（w^s）转移到第一个分解活动 B_4 中（因此 $w^s\leqslant m_4^s$）。第二个（D_M）将无机物质从自然归还账目（行向量 $m=[m^s,\ m^f,\ m^g]$）转移到经济供应账目中（纵向量 $m'=[M^s,\ M^f,\ M^g]$），尤其是将固体原材料（r^s）转移到经济活动 A_1 和 A_2 中（因此 $r^s\geqslant x_1+x_2$）。

7.5　结束语

　　一般来说，核算是经济和生态系统任何模式的先决条件。从生态经济学的角度出发，系统分析应当像生产活动的真实网络一样包罗万象。生产活动既包括经济生产活动也包括所有有生命的有机物的自然生产活动，有生命的有机物构成了食物网（生物活动）。就物质和能量的转化来说，经济和自然生产活动没有太大的区别（生产功能是同形的，比如，Strassert，1991）。任何经济生产领域都体现了热力学的开放系统——与损耗和污染的主要经济模式涉及封闭模式的事实正好相反。每个资源都有源头，也有归宿，这里的源头和归宿正是另一生产领域，一般来说都包含在概词"环境"下。如果两个生产领域间没有物质交换，则物质就不能循环，就不存在上面描述的供应—转化—归还循环。尤其是这个促使经济生产能够长久运转的循环，使得以综合核算的目标的进一步措施得以开展。

参考文献

1. Costanza, R. and B. Hannon, 1989. Dealing with the "Mixed" Units Problem in Ecosystem Analysis. Wulff et al. (eds.) 1989. Network Analysis in Marine Ecology. Methods and Applications. Berlin: Springer, Ch. 5.

2. Finn, J., 1976. Measures of Ecosystem Structure and Function Derived from Analysis of Flows. J. theor, Biol.56, pp.363–380.

3. Fruci, J., R. Costanza and S. Leibowitz, 1982. Quantifying the Interdependence Between Material and Energy Flows in Ecosystems. Third Int. Conf. on the State-of-the Art of Ecological Modelling, Colorado State University, pp.241–250.

4. Georgescu-Roegen, N., 1971. The Entropy Law and the Economic Process. Cambridge, Mass.: Harvard UP.

5. Georgescu-Roegen, N., 1979. Energy Analysis and Economic Valuation. Southern Econ. J.45, pp.1023–1058.

6. Georgescu-Roegen, N., 1981. Energy, Matter and Economic Valuation: Where Do We Stand? Daly, E., F. Alvaro and F. Umana (eds.), Energy, Economics, and the Environment. Boulder: Westview, pp.43–79.

7. Georgescu-Roegen, N., 1982. Energetic Dogma, Energetic Economics, and Viable Technologies. Advances in the Economics of Energy and Ressources. Greenwich, London: JAI Press. Vol. 4, pp.1–39.

8. Georgescu-Roegen, N., 1984. Feasible Recipes Versus Viable Technologies. Atl. Econ. J., 12, pp.20–31.

9. Hannon, B., 1973. The Structure of Ecosystems. J. theor. Biol., pp.535–546.

10. Hannon, B., 1979. Total Energy Cost in Ecosystems. J. theor. Biol., 80, pp.271–293.

11. Hannon, B., 1991. Accounting in Ecological Systems. Costanza, R. (ed.), Ecological Economics: The Science and Management of Sustainability. New York: Columbia UP, pp.234–252.

12. Patten, B., R. Bossermann, J. Finn and W. Cale, 1976. Propagation of Cause in Ecosystems. Patten, B. (ed.), Systems Analysis and Simulation in Ecology. New York: AP, pp.457–579.

13. Perrings, Ch., 1987. Economy and Environment. A Theoretical Essay on the Interdependence of Economic and Environmental Systems. Cambridge: CUP.

14. Richards, B.N., 1987. The Microbiology of Terrestrial Ecosystems. New

York：Wiley.

15. Strassert，G.，1991. The metabolism of man as a production system. Unpublished paper.

16. Szyrmer，J.，1985. Measuring connectedness of input-output models：

(1) Survey of the measures. Environment and Planning A.17，pp.1591–1612.

Szyrmer，J.，1986. Measuring connectedness of input-output models：

(2) Total Flow Concept，Environment and Planning A，18，pp.107–121.

17. Szyrmer，J. and R.Ulanowicz，1987. Total Flows in Ecosystems. Ecological Modelling，35，pp.123–136.

18. Ulanowicz，R.，1983. Identifying the Structure of Cycling in Ecosystems. Math. Biosciences，65，pp.219–237.

本文选自《熵和生物经济学》，J.C.Dragon，E.K.赛福特和 M.C.德米特里斯库合著，首届东亚生物物理国际研讨会（EABS）国际会议议程，罗马，1991年11月28~30日，米兰：NAGARD，第507~515页。

第8章　生物圈和自然资本的能值评估

瑟吉欧·乌吉塔

被称之为能值的价值衡量用来评估能源和资源流量，因为能源和资源维持了包括人类经济在内的生物圈。建立在太阳能能值基础上、用来产生事物的价值的施体系统是逆转经济估值中固有的逻辑陷阱的唯一方法，它认为价值只来源于人类的利用中。自然资本的储量和环境资源的流量在能值中得到评估，且与全球世界产品有关。多种能值指标作为评估经济和过程的可持续性的方法被引入。生物圈的全部能值流量中，32%是太阳光、潮汐能和地下热能（它在1950年的时候占到68%）等之类的可再生流量，68%是缓慢可再生和不可再生流量。生物圈上的环境负载指标已经增长到1950年的4倍，而全球可持续性指标是总体的全球经济的可持续性已经急剧下降。

8.1　引　言

地质过程、大气系统、生态系统和社会通过一系列的无限差异与变动的关系相互连接……每种系统都从其他地方接收能量和物质，归还能量和物质，通过反馈机制以空间、时间、能量和信息的重大相互影响来自我组织整个系统。遍布整个生物圈的能量转化过程建立次序，在此过程中能量递减，同时在日渐扩大的空间和时间范围下，分级体系组织起来到系统网络中进行信息循环。

了解能量和物质与信息循环间的关系可洞察社会与生物圈间复杂的相互关系。社会直接或间接地利用环境能量，这些能量同时来自于可再生能量流量以及物质与能量的储量中，物质与能量的储量是以往生物圈生产的产物。社会活动对资源的利用以及该资源在生物圈中利用地位的负载密切相关。显然，洞察社会和资源间的相互影响对有助于下个千年的直接计划和政策是至关重要的。

在本章中，能值（1）是用来评估包括人类系统在内的生物圈内的能量与物质的流量。在以与能量的相同形式的单位表达时，可比较不同范围和组织的系统，表现指标也可计算出来。可通过多尺度交叉对比方式来洞察系统的普通行为。

8.1.1　能值流量维持次序

生物圈系统是用循环物质和信息的能量流量进行维护的。如果没有建立次序的输入能量的流量，系统将减少。它是通过循环得以实现的，在循环中，系统相互适应、生机勃勃。隐藏在接触不到或利用不起来的储量中的物质或信息没有价值，不重要也不实用。循环使得能量、物质和信息得以持续集中和分散。集中过程通过增加结构、重新集合物质、升级能量和创造新信息的方式建立了次序。分散过程扰乱了次序，分散了物质和信息，使集中的能量在扩大的活动中与较少数量的能量相互作用实现能量流量的最大化。

生物圈（图8-1）是以太阳光、潮汐能和地下热能方式传递的可再生能源的流量进行推动的。人类社会从环境、短距离能量储量（10~1000年间的周转时间）（比如木材、土壤、地下水）以及化石燃料和矿物等长距离能量储量中直接获取能量。这些能量和物质通过社会的经济力量生产过程和建立信息的物质结构和储量的方式得以循环。反馈通道和循环通道一样遍布各地，在加强行动中进行分散，这些加强行动具有的物质和信息返回到生产和转化的地方去。

在大多数系统中，流入能量中很重要的一部分是减少的，即以更少的数量转化成更高级质量的能源。另外，物质大多数都能转化，且会升级，只在使用后才会循环，通过环境返回。系统中的每次循环都会创造和再创造信息，在每次循环中，通过集中和分散的过程，信息得以核实，因为只有通过使用信息才得以维系。

8.1.2　环境资源和自然资本

人类社会从环境中获取资源和服务。可将资源理解成为类似于化石燃料、木材、水、水果、动物诸如此类的东西。不容易被理解且相对来说比较难量化的是环境服务，比如废弃物同化、洪水保护或审美品质。

文献就什么是环境服务、环境事物、自然资本或人类排放的能源（2~5）比较困惑。图8-1的系统图表明确了我们的含义。环境服务由从环境系统到人类社会（6）、标为S的流量得以体现。环境资源流量分别用SR和N表示缓慢可再生能源和不可再生能源。可再生性是个相对的概念，因为它取决于物质或能量相对于它产生的速度来说的使用速度。举例来说，如果收获速度与再生速度相匹配，则木材是可再生资源。另外化石燃料和大多数矿物资源是不可再生的，因为即使它们持续再生产，使用的速度也远远快于再生产的速度。

在本章中，我们所指的能量是可再生的或不可再生的。生物圈的可再生能量是指太阳光（R_1）、潮汐能（R_2）和地热能（R_3）。直接被社会利用的可再生物质和能量（可再生环境资源）是那些物质与能量储量中的流量，它们的利用速度慢于生成速度（SR）。被社会利用的不可再生物质和能量（不可再生环境资源）是那些储量中的流量，它们的利用速度快于再生速度（N）。我们将它们称之为从自然资本的储量中"社会释放"的物质与能量。很难说出社会释放的能量和自然资源的区别，因为人类使用的所有流量都是人类释放的。

自然资本是物质和能量的储量，是从环境资源中获取的。在图 8-1 中，自然资本被分为两种储量（C_1 和 C_2）。第一种是缓慢再生的植物生物质、土壤有机物质、动物和水的储量（C_1）。第二种是不可再生的化石燃料和矿物的储量（C_2）。我们认为作为资本的储量和作为物质或能量的流量间保持区别是很重要的。

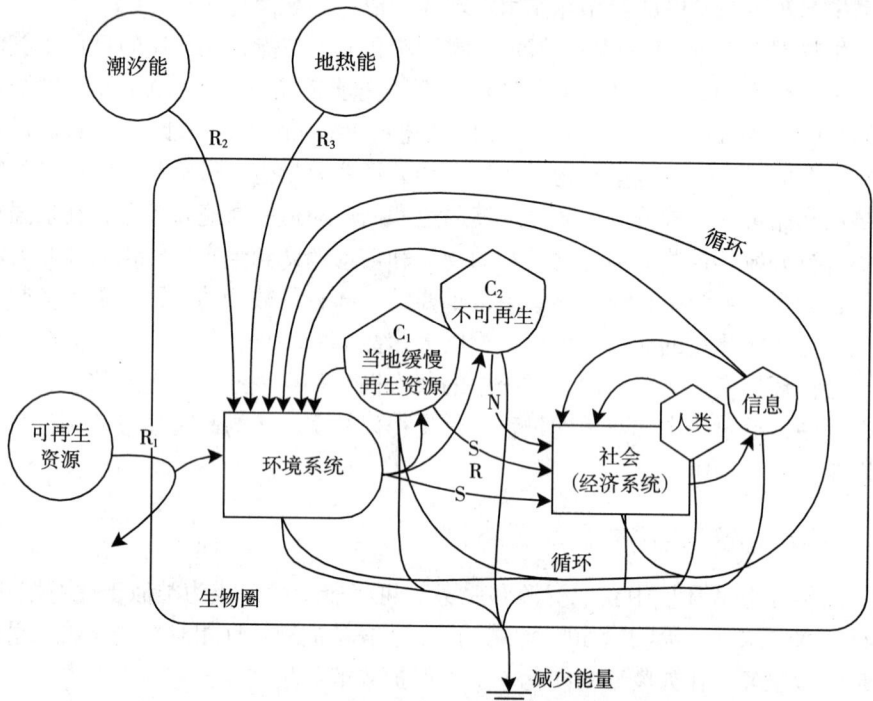

图 8-1 生物圈的系统图，说明了可再生能源的流入（R_1，R_2 和 R_3）、环境服务（S）、缓慢再生资源流量（SR）、不可再生资源流量（N）、物质循环以及人类能量与信息的反馈

8.2 能量与能值

在工作需要能量输入的物理原则基础上，能量被定义为可以进行工作的能力。能量以热量单位或分子运动（即膨胀导致的运动程度、以卡路里或焦耳来

量化）来表示（7）。

　　热能是用来升高水温的良好措施，但不适合用来处理更复杂的工作过程。根据热力发动机技术的定义，窗户外面的过程不使用会促使自身热动力热量转移的能量。因此，将生物圈的所有能量转化成自身的相同热量会将生物圈的所有能源都变成热力发动机。因此，人类将变成热力发动机，他们的服务和信息的价值不过就是每天几千卡路里的热量。显然，并非所有的能量都一样，分析方法需要反映这个事实。

　　能量的不同形式具有不同的能力来开展工作，如果能够正确评估能力，则有必要说明这些区别。1 焦耳太阳光不等同于 1 焦耳化石燃料，或者是 1 焦耳食物，除非是用来发动蒸汽发动机。使用集中能量比如化石燃料的系统，不能用来处理更加分散的能量形式，比如太阳光。能源评估是因系统而定的。生物圈的过程是无限变化的，远远不止热动力热力发动机这种形式。结果，热能的使用仅仅反映了能量的一个方面，它能够升高事物温度的能力用来量化用在生物圈更加复杂过程中的能量的工作潜力是不恰当的。在热动力系统中，那里能量转化成热量来表示自己的相对价值，在作为一个整体的更大范围的生物圈系统中，能量转化后的单位，能够跨越更广大的领域，可以说明多层次的系统过程，跨越生物圈的最小范围到最大范围，以及可以说明超越热量动力技术的过程。

　　大多数评估系统建立在效用的基础上，或者是从能量转化过程中接收来的能量的基础上。因此，化石燃料的评估基础是燃烧时接收到的热量。经济评估建立在支付可被观察的效用的意愿的基础上。在生物圈中，相反的价值观点是能够输出多少而不是用接收来评估。换句话说，投资在某物上的能量、时间和物质越多，它的价值就越大。这可被称为价值的施体系统，而热量评估和经济评估则是价值的受体系统（8）。类似的陈述，也就是投资在某物上的能量决定了这件物品的价值，这个观点得到 Jørgensen（9）的认可，最近 Svirezhev（10）使用生态系统的放射本能核算作了验证。

8.2.1　价值的能值基础

　　称为能值核算（1）的、估值的一种相对较新的方法，使用热动力作为所有形式的能量和物质的基础，但将它们转化成能量的其中一种形式等价物，比如太阳光。能值是被要求用来制造什么的能量的数量。这是"能量记忆"（11），会在转化过程中减少。能值的单位是太阳能焦耳，用以和焦耳相区别。燃料、物质和服务等能值用太阳能焦耳（简称为 sej）来表示。因此能值是全球过程的一种度量衡，要求生产什么东西，以相同能量形式的单位进行表述。生产某物所做的工作越多，即转化的能量越多，则包含在被生产的事物上的能值就越高。

为了得到某一资源或商品的太阳能值，有必要追溯用来生产该资源或商品的所有资源和能量，以用于生产的太阳能量的数量来进行表述。众多资源、商品和推动地球的生物地球化学过程（12）的可更新能源可以这样做。当作为用以产品能量的所有能值的比率进行表述时，产生了一个转化系数（称为转化率，其表述法为 sej J^{-1}）。正如其名称隐含的那样，转化率用来将一种已知的能量转化为能值，通过能量乘以转化率的方式。为了方便起见，不至于每次评估过程时都要计算资源和商品的能值，于是使用早先计算出来的转化率。

大多数产品没有单一的转化率，而是一个范围。一般都设定一个下限，低于这个限制则不能制造出这个产品，一般也有一个上限，虽然理论上来说某一过程中可以投资无限数量的燃料，因此也会有无限高的转化率。在资源或商品的确切起源不得而知，或者不能分开进行计算时，要使用平均转化率（用于能值核算的术语的定义可在"框内定义"中找到）。

能值在普通框架内同时衡量了能源和物质资源的价值。在计算用来生产什么的生物圈过程的集中时，转化率提供了一个数量因素。包含在能值中的是由环境提供的服务，这些是免费的，脱离在货币化经济之外。通过计算质量和免费环境服务，资源的价值不取决于其货币成本或社会支付价格的意愿，因为它们常常会误导。

8.2.2 能值和最大化授权

能值核算是量化分析的一种技术，它决定了非货币化和货币化资源、服务和商品的价值，是用生产它们的太阳能量的共同单位来表示（称之为太阳能值）。该技术建立在热力学（13）、系统理论（14）和系统生态（15）的基础上。其中一种重要组织原则是最大化授权原则（授权是能值/时间）。下面是尽可能简短陈述最大化授权原则的内容：

最大化授权原则：是指通过系统组织强化生产过程和克服局限性的方式，自组织利用输入的能值来源得以开展最有用工作的系统，这种系统将在与他人的竞争中取胜。

术语"有用"用在这里很重要。有用的工作是指在加强行动中使用输入能值，如果可能的话，确保了增加流入的能值。对增加流入能值不作贡献的能量分散没有得到强化，因此无法与以自我强化的方式使用流入能值的系统相竞争。举例来说，钻油井然后焚烧石油，与提炼石油然后发动机器相比，或许可以较快地使用石油（在较短的运转周期内），但在较长的运转周期内，如果是在一个利用石油来开发和运转机器的系统内（这种机器可以提升钻油能力和石油供应率），它就无法竞争。

表 8-1　推动全球过程的可再生和不可再生能量，1995 年

备注	来源	能量流量 （J yr⁻¹）	转化率 * (sej J⁻¹)	太阳能值 (E24 sej yr⁻¹)	能值货币价值 # (E12 Em $)
全球可再生能量					
1	太阳光	3.94 E24	1	3.94	3.57
2	地热能	6.72 E20	6055	4.07	3.69
3	潮汐能	8.52 E19	16842	1.43	1.30
			小计	9.44	8.56
社会释放的能量 （不可再生）					
4	石油	1.38 E20	5.40 E04	7.45	6.75
5	天然气	7.89 E19	4.80 E04	3.79	3.43
6	煤炭	1.09 E20	4.00 E04	4.36	3.95
7	核能	8.60 E18	2.00 E05	1.72	1.56
8	木材	5.86 E19	1.10 E04	0.64	0.58
9	土壤	1.38 E19	7.40 E04	1.02	0.93
10	磷酸盐	4.77 E16	7.70 E06	0.37	0.33
11	石灰石	7.33 E16	1.62 E06	0.12	0.11
12	金属	992.9 E12 g	1.0 E09 sej g⁻¹	0.99	0.90
		小计		20.46	18.54
		总计		29.91	27.10

* Odum 的转化率（1）

\# 第 5 列中的能值除以 1.1 E12 sej $⁻¹ 得到能值货币价值（表 8-4）

		太阳能常量，2cal cm⁻² min⁻¹	(31)
		70%会被吸收	
1	太阳光	面对太阳的交叉地面=1.278 E14m²	
		能量流量 = (2cal cm² min yr⁻¹) (1.278 E18cm²) (5.256 E5 min yr⁻¹)	
		(4.186 J cal⁻¹) (0.7) = 3.936 E24 J yr⁻¹	
		地壳放射能释放的热量 = 1.98 E20 J yr⁻¹	(32)
2	地热能	地幔流出的热量 = 4.74 E20 J yr⁻¹	(32)
		能量流量 = 6.72 E20 J yr⁻¹	
		地球中接收到的能量 = 2.7 E19 erg sec⁻¹	(33)
3	潮汐能	能量流量 = (2.7 E19 erg sec⁻¹) (3.153 E7 sec yr⁻¹) / (1 E7 erg J⁻¹)	
		= 8.513 E19 J yr⁻¹	
		总生产量 = 3.3 E9 Mt 石油相等物	(34)
4	石油	能量流量 = (3.3 E9 t 石油相等物) × (4.186 E10 J t⁻¹ 石油相等物)	
		= 1.38 E20 J yr⁻¹ 石油相等物	
		总生产量 = 2.093 E9 m³	(34)
5	天然气	能量流量 = (2.093 E12 m³) (3.77 E7 J m³) = 7.89 E19 J yr⁻¹	
		总生产量 （软） = 1.224 E9 t yr⁻¹	(34)
		总生产量 （硬） = 3.297 E9 t yr⁻¹	(34)
6	煤炭	能量流量 = (1.224 E9 t yr⁻¹) (13.9 E9J t⁻¹)+ (3.297 E9 t yr⁻¹) (27.9 E9 J t⁻¹)	
		= 1.09 E20 J yr⁻¹	
		总生产量 = 2.39 E12 kwh yr⁻¹	(34)
7	核能	能量流量 = (2.39 E12 kwh yr⁻¹) (3.6 E6 J kwh⁻¹) = 8.60 E18 J/yr 电能	
		相等物	

备注	来源	能量流量 (J yr⁻¹)	转化率 * (sej J⁻¹)	太阳能值 (E24 sej yr⁻¹)	能值货币价值 # (E12 Em $)
8	木材	森林面积年度净损失 = 11.27 E6 ha yr⁻¹ 生物质 = 40 kg m², 30%潮湿度 能量流量 = (11.27 E6 ha yr⁻¹)(1 E4 m² ha⁻¹)(40 kg m²)(1.3 E7 J kg⁻¹)(0.7) = 5.86 E19 J yr⁻¹			(18) (35)
9	土壤侵蚀	土壤侵蚀总量 = 6.1 E10 t yr⁻¹ 10 t ha⁻¹ yr⁻¹ 和 6.1E9 ha 农业耕地的预计土壤损失 = 6.1 E16 g⁻¹ yr⁻¹ (假设 1.0%为有机物), 5.4 kcal g⁻¹ 能量流量 = (6.1 E16 g) (0.01) (5.4 kcal g⁻¹) (4186 J kcal⁻¹) = 1.38 E19 J yr⁻¹			(16, 17)
10	磷酸盐	全球生产总量 = 137 E6 t yr⁻¹ 磷酸盐岩的吉布斯自由能 = 3.48 E2 J g⁻¹ 能量流量 = (137 E12 g) (3.48 E2 J g⁻¹) = 4.77 E16 J yr⁻¹			(36) (1; p.125)
11	石灰石	总生产量 = 120 E6 t yr⁻¹ 磷酸盐岩的吉布斯自由能 = 611 J g⁻¹ 能量流量 = (120 E12 g) (6.11 E2 J g⁻¹) = 7.33 E16 J yr⁻¹			(36) (1; p.47)
12	金属	铝、铜、铅、铁和锌 (1994 年) 全球总产量 = 992.9 E6 t yr⁻¹ = 992.9 E12 g yr⁻¹			(37)

8.3　人类和自然的平衡

　　生物圈是由可再生输入推动的, 比如太阳能、潮汐能和地热能, 每种都对地质、气候、海洋和生态过程起作用, 这些过程是和能量、物质以及不可再生能量相互联系的, 这些能量、物质和不可再生能量包括在被社会开采和释放的巨大储量中 (见图 8-1)。在刚刚过去的 700 年内, 社会释放到生物圈中的全部能量输入, 从缓慢可再生储量和不可再生储量, 远远超出了可再生储量。表8-1 列举了推动生物圈的能值流量的总体能值价值, 包括由社会释放的能值。社会释放的能量发动机器和生产过程, 创造了用来增加动能流量的自身催化抽取行为的结构和信息。包含在这些流量中的是能量, 比如木材和土壤。木材有时被认为是一种可再生能量输入, 然而森林采伐率远远超出了其再生长的速度。木材生物质的净损失已经包括在表 8-1 中。土壤侵蚀已经变成严重的全球性问题。预测超过 1/3 农业耕地面临侵蚀损失, 这将威胁到生产能力 (16, 17)。受侵蚀的土壤已经作为由社会释放的、缓慢可再生能量包括在里面, 因为在未来农业生产中它将消失。

　　推动包括人类社会在内的生物圈的能值总量, 在 1995 年是 29.91 E24 sej, 其中 9.44 E24 sej 为可再生资源, 而 20.46 E24 sej 为缓慢再生或不可再生资源。在为全球经济体服务能值输入总量中, 68%为缓慢再生或不可再生资源,而 32%为可再生资源。到目前为止，不可再生的化石能源的流量，包括核能在内，近乎 85%是由社会释放出来的。图 8–2 是自 1950 年开始的全球能值总量变化的曲线图，显示出这一期间年度可再生能源的稳定流量以及不可再生能源的增长。

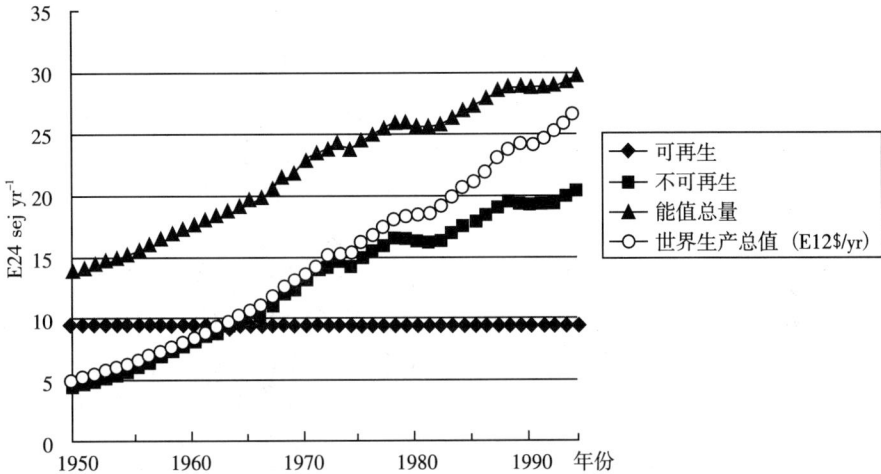

图 8–2　全球能值流量和世界生产总值

注：1950~1995 年期间的能值流量和世界生产总值，显示出使用不可再生能量的增加以及可再生输入的稳定。这是根据 Brown 等人（18）的能量数据作出的估计，计算是根据本章使用的方法得来的。

8.3.1　能值和全球经济

全球经济是由可再生和不可再生能量流量的相互影响推动的。世界经济中算出来的货币是由能值流量推动的，与能值流量有关。推动世界经济的年度能值流量除以年度世界生产总值（GWP），计算出货币循环至能值流量的比率。根据 1995 年的统计（美元），1950 年、1975 年和 1995 年的世界生产总值分别为 4.9 万亿美元、15.4 万亿美元和 26.9 万亿美元（18）。推动世界经济的能值总量在相同的年份分别为 13.9E24 太阳能焦耳、23.2 E24 太阳能焦耳和 29.9E24 太阳能焦耳。因此，这 3 个年份的能值每货币单位比率分别为 2.8E12 sej $^{-1}$、1.5 E12 sej $^{-1}$ 和 1.1 E12 sej $^{-1}$。

能值与货币比率从本质上来说是 1 美元全球生产总值所需的全部能值的分数，假设经济和生物圈是一个综合系统。1995 年，每美元的能值比率是 1.1 E12 sej $^{-1}$。这意味着平均来说，每美元的全球生产总值，全球经济需要 1.1 E12 sej 的输入。能值每货币单位比率在等价货币流量中表示能值流量，我们称之为能值货币价值（Em $）。如果给定的能值流量除以能值每货币单位比率，则得出的结果便是能值货币价值，或者可以称之为能值流量（19）中得出的世界生产总值的数量。能值每货币单位比率可用在任何货币和任何交易的计算中。举例来说，我们计算能值每货币单位比率可用在国家经济或比较相对购买力（20）上，或者是单个产品和买方比较能值优势（1），或者是用于人类服务，这是为了评估能值以促进服务输入给产品和资源中。

图 8-3 是从 1950~1995 年的 45 年间能值与世界生产总值（以 1995 年的 USD 作常数）的比率。使用 1995 年的 USD 作常数可以减少全球通胀的影响，尽管图 8-3 中的能值每美元比率仍是下降趋势。造成这种趋势的原因是人类和他们的经济在生物圈中的能值流量中的参与增加。能值每美元比率的下降幅度为每年 3%（和全球经济中增长的不可再生能量输入相同），这说明了购买力下降，因为每过一年，流入世界生产总值中的每一美元的能值数量减少。也可这样认为，世界生产总值中的能值使用每美元的减少意味着全球经济更加有效，因为世界生产总值的每美元所需的能值越来越少。另外，我们相信这可能还意味着用来确立定值美元的通胀经济措施与通胀并不匹配，更好的措施可能是能值使用总量与世界生产总值的比率（在衡量国家经济时，使用国内生产总值）。

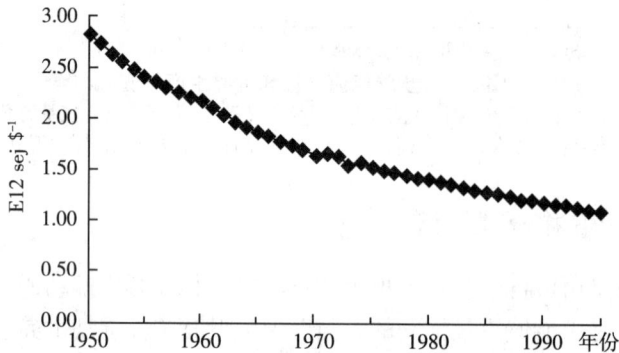

图 8-3　全球能值/美元比率

注：1950~1995 年期间的全球能值美元比率，显示货币购买力的下降，尽管世界生产总值已经校正为 1995 年的定值美元（数据来自图 8-2）。

8.3.2　自然资本的能值价值

全球自然资本的能值估计已经总结在表 8-2 中。本章中计算的自然资本是全球系统内资源的主要储量。对有些来说（3，21，22），"环境资源"的储量（表 8-2 中的 1~4 行）被认为是自然资本；这些储量我们认为是缓慢可再生的资源。我们还将不可再生资源、化石燃料资源、金属和磷作为自然资本，把这些内容放在表中是为了进行比较。自然资本的能值价值总量为 739.8 E25 sej，或者是约等于 $6.85 \cdot 10^{15}$ 的能值货币价值。自然资本的最大储量为淡水，淡水包括了极地冰帽（占到 92%）、地下水（占到 7.5%）以及湖泊、江河、土壤湿度等（占到 0.5%）。土壤有机物质是自然资本的第二大储量（$2.1 \cdot 10^{15}$ 的能值货币价值）。植物生物质的价值约为 335 万亿能值货币价值，而动物生物质的价值约为 37 万亿能值货币价值。不可再生资源的储量（根据 1996 年预计的可获取储量）的价值占到全部储量的 1/4，即 $1.53 \cdot 10^{15}$ 的能值货币价值。环境资源（自然储蓄）的储量（环境服务就是从环境资源中获得的）价值是流量的 600 倍，而不可再生能量的储备是现在流量的 360 倍。

表 8–2　自然资本的全球储量，1995 年

备注	名称（焦耳）	能量（sej J⁻¹）	转化率 *（E25 sej）	能值（E12 Em $，美元）	能值货币价值 #
1	淡水	1.64 E23	1.82 E04	299.2	2770.4
2	土壤有机物质	3.10 E22	7.40 E04	229.4	2124.1
3	植物生物质	4.16 E22	1.00 E04	41.6	385.2
4	动物生物质	4.55 E19	1.00 E06	4.6	42.1
	小计			574.8	5321.8
5	煤炭	2.16 E22	4.00 E04	86.4	800.0
6	原油	5.82 E21	5.40 E04	31.4	291.0
7	天然气	5.28 E21	4.80 E04	25.3	234.7
8	金属	1.74 E17g	1.0 E09 sej g⁻¹	17.4	161.1
9	铀	8.35 E20	1.79 E03	0.15	1.4
10	磷酸盐岩	11.0 E15g	3.9 E09 sej g⁻¹	4.3	39.7
	小计			<u>165.0</u>	<u>1527.9</u>
	总计			739.8	6849.7

* Odum 的转化率（1）
\# 第 5 列中的能值除以 1.10 E12 sej \$⁻¹ 得到能值货币价值（表 8–3）

1	淡水	包括冰帽在内的淡水总量 = 33.28 E6 km³ 水的吉布斯自由能 = 4.94 E6 J m³ 能量 = (33.28 E15 m³) (4.94 E6 J m³) = 1.644 E23 J	(38) (1；p.295)
2	土壤有机物质	林地、农作物、草原、草地共有 11.05 E9 ha 假设：1m 深，1% 有机物质是 5.4 kcal g⁻¹ 能量 = (9.32 E13 m²) (1m) (1E 6 cm³ m³) (1.47 g cm³) (0.01 有机物) (5.4 kcal g⁻¹) (4186 J kcal⁻¹) = 3.1 E22 J	(37)
3	植物生物质	生物质总量 = 1.841 E12 t dry wt. 能量 = (1.841 E12 t) (1E6g t⁻¹) (5.4 kcal g⁻¹) (4186 J kcal⁻¹) = 4.16 E22 J	(39)
4	动物生物质	生物质总量 = 2.013 E9 t dry wt. (1.015 E9t 在陆地上，0.998 E9 t 在海洋中) 能量 = (2.013 E9 t) (1E6g t⁻¹) (5.4 kcal g⁻¹) (4186 J kcal⁻¹) = 4.55 E19 J	(39)
5	煤炭	可开采的储量 = 5.19 E11 t 煤炭等同物（硬煤） 5.12 E11 t 煤炭等同物（软煤） 能量 = (5.19 E11 t) (27.9 E9 J t⁻¹)+(5.12 E11 t) (13.9 E9 J t⁻¹) = 2.16 E22 J 煤	(34) (34)
6	原油	可开采的储量 = 1.39 E11 t 石油 能量 = (1.39 E11 t 石油等同物)×(4.186 E10 J t⁻¹ 石油等同物) = 5.82 E21 J 石油	(34)

续表

备注	名称 (焦耳)	能量 (sej J⁻¹) 转化率 * (E25 sej) 能值 (E12 EM $，美元)	能值货币价值 #
7	天然气	可开采的储量 = 1.4 E14 m^3 能量 = (1.4 E14 m^3) (37.7 E6 J m^3) = 5.28 E21 J 天然气	(34)
8	金属 (铝、铜、铅、铁和锌)	可开采的总储量 = 1.735 E11 t = 1.735 E17 g	(37)
9	铀	可开采的储量 = 1.5 E6 t 能量 = (1.5 E6 t) (1 E6 g t⁻¹) (0.007) (7.95 E10 J g⁻¹) = 8.35 E20 J 铀	(37)
10	磷酸盐	可开采的储量 = 11.0 E9 t = 11.0 E15 g	(36)

8.3.3　基于可持续性指标上的能值

可持续性的定义中必须包括时间。某个期间（比如成长期）可持续的事物可能在更长的时间内就是不可持续的。图 8-4 图解了一个系统成长和衰退的不同阶段，它可以说明人类经济驱动能源时的成长、转变和衰退过程。作为成长阶段的特征的实践和过程，它们不能在转变或衰退阶段持续，因为它们依赖的是消失的不可再生能量。另外，在衰退期间持续的实践，因为它们不依赖不可再生能量，且可能竞争不激烈（激烈竞争是快速发展的系统的特征）。处于成长阶段的所有系统（有以及没有人类的生态系统）中的成功标准可能是对效力和质量依赖较少，而对速度依赖较大。在转变和衰退阶段，判断可持续性的标准需要包括几个要素：①过程的净产出；②其环境负荷；③它对不可再生资源的利用。

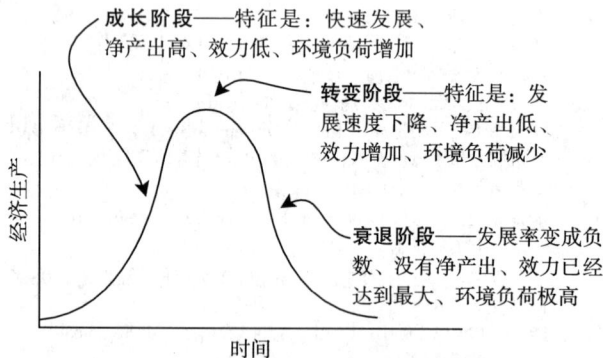

图 8-4　经济系统的成长阶段，显示了早期快速发展阶段、转变阶段和衰退阶段，可持续性的标准依阶段而变化

已经定义了数个能值指标，这些指标用来图解可持续性的不同方面(1，20，23~25)。利用图 8-5 作为指南，其中几个指标是这样定义的：

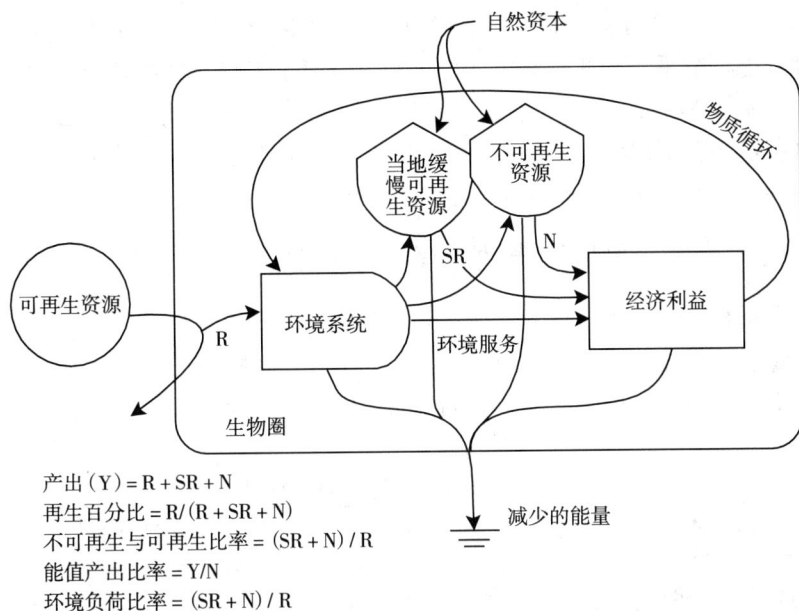

图 8-5 生物圈的简化系统图，说明了不同可持续性能值指标的计算

可再生能源比例（%Ren）：推动过程的能量总额的比例，这个过程是由可再生能源推动的 [R/(R + SR + N)]。在长期过程中，只有具有高%Ren 的过程才是可持续的。

能值产出比率（EYR）：就生物圈范围来讲，能值产出比率是产出的能值（Y = R + SR + N）除以所使用的不可再生输入（N）的能值得出的比率。

环境负荷比率（ELR）：在生物圈范围内，这是不可再生（N）和缓慢再生能值（SR）和可再生能值（R）的比率（(N + SR) /R）。环境负荷比率是对环境负荷的指标，可被认为是一种因经济活动产生的压力措施。

能值可持续性指标（ESI）：这个指标用来计算产出、可再生性和环境压力。它是相对于环境负荷的增加能值产出，是能值产出与环境负荷的比率（EYR/ELR）。

8.3.4 产出和可持续性的综合措施

当过程产出净能值以及最小化环境"负荷"时，人类/生物圈界面的表现将达到最佳值和经济活动也因此受益。在这里，负荷是一般普通术语，含义为使用或消费，包括农业用地、生物资源的消耗（木材）或水体的废弃物同化。一个地区使用的环境资源越多，则环境负荷越大。如果人类使用造成的环境负荷太大，则表现将变差甚至功能上会出现急剧下降（23）。

能值可持续性指标（ESI）是有关产出、可再生性和环境负荷（25）的一个表达式。如果某过程出现负的净产出，根据定义，如果不继续投资能值流量，则不能再维系。与此同时，如果一个过程完全依赖不可再生资源，它也不能持续发展。最后，如果一个过程对环境施加了最严重的负荷，它将产生危害，这种危害会威胁到长期的可持续性。显然，融合这些因素的指标可以一探可持续性，且有助于人类经济适合它所处的生态圈。

8.3.5 全球、区域和当地过程的能值指标

将人类技术经济和全球环境的自我设计相吻合日益重要，因为人类释放的能值流量主导了全球系统。表 8-3 概述了 1995 年生物圈的能值指标，数据来源于表 8-1。图 8-6 说明了这些指标自 1950 年来的变化。能值流量总额（可

表 8-3　全球能值指标（1995 年）

指标名称	定义（图 8-4）	指标值 [a]
环境负荷比率（ELR）	$(SR + N) / R$	2.17
可再生能源比例（%Renew）	$R / (R + SR + N)$	0.32
能值产出比率（EYR）	$(R + SR + N) / N$	1.59
可持续性指标（SI）	EYR/ELR	0.73
能值货币比率（E12 sej $\$^{-1}$）	$(R + SR + N) / GWP$ [b]	1.10

注：a. 数据来自表 8-1；
　　b. GWP = 世界生产总值 = 27.1 E12 美元（18）。

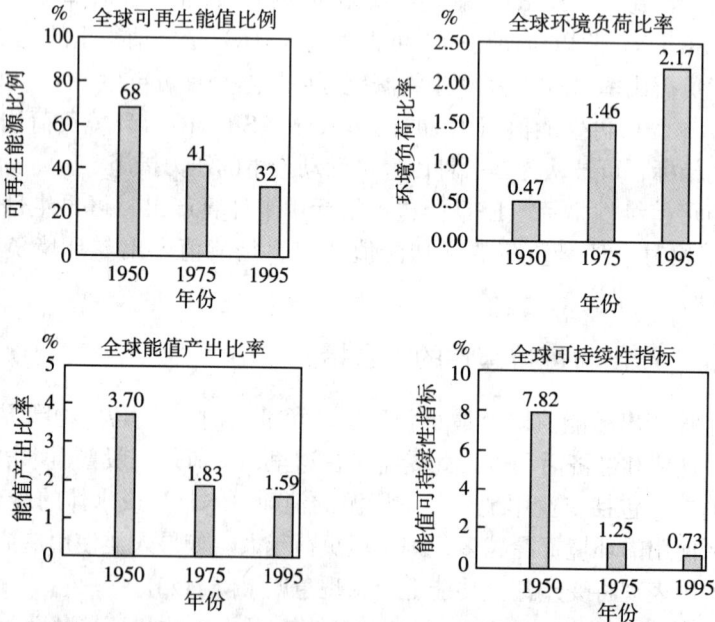

图 8-6　1950 年、1975 年和 1995 年生物圈能值指标曲线图

再生的）在生物圈中的比例从 1950 年的 68% 下降到了如今的 32%。全球环境负荷比率从 0.47 增加到 2.17，环境压力增长超过了 350%。因全球能值产出比率的同步下降，全球可持续性指标已经从 7.82 下降了近乎 910%，变成 0.73。

表 8-4 给出了全球和七个国家和地区的对比指标（厄瓜多尔、泰国、智利、墨西哥、美国、意大利和中国台湾）。在这里能值产出比率为"当地可持续生产"的一个指标，而不是产出比率。在使用全球或国家经济的流量时，能值产出比率用能值流量（不可再生能源产生的）除以全部生产得出，因此表示的含义是每单位不可再生投资的生产是多少。

表 8-4　国家（地区）经济与世界经济的能值指标（25）

序号	国家（地区）	能值总量 (sej yr⁻¹)	可再生 (R)	能值流量 (sej yr⁻¹)		可再生百分比 [a]	能值指标		能值可持续性指标 [d]
				缓慢可再生 (SR)	不可再生 (N)		能值产出比率 [b]	环境负荷比率 [c]	
1	厄瓜多尔（1986）	9.64E22	4.81E22	4.21E22	6.20E21	50%	15.5	1.0	15.48
2	泰国（1984）	1.52E23	7.60E22	2.70E22	4.85E22	50%	3.1	1.0	3.14
3	智利（1994）	1.95E23	6.81E22	6.92E22	5.78E22	35%	3.4	1.9	1.81
4	墨西哥（1989）	6.12E23	1.39E23	3.66E23	1.08E23	23%	5.7	3.4	1.66
5	世界（1995）	2.99E25	9.44E24	1.66E24	1.88E25	32%	1.6	2.2	0.73
6	美国（1983）	7.91E24	8.24E23	5.18E24	1.90E24	10%	4.2	8.6	0.48
7	意大利（1989）	1.27E24	1.21E23	3.57E23	7.89E23	10%	1.6	9.5	0.17
8	中国台湾（1990）	2.14E23	2.13E22	4.02E22	1.52E23	10%	1.4	9.0	0.16

注：a. 可再生百分比 = R/(R+SR+N)
b. 能值产出比率 = (R+SR+N)/N
c. 环境负荷比率 = (SR+N)/R
d. 可持续性指标 = EYR/ELR
参考：1.（40），2.（24），3.（41），4.（42），5. 本研究，6.（1），7.（43），8.（44）。

表 8-4 中最后一列的能值可持续性指标是一个经济体相对其他经济体而言的长期全球地位。能值可持续性指标较低（美国、中国台湾和意大利）说明该经济体在其能值使用的总数中，进口占较大的比重，且消耗相对较高比例的不可再生能值。经济体的可持续性是可再生能值流量的一种功能，说明它依赖进口以及对当地环境造成的负荷的程度。在综合考虑环境压力指标，即能值可持续性指标（它对长期可持续性提供了多尺度的措施），对可再生资源的依赖和进口较少是衡量可持续性的重要指标。这个比率越高，说明经济体越严重地依赖本地的可再生能源，进口较少且环境负荷不大。可持续性的全球水平、区域水平或国家水平，或单个经济活动的范围都能衡量出来（25）。

8.4 能值与制定公共政策决策

涉及人类对生物圈的复杂问题要求我们多角度看待事物。与可再生推动能值相比，直至最近，由人类释放的能值还比较小。现在已迥然不同。现在，人类社会在缓慢可再生资源和不可再生资源中释放的能值为可再生资源流入到生物圈中的两倍。可提出类似问题：人类如何能最好地适应环境？对有人类在其中的生物圈的运作，我们如何进一步拓展理解？我们如何作出有关环境服务和自然资本的安置和利用的决策？这些问题很难回答，需要我们不懈努力。可以肯定的是，这不可能在只认识到或利用以人类为中心的价值体系下的系统准则中完成。当用新古典经济学回答这些问题时，答案倾向于搞更多的开发、更多利用资源以及进一步开采环境。或许已经到了质问由人类创造的现实的时候了，这个现实是人类价值利用理论的结果。

涉及生物圈和社会范围的决策要求一种免于人类偏见的价值评估体系。当使用的评估经济价值体系建立在愿意支付的基础上时，开发资源、开采全球渔业和森林不会受到阻碍这毫不奇怪。那些有价值的东西就是人类认为有价值的东西。新古典经济价值评估不能逾越的现实就是它的根本原则，就是价值是由有用性产生的，而有用性是用人类术语决定的。因此那些有价值的东西就必定是对人类有用的。近来，在经济学文献工作中，尤其是"生态经济学"中做的较多的一件事是确定经济价值的可替代方法。这种活动的目标是找出某种方法将经济学理论黏附到非上市产品中。不幸的是，新古典原则下的经济价值建立在以人类为中心的价值的基础上，不管是意愿支付、偶然价值评估、替代成本措施或其他类似方法（2，3，26~28）。从经济理论出发的货币和价格体系在正确评估环境资源或自然资本的价值时遭遇困难，通过询问市民他们愿意为什么支付金钱或者他们愿意接受什么样的方式确立市场或采取以"心理市场"为基础的措施是不科学的，这是公众的观点。利用"享乐财产价格程序"（3，29）来给全球生态系统估值是等价的，因为人类就乐意居住在美国加利福尼亚南海岸（建立在财产价值的基础上），就生态过程而言，南加利福尼亚的海洋性生态系统就远比那些财产价值低的生态系统的价值高。人类更趋向于风景优美和浪漫日落，怎么可能与生物圈的生态过程发生关系呢？

在最近的另一种方法中，Pimentel 等人（5）尝试通过确定土壤形成、废弃物处理、授粉、生态旅行和其他项目的价格来为美国和世界范围内的生物多样性的全部经济利用评估价值。这种评估取决于同类服务的市场价值的价格。举例来说，他们在评估废弃物处理（或由分解体循环的有机物质）的环境服务的价值时，建立的基础是美国城市收集和处理有机废弃物所花费的以美元计价的成本。当他们利用生物物理数据来评估环境服务时，估值仍然间接地依赖于支付价格意愿的基础上，因为从同类服务的市场价格得出的经济价格是人类价值的直接反映。

寻求平衡人类与自然的生物圈观点，需要一种免于人类偏见的价值评估体系。我们并不是说人类不重要，相反的是，我们认为新古典经济学（以及它对人类利用价值的依赖）在政策辩论（这些政策辩论是围绕资源分配与生物圈保存进行的）上无法发挥作用。无论什么补充都没法改变现有经济原则意愿支付的逻辑陷阱。人类喜好不能评估生态过程或环境资源的价值，因为这些过程是超过所谓的经济圈之外的。

本章简述的价值评估方法的基础是建立在一种原则上的，这种原则就是说价值来自于事物会变成什么样，而不是人类可以从中得到什么。在做工作时，我们花费的努力越多，则这项工作价值越高，理解这一点并不困难。然而，它与大多数人类思考商品和服务的方法正好相反，结果，我们首先要接受困难。问题往往会被提出：你如何确定这件东西有这样或那样的价值……它还具有那种价值吗？是的。能值是一种生物圈价值，它是生物圈投资到它的商品与服务（包括社会中的商品与服务）中的能量。投资得越多，价值就越大。

与推动能值的可再生能量中的流入相比，人类释放了更多的能值，这个现实说明我们需要比以往更好地对待生物圈。我们与生物圈的关系在1962年发生了变化，因为那一年由人类释放的能值等同于且开始超越可再生推动能值（见图8-2）。在我们看到人口数量的效果时，我们开始转变想法。现在，当我们的不可再生能量供应开始减少时，我们必须再次转变想法。我们如何在一个能量减少的世界中生存？哪一种经济原则有助于人类开发与生物圈的必要共生界面？我们相信这种经济原则绝非是以人类为中心的价值评估原则（它是建立在货币流量的基础上的），而是一种生物物理原则，建立在能量流量的基础上，这种能量推动和维持了所有的生物圈过程。

能值指标显示了敲响警钟的原因。从全球来看，事情并没有好转，相反，正在日益严重。需要做的就是需要矫正努力来理解社会在生物圈中的地位。这项工作中比较重要的是生产综合和整体理解的分析法。生物圈是一个包括了人类的系统。我们应该利用方法来量化和估值，这些方法应当能意识到整体，而不是仅仅是独裁的某一端——人类那端。或许已经到了原则转移的时候了。

框内定义

Odum（1）、Brown 和 Ulgiati（25）和 Ulgiati 等人（23）中有进一步的讨论与定义。

能量：有时是指进行工作的能力。能量是所有事物的性质，可转化成为热量，可用热量单位进行测量（英国热量单位、卡路里或焦耳）。

能值货币价值（或 EM $）：作为某种过程的结果在某个经济体中流通的一种货币度量衡。在实践中，为了获取某种能值流量或储备的能值货币价值，需要能值乘以这个国家经济体的全部能值与国内生产总值的比率。

能值：用于工作过程中的所有能量的表达式，这种工作过程是用来产生产品或服务，单位是某一类的能量。某个产品的太阳能值是指这种产品的能值用生产这种产品所需的等量太阳能量来表示。有时候将能值当成能量内存则更容易理解。

太阳能焦耳：能值度量衡的单位，"能值焦耳"。它用早先用于生产产品的能量的单位来表示；举例来说，木材的太阳能值就是用来生产木材所需的太阳能的焦耳量。

不可再生能值：能量与物质储量的能值，比如化石燃料、矿石和土壤的消耗速率远远快于经由地质过程生成它们的速率。

生产：用能值衡量的生产就是输入到某个过程的所有能值的总和。

可再生能值：生物圈的能量流量的能值或多或少都是常量，都会重新出现的，最终能推动地球的生态和化学过程，对地质过程能够起作用。

转化率：用于某过程中的能值总量除以过程产生的能量得到的比率。转化率具有能值/能量的尺度（sej J⁻¹）。通过汇集流入过程中的所有能值和被产品的能量相除，计算出一个产品的转化率。转化率用来将不同形式的能量转化成相同形式的能值。

参考文献

1. Odum, H. T. 1996. Environmental accounting. *Emergy and Environmental Decision Making*. John Wiley & Sons, NY.

2. Costanza, R., Cumberland, J., Daly, H., Goodland, R. and Norgaard, R. 1997. *An Introduction to Ecological Economics*. St. Lucie Press, Boca Raton, FL. pp.275.

3. Costanza, R., d'Arge, R., de Groot, R., Farber. S., Grasso, M., Hannon, B., Limburg, K., Naeem, S., O'Neill, R., Paruelo, J., Raskin, R. G., Sutton, P. and van den Belt, M. 1997. The value of the world's ecosystem services and natural capital. *Nature 387*, pp.253–260.

4. Daily, G. (ed.). 1997. *Natures Services*: *Societal Dependence on Natural Ecosystems*. Island Press, Washington DC.

5. Pimentel, D., Wilson, C., McCullum, C., Huang, R., Dwen, P., Flack, J., Tran, Q., Saltman, T. and Cliff, B. 1997. Economic and environmental benefits of biodiversity. *BioScience 47*, pp.747–757.

6. Evaluated in this paper are the flows of environmental resources; we leave the more complex issues surrounding environmental services to a subsequent paper.

7. All energies can be converted to heat at 100% efficiency, thus it is relatively easy and accurate to express energies in their heat equivalents. The basic units of energy are the amount of heat required to raise a given amount of water a given number of degrees of temperature. Thus the calorie is the amount of heat required to raise 1 cm^3 distilled water from 14.5℃ to 15.5℃ at the atmospheric pressure. A joule is equal to 4.187 calories.

8. While it might be argued that economics is an intersection of donor and receiver systems of value because price often reflects the costs of production (i.e what has gone into something) as well as willingness-to-pay, it remains that the purchase of a good or service is only consummated if the purchaser believes that he/she will receive value worthy of the price.

9. Jørgensen, S.E. 1992. *Integration of Ecosystem Theories: A Pattern.* Kluwer Acad. Publ., Dordrecht, Boston, pp.383.

10. Svirezhev, Y. 1997. Exergy of the biosphere. *Ecol. Model* 96, 309–310.

11. Scienceman, D.1987. Energy and emergy. In: *Environmental Economics-The Analysis of a Major Interface.* Pillet, G. and Murota, T. (eds). Roland, Leimgruber, Geneva, Switzerland, pp.257–276.

12. The solar emergy equivalent of tidal energy and deep heat were calculated based on analogous processes driven by sunlight that achieve the same result. While it is beyond the scope of the present paper, a complete discussion of assumptions and derivation of transformities for tidal energy and deep heat can be found in Odum, (1).

13. Lotka, A.J. 1922. Contribution to the energetics of evolution. *Proc. Nat. Acad. Sci. US 8*, pp.147–150.

14. von Bertalanffy. L. 1968. *General System Theory.* George Braziller Publ., New York, pp.295.

15. Odum, H. T. 1994. *Ecological and General Systems: An Introduction to Systems Ecology.* Univ. Press of Colorado, Niwot, pp.644.

16. Oldeman, L. R. 1994. The global extent of soil degradation. In: *Soil Resilience and Sustainable Land Use.* Greenland, D.J. and Szabolcs, I. (eds).

CAB International, Wallington, UK, pp.561.

17. Mannion, A. M. 1995. *Agriculture and Environmental Change: Temporal and Spatial Dimensions*. John Wiley & Sons, New York, pp.405.

18. Brown, L.R., Renner, M. and Flavin, C. 1997. *Vital Signs 1997: The Environmental Trends that are Shaping Our Future*. W. W. Norton & Company, New York, pp.165.

19. The emdollar value should not be considered an emergy based price for resources or services. Measuring natural capital and environmental resources in emdollars doesn't mean that these emdollars can buy them, as no markets exist for these items. Emergy drives the money flows, so emdollars actually express the amount of economic activity that can be supported by a given emergy flow or storage.

20. Brown, M. T., Odum, H. T., Murphy, R. C., Christianson, R. A., Doherty, S. J., McClanahan, T. R. and Tennenbaum, S.E. 1995. Rediscovery of the world: Developing an interface of ecology and economics. In: *Maximum Power: The Ideas and Applications of H.T. Odum*. CAS Hall (ed.). University of Co. Press, pp.216–250.

21. Jansson, A.M., Hammer, M., Folke, C. and Costanza, R. (eds). 1994.*Investing in Natural Capital: The Ecological Economics Approach to Sustainability*. Island Press, Washington, DC.

22. Costanza, R. and Daly, H.E. 1992. Natural capital and sustainable development. *Conserv. Biol.* 6, pp.37–46.

23. Ulgiati, S., Brown, M.T., Bastianoni, S. and Marchettini, N.1995. Emergy based indices and ratios to evaluate sustainable use of resources. *Ecol. Eng.* 5, pp.497–517.

24. Brown, M.T. and McClanahan, T. 1996. Emergy analysis perspectives of Thailand and Mekong River dam proposals. *Ecol. Model.* 91, pp.105–130.

25. Brown, M.T. and Ulgiati, S. 1997. Emergy based indices and ratios to evaluate sustainability: monitoring economies and technology toward environmentally sound innovation. *Ecol. Eng.* 9, pp.51–69.

26. Pearce, D.W. and Turner, R.K. 1991. *Economics of Natural Resources and the Environment*. John Hopkins Univ. Press, Baltimore, pp.378.

27. Cobb, C. and Cobb, J. 1994. *The Green National Product: A Proposed Index of Sustainable Economic Welfare*. University Press of America, New York.

28. Dixon, J.A. and Sherman, P.B. 1990. *Economics of Protected Areas.*

Island Press, Washington DC, pp.234.

29. Pearce, D. 1998. Auditing the Earth. *Environment 40*, pp.23–28.

30. Implicit in this statement is that processes are operating under the constraints of thermodynamics and the maximum empower principle which essentially suggests that processes which squander resources and do not feedback to improve the larger system performance, will not prevail in the long run. Humans may find themselves in such a precarious position if greater attention to the larger system is not forth coming in the near future.

31. von der Haar, T.H. and Suomi, V.E. 1969. Satellite observations of the earth's radiation budget. *Science 169*, pp.657–669.

32. Sclater, J.F., Taupart, G. and Galson, I.D. 1980. The heat flow through the oceanic and continental crust and the heat loss of the earth. *Rev. Geophys Space Phys. 18*, pp.269–311.

33. Munk, W.H. and McDonald, G.F. 1960. *The Rotation of the Earth: A Geophysical Discussion*. Cambridge Univ. Press, London, pp.323.

34. British Petroleum, 1997. *BP Statistical Review of World Energy, 1997*. The British Petroleum Company, London, pp.41.

35. Lieth, H. and Whittaker, R.H. 1975. *Primary Productivity of the Biosphere*. Springer–Verlag, New York, pp.339.

36. USDI. 1996. *Mineral Commodity Summaries, January 1997*. US Department of Interior, Washington, DC.

37. World Resources Institute. 1996. *World Resources 1996 –1997*. Oxford University Press, New York.

38. Wetzel, R.G. 1975. *Limnology*. W.B. Saunders Co., Philadelphia, pp.741.

39. Whittaker, R.H. and Likens, G.E. 1975. The biosphere and man. In: *Primary Productivity of the Biosphere*. Whittaker, R.H. and Lieth, H. (eds). Springer-Verlag, New York, pp.305–329.

40. Odum, H.T. and Arding, J.E. 1991. *Emergy Analysis of Shrimp Mariculture in Ecuador*. Working Paper. Report to the Coastal Resources Center, University of Rhode Island, Narragansett, RI. Department of Environmental Engineering Sciences and Center for Wetlands, University of Florida, USA, pp.114.

41. Brown, M.T.1997. *Emergy Evaluation of Chile and Perspectives for Sustainable Development*. Working paper #97–014. Center for Wetlands, University of Florida, Gainesville, FL.

42. Brown, M.T., Green, P., Gonzalez, A. and Venegas, J.1992. Emergy

analysis perspectives, public policy options, and development guidelines for the coastal zone of Nayarit, Mexico. Volume 2: Emergy analysis and public policy options. *Final Report to the Government of Nayarit, Mexico.* Center for Wetlands and Water Resources, University of Florida, Gainesville, FL, USA. pp.217.

43. Ulgiati, S., Odum, H.T. and Bastianoni, S. 1994. Emergy use, environmental loading and sustainability: an emergy analysis of Italy. *Ecol. Model.* 73, pp.215–268.

44. Huang, S.-L. and Shih, T.-H. 1992. The evolution and prospects of Taiwan's ecological economic system. Proceedings: *The Second Summer Institute of the Pacific Regional Science Conference Organization.* Chinese Regional Science Assoc. Taipei, Taiwan, RoC.

45. The material for this evaluation of biosphere services and natural capital was presented at a symposium held at the University of Geneva titled The co-action between living systems and the planet in September 1997. *The Co-Action between Living Systems and the Planet.* Greppin, H., Penel, C. and Degli Agosti, R.1998 (eds). Printed by Rochat-Baumann, Imprimerie Nationale, Geneve.

46. First submitted 22 January 1998. Accepted for publication after revision 9 June 1999.

本文载《Ambio: 人类环境杂志》第 28 期，第 486~493 页。

第三部分

国民经济核算的绿化

第 9 章 综合环境与经济核算：
一个 SNA 的卫星系统框架*

彼得·巴特姆斯　联合国统计署

卡斯顿·斯达默　德国联邦统计署

简·凡·托格林　联合国统计署

国民经济核算已经提供了得到最广泛使用的指标，用于对经济运行、经济增长趋势以及与社会福利相对应的经济部分的评估。然而，国民经济核算两个主要的缺点已经使人们在以下方面产生了怀疑：衡量长期可持续经济增长和社会经济发展的国民经济核算数据的有用性。这些缺点是对以下内容的忽视：①自然资源的不足可以威胁到经济持续的生产力；②污染导致的环境质量退化以及对于人类健康和福利的影响。在本章中，作者试图在一个账户框架下反映对于环境的关注，而这一框架保持了可能的 SNA 概念和原则。为此，这一账户框架被用于形成一个"综合环境与经济核算的 SNA 卫星账户体系"（SEEA）。经济行为的环境成本、自然资源核算和环境保护及改善的费用，以统一的操作被记录在现金流量表和平衡表中，换句话说，用以保持 SNA 账户的核算一致性。这一核算允许对收入和支出、产品、资本以及附加值的修正指标进行定义和编辑，并且把对自然资源耗损、环境质量退化以及社会对于这些影响的反应考虑进去了。对一个选定国家的研究有助于阐明我们推荐的方法，有助于证明在将来的国家研究中是否可以运用，也有助于说明在分析结果上使用修正概念的数量影响。

9.1　引　言

关于环境健康和社会经济可持续发展的讨论受到国际社会越来越多的关

---

* 作者要感谢胡伯特·多纳文特和斯特凡·斯威范斯特，他们对现有版本做了很多支持工作。作者表达的观点仅代表个人观点，不一定代表他们各自供职的机构观点。再版版权来自于原版发行人——期刊服务公司。

注，特别是世界环境与发展委员会的报告（1987）更是促进了这些讨论。在世界环境与发展委员会第 42 届会议上，全体代表通过了委员会的报告（42/187 号决议），并正式通过了一个"2000 年及更远期环境远景规划"，这一规划宣布，"国际社会的共同目标是实现对世界可用资源和环境承载力节约化管理基础上的可持续发展"（42/186 号决议）。环境健康和可持续发展也为 1992 年即将召开的联合国环境与发展大会奠定基础主题。

阐明这一全新发展概念和发展评估与执行方法的需要在国际会议、研讨会和研究会上被多次强调。联合国环境规划署和世界银行组织的联合研讨会，调查了在自然资源和环境领域中自然和货币账户以及生态调整和可持续收入、产出的高级备选宏观指标（阿迈德，易·塞若菲和鲁茨，1989）的可行性。研讨会形成了一个一致意见，即在联系环境账户和国民经济核算标准体系（SNA）方面（联合国，1968），以及将环境账户的某些内容加进正在进行的 SNA 修订方面，已经有了很大的进步。

国家核算师和环保主义者回顾了联合国环境规划署/世界银行发起的专家会议（巴黎，1988 年 11 月 21~22 日）现存文件的一份初稿。与会专家赞同发展环境账户的一个卫星账户体系的观点，并且讨论了一系列的方法和程序问题。这些问题在准备一个向全世界推荐的环境账户指南之前就应该解决。专家们同时还要求修订 SNA，应该在将环境问题加进国民经济核算的方法问题上作详细说明。

现有框架的直接目标是为以下准备工作做基础服务：在联合国发行的各种国民核算手册里发行"统一的环境和经济账户的 SNA 手册"。这一框架还应该促使人们考虑将环境核算加进修订的 SNA，也可能是作为一个更加统一的对于辅助账户概念的处理方法的一部分，并且为手册提供适当的相互参照。方法初稿已经在试点国家研究中经过了测试，并且要广泛分发以接受批评和建议。

本章中所讨论的框架是"综合环境与经济核算卫星账户体系"（SEEA）的基础结构。它由一组说明性的数据形成的表格形式来阐述，并且在文中的某些细节处加以描述。在 9.2 中，描述了环境核算和 SEEA 整体结构的主要目标。9.3 包括了对货物和服务的供给方的描述，主要集中于环境保护服务和自然生长产品的供给。由生产和消费引起的环境耗损和退化的成本核算，是 9.4 的主要内容。在这一部分中，作者同时解释了这些成本如何影响附加产值和最终需求。一个基础指标——经环境调整的国内净产值或者"环境控制的国内产值"（EDP）在这部分中得以阐释。在 9.5 中，9.3 和 9.4 的流动账户通过对包括自然资源及其变化在内的有形财富存量资产的阐释得以补充。在 9.6 中，讨论了流动账户的可能拓展，以获得与福利有关的宏观指标。最后，在 9.7 中，做了一些关于传统的和环境修正的概念的对比分析。

9.2　综合环境与经济核算卫星账户体系（SEEA）的总体特征

9.2.1　综合环境与经济核算的目标

国民经济核算的传统系统对于市场化和一些相关的非市场化的交易（除了对"直接竞争"的非市场化货物和服务产出的估算）的关注，已经有效地排除了自然环境质量和自然资源耗损的变化的账户。这些影响已经被认为与长期可持续增长和发展以及"社会福利"的增长的评估显著相关。因而，环境账户的总体目标是，更加精确地衡量社会经济运行的结构、水平和趋势，目的是为了环境健康以及制定可持续发展的计划和政策。这一目标的实现将促进环境和相关的社会经济数据的系统化整编和分析，以及用于环境—经济内在相关性分析的备选的标准宏观经济变量的系统阐释。

SNA 的最新修订版（联合国，1990）介绍了唯一的能够解释各种各样的环境和自然资源账户的概念、定义、分类和表格如何与 SEEA 连接或合并。这可能为时过早，但是，它却从根本上改变了已建立的为各种不同的短期、中期以及长期社会经济分析服务的经济账户系统。在环境账户的 SNA 卫星账户体系中，对环境和自然资源账户标准的进一步加工因此也已经提上了议事日程（巴特姆斯，1987）。为 SNA 的最新修订工作的专家（鲁茨和易·塞若菲，1989）也提出了类似的观点。

国民经济核算的卫星账户体系从整体上强调了一种需要，即以一种弹性方法拓展国民经济核算在社会关注点的选择性区域上的分析能力，而不加重"核心"系统的负担或干扰（莱马尔，1987；泰利特，1988；斯盖佛和斯塔默，1990）。一般的，辅助账户允许：

——提供对于功能性的或者跨部门自然的特定社会焦点的额外信息；

——连接实体数据来源和对于货币账户系统的分析；

——拓展人类活动的成本和收益核算的覆盖面；

——依靠相关指标和综合指标对数据作进一步分析。

因此，可以为计划的 SEEA 制定出以下特殊目标：

（1）传统账户中所有与环境相关的流动资产和存量资产的分离与加工。如果以狭义的观点来看记录社会焦点主要方面的支出和收入的详细账户，辅助账户最早是在法国出现的（国立研究院，1986a）。现在人们对分离与环境问题相关的国民经济核算中所有的流动资产和存量资产越来越有兴趣，尤其是对于估算不同领域的环境保护或改善的总费用支出。分离的目的之一是，鉴别国内生产总值（GDP）的增量部分，正是 GDP 的增量部分反映了补偿经济增长的消极影响的必要成本（"防御性支出"），而不是"真实"（与福利相关的）收入的增长部分（休亭、雷伯特，1987；雷伯特，1989；奥尔森，1977）。

（2）实体资源账户与货币环境账户以及平衡表的连接。实体资源账户的目标是涵盖所有的自然资源存量和储备及其变化，即使这些资源不受（还没有受到）经济系统的影响。[①] 为了这些资源而提出的这个账户被认为是一个"铰链"，通过这个"铰链"，所有的实体资源账户都可以与货币平衡表和流动账户连接起来。在实体项下的环境—经济相关性分析的另一个重要方法是利用原料/能源余额的发展（阿莱斯、克尼斯，1969；阿莱斯，1978；联合国，1976）。这一方法尤其是可以将带有自然资源投入数据的投入—产出表、对于在生产过程中自然资源转化的描述，以及经济活动中生成的残留物的评估三者结合起来（艾沙德，1969；列昂惕夫，1973）。环境统计系统，通过阐明能够在货币项下衡量的参数，促使实体账户和货币账户之间相互兼容，以获得环境账户所需要的数据。实体账户中的非货币数据被认为是 SEEA 中不可或缺的部分，应该在综合环境与经济核算手册中得到详细的阐述。然而，现有的框架集中于环境账户系统中的货币存量和流量。

（3）环境成本与收益评估。与上面提到的"狭义的"辅助账户不同，这里提出一个广义的辅助账户框架，包含了附加的环境"外部"成本和收益。将现有的知识情况和可用数据加入账户之中，这个框架集中于拓展和补充 SNA，这涉及两个主要问题，分别是：

——生产过程中自然资源的使用（耗损）和最终需求。

—— 一方面，由污染及来自于生产、消费和自然事件的其他影响引起的环境质量变化；另一方面，环境保护与改善。

为了分析环境福利效应可以拓展这一框架，同时指出了对于人类健康的恶化、旅游和其他审美或伦理价值的"毁坏成本"。

（4）有形财富保值账户。关于可持续发展的新模式的最新讨论强调了需要完全核算所使用的人造资本和"自然"资本，目的是防止可能出现的不可持续增长和发展的情况。被推荐的框架旨在拓展资本的概念，不仅要覆盖人造资本，也要覆盖自然资本。因此，SEEA 会包含这些自然资产耗损和退化的额外成本。它还将资本形成的概念拓展为资本累积，以另外反映由于经济性使用而导致的自然资本的耗损。

---

① 例如，可参见挪威处理自然资源账户的方法（艾佛森、拜和劳伦森，1987），或者更加复杂的（包含了生物物理学环境的相互作用）法国"自然遗产"账户（国立研究院，1986）。

（5）经环境调整的收入和产出指标的确立和衡量。考虑了自然资源耗损和环境质量变化，就可以计算修正的宏观经济综合指标，尤其是经环境调整的国内净产值，简称为环境控制的国内产值（EDP）。

所有这些目标只能是一步一步得以实现。最初，实际工作的重点应该放在对实体环境数据的改进，以及把它们作为评估环境影响的一个先决条件与国民经济核算连接起来。

9.2.2　SEEA 的范围和结构

被推荐的 SEEA 遵循 SNA 中建立的潜在原则和规则（联合国，1968，1977，1990）。它以 SNA 的产品范围为基础，遵循 SNA 对成本和产出的分析，在供给和产品的使用之间以及在附加值和最终需求之间合并性质一致的账户。环境分析所需的信息是单独提供的。使用这一方法，原始的（未调整的）SNA 数据可以直接与经环境调整的统计数字和指标做对比，以推进与 SNA 中央架构的连接。这种与 SNA 的统一和连接，目的是更好地将环境变量与已建立的经济分析统一起来。

框架的本质正是只容许强调最重要的概念和核算程序。定义、分类、评估原则、数据来源和程序将在综合环境与经济核算手册中作进一步的详细说明。这本手册将受益于国家研究中所获得的经验以及国家和国际层面上已有的专家意见。

现有框架寻求在统一的环境—经济核算和分析的备选方法方面的灵活性。环境与经济之间的相互关系可以尽可能完整地被描述出来。然而，与 SNA 的产品范围相一致，全部发生在环境系统中，即经济系统之外的现象是被排除在外的。这些现象用环境统计和监控的补充生物物理学资源账户和系统来核算可能更好一些。并且，环境质量退化引起的对福利的影响，没有被核算在现有框架之内，环境质量退化还影响"人力资本"，即人类健康和福利。但是，正如下面将要说明的，一扇分析与人类福利相关的环境破坏的窗户已经打开，促进了对分析这些内容的框架而进行的进一步拓展或修正。

推荐方案的主要着重点是环境的含义，包括产品、附加值、最终需求和中间需求，以及有形财富。因此，框架没有提供所有完整的制度部分的财产。与收入分配和那些无形资产相关的事项，包括开采权以及金融资产，是被排除在外的。关于经济与环境相互关系的完整分析需要一个拓展的系统，包含所有的制度账户，不仅表现货物和服务的流动，也表现收入和金融的流动。

在表 9-1 中，阐明了由三个基本部分组成的系统的总体结构。在表 9-1.1 和表 9-1.2 中，显示了货物和服务的供给与使用。在表 9-1.3 中，显示了带有期初资产和期末资产以及与之相连的项目在内的资产账户。表 9-2 和表 9-3 通过资本累积账户联系在一起。部件表将在表9-2、表9-3和表9-5以及9.3到9.5中作进一步详细说明。

表9-1 综合环境与经济核算系统（SEEA）
（概略介绍）

期初存量（市场价值）	有形资产（表9-1.3）		
	生产资产		不可造的自然资产
	不包括自然资产	自然资产（生物）	
	991.3	83.1	1744.4

+（加）

使用/附加值（表9-1.2）	总计	国内产值（工业）	最终消费		资本累积			世界剩余	
			家庭	政府	生产资产		不可造的自然资产	出口/进口	残留物流量
					不包括自然资产	自然资产（生物）			
产品的使用	591.9	224.0	175.0	42.5	68.0	1.4	7.3	73.7	
国内生产总值（GDP）		293.4							
固定资本消费		26.3			−23.0	−3.3			
国内净产值（NDP）		267.1							
自然资产的使用（生态估价）	−1.6	59.8	17.1	−5.0	5.1	−0.9	−73.0		−4.7
最终需求的环境调整		22.2	−17.1		5.1				
经环境调整的国内净产值（EDP）		185.1							

+（加）

供给/来源（表9-1.1）									
产品供给	591.9	517.4						74.5	
残留物来源	−1.6								−1.6

+（加）

根据市场估价调整后的自然资产累积						0.9	81.2	
其他数量变化（市场价值）					−25.3		22.8	
市场价格变化引起的重新估价					138.1	12.6	382.8	

=（等于）

期末存量（市场价值）	1149.1	93.8	2165.5

表 9-2　供给/来源

| | 总　计 | 国内产值（工业） | | | 进　口 | |
| | | 外部环境保护活动 | 其他工业 | | 产　品 | 残留物 |
			内部环境保护活动	其他活动		
（1）产品（货物和服务）供给	591.9	36.2		481.2	74.5	
（1.1）自然生长产品	40.7			38.2	2.5	
（1.2）外部环境保护服务	36.2	36.2				
（1.3）其他产品	515.0			443.0	72.0	
（2）残留物来源	−1.6					−1.6
Σ总供给 ［（1）+（2）］	590.3	36.2		481.2	74.5	−1.6

　　供给表 9-1.1 包含了一个附加行，表明由外国的经济活动引起而转移至国内经济的残留物（垃圾等）的非自愿"进口"（−1.6）。使用/附加值表 9-1.2 在行和列上都得到了拓展。在这个表中，我们不仅展示了传统的 GDP 和 NDP，还展示了由于自然资产的使用（自然资源的耗损，残留物、农业及改造引起的自然资产的退化，等等）而导致的进一步修正。这些使用是用保持自然资本不受损害而不得不花费的成本来衡量的（生态学衡量方法；参见下面的 9.4.3 部分，关于在资源"枯竭"的情况下的备用方法）。这些成本被解释为自然资产价值的下降，相应的是人造固定资产的消费。自然资产的退化可以是由当前的生产活动引起的（59.8），也可以是由当前的消费活动引起的（家庭消费17.1），或者是由已生产的（废料）资产引起的（5.1）。政府的恢复行为降低了经济活动对于自然资产的影响（−5.0）。自然资产的使用可以影响国内自然（可造的生物资产的生态功能的丧失−0.9，不可造的自然资产的生态功能的丧失−73.0）或者——就残留物的产生而言——可以导致对世界其他地区的转移（出口：−4.7）。由国内原因引起的国内和国外自然资产的退化值（59.8 + 22.2 = 82.0）被用来估算经环境调整的国内净产值（NDP），也被称为环境控制的国内产值（EDP）（185.1）。

　　资产账户（表 9-1.3）显示了生产资产（包括农作物资产）和只包含自然资产（野生生物、土地、地下资产、水和空气）的非生产资产。除了在使用/附加值表（表 9-1.2）中显示的自然资产的耗损和退化值之外，还使用了市场定价。可以用报告期内为了将它们保持在相同的总体数量和质量水平上而付出的（假设的）成本来衡量这些数额上的变化。如何将这些值并入主要包含着市场价值的资产平衡表，这个问题将在第 9.5 节中讨论。

表 9–3　使用/附加值

项目	总计	国内产值(工业) — 外部环境保护活动	内部环境保护活动	其他活动	国内产值小计	最终消费 — 家庭	政府	生产资产 — 非自然资产	自然资产(生物)	非生产资产	出口 — 产品	残留物	最终需求小计
(1) 产品使用	591.9	15.9	17.9	190.2	224.0	175.0	42.5	68.0	1.4	7.3	73.7		367.9
(1.1) 自然生长产品	40.7			23.0	23.0	11.3			1.4		5.0		17.7
(1.2) 外部环境保护服务	36.2			22.4	22.4	8.8	5.0						13.8
(1.3) 其他产品	515.0	15.9	17.9	144.8	178.6	154.9	37.5	68.0		7.3	68.7		336.4
工业总附加值 [(9) – (1)]	0	20.3	-17.9	291.0	293.4								
(2) 可造固定资产的使用(固定资本消费)	0	1.3	4.8	20.2	26.3			-23.0	-3.3				-26.3
工业净附加值 [(9) – (1) – (2)]		19.0	-22.7	270.8	267.1								
(3) 自然资产使用(生态估价)	-1.6	6.3	4.6	48.9	59.8	17.1	-5.0	5.1	-0.9	-73.0		-4.7	-61.4
(3.1) 数量上的耗损	0	0.3	0.4	16.8	17.5	0.7			-0.9	-17.3			-17.5
(3.2) 土地的退化(不是由残留物引起的)	0	0.2		8.8	9.0	0.8				-9.8			-9.0
(3.3) 残留物引起的退化	-1.6	5.8	4.2	23.3	33.3	15.6	-5.0	5.1		-45.9		-4.7	-34.9
Σ使用总额 [(1) + (2) + (3)]	590.3	23.5	27.3	259.3	310.1	192.1	37.5	50.1	-2.8	-65.7	73.7	-4.7	280.2
(4) 最终需求的环境调整		2.1	1.8	18.3	22.2	-17.1		-5.1					-22.2
经环境调整的工业净附加值 (EDP) [(9)–(1) – (2) – (3) – (4) 或 (5)+(6)+(7)+(8)]		-29.4	10.9	203.6	185.1								
(5) 雇员工资		8.7	13.0	72.0	93.7								
(6) 间接税减奖金		0.3	2.0	34.1	36.4								
(7) 净运营盈余		-31.7	4.0	164.7	137.0								
(8) 环境控制的收益 [-(3) – (4)]		-6.7	-8.1	-67.2	-82.0								
(9) 总投入/总最终需求 [(1) + (2) + (3) + (4) + (5) + (6) + (7) + (8)]	36.2	36.2		481.2	517.4	175.0	37.5	45.0	-2.8	-65.7	73.7	-4.7	258.0

9.3　货物和服务的供给

供给表（表9-2）包含两个部分：总产出（来源于国内生产）和进口。总产出根据产业和产品（货物或服务）种类来分类。进口和国内总产出一样，也根据相同的产品种类来分类，所以供给的这两个部分可以加在一起，得到产品的总供给。而且，供给表还显示了来自于国外经济活动的残留物非自愿"进口"。这一项目包含，例如未被接纳而在本国领土上堆放的外国垃圾。

在表9-2中，我们展示了由于环境保护措施和其他产业导致的国内生产活动的下降。根据所有经济活动的国际标准工业分类法（ISIC）（联合国，1990a），这一得到详细阐述的系统将展示一轮进一步的产业下降。

对SNA的一个主要的修正是区别于所有其他产业的生产行为的环境保护服务的独立标识。这一分离是为了增强评估在总产出、就业、其他生产成本和资本消费方面环境行为的重要性。环境保护服务原则上包含所有的保持和提高自然资产质量的活动。这可以通过以下途径达到：避免经济活动对环境的冲击（例如，通过使用综合技术或终端技术），或恢复已经退化或耗损的自然环境。环境保护活动作为主要或二次生产活动可分为三个部分（外部使用）（36.2），或者可以内部使用。环境保护服务的内部供给被认为是一种"辅助的"活动，在表9-2中并没有作为各个已有内容的单独产出而显示出来。辅助服务的成本值是被单独识别的，但是，在表9-3中，却是作为中间消费（17.9）、固定资本消费（4.8）、雇员工资（8.7）和净间接税（0.3）的总额。这些成本是用负的净运营盈余（-31.7）来平衡的。为了与SNA保持紧密的联系，不建议"具体化"SEEA的内部环境保护活动。为了更加全面地分析环境开支和运作，可以在附表中具体化辅助活动。

只根据自然生长产品、外部环境保护服务和其他产品这三类产品，我们就可以在表9-2中分解产品的供给。只要按照中心产品分类（CPC）（联合国，制定中）是可行的，就需要进一步细分这些种类。

农业、林业和渔业等自然生长产品（40.7）指的是那些基于生长的产出，并由人类的活动所控制，因此可以被看作经济生产计划的一部分。这些产品的自然生长被当作首要生产来看待，可以增加库存资产或固定资产，数额等于核算期内生长的数量。从另一方面说，那些首要的基于自然生长的产品，在很大程度上靠不受控制的自然环境（生长过程中不受人类的干预，如狩猎、野果采集、深海捕鱼或采伐热带雨林）收获，不是被看作"免费的"投入，就是在"稀缺"的情况下被看作农业、林业和渔业部门的环境耗损成本。举例来说，如果免费提供鱼给渔业，这一部门的产出就不是由活鱼形成的，而是在市场上摆放和出售的鱼。

9.4 使用和附加值

使用/附加值表（表9-3）显示了产品和（人造的以及自然的）资产的使用，这一使用是作为国内生产活动的投入或作为最终需求（最终消费、资本累积、出口）的组成部分。这些数据通过不同生产活动的附加值信息得到了补充。使用表是把供给表中所有的货物和服务供给按照不同的目的进行分类的工具。然而，环境资产的供给没有在供给表中显示出来，但是却在资本累积的不可造自然资产栏中以负的项目得到反映。与传统的 SNA 框架不同，自然资产的使用是以附加行的形式显示的，而不可造自然资产的资本累积以附加列的形式显示。

9.4.1 货物和服务的使用

表9-3中横排第一部分描述了以经济活动的中间消费和最终需求为内容的产品（货物和服务）使用，数据从表9-2中得来（591.9）。这与传统的 SNA中的使用表一致。总附加值（293.4）以及常规国内生产总值（GDP）的和，在表9-3中明确地显示出来。扣除固定资本的消费就得到了国内净产值（NDP）（267.1）。

在9.3中已经指出，自然生长产品的供给（40.7）只源于农业、林业和渔业的"可控的"生产过程。这些产品被用于各种经济活动的投入（23.0）、出口（5.0）、个人家庭的消费（11.3），或者可能用于增加固定资本和存货（1.4）。存货的增加源于产品的增长，并且这些产品在同一时期内没有被使用掉。当前一时期的自然生长产品由于中间或最终目的而被使用掉了以后，存货就显示减少了。从另一方面来说，固定资本的增加代表了剩余生物资源的增长，这些生物资源未计划用于中间或最终消费，例如果树的树干和树枝，或者是家畜的种畜。[1]

外部环境保护服务（36.2）被用来规避潜在的环境质量的实际下降，或者恢复这种下降。在这个数字例子中，我们假设不在市场上出售的政府环境保护服务（政府消费：5.0）是恢复活动，而其他的环境保护活动（31.2）是预防活

---

[1] 这种处理农业、林业和渔业的自然生长过程的方法，不同于 1968 年的 SNA 建议，但是有可能被修订的 SNA 采纳。

动，且由工业（22.4）和家庭（8.8）购买。假设政府规避环境退化——由其自身的生产活动引起——的环境保护活动是内部环境保护活动的一部分。假设在市场上出售的政府环境保护服务是工业或家庭消费的中间消费。

其他产品（515.0）被用于中间消费（178.6）、最终消费（192.4）、资本累积（75.3）和出口（68.7）。

9.4.2　自然资产的使用

现有框架中的统一的环境—经济账户，集中关注由自然资源的数量耗损和由经济活动造成的环境质量的品质退化而引起的成本内涵。

在表 9-3 中，显示了耗损活动（总计 18.2）是由自然资产的工业耗损（17.5）和家庭耗损（0.7）构成的。正如在表 9-5 中详细讨论的那样，它们由自然资源的开采组成，例如地下资产（矿物沉积）的开采和发掘（-8.9），农业、林业和渔业对蓄水层（-4.7）和生物资产（例如，热带雨林的木材，或者内陆和海洋水体中的鱼）的采集（-0.9，-3.7）。假定已经注意到了可更新的（森林、鱼、野生动物，等等）和可循环的（水）资源的可用量是稀缺的。我们只在这些情况下估算耗损成本，即自然资产的经济使用导致自然的不平衡，也就是说，生物的耗损超过了其自然生长速度，或者水的使用超过了蓄水层对其的补充。在下面的 9.4.4 部分，将讨论相应的有形财富减少的负值记账问题。

其他种类自然资产的经济使用代表了由于生产和消费活动导致的空气、水和土地等环境介质的环境质量退化。土地的退化可能是由于不恰当的农业活动（土壤剥蚀、渍涝、盐碱化）引起的，也可能是由于出于改造目的的过度使用或者废弃物、废水对土壤的污染引起的。空气和水质量退化的主要原因是经济活动产生的残留物（废弃物、污染物）的排放。必须强调的是，只有对环境介质的直接影响才计入账户。空气中的跨界转移或者从一种环境介质到另一环境介质的转换造成的间接影响不记入 SEEA。这些自然环境中复杂的演变可以在辅助数据系统中显示出来，而且应该和 SEEA 连接起来。并且，应该注意到，我们假设自然的或人为的灾害造成的冲击不是（或者在某些情况下只是间接地）由对环境资产的经济使用引起的，因此不包括在使用/附加值表（表 9-3）中，但包含在表 9-5 的项目（4）的资产量变化中。

我们假设退化的净值与潜在降低（恢复）成本相同，要求要么达到记录期开始时的环境质量水平，要么至少达到"官方"环境标准规定的水平（休亭，1980）。假设这一标准反映了降低环境质量退化的技术解决方案，有理由相信，这一方案会被不同的环境污染者所采用。显而易见，这种计算方法没有衡量来自污染的实际环境"破坏"。对这一福利影响的一个可能的处理方法将在 9.5 中讨论。

环境退化是由生产活动（9.0 加 33.3）、家庭消费活动（0.8 加 15.6）、人造资产（5.1）和进口的残留物（1.6）引起的。人造资产由于其残留物对于自然环境造成了影响（例如，报废的机器设备）。一部分的环境退化由于政府活动得到了恢复（−5.0）。没有得到恢复的退化影响国内自然资产（−9.8，−45.9）以及——当残留物"出口"的时候——世界其他地区的自然环境（−4.7）。

在表 9–4 中，对国内和非国内（国外）自然资产的经济使用（耗损和退化）的值以及相应的对资产值的冲击在简化的平衡表中显示出来。

表 9–4　对自然资产的经济使用和冲击

对自然资产的使用 （环境成本）		对自然资产的冲击 （资产值的下降）	
国内使用		国内环境	
耗损		耗损	
工业	17.5	可造的自然资产	0.9
家庭	0.7	不可造的自然资产	17.3
	18.2		18.2
退化		退化	
工业	42.3	不可造的自然资产	55.7
家庭	16.4		
政府	−5.0		
生产资产	5.1		
进口		世界其他地区的环境	
退化	1.6	退化	4.7
	60.4		60.4
	78.6		78.6

9.4.3　附加值的环境调整

从净附加值中扣除自然资产使用的估算成本（环境成本）导出了一个新的附加值概念，这里称为"经环境调整的净附加值"。环境成本代表了在报告期内保持自然资产在同一水平的假设成本。这个概念反映了"强的"或"狭义的"可持续概念，意味着后代应该得到一个数量和质量水平都至少和现有状况一样的自然环境（巴特姆斯，准备发表中；布莱戴斯，1989；戴利，准备发表中；皮尔斯、马康德亚、巴比亚，1989 和 1990；派兹，1989）。过去一些年的国际讨论证明，只是保持总（人造的和自然的）资本水平不变是不够的，否定了在这些资本项目之间进行替换的可能性（"广义的"或"弱的"可持续概念）。由经济活动引起的对自然环境的长期冲击的不确定性，以及不断增长的关于自然平衡不可逆损害（气候变化、臭氧层耗损，等等）的知识，已经导致了人们对超负荷的自然环境的更加谨慎的风险意识态度。根据这个观点，看起来有必要持续将自然资产作为人造资本的补充。因此，强的可持续概念不仅应用于环境质量退化的情况，而且用于自然资源"存量"维持的情况。在地下资产的情况中，这种方法看起来很不可靠，因为强的可持续概念可能导致资源的停用，有可能引起严重的世界范围的经济问题。作为替代，考虑到新的发明只能延缓存量的耗损，所以目标可以是保持一个长期的最优耗损率。建议可持续概念应该在这种情况下更加弱一些，并且应该用其他类型资产（偏向于永久性自然资产或可更新自然资产）的增加来充分平衡地下资产的减少，以保持未来的收入水平不变（易·塞若菲，1989；戴利，准备发表中）。

　　用来估算自然资产的经济使用的保持成本的核算方法，与估算人造固定资产使用的国民核算相对应。人们用保持人造固定资本完好无损的必要成本，即在报告期内保持资产水平不变的必要成本，来估算这些资产的使用者成本。这些成本被称为"固定资本消费"或"折旧"，同样被用来在核算期内编制人造资产的净资本构成。

　　当自然资产具有了固定资产的性质时，用处理人造资产折旧的方法来处理自然资产的保持成本，似乎就是讲得通的了。然而，区别具有固定资产特征的资产和更多地具有存货或存量本质的资产（在这种情况下，国民经济核算中资产的减少是作为中间消费记录的，而不是折旧），是成问题的，因为自然资产可以同时表现出经济功能和环境功能（休亭，1980）。例如，一个木材产区，意味着一个存量资源，但同时也在净化空气、调节水系平衡方面发挥着重要的作用。而且，它为动物提供了栖息地，同时也是旅游的好地方。从生态学的角度来看，环境介质，如土地、水和空气以及生态系统都可以被认为是固定资产。从而这些资产的保持成本应该被视为折旧。对于地下资产，进行进一步的讨论似乎是必需的。它们主要具有自然库存存量的特性，从而它们的耗损可以被视为中间消费。[①] 为了简化现有的框架，这些资产的耗损值没有从其他环境成本中独立出来并单独显示，但是也被视为固定资产的减少。

　　无论怎样处理环境成本，作为自然资产折旧或是作为中间消费，将它们从总产出中扣除都影响净附加值的计算。工业的总附加值在 SEEA 中保持不变。净附加值的环境调整（–82.0）包括与国内产值相连的环境成本估算值（–59.8）、家庭消费活动（–17.1）和人造资产的使用（–5.1）。这些调整被称为生态收益，为了根据传统的 SNA 概念辨别附加值的所有组成部分（包括运营盈余），被明确地提出来了。

　　家庭活动和人造资产对环境质量的冲击被包含在账户之中，用以修正净附

---

① 参见易·塞若菲（1989）。然而，总折旧核算方法是由海瑞森（1989）和艾皮托（1989）提倡的。

加值，尽管各种环境成本没有直接与生产活动相关联。比如说家庭，它们的污染行为可以被看作货物和服务的非市场生产，"共同"产生了残留物，如废弃物和污染物。在这种情况下，家庭生产的净附加值被家庭的环境成本估算值所削减。这是通过将这些估算值（17.1）从最终消费转换为国内产值总额来完成的。关于人造资产对环境的冲击，作了类似的修正，包括资产所有者的附加估算成本（5.1）。这些成本涉及，例如受控制的垃圾掩埋引起的污染和不可循环的人造资产产生的残留物。在理论上，有可能将这些成本转移到不同的产业中去。在这种情况下，它们的净附加值将直接受到影响。这一操作方法没有被SEEA 采用，这是为了分别显示由现在的生产和由人造资本使用引起的环境成本。将家庭和人造资产产生的环境成本转换为国内产值项目，显示在表 9–3 中的"最终需求的环境调整"行。因此，净附加值只是由于所有的环境保护活动（1.8 和 2.1）和其他活动（18.3）而被修正。

在表 9–3 中，我们也记录了附加值的组成部分，包括雇员工资、奖金的净间接税、净运营盈余和环境成本［与项目（8）"生态收益"相等］。因此，使用SEEA 就可以分析附加值的这些组成部分，用来研究不同经济部门的环境保护活动。间接税和奖金，被作为或被承认是环境保护政策的一部分，将在 SEEA中单独表述，反映了在微观经济层面污染者支付和使用者支付原则的应用。另外，宏观政策制定者可能关注就业的评估，从事"保守的"环境保护活动（雇员的"环境" 总酬金是 21.7，相比较而言，其他的工资和薪水总额是 72.0）。

在表 9–3 中，不同生产活动的净运营盈余没有经过环境调整。附加的环境成本是靠引进生态收益来平衡的。这种方法是为了方便将 SEEA 的生产账户和传统 SNA 的收入账户明确地联系起来。对运营盈余的另一个可能的描述可以显示出经环境调整的净运营盈余，同时拓展表格以明确区分未经调整的总运营盈余和净运营盈余：

经环境调整的净运营盈余	55.0
＝总运营盈余	163.3
－固定资本消费	26.3
－生态收益	82.0

经环境调整的净附加值总额被称为经环境调整的净国内产值，或者简称为环境控制的国内产值（EDP）。EDP 可以用下面的方法从 GDP 中导出：

国内生产总值（GDP）	293.4
－固定资本消费	26.3
＝净国内产值（NDP）	267.1
－（估算的）环境成本	82.0
＝环境控制的国内产值（EDP）	185.1

9.4.4 最终需求

最终需求包括最终消费、净资本累积和出口。进口和出口流量只是在环境账户中稍微做了修改。然而，当考虑到账户一致性原则的时候，建议对最终消费和净资本累积做重大修改以修正净附加值。

进口和出口包括没有进入市场的废弃物流量，但已向国外转出或从国外转入，或者转移到了公海。它们要么代表了由于出口国内的残留物导致的国外自然介质的退化，要么代表了进口国外的残留物导致的国内自然介质的退化。它们被作为负值计算——避免或恢复环境质量退化的成本（出口：-4.7；进口：-1.6）。残留物的进口降低了进口总值和国内自然资产总值（自然资产净累积栏中的负项）。残留物的出口导致了出口产业环境成本估算值的增加，这意味着出口经济单位经环境调整的净附加值的下降和出口总值的下降。经济活动导致的残留物的跨界流动，这种流动不是由人力完成的，而是由环境介质（例如，水、空气）完成的，被记录为直接接收残留物的环境介质的退化。它们最终的目的是不计入账户。

在 SEEA 中，传统的家庭最终消费（175.0）保持不变。附加的（估算）环境成本（17.1），必须避免或者需要承受以恢复由家庭活动造成的环境质量的退化（土地的旅游使用 0.8，污染 15.6），或者代表了自然资源耗损的成本（木柴消费 0.7），被转换成了国内产值。

完整而详细阐述的 SEEA 包含了对家庭最终消费的进一步分解，这种分解是由与环境相关的识别功能引起的，例如，识别家庭的环境保护开支以及由环境耗损引起的损害的补偿开支（健康开支等）。

政府的最终消费（42.5）通过环境保护支出（-5.0）得到修正，环境保护支出是非市场化的，而且支付这样的支出是为了避免或恢复由其他经济单位引起的环境质量下降。这些支出具有对环境质量进行投资的性质。它的价值从政府最终消费转换到了自然资产的资本累积，并且减少了自然资产的退化，如果没有采取恢复活动的话，退化就将发生。政府出于自身目的的环境保护活动（内部活动）和政府生产活动的附加（估算）环境成本已经记录在国内产值栏中。所以，没有必要在 SEEA 中拓展政府最终消费的概念，即把估算的环境成本计入账户。

表 9-3 中的有形财富净累积部分显著不同于使用表中的资本构成的传统组合。在表 9-3 中，对最终需求的这部分描述仅限于只有三种资产的资产分类：可造的生物（自然）资产、其他生产资产、不可造的自然资产。表 9-5 给出了资本累积的进一步分解，显示了不同类型资产的完整的资产平衡表。表 9-5 中接下来的说明尤其涉及了分解模型。表 9-3 中的资本累积概念与（传统的）资

本构成［表9-5中的项（2）］和经济使用引起的自然资产数量变化的生态估价［表9-5中的项（3.1）］相对应。估价问题（市场估价还是生态估价）以及表9-5中的其他项将在9.5中讨论。

表 9-5　有形净资产的资产平衡表
货币单位

	生产资产				不可造自然资产				
					土地（自然山水、生态系统）				
	总计	生产资产（生物资产除外）	可造的生物资产	不可造的生物资产	开垦的土地,等等	未开垦的土地	地下资产	水	空气
（1）期初存量（市场价值）	2818.8	991.3	83.1	65.4	1366.7	50.4	261.9		
（2）净资本构成（产品的使用，市场价值）	50.4	45.0	-1.9		4.6		2.7		
（2.1）总资本构成	76.7	68.0	1.4		4.6		2.7		
（2.2）固定资本消费	-26.3	-23.0	-3.3						
（3）由经济使用引起的自然资产数量变化（市场价值）	36.0			-2.1	23.3	-5.0	19.8	0.0	0.0
（3.1）生态估价									
（3.1.1）数量耗损	-18.2		-0.9	-3.7			-8.9	-4.7	
（3.1.2）土地退化（不是由残留物引起的）	-9.8			-7.7	-2.1				
（3.1.3）残留物引起的退化	-45.9				-9.5	-3.1		-12.9	-20.4
（3.2）市场估价引起的调整									
（3.2.1）数量耗损	8.1		0.9	1.6			0.9	4.7	
（3.2.2）土地使用（不是由残留物引起的）	35.2				33.1	2.1			
（3.2.3）残留物引起的退化	38.8				4.0	1.5		12.9	20.4
（3.3）其他数量变化（土地使用的变化、新的发现、新的测定方法，等等）	27.8				3.4	-3.4	27.8		
（4）自然原因或复合原因引起的数量变化（市场价值）	-30.3	-25.3		1.3	-4.3	-2.0			
（5）市场价格变化引起的重新估价	533.5	138.1	12.6	11.1	331.0	11.8	28.9		
（6）期末存量（市场价值）[（1）+（2）+（3）+（4）+（5）]	3408.4	1149.1	93.8	75.7	1721.3	55.2	313.3		

在 SEEA 中，资产范围得到了拓展，包括经济活动实际使用的或可能使用的所有自然资产，或者是可以被经济生产和消费过程中产生的残留物所影响的所有自然资产。拓展的资产概念包括如下类型的资产：

生产资产：

　　人造资产（非生物资产，例如机器设备、非生物产品存货）；

　　农业、林业和渔业生产的自然资产（固定资产和库存存货）。

不可造的自然野生资产：

　　野生生物资产；

　　土地（已开垦的和未开垦的）；

　　地下资产（已开发的和未开发的探明储量）；

　　水（已储存的和未储存的）；

　　空气。

这种分类尤其区分了（用经济方法）生产资产和非生产资产，以及人造资产和自然资产。这两个标准不是等同的，因为（用经济方法）可造的生物资产既是生产资产又是自然资产。在这种情况下，只有当可造的生物资产活着的时候，才能把它们归入自然资产。进一步的细分可能要依据人类对自然环境的影响程度进行（例如，已开垦的和未开垦的土地，已开发的和未开发的地下资产）。

在表 9-3 中，生产资产的净资本累积主要是根据 SNA 的传统概念来记录的（总资本构成：68.0 和 1.4，固定资本消费：-23.0 和-3.3）。只有两个较小的偏差应该被提及：排放到自然环境中的生产资产的残留物（例如，废料、受控制的垃圾掩埋造成的污染），是由它们的避免成本（5.1）来计算的，除净资本构成之外也被展示出来了。在第二步中，这些估算成本被转换至负有行为责任的产业，或者转换至整个工业［通过环境调整行（4）］。在可造的生物资产的情况中，如果农业、林业和渔业的经济活动打破了自然平衡，例如，如果采伐木材的数量超过了自然生长速度，破坏了培植森林的生态系统，那么就有必要估算附加的耗损成本（-0.9）。在这种情况下，应该采用可持续原则，也应该计算避免成本和恢复成本。

只有当经济活动的耗损（例如，狩猎、海洋捕鱼）和自然生长不平衡的时候，才计算野生生物的耗损估算成本（在表 9-5 中：-3.7）。因此，如果耗损超过自然生长，就计算耗损成本。对这种情况下的净耗损的评估的讨论还没有得出结论。一个可行的方法是把净耗损当作耗损活动产生的总附加值来计算。如果净耗损已经避免了的话，就显示之前的附加值。另外一个方法是评估为了恢复自然平衡而采取的补偿工程的成本。

土地的净资本累积涉及经济活动对土地的使用所造成的冲击。在传统的 SNA 中，开发土地的成本被当作资本构成来处理，通常引起——从经济学观点

来看——土地质量的改善和市场价值的提高（在表 9-5 中：4.6）。而从生态学
观点来看，增加对土地的经济使用可以导致土地和陆地生态系统的质量退化。
主要原因是结构的更改（对已开垦土地进一步的经济开发，开垦未开垦的土
地）、密集的农业使用（土壤剥蚀，等等）、旅游使用（破坏生态系统）以及残
留物的沉积（例如，农药，受控制的和不受控制的垃圾掩埋产生的污染）。在
表 9-5 中，残留物引起的退化（-9.5 和-3.1）和其他经济活动引起的退化
（-7.7 和-2.1）是区别开的。

　　土地的退化是作为避免（或者至少是缓解）经济活动引起的负面影响或者
恢复退化区域的成本来衡量的，想法是将陆地生态系统保持在现有状况。这一
估价概念与市场估价有很大的不同。经济活动对土地使用量的变化常常增加土
地的市场价值，但同时也意味着土地生态质量的下降。

　　地下资产包括化石和矿产资产的探明储量。探明储量通常必须符合三个标
准：存在的可能性高（95%）、利用现有技术可开采、正的净回报，也就是说，
市场价格超过了开采成本（马丁奈茨等人，1987）。地下资产可以是未开发的，
也可以是已开发的（已建造的矿井和其他开采设备）。根据传统的 SNA，地下
资产的开发成本（也就是说，由开采活动引起的）必须作为资本构成来处理
（表 9-5：2.7）。地下资产耗损的评估必须反映这些资产未来的短缺。开采主要
是一个经济活动，而不是一个生态学问题，因为对自然平衡造成的直接冲击通
常很少，但显然应该把地表开采排除在外。地下资产耗损的间接冲击（例如，
原油运输过程中的泄漏、能源消费引起的污染）作为经济活动污染引起的环境
退化从资产评估中独立出来，单独记录。

　　人们提出了各种各样的方法来评估地下资产的耗损（参见沃德，1982）。
一些作者建议，使用采掘业的净运营盈余或其一部分。易·塞若菲（1989）的
建议似乎是一个改进可持续概念的方法。他的想法是，将耗损成本算作为了获
得长期稳定的收入流量，即使在资源开采完毕以后也可以获得，而应该投资的
货币数量。这一法则意味着用其他类型的产生收入的活动代替地下资产的使
用，与广义的可持续概念相对应。地下资产的减少可以用以下方法来平衡：例
如，增加可更新（生物）资产，或者开发太阳能和风能资源，代替煤和原油。
在表 9-5 中，地下资产的数量耗损值是-8.9。

　　水的经济使用可以导致短缺的增加（耗损）或质量的下降（残留物导致的
退化）。如果在核算期内，经济用水超过了自然水的平均流入量，就会观察到
水的短缺增加了。在这种情况下，净耗损可以当作附加值或其一部分来衡量，
来源于用水产业的额外用水（-4.7）。与野生生物的情况一样，这个值代表了
避免成本。需要进一步讨论，找到一个被普遍接受的水耗损的衡量方法。残留
物引起的水退化用它的避免（或恢复）成本来衡量（-12.9）。

如上所述，空气退化的衡量值是它的避免成本（–20.4）。

在下面的 9.5 部分，我们将要描述一个关于有形财富资产平衡表的综合系统，包含了在使用/附加值表中资本累积未核算的数量变化（例如，自然灾害和其他灾害的影响）。

9.4.5　账户一致性

环境调整的附加值总额（加上进口）与最终需求之间的国民经济核算一致性在使用/附加值表（表 9–3）中得到了维持，这是通过把自然资产的资本累积当作最终需求的一部分实现的。在表 9–6 中，我们用数字示例（参照表 9–2 和表 9–3）的方法描述了从根据 SNA 的传统综合指标到 SEEA 的环境调整的综合指标的转换。

表 9–6　账户一致性

主要投入（附加值、进口）		最终需求（国内的、出口）	
总附加值（国内总产值）	293.4	国内最终需求（SNA 概念）	294.2
–生产资产的使用（固定资本消费）	26.3	–固定资本消费	26.3
–为了当前生产而对自然资产的使用	59.8	–政府恢复成本	5.0
最终需求的环境调整	22.2	+自然资产的净资本累积（–78.9+5.0）	–73.9
环境调整的净附加值（环境调整的国内净产值）	185.1	环境调整的国内最终需求	189.0
+产品进口	74.5	+产品出口	73.7
+残留物进口	–1.6	+残留物出口	–4.7
环境调整的主要投入	258.0	环境调整的最终需求	258.0

正如已经解释过的那样，总附加值（293.4）是通过固定可造资本消费（26.3）和自然资产的使用者成本（当前生产 59.8，家庭 17.1，人造资产的残留物 5.1）来修正的。这样就得到了环境调整的净附加值（185.1）。进口的概念得到了拓展，另外包含了残留物的进口（74.5 和–1.6）。环境调整的主要投入总额（附加值加进口）是 258.0。

国内最终需求（294.2）通过固定可造资本消费（26.3）得到修正，以得到一个净额概念。政府的环境恢复成本（5.0）被当作自然资产价值的增加来处理，因此，反映在自然资产的资本累积上。如果没有政府的恢复活动，经济活动引起的自然资产的耗损和退化值将是–78.9。将这些活动记入账户，净资本累积值就变成了–73.9（–73.0 加–0.9）。最终需求总额的环境调整值（258.0）包括调整的国内最终需求（189.0）以及产品（73.7）和残留物（–4.7）的出口。这个总额与主要投入的总额相等。

9.5 有形财富的资产平衡表

正如在表 9-1 中说明的那样，使用/附加值表中的有形财富累积部分作为一个不可或缺的部分在资产平衡表中也可以看到。这在表 9-1 中已经用加号（+）和等号（=）表示出来了，插在资产平衡表的四个组成部分之间。这显示了在期末存量和期初存量总额、净资本累积、市场估价的自然资产累积的调整值、由于市场价格变化引起的其他数量变化和重新估值之间的账户一致性。这种一致性适用于人造资产（可造的，不是自然的）：

$$1149.1 = 991.3 + (68.0 - 23.0 + 5.1 - 5.1) + (-25.3 + 138.1)$$

适用于（用经济方法）可造的自然资产：

$$93.8 = 83.1 + (1.4 - 3.3 - 0.9) + (0.9 + 12.6)$$

适用于那些被经济活动使用或影响的不可造的自然资产：

$$2165.5 = 1744.4 + (7.3 - 73.0) + (81.2 + 22.8 + 382.8)$$

资产平衡表将在表 9-5 中进一步作详细说明。资产分类已经在 9.4.4 部分中描述过了。在报告期内资产的数量变化和价格变化将在表 9-5 中进一步分解，包括：

（2）净资本构成（产品的使用）；

（3）由经济使用引起的自然资产数量变化：

    （3.1）生态估价，

    （3.2）市场估价引起的调整，

    （3.3）其他数量变化（市场估价）；

（4）自然原因或复合原因引起的数量变化；

（5）市场价格变化引起的重新估价。

数量变化（2）和（3.1）反映了使用/附加值表（表 9-3 和表 9-1）中描述的净资本累积，市场估价引起的调整（3.2）与表 9-1 中的"根据市场估价调整后的自然资产累积"相对应。经济使用导致的其他数量变化（3.3）和自然原因或复合原因导致的数量变化（4）在表 9-1 中的"其他数量变化"下汇总。市场价格变化引起的重新估价在两个表中用同样的名称表现出来。

资产平衡表设计的目标是在不破坏传统的 SNA 平衡表的概念的情况下，将环境因素引入国民存量账户。正如平衡表的国际准则和调整账户（联合国，1977）以及修订的 SNA 初稿的第 XI 章（联合国，1990）建议的那样，期初和期末存量按市场价格估算或从市场价格导出其价值。如果资产是市场化的（一些可造的固定资产，如汽车、产品库存、土地），就可以采用直接的市场估价。

间接的市场估价使用净值概念（替换成本减去累积折旧）或者试图——在可耗竭的自然资产情况下，如野生生物、地下资产或水——用未来净回报（未来市场价格减去所有的开采成本，包括正常的资本租金①）的贴现值来估算资产。应该强调的是，SEEA 并不致力于不可造自然资产的完全市场估价。市场估价应该限制于出于市场目的有规律消耗的自然资产（例如，海洋鱼类、热带木材和地下资产），或者限制于直接市场化的资产（个别情况下可以包括未开垦的土地）。其他不可造的自然资产的期初和期末存量的市场价值为零。在这些情况下，只有当它们被经济活动影响的时候，才估算它们的数量变化。

在核算期内，市场估价通常被应用于数量和价格变化。生产资产的净资本构成［表 9-5 中的项（2）］反映了在传统的 SNA 框架中描述的数量变化。由经济、自然、非经济和复合（这些原因的组合）活动和事件［表 9-5 中的项（3）和项（4）］引起的一些资产的其他数量变化，是 SNA1968 年版本中的调整账户的一部分，现在将被并入累积账户，这一账户以市场价值解释了 SNA 修订版中的平衡表的变化。这些资产的期初和期末存量也以市场价值来衡量。在核算期期末向市场价值水平的转换（期末资产）显示在表 9-5 中的项（5）中（市场价格变化引起的重新估价）。

SEEA 和传统的资产平衡表之间的连接由经济使用引起的自然资产数量变化的细分引入［表 9-5 中的项（3）］。从生态学的观点来看，当经济使用影响自然平衡并导致自然资产价值下降时，就需要评估核算期内为了保持自然资本质量和数量水平不变而付出的避免或恢复成本。这些值被引入拓展的 SEEA 使用/附加值表中（见表 9-3）。这一与生态学有关的估价并不一定与相关经济使用造成的市场估价相对应。因此，引入一个调整项，可以向资产平衡表的市场估价［表 9-5 中的项（3.2）］进行转换。经济活动引起的数量变化如果不直接造成自然资产的耗损或退化（土地使用的变化、发现新的矿藏，等等），就单独记录并使用市场估价［表 9-5 中的项（3.3）］。在 SEEA 中，对自然资产的数量变化的分析集中于经济使用。因此，没有采用任何自然或复合原因（如战争和灾害）引起的自然资产数量变化的与生态学相关的估价，但是给出了数量变化的市场估价。

在这篇概述性文章中详细描述不同种类的资产的数量变化是不可能的。SNA 手册的环境核算会给出拓展的资产平衡表的更多详细细节。因此，下面有限的内容仅仅是为了帮助读者更好地理解 SEEA 中环境资产的总体范围和领域。

固定资本（固定生产资产）消费只包括早期损失的可保险的风险。战争或自然灾害引起的进一步损失记录在项（4）下（-25.3）。

---

① 正常的资本租金是指已经用于自然资产的开采的可造资产（例如，捕鱼用的拖捞船和钻探工具）。

　　生物资产的资产平衡表相对比较复杂，因为用市场价值描述可造和不可造生物资产的数量变化有不同的概念。可造生物资产的自然生长被当作经济生产（和总资本构成）来处理，而当市场价值与之关联的时候，不可造生物资产的自然生长是表 9-5 中 "(4) 自然原因或复合原因引起的数量变化" 的一部分。可造生物资产的耗损（经济使用引起的）是作为固定资本存量的减少或消费 [表 9-5 中的项 (2)] 来显示的，而不可造生物资产的耗损显示在项 (3) 下。这种不同的处理方法意味着以市场价值计算的可造生物资产的净生长（自然生长减去耗损）作为净资本构成显示在项 (2) 下 (−1.9 = 1.4 − 3.3)，而不可造生物资产的净生长等于项 (4) 和项 (3) 的差值 (−0.8 = 1.3−2.1)。

　　可造生物资产耗损的生态学价值 (−0.9) 反映了在这些资产的经济使用之外消耗养殖的生物资产的生态后果。举例来说，如果木材产区的树木被砍伐了，那么当耗损超过自然生长的时候，森林的自然平衡就被打破了。必要的 "生态" 成本可以用补偿工程的成本或净耗损（总耗损减去自然生长）产生的额外附加值来衡量。如果可造生物资产的耗损超过它们的自然生长，就需要作进一步的考虑，以避免重复计算。在这种情况下，生态估价就必须将（负的）净生长引入账户，而净生长作为（负的）资本构成已经用市场价值估过价了。

　　野生生物资产的耗损 (−3.7) 可以用类似的方法在生态学项下估价。只有当耗损与自然生长平衡的时候，自然平衡才得以维持。这就是说，只有当净耗损被积极地避免，或者恢复成本涉及生产（狩猎、收割，等等）的减少，并且相应附加值也减少，以及资源的生态功能丧失的时候，自然平衡才得以维持。

　　根据经济的或环境的观点，经济活动引起的土地质量变化的估价可能产生完全相反的结果。土地的重构和开发通常与市场价值的增加相联系，而它们的生态影响会降低土地在环境方面的价值。开发成本 (4.6) 作为资本构成显示。它们与经济使用引起的数量变化的市场价值 (23.3，−5.0) 一起，反映了不同的经济活动引起的土地所有数量和质量变化的市场价值。土地使用的数量方面（土地使用的变化）在表 9-5 中的项 (3.3) 下描述 (3.5，−3.4)。质量方面首先由生态形式显示 (−7.7，−9.5，−2.1，−3.1)，其次，调整为市场估价 (33.1，4.0，2.1，1.5)。质量变化不仅包括重构和开发导致的结果，而且包括过度的经济使用，例如，出于农业目的（经常与土壤侵蚀相关）或出于旅游目的。而且，残留物引起的退化也被记入账户中。

　　土地退化的生态估价引出了估算问题的困难。原则上，为了保持土地质量水平不变而必需的避免成本或恢复成本是要估算的。如果减少土地的过度使用，避免成本包括附加值的下降。恢复成本是补偿工程的成本。

　　地下资产的期初和期末存量（探明储量：已开发的和未开发的）是用未来净回报（即收入减去开采成本：261.9，313.3）的折现值来估算的。新发现的矿产和开采的经济条件的变化，导致了对探明储量的新的估价，显示在表9-5中的项（3.3）下（27.8）。开采成本不包括勘探成本（2.7），因为它们已经包含在了表9-5中的项（2）下。这些资产的冶炼（耗损）是用"生态"价值（−8.9）估算的，然后调整为市场价值（−8.9 + 0.9 = −8.0）。这些市场价值反映了已耗损资产的净价格（当前市场价格减去开采成本）。生态估价包括保持自然资本（开发可更新资产或永久资产的补偿工程）或总资本（人造的和自然的）水平不变的成本。

水的存量通常没有市场价值。为了饮用和灌溉而存储的水是例外。只有当平均水存量受到影响的时候，水的耗损才从生态学角度来估价。这种净耗损用它的避免成本［减少水的使用的成本，例如，削减农业生产（−4.7）］来估价。这种使用避免成本的方法同样可以用于估算残留物引起的水退化（−12.9）。

空气，作为一种自然资产，没有市场价值。因此，期初和期末存量的价值为零。为了平衡残留物引起的退化值（−20.4），引入了一个对应的正项作为对市场估价的调整。

9.6 使用与福利相关的方法衡量对环境的经济使用

在本章中使用的可持续概念是与成本相关的，而不是与福利相关的。[1] 它反映了成本核算，这对于避免、恢复或替代参考期内环境数量和质量的下降是不可或缺的。与估算污染的经济最优水平相比，这样一种方法通常建议对保护环境做出更大的努力。最优法要求在保护活动和由于未来环境破坏的避免而带来的收益流（折现值）之间达到成本收益平衡。最优化标准几乎肯定地提出一个环境耗损值，但由于未来破坏的低估、不确定性和估计不足（高贴现率），这个值从微观经济角度来看可能是最优的，而从社会角度来看可能就不是最优的了。考虑到不确定性，这种不确定性与个别（收益）估价以及社会和国际对于危急的生命支持系统的长期威胁的普遍关注相关，隐含在现有框架的成本估算中的审慎的可持续概念，即环境质量的保持（不下降），仿佛是一个现实的方法。在这方面，现行的成本方法也在其对环境退化的估价中反映了（社会）福利方面的问题。由皮尔斯、马康德亚、巴比尔提出（1990，尤其是第9页）的理论方面的研究，支持了这一方法。

---

[1] 国民核算中与福利相关的衡量问题，莱彻斯勒（1976）和联合国（1977a）都讨论过。巴特姆斯（准备发表中）讨论了资产核算方法的局限、经济增长的可持续性、对开发项目的"可行性"作模型研究的可能性。

衡量由于环境退化而产生的破坏（福利损失）的度量和估价问题是很棘手的。将特定的污染物和它们对健康和福利的影响（例如，空气污染引起的对健康的损害）明确地关联起来也是很困难的。一个评估破坏成本的推荐方法是度量消除破坏而需要的实际开支（尤诺，1989）。这一开支在 SEEA 中作为福利方面可能的扣除单独显示（雷伯特，1989）。另一个方法是直接衡量健康和福利损失，包括旅游功能或环境的审美或伦理方面的破坏。这些损失的一部分已经通过使用作为一种个人（"展现的"）偏好的近似的税款方法或者通过其他意外估价的方法来衡量（经济合作与发展组织，1989）。一旦对破坏值的综合衡量成为可能，就可以开展研究项目将它们与污染部门关联起来。在这种情况下，应该建立独立的账户，一方面可以比较实际的和假设的避免成本，另一方面可以比较实际的和估算的破坏成本。正如拜斯金（1989）作为例证建议的那样，这些比较将会促进宏观经济的成本—收益分析。这些附加的账户将允许对最终需求的组成部分作进一步修正，以导出与福利相关的度量（巴特姆斯，1987）。在综合环境与经济核算的 SNA 手册中，将讨论一个方法，这个方法可以通过拓展资产范围和生产范围从 SEEA 中与成本相关的度量中得出。这就意味着引入了自然"提供的"环境服务的概念（拜斯金，1989；斯盖佛和斯达默，1989；斯达默，1990）。

9.7　框架的应用：X 国家的桌面研究

框架中形成的经过环境修正的概念应该在对环境—经济相互关系综合评估的基础上促进备选的经济分析和政策。这种分析一方面集中于可用收入，以支付最终消费和新的投资。由于考虑到生产的环境成本，环境调整的收入一般要低于传统核算中得出的收入。这一环境核算的福利方面在收入和支出的环境研究中得到了普遍重视。另一方面，生产成本和生产所需的有形资产和资源反映了经济运行的生产能力方面和环境—经济分析。环境核算可以形成各个部门产生的附加值和各个部门使用的有形资产，这与传统核算中的收入和资本值是不同的。原因是它们分别包含了环境使用引起的成本以及更广的成本和资本概念上的不可造自然资产。附加值和生产中使用的经济资产之间已经改变的关系，可以导致从环境（核算）角度对于经济部门的营利性和生产率的相当大的重新评估。

9.7.1　X 国家的经济与环境特征

这个分析基于一组例证性的基本数据，分析的目的是阐明以上所描述的环境核算的概念和操作方法。仅仅这组基本数据的一部分显示在上面的表 9-1 到表 9-5 中。这些数据描述了一个逼真的但却是虚拟的"X"国家的经济和环境特征，因此数据在很大程度上是虚构的。然而，数据的基本核心却是从一个现有国家的国民经济核算中得来的。这些核心数据包括按活动和费用进行分类的 GDP、雇员报酬、间接税（奖金净额）、运营盈余、产出、中间消费、资本构成和固定资本消费。

所有其他的包含在框架中的国民经济核算数据，将在如下假设前提的基础上作详细阐述：国家的类型，在生产过程中产生传统的 GDP 的环境，生产对环境的影响，政府、企业和个人采取的环境保护和回应措施。这些假设前提允许对综合经济数据进行细分，这些数据是传统国民经济核算的一部分，但却不能从原始的数据组中编制得出。还作了关于国家环境条件的进一步假设，以得到环境数据，用于计算经环境调整的收入和支出概念。

正如在数据和假设中反映的那样，下面将要描述虚拟 X 国家的经济和环境特征。这个国家是一个发展中国家，有石油资源、农业生产、对木材资源的采伐，以及在河流、湖泊和海洋中的捕鱼活动。

（1）有形财富。固定资产包括建筑、机器设备、道路以及其他公共设施，也包括配种、拖拉和产奶用的牲畜，果园里的果树，葡萄园里的葡萄。对于土地，假设主要用于农业的农作物栽培和牲畜饲养，其他的服务包括居住和办公建筑，以及作为基础设施被政府持有（道路、水坝和其他设施）。

（2）环境保护。该国中所有的部门都开展环境保护活动。然而，它们集中于三个出售保护服务的部门：①"其他服务机构"，提供个人垃圾处理服务，环境咨询和回收利用；②政府，提供卫生服务；③贸易和运输机构，将垃圾运输到倾倒区以及处理和循环工厂。政府提供的环境保护（卫生）服务只出售了非常有限的部分，假定其他部分被政府自身所使用了。假定清洁活动的价值等于其成本（5.0）。家庭同样也购买环境保护服务。这些购买（8.8）在表 9-3 中的"家庭最终消费"栏中作为开支表示出来。

（3）矿藏开采。这个国家的矿藏价值尤其是包含了石油储备价值（表 9-5 中的期初存量：261.9）。由于勘探活动发现了新的油田，这在表 9-5 中表示为"其他数量变化"（27.8），超过了耗损的数量（-8.9+0.9）。

（4）自然生长。该国拥有一个十分重要的农业部门，在河流、湖泊和海洋中经营的捕鱼业，以及树木的采伐和补植等开发活动都受到控制的林区。农村地区也有较小规模的木材采集活动，没有任何许可证的限制。

（5）自然灾害。在核算期内，该国遭受了一场较大规模的地震，毁坏了政府持有的一些基础设施，尤其是道路，还毁坏了制造部门的机器设备，以及被记为其他服务部门的资本的住房和其他建筑。毁坏的总价值包含在表 9-5 中

（"自然原因或复合原因造成的数量变化"：–25.3）。

（6）污染。该国由于经济活动造成的污染影响被记录在表 9–3 中相当于残留物引起的土地、水和空气质量退化的行中。如果空气和水受到污染，假定不仅国内的空气和水受到影响，而且周边国家也会受到影响（–4.7）。私人家庭同样也会造成污染，假定这些污染由非法排放和累积的废弃物造成的影响构成。这种污染的成本（15.6）反映在残留物引起的质量退化和家庭消费的交叉点处。

（7）热带雨林向商业使用的转变。热带雨林的一个有限的部分被转变为平地，以供农业、城市和工业发展使用。这在表 9–5 中记录为土地使用的变化（± 3.4）。

9.7.2　在国民经济核算和环境核算基础上，对 X 国的经济条件做比较分析

在表 9–7 和表 9–8 中，我们比较传统核算中的综合指标和指示器与环境核算中相应的内容。NDP 是国民经济核算的主要概念，而 EDP 是作为环境核算中的替代物使用的。

（1）收入和支出。收入和支出分析是基于国民核算一致性的，这种一致性存在于收入和国内支出（最终消费、投资）加出口减进口之间。基于表 9–2 和表 9–3 的收入和支出综合指标在表 9–7 中显示出来。

对于传统的国民经济核算（表 9–7 中的第 1 栏），收入概念是 NDP，支出概念是最终消费、净资本构成和出口减进口。而对于环境核算（第 2 栏），NDP 被 EDP 所代替，消费被环境调整的消费所代替，净资本构成被净资本累积所代替。环境调整的消费可以由最终消费减去环境的改善得到，假定环境的改善等于政府的净（核算清除它自己造成的污染）环保支出（5.0）。环境调整的资本累积（–23.5）可以通过从净资本构成（50.4）中减去所有（可造的和不

表 9–7　传统核算和环境核算的分析标准：资源和使用

宏观综合指标	基　于		差异率 (2) – (1) /NDP
	NDP (1)	EDP (2)	
收入/支出	267.1	185.1	–31
最终消费	217.5	212.5	–2
占国内最终使用的百分比	81	112	
资本构成（累积）净额	50.4	–23.5	–28
占国内最终使用的百分比	19	–12	
出口	73.7	69.0	–2
减去：进口	74.5	73.9	–1

表 9-8　传统核算和环境核算的分析标准：收入、产出和资本

(用百分数表示)

分析标准	产业								
	总计	农业	采矿业	制造业	电、气、水业	建筑业	贸易和运输业	其他服务业	政府服务业	环境调整
(1)									
EDP 占 NDP 的百分比	69	51	48	78	97	90	86	91	96
附加值占产出的百分比，基于：									
NDP	52	77	44	34	36	45	61	62	61
EDP	36	39	21	27	34	41	52	57	59
附加值所占的百分比：									
NDP	100	12.1	12.6	16.7	0.8	7.1	26.2	14.5	9.9	
EDP	100	8.9	8.8	18.7	1.1	9.2	32.5	19.1	13.7	−12
(2)									
期初平衡表：									
生产资产占所有资产的比率，所有资产中包括非生产资产	38	43	13	91	92	95	97	34	29
期初平衡表和期末平衡表之间的变化百分比：									
净资本构成及由于经济使用造成的数量变化（生态估价）									
生产资产	4	2	0	11	2	3	4	10	3
所有资产，包括非生产资产	1	−4	−2	10	2	3	4	3	1
资产的其他数量变化，净值									
生产资产	−2	0	0	−16	0	0	0	−5	−1
所有资产，包括非生产资产	0	0	8	−14	0	0	0	−2	−1
重新估价和环境价值的误差									
生产资产	14	15	13	13	15	13	12	15	15
所有资产，包括非生产资产	20	20	13	14	16	13	13	23	24
总变化，净值									
生产资产	16	17	13	8	17	15	16	20	17
所有资产，包括非生产资产	21	17	19	10	18	16	16	24	24
(3)									
附加值—资本比率，基于：									
NDP	25	20	73	46	35	21	44	49	6
EDP	7	4	5	32	31	18	36	15	2

可造的）资产类别的环境使用总额（73.9）得到。

　　这两组综合指标数据给该国的经济情况作出了非常不同的描述。在 NDP 和 EDP 之间，收入急剧下降，从 267.1 下降到 185.1，这意味着约 31% 的下降。这一下降的大部分源于对资本构成概念的修改，以得到一个新的资本累积概念。净资本构成从正值（50.4）变为负的净资本累积（-23.5），造成收入下降约28%。GDP下降总值中剩下的3%由最终消费和环境调整的消费之间的差异（-2%）以及出口减进口的减少（-1%）来解释（见表9-7中的第3栏）。

　　根据传统的国民经济核算，该国的国内支出显示了资本构成的健康状况，占总支出的19%。然而，环境核算显示出，资本累积是负值。解释这一结果的主要因素是，将不生产资产包括进了资产的范畴：自然资产的耗损降低了资本构成，下降值为18.2；进一步的下降（-55.7，见表9-3）来源于土地、水和空气的退化。

　　（2）收入、产出和资本。与传统的国民经济核算相比，环境核算中与生产有关的变化在表9-8的三个部分中作了详细阐述。在表9-8中，我们使用了特殊产业的数字，这些数字没有在上面的表9-2和表9-3中显示，但是代表了这些表的分解（根据经济部门）数字。表中的部分（1）显示了EDP中整体经济的附加值的下降，下降至NDP的69%。然而，部门与部门之间的冲击却是不同的。最大的下降出现在采矿业（52%）和农业（49%）。制造业的下降是22%。贸易和运输部门由于交通污染的环境成本同样下降了14%。所有其他的部门下降较少。

　　在表9-8的部分（1）中，这些差异同样反映在NDP和EDP计算的产出附加值率上。从经济整体来看，这一比率从52%下降到36%。最大的下降发生在农业部门，从77%下降到39%，其次是采矿业（44%下降到21%）、贸易和运输业（61%下降到52%）以及制造业（34%下降到27%）。其他部门的下降就少得多了。因此，不同部门对EDP的贡献次序与对NDP的贡献次序是不同的。贸易和运输部门对EDP和NDP而言都是最大的贡献来源。制造业是对NDP的第二大贡献来源，其他服务部门排第三。而对EDP而言，顺序就颠倒过来了。经济中农业和采矿业的比重下降，而建筑业和政府服务业的重要性却上升。

　　在传统的国民经济核算和环境核算中，生产成本的其他要素，对经济财富的使用，受影响的范围也是不一样的。正如在表9-8的部分（2）中所显示的那样，生产资产在国民经济核算中是资本的基本组成部分，如果非生产资产被包括进账户的话，生产资产在整体经济中就只占已使用资本总值的38%。对单个部门而言，生产中所使用的经济财富的范围差异甚至更加显著：尤其是在采矿部门中，生产资产只占经济活动所使用的资产总值的13%。

　　资产范围的变化同样也影响期初平衡表和期末平衡表之间的经济财富的时间变化。在表9-8的部分（2）中，资产的总变化被细分为净资本累积（包括经济使用引起的自然资产数量变化的生态估算），其他数量变化，以及由于市场价格变化和根据市场估价对生态资产进行调整造成的估价误差。

净资本累积引起的生产资产的百分比变化（4%）高于引起的所有资产的变化（1%）。然而，对于其他数量变化，这种关系就颠倒了。在传统的资本概念下，其他数量变化——由地震破坏产生——造成了生产资产的下降（–2%），而基于更广概念的经济财富大致保持不变（0%）。这种颠倒主要源于将新发现的后者概念中的地下资产（27.8，见表9–5）包含进来了。

对生产资产的估价有14%的误差，反映了该国的平均年通货膨胀率，假定为15%。与此相比，所有资产的价值增长了20%。这主要是由于将开垦的土地资产包括进来了，其价格大大增加（增加值为331.0，期初存量为1366.7，见表9–5）。

对于单个的部门，可以描述出一个基本的结构：总的数量变化，定义为净资本累积和其他数量变化的总和，在传统的资本概念和更广的经济财富概念之间大致是相同的。对于农业而言，有一个显著的不同：在这个部门中，当使用更窄的生产资产概念时，经济财富的数量增加了2%（净资本累积增加的2%，加上其他数量变化增加的0%），而当所有资产的数量变化被引入账户时，却下降了4%（净资本累积增加的–4%，加上数量变化增加的0%）。后者的下降源于土地侵蚀，农业、林业和渔业持有的自然资源的耗损和污染（包括酸沉降）造成的负面影响。

附加值和经济活动中使用的经济财富的联合变化对资本的生产率或收益率产生了相当大的影响。对基于 NDP 和基于 EDP 的附加值/资本比率的不同影响显示在表的最后一部分（3）中。对于经济整体而言，基于国民经济核算（NDP）的附加值和资本的比率是25%；如果基于环境核算（EDP），这一比率下降至7%。对于特殊的部门，这一差异甚至更大。在采矿业，基于 NDP 的附加值/资本比率是73%，而对于 EDP 就只有5%。对于农业，这一比率从20%下降至4%；对于其他服务业，从49%下降至15%。这些都是生产率或收益率指标的显著变化，将促使人们重新确定投资策略，考虑经济部门之间的资本配置。当达到环境成本也被包括进（内部）商业账户的程度时，基于 EDP 的新标准同样也会影响微观经济投资决策。

参考文献

1. Ahmad, Y.J., El Serafy, S., and Lutz, E. (eds.). *Environmental Accounting for Sustainable Development*, The World Bank, Washington, D.C., 1989.

2. Alfsen, K.H., Bye, T., and Lorentsen, L., *Natural Resource Accounting*

Analysis, The Norwegian Experience, 1978-1986, Central Bureau of Statistics of Norway, Oslo, 1987.

3. Ayres, R.U., *Resources, Environment and Economics*, New York, 1978.

4. Ayres, R. U. and Kneese, A.V., Production, Consumption and Externalities, *American Economic Review*, Vol. 59, No.3, pp.282-297, June 1969.

5. Bartelmus, P., Accounting for Sustainable Development, United Nations, Department of International Economic and Social Affairs, Working Paper No.8, New York, 1987.

6. *Accounting for Sustainable Growth and Development: Structural Change and Economic Dynamics* (in preparation).

7. Blades, D.W., Measuring Pollution within the Framework of the National Accounts, in Ahmad, Y.J., El Serafy, S., and Lutz, E., pp.26-31, 1989.

8. Daly, H.E., Sustainable Development: From Concepts and Theory towards Operational Principles, *Populations and Development Review* (in preparation).

9. Sustainable Development: From Concepts and Theory towards Operational Principles (in preparation).

10. Drechsler, L., Problems of Recording Environmental Phenomena in National Accounting Aggregates, *Review of Income and Wealth*, 22 (3), pp.239-252, 1976.

11. El Serafy, S., The Proper Calculation of Income from Depletable Natural Resources, in Ahmad, Y.J., El Serafy, S., and Lutz, E., pp.10-18, 1989.

12. Harrison, A., Environmental Issues and the SNA, *Review of Income and Wealth*, 35 (4), pp.377-388, December 1989.

13. Hueting, R., *New Scarcity and Economic Growth: More Welfare Through Less Production!* 1980.

14. Hueting, R. and Leipert, C., Economic Growth, National Income and the Blocked Choices for the Environment, Wissenschaftszentrum Berlin für Sozialforschung (discussion paper), Berlin, 1987.

15. Institut National de la Statistique et des Etudes Economiques *Les Comptes du Patrimoine Naturel*, Les collections de l'INSEE, Ser.C, 137/138, INSEE, Paris, 1986.

16. *Les Comptes Satellites de l'Environnement, Méthodes et Résultats*, Les collections de l'INSEE, Ser.C 130, INSEE, Paris, 1986a.

17. Isard, W., Some Notes on the Linkage of the Ecologic and Economic Systems, *Regional Science Association Papers*, 22, pp.85-96, 1969.

18. Leipert, C. National Income and Economic Growth: The Conceptual Side of Defensive Expenditures, *Journal of Economic Issues*, 23 (3), pp.843 – 856, 1989.

19. Leontief, W., National Income, Economic Structure and Environmental Externalities, in Moss, M. (ed.), *The Measurement of Economic and Social Performance*, Studies in Income and Wealth, Vol.38, NBER New York, London, pp.565–578, 1973.

20. Lemaire, M. Satellite Accounting: A Solution for Analysis in Social Fields, *Review of Income and Wealth*, 33 (3), pp.305–325, 1987.

21. Lutz, E. and El Serafy, S., Recent Developments and Future Work, in Ahmad, Y.J., El Serafy, S., and Lutz, E., pp.88–91, 1989.

22. Martinez, A.R., Ion, D.C., De Sorcy, G.J., Dekker, H., and Smith, S., Classification and Nomenclature System for Petroleum and Petroleum Reserves, Twelfth World Petroleum Congress, Houston, 1987.

23. OECD Environmental Policy Benefits: Monetary Valuation, study prepared by D.W. Pearce and A. Markandya, Paris, 1989.

24. Olsen, M. The Treatment of Externalities in National Income Statistics, in Wingo, L. and Evans, A. (eds.), *Public Economics and the Quality of Life*, Baltimore, Md., 1977.

25. Pearce, D.W., Markandya, A., and Barbier, E., *Blueprint for a Green Economy*, London, 1989.

26. *Sustainable Development: Economy and Environment in the Third World*, London, 1990.

27. Peskin, H.M., A Proposed Environmental Accounts Framework, in Ahmad, Y.J., El Serafy, S., and Lutz, E., pp.65–78, 1989.

28. Pezzey, J., Economic Analysis of Sustainable Growth and Sustainable Development, World Bank, Environment Department Working Paper No.15, Washington, D.C., 1989.

29. Repetto, R. and others, Wasting Assets: Natural Resources in the National Income Accounts, World Resources Institute, June 1989.

30. Schäfer, D. and Stahmer, C., Input-output Model for the Analysis of Environmental Protection Activities, *Economic Systems Research*, 1 (2), pp.203–228, 1989.

31. Conceptual Considerations on Satellite Systems. *Review of Income and Wealth*, 36 (2), pp.167–176, 1990.

32. Stahmer, C. Cost-Oriented and Welfare-Oriented Measurement in Environmental Accounting, paper presented at the Fifth Karlsruhe Seminar on Models and Measurement of Welfare and Inequality, August 12–19, 1990.

33. Teillet, P. A Concept of Satellite Accounts in the Revised System of National Accounts, *Review of Income and Wealth*, 34 (4), pp.411–439, 1988.

34. United Nations, *A System of National Accounts*, United Nations publication, No. E.69. X Ⅶ.3, 1968.

35. *Draft Guidelines for Statistics on Materials/Energy Balances*, United Nations Publication No.E/CN.3/492, 29 March, 1976.

36. *Provisional International Guidelines On the National and Sectoral Balance-Sheet and Reconciliation Accounts of the System of National Accounts*, United Nations publication, No.E.77.XⅦ.10, 1977.

37. *The Feasibility of Welfare-Oriented Measures to Supplement the National Accounts and Balances*: A Technical Report, United Nations Publication Series F, No.22, New York, 1977.

38. *Revised System of National, Accounts, Prelimary Draft Chapters, Provisional*, future ST/ESA/STAT/SER.F/2/Rev.4, February 1990.

39. *International Standard Industrial Classification of all Economic Activities* (*ISIC*), United Nations Publication, Series M, No.4, Rev.3, New York, 1990a.

40. *Concepts and Methods of Environment Statistics, Statistics of the Natural Environment—A Technical Report*, United Nations publication, in preparation.

41. *Central Product Classification* (CPC), United Nations publication, in preparation, Uno, K., Economic Growth and Environmental Change in Japan-Net National Welfare and Beyond, in Archibugi, F. and Nijkamp, P. (eds.), *Economy and Ecology: Towards Sustainable Development*, 307–332, Dordrecht, 1989.

42. Ward, M., *Accounting for the Depletion of Natural Resources in the National Accounts of Developing Countries*, OECD Development Centre Publication, Paris, 1982.

43. World Commission on Environment and Development, *Our Common Future*, Oxford University Press, Oxford, 1987.

本文载《收入和财富评价》第 37 期，第 111~148 页。

第 10 章 美国：综合经济与环境核算：
来自 IEESA 的经验

J.斯蒂芬·兰德菲尔德

斯蒂芬尼·L.霍韦尔

在 1994 年 4 月，美国经济分析局（BEA）引进了一个综合经济与环境的卫星账户（IEESAs）框架，这一框架设计为可以包含经济与环境的相互作用。仿照联合国的综合经济与环境核算手册，这一框架被设置为辅助账户，补充而不是代替现有的账户。本章考虑了 BEA 在发展 IEESAs 中的经历，总结了一些经验，可能对正在考虑类似计划的国家有用。[①] 近几年来，国民经济账户得益于概念、原始数据和评估方法的讨论和批判。希望相同的状况也在 IEESAs 上发生。

10.1 背 景

经济活动的度量，例如国内生产总值（GDP）和国民财富，形成了深远的观念和政策。对于经济和自然环境之间的关键的相互作用的更好理解要求更好地度量这种关系。然而，构造账户来阐明这些相互作用涉及多种问题，包括问题本身有争议的本质、理论方法和数据限制。希望向环境—经济账户转变的国家在进行它们的研究和实施计划时，应该慎重地考虑每一个问题。

确定账户的目标显然是一开始要做的事，但是需要特别提出的是，围绕环境讨论的气氛导致了迈出这第一步的紧迫性。几十年来，环境状况已经成为国际社会关注的一个来源，但是对环境状况的评估和保持或恢复的方法仍然存在

---

① Copies of the two *Survey of Current Business* articles detailing the accounts are available on the Internet or by calling （202）606-9900.

K.尤诺和 P.巴特姆斯（合著）：《环境核算理论与实践》，第 113~129 页。

1998 年克鲁沃学院出版社，大不列颠境内印刷。

很大的分歧，而且争论各方的情绪强度形成了一种气氛，在这种气氛下，任何的参与都意味着对某种形式的拥护。

10.1.1 经济账户对福利账户

自从美国的国民核算账户建立以来，就一直存在着一种争论，关于自然资源和环境的处理方法，以及对经济和环境发展的一整套更广的基于福利的度量的处理方法。有这样一个学派，其代表人物是库兹奈茨（1946），偏好于一组更宽泛的与福利相关的账户的发展，这组账户关注可持续性，而且阐明了与经济发展相联系的外部性和社会成本。① 而另一个学派，其代表人物是杰斯兹（1971），主张国民核算账户必须客观、明了，因此必须基于可观测的市场交易。杰斯兹认为，从概念上说，账户应该得到拓展，以处理经济发明、耗损和自然资源存量，对称的还有工厂、设备以及其他经济资源。然而，可观测的市场交易的缺乏和普遍的不确定性以及与这些评估相连的主观性使他得出结论，即这些内容不应该包括进账户中。②

在 20 世纪 60 年代和 70 年代早期，另一个更加关注环境的学派倾向于扩展账户，原因是他们关注环境退化，担心世界即将耗尽资源，而进入"增长瓶颈"。③ 与经济增长相关的外部性同样促进了人们对更广的社会账户的不断继续研究的兴趣。在其他的学派中，诺德豪斯和托宾（1973）研究了对传统经济账户的调整，以适应人们闲暇时间的变化、城市化带来的麻烦、自然资源的耗竭、人口增长以及其他方面的福利，这产生了经济福利的指标。然而，包含在对非市场行为的这些度量中的似乎没有限制的范围、不确定性的程度以及主观性的程度，限制了这些社会指标的实用性，也限制了人们对这些社会指标的兴趣。人们感到，包含这些度量将明显地降低传统的经济账户在分析市场行为方面的实用性。随后，人们的注意力集中于更加容易识别和直接相关的市场问题

① In the last chapter, Kuznets（1996）notes that the result of the restriction of national income estimates to economic activities is that they "neglect completely any consideration of such costs of economic activity as impinge directly upon consumers'satisfaction or the welfare of the community" and that errors of both omission and commission "renders national income merely one element in the evaluation of the net welfare assignable to the nation's economic activity".

② Jaszi（1971）makes clear his belief that "the tools we have available to construct a measure of output...cannot be used to construct a measure of welfare".

③ This environmentalist school of thought has a long tradition both within and outside of economic circles. For example, US Vice President Gore（1992）goes beyond economic analysis in his comprehensive evaluation of the environment and society. Daly and Cobb（1989）use a more traditional economic approach in their development of the Index of Sustainable Economic Welfare. Cobb et al.（1995）use a similar approach in their calculation of a "Genuine Progress Indicator" that adjusts GDP for household production, crime, and other welfare effects.

上，例如在经济账户中，在多大程度上可以识别出哪些支出与环境保护和恢复（以及其他所谓的防御支出）相关。

10.1.2　联合国的环境与经济核算体系

联合国的环境与经济核算体系（SEEA）的发展以及补充或辅助账户的使用在解决长期存在的僵局方面走过了很长的历程，这一僵局存在于那些主张扩展账户的人和那些忙于保持现有经济账户的实用性的人之间。补充账户允许基于概念的和基于经验的研究，以产生评估方法，这些评估方法可以与现有账户连接起来，却不会降低账户的实用性。

正如在联合国（1993a）手册中描述的那样，SEEA 是一个灵活的、可扩展的辅助系统。它利用物质平衡的方法展示了经济与环境之间一整套的相互作用。SEEA 是基于国民核算系统（SNA）（欧共体委员会等，1993）建立的，并且设计为要与 SNA 共同使用。与 1993 年的 SNA 一样，SEEA 主要关注于环境的本质，如生产、收入、消费和财富。

SEEA 有四个级别，每一个都依次提供了更加综合的账户，以反映经济和环境之间的相互作用。这种四级表达意识到了发展概念、存储和扩充原始数据，以及根据不同的分析要求修改执行过程的需求。起点是 1993 年的 SNA，分解了与环境相关的经济活动和资产，或为其提供了额外的详细数据。第二级始于第一级的物质对应。它在物质项下描绘了环境和经济之间的相互作用，提供了那些价格被应用的物质的数量，以得到包含在经济账户中的物质的经济价值。这些物质账户同时为自然资源账户以及原材料和能源平衡账户提供了联系的桥梁。然后它将物质数量和货币价值连接起来。SEEA 开始的两级记录了经济对不可造资产或环境资产的影响，这种影响要么表现为资产的其他数量变化，要么表现为对生产要素的收入分配的变化；这些变化没有对国内生产总值、最终需求或国内净产值产生明确的影响。

第三级为经济和环境之间的相互作用提供了更为综合和明确的度量。它是通过如下方法实现的：首先，使用替代的估价技术，即替换使用与市场相连的估价方法；其次，更加明确地引入环境对度量国民生产、投资、收入和财富的影响。

第四级由对 SEEA 的进一步拓展组成。提供这些拓展是为了"给进一步的分析应用打开一扇窗户"，并且需要进一步的研究。它们包括家庭生产，以及家庭生产中使用的娱乐服务和其他无法估价的环境服务。

10.2 BEA 的综合经济与环境的辅助账户

在 BEA 建立它的 IEESAs 的过程中，是以 20 世纪 70 年代的社会账户的一些关键经验和 SEEA 的框架为基础的。第一，这些账户应该集中于一组特殊的事项。第二，给定使用的类型，对这些类型是要做评估的，由于给定概念发展的初始阶段和统计上的不确定性（即使这些评估被限于环境对市场活动的影响），这些评估应该在一个补充的或辅助的框架下发展。第三，这些账户不应该集中于可持续性或一些标准化的目标，而应该包含那些可以与市场活动相连的，并可以用市场价值或其替代物估价的相互作用。第四，为了与现有账户的焦点保持一致，补充账户应该建立在这样一个方式之中，即与现有账户协调一致，从而可以分析环境与经济之间的相互作用对生产、收入、消费和财富的影响。

现有的经济账户并不提供标准化的数据，BEA 的综合经济与环境账户也不提供。IEESAs 要么报告市场价值，要么代替市场价值。如果一个与产权有关的问题导致了一种资源的价值低估和过度开发，一组综合的经济账户就不会揭示正确的价格或存货的确切水平。然而，它们会提供数据，例如，关于存货价值变化的数据和资源产生的收入的分配数据，而这些数据是对问题的客观分析所需要的。

10.2.1 范围

按照第一个标准，BEA 将 IEESAs 限制在那些直接影响经济的相互作用中，因此这些相互作用与经济账户的目标相关。从这个立场出发，环境可以被认为是由一系列自然资源和环境资产组成的，并为经济提供可识别的而且重要的货物和服务流量。经济所使用的这些有生产价值的自然资产以及它们提供的货物和服务可以被分为两大类。当对自然资产的使用永久地或暂时地削减其数量时，这被看做是与货物或服务流量有关，而且资产的数量减少被称为耗损。当对自然资产的使用降低了其质量时，资产的质量下降被称为退化。然而，自然资产的使用只描述了经济与环境之间相互作用的一部分，仍然有回馈影响，例如，现在的污染或过度采收会造成谷物、木材、水产等的未来产量的下降。原材料平衡和能源账户既强调了自然资产的使用，又强调了使用造成的回馈影响；因此，它们获得了经济与环境之间完全的相互作用。对于环境资产的情况，回馈就更加复杂，它经常影响其他的产业和消费者。

综合经济与环境核算致力于描述这些经济与环境之间的相互作用，既有使用又有回馈。然而，当这种描述拥有许多组成要素而变得很复杂时，根据定义它并不包含环境自身中的很多变换和相互作用，例如，陆地上和海洋里的植物清理野生鱼类和哺乳动物产生的废弃物，或者是将自然中的二氧化碳转化为氧气。

依据账户中的第一个标准，这些现象是客观存在的，而不是标准化的。它们在市场的货币项下描述了与市场有关的活动，而不包含任何关于被反映的情况是否"正确"的结论。简单地说，IEESAs 试图回答由经济与环境之间的相互作用提出的分析性问题，例如：

（a）国民财富中包含自然资源，例如石油储备、燃气储备和木材，用于生产之中。这些资源的多大比例正在被使用？

（b）采矿业中的生产者收入包括钻探机、采矿设备和其他从事生产的建筑和设备的回报以及矿产的回报。回报的多大份额可归因于矿产？

（c）经济活动通过勘探和技术革新增加了自然资源的探明储量。生产中使用的多少自然资源被这些增加弥补了？

（d）家庭、政府和企业都为环境的保持或恢复支付了费用。它们为环境的开支各占多大份额？

（e）经济活动将废弃物排放到空气和水中，造成的环境退化是要付出成本的，例如木材产量降低，捕鱼量下降，以及清理成本升高。这些成本是多少？哪些部门来承担？

10.2.2　结构特征

依照第二个标准，IEESAs 有两个主要的结构特征。首先，自然和环境资源被当作具有生产能力的资产对待，并且只考虑资源的经济方面的生产能力。这些资源，连同建筑和设备一起，被看做是国民财富的一部分，它们产生的货物和服务流量可以被识别，它们对生产的贡献可以被度量。其次，账户提供了大量关于支出和资产的细节，这些细节与对相互作用的理解和分析相关。充分实施的 IEESAs 将允许识别自然资源和环境资源的经济贡献，这种贡献来自不同产业、不同收入类型和不同的产品。最后，不同领域的账户将加上一个重要的分析尺度。

10.2.3　具有生产能力的资产

BEA 决定在 IEESAs 中将自然资源和环境资源当作具有生产能力的资产来处理，这个决定是基于它们与人造资本之间的相似性：由于劳动力和原材料被用于生产固定资产，它们将来会产生服务流。对于存货来说，持有库存是为了应付进一步的制造、销售、运输或中间使用。固定自然资源的一个例子是树

表 10–1　IEESA 资产账户，1987（10 亿美元）

	行序号	期初存量（1）	变　　化				期末存量（1+2）（6）
			净额总值（3+4+5）（2）	折旧耗损退化（3）	资本构成（4）	重新估价和其他变化（5）	
可造资产							
人造资产	1	11565.9	667.4	−607.9	905.8	369.4	12233.3
固定资产	2	10535.2	608.2	−607.9	875.8	340.2	11143.4
居住用建筑和设备，个人和政府	3	4001.6	318.1	−109.8	230.5	197.4	4319.7
非居住用固定建筑和设备，个人和政府	4	6533.6	290.1	−498.1	645.3	142.9	6823.7
相关的自然资源	5	503.7	23.1	−19.2	30.3	12.0	526.8
环境管理	6	241.3	8.4	−7.0	10.6	4.7	249.6
保护和发展	7	152.7	3.6	−4.4	5.3	2.7	156.4
供水设备	8	88.5	4.8	−2.5	5.3	2.0	93.3
污染冲减和控制	9	262.4	14.7	−12.2	19.7	7.3	277.1
卫生服务	10	172.9	12.8	−5.6	13.7	4.8	185.8
空气污染冲减和控制	11	45.3	0.6	−4.1	3.5	1.3	45.9
水污染冲减和控制	12	44.2	1.3	−2.5	2.6	1.2	45.5
其他	13	6029.9	267.0	−478.9	615.0	130.9	6296.9
库存/1/	14	1030.7	59.3	…	30.1	29.2	1090.0
政府	15	184.9	6.6		2.9	3.8	191.7
非农业	16	797.3	62.4		32.7	29.7	859.7
农业（收割的谷物、除牛和牛犊以外的牲畜）	17	48.5	−9.9	…	−5.5	−4.4	38.6
谷物	18	10.2	0.3	…	−1.1	1.4	10.5
大豆	19	5.0	−0.1	…	−1.0	0.9	4.9
所有种类的小麦	20	2.6	0.0	…	−0.2	0.2	2.6
其他	21	30.7	−10.1	…	−3.2	−6.9	20.6
已开发的自然资产	22	n.a.	n.a.	n.a.	n.a.	n.a.	n.a.
已开发的生物资源	23	n.a.	n.a.	n.a.	n.a.	n.a.	n.a.
已开发的自然生长的固定资产	24	n.a.	n.a.	n.a.	n.a.	n.a.	n.a.
用于繁殖、产奶、拖拉等的牲畜	25	n.a.	n.a.	n.a.	n.a.	n.a.	n.a.
牛	26	12.9	2.0	n.a.	−0.3	2.3	14.9
鱼类资源	27	n.a.	n.a.	n.a.	n.a.	n.a.	n.a.
葡萄园、果园	28	2.0	0.2	n.a.	0.0	0.2	2.2
林场中的树木	29	288.8	47.0	−6.9	9.0	44.9	335.7
开发中的自然生长产品	30	n.a.	n.a.	…	n.a.	n.a.	n.a.

续表

	行序号	变化					
		期初存量 （1）	净额总值 (3+4+5) （2）	折旧耗损退化 （3）	资本构成 （4）	重新估价和其他变化 （5）	期末存量 (1+2) （6）
饲养的用于屠宰的牲畜	31	n.a.	n.a.	…	n.a.	n.a.	n.a.
牛	32	24.1	7.5		0.0	7.5	31.6
鱼类资源	33	n.a.	n.a.		n.a.	n.a.	n.a.
牛犊	34	5.0	0.9	…	-0.5	1.4	5.9
尚未收割的谷物其他可造作物	35	1.8	0.3		0.1	0.2	2.1
已探明的地下资产/2/	36	270.0~1066.9	57.8~-116.6	-16.7~-61.6	16.6~64.6	58~-119.6	299.4~950.3
石油（包括液态天然气）	37	58.2~325.9	-22.5~-84.7	-5.1~-30.6	5.8~34.2	-23.1~-88.3	35.7~241.2
燃气（包括液态天然气）	38	42.7~259.3	6.6~-57.2	-5.6~-20.3	4.1~14.9	8.1~-51.8	49.4~202.2
煤	39	140.7~207.7	2.2~-3.4	-5.4~-7.6	4.4~6.3	3.2~-2.1	143.0~204.2
金属	40	*-215.3	67.2-29.5	-0.2~-2.2	2.2~9.2	65.2-22.5	38.5~244.8
其他矿产	41	28.4~58.7	4.3~-0.8	-0.4~-0.9	0.1~0.0	4.6~0.1	32.8~57.9
已开发的土地	42	n.a.	n.a.	n.a.	n.a.	n.a.	n.a.
地下建筑（个人）	43	4053.3	253.0	n.a.	n.a.	n.a.	4306.3
农业用地（除葡萄园、果园之外）	44	441.3	42.4	n.a.	-2.8	45.2	483.7
土壤	45	n.a.	n.a.	-0.5			n.a.
娱乐用地和娱乐用水（公共）	46	n.a.	n.a.	-0.9	0.9		n.a.
森林和其他林地	47	285.8	28.8	n.a.	-0.6	29.4	314.6
不可造资产 / 环境资产							
未开发的生物资源	48	n.a.	n.a.	n.a.	n.a.	n.a.	n.a.
野生鱼类	49	n.a.	n.a.	n.a.	n.a.	n.a.	n.a.
原始森林中的树木和其他植物	50	n.a.	n.a.	n.a.	n.a.	n.a.	n.a.
其他未开发的生物资源	51	n.a.	n.a.	n.a.	n.a.	n.a.	n.a.
未探明的地下资源	52	n.a.	n.a.	n.a.	n.a.	n.a.	n.a.
未开发的土地	53	n.a.	n.a.	-19.9	19.9	n.a.	n.a.
水（经济对储量变化造成的影响）	54	…	n.a.	-38.7	38.7	n.a.	…
空气（经济对储量变化造成的影响）	55	…	n.a.	-27.1	27.1	n.a.	…

注：…表明该项目不可用。

n.a.：数据不可得。

*：这一项的计算值为负。

① 这种存量的评估方法不同于 NIPA 的评估方法，NIPA 的评估方法加上了政府的存量，并将牛和牛犊单独显示。在 IEESA 账户完全实行的时候，农业存量将只包括已收割的谷物。

② 所有栏目的评估源于一种估价方法（参见备选方法的进一步讨论的文章），这种估价方法得出了期初存量的最低评估和最高评估。

木；自然资源存货的一个例子是饲养的用于屠宰的牲畜。

表 10-1 IEESA 资产账户，1987（10 亿美元）。这张表可以作为对 IEESA 广泛适用的评估方法的详细清单。按照质量的降序排列，表中填写的评估方法如下：对人造资产来说，评估固定可再生的有形库存和存货的方法，来自于 BEA 的国民收入和产品账户或基于这些账户，评估污染存量冲减的方法，来自于 BEA 评估法（第 1~21 行）；对地下资产来说，基于备选估价方法的区间高点和低点，来自于手册条款（第 36~41 行）；所有评估方法中最好的，或按等级大致排列的评估方法，用于评估一些其他的已开发的自然资产（从第 23~35 和第 42~47 行中选出）和一些环境资产（从第 48~55 行中选出），是由 BEA 基于手册条款中描述的大量原始数据制定出来的。"n.a." 项——数据不可得——代表了研究计划。

固定资产和存货之间的区别不总是明显的，每一个国家都有其自己的分类。一个例子是关于矿产资源分类的长期争论。已探明的矿产储备可以看做与存货类似——它们是一组数量固定的部件，等待着在生产中被消耗。然而它们同样符合固定资本的分类特征——为了生产它们，需要原材料和劳动力支出，并且它们在长时间内产生产品流量。此外，像固定资产一样，如机器，从一个新矿或一块新农田中提取的部件数量是不确定的，并随着时间变化，服务寿命在生产过程中被消耗掉。最后，将矿产储备当作固定资产的处理方法同样运作得很好，暗示了探明储量的可再生性。

由于这些原因，IEESAs 包含了这些资源，与建筑和设备一起，都作为国民财富的一部分，并把它们当作固定资产给予相同的处理方法，正如传统账户中的建筑和设备一样。这涉及矿产储备的处理方法以及传统账户中建筑和设备的处理方法之间的三点不对称。在传统账户中：①折旧从利润中扣减，以得到真实利润或可持续利润，而耗损的处理方法并非如此；②折旧从 GDP 中扣减，以评估 NDP，而耗损的处理方法并非如此；③工厂和设备的存量增加被作为资本构成加入 GDP，但是矿产储备的增加却不这样处理。

10.3 明 细

在 IEESAs 中，标准的经济核算项目被分解以显示强调经济与环境之间的相互作用的明细。例如，支出明细显示了家庭、政府和企业为了保持或恢复环境的支出。资产明细显示了非住宅的固定资本的标准项目中的环境管理（保持和发展，以及供水）和垃圾管理工程（卫生服务、空气和水污染的缓解和控制）。

评估要求作为这两个主要的 IEESAs 结构特征的基础，在 IEESAs 表中显

表 10-2　IEESA 生产账户，1987（10 亿美元）

| | 行序号 | 产业 | | | | 最终使用 （GDP） | | | | | |
| | | | | | | 最终消费 | | | | | |
		农业、林业、渔业（1）	采矿业、公共事业、供水业和卫生服务业（2）	其他产业（3）	总计（4）	家庭（5）	政府（6）	国内总资本构成（7）	出口（8）	进口（9）	GDP（5+6+7+8-9）（10）	商品总产出（4+10）（11）
商品												0.0
人造的	1	…	…	…	…	…	…	933.0	…	…	#	#
资产	2	…	…	…	…	…	…	933.0	…	…	#	#
固定资产	3	…	…	…	…	…	…	875.8	…	…	#	#
环境管理	4	…	…	…	…	…	…	10.6	…	…	#	#
污染缓解和控制	5	…	…	…	…	…	…	19.7	…	…	#	#
其他	6	…	…	…	…	…	…	845.5	…	…	#	#
存货	7	…	…	…	…	…	…	57.2	…	…	#	#
政府	8	…	…	…	…	…	…	30.1	…	…	#	#
非农业	9	…	…	…	…	…	…	32.7	…	…	#	#
农业	10	…	…	…	…	…	…	-5.5	…	…	#	#
其他	11	#	#	#	#	#	#	…	#	#	#	#
环境清理和垃圾处理服务	12	n.a.	n.a.	n.a.	n.a.	n.a.	n.a.	…	n.a.	n.a.	#	#
其他	13	n.a.	n.a.	n.a.	n.a.	n.a.	n.a.	…	n.a.	n.a.	#	#
自然资产和环境资产	14	…	…	…	…	…	…	n.a.	…	…	#	#
固定的	15	…	…	…	…	…	…	n.a.	…	…	#	#
已开发的生物资源：自然生长	16	…	…	…	…	…	…	n.a.	…	…	#	#
已探明的地下资产	17	…	…	…	…	…	…	16.6~64.6	…	…	#	#
已开发的土地	18	…	…	…	…	…	…	n.a.	…	…	#	#
未开发的生物资源：自然生长	19	…	…	…	…	…	…	n.a.	…	…	#	#
未探明的地下资产	20	…	…	…	…	…	…	n.a.	…	…	#	#
未开发的土地	21	…	…	…	…	…	…	19.9	…	…	#	#
水	22	…	…	…	…	…	…	38.7	…	…	#	#
空气	23	…	…	…	…	…	…	27.1	…	…	#	#
在造存货（自然生长的产品）	24	…	…	…	…	…	…	n.a.	…	…	#	#
中间投入总额	25	#	#	#	#	…	…	…	…	…	…	…
附加值												0.0
												0.0
												0.0
雇员工资	26	#	#	#	#	…	…	…	…	…	…	#

	行序号	产 业				最终使用（GDP）						商品总产出（4+10）（11）
		农业、林业、渔业（1）	采矿业、公共事业、供水业和卫生服务业（2）	其他产业（3）	总计（4）	最终消费		国内总资本构成（7）	出口（8）	进口（9）	GDP（5+6+7+8-9）（10）	
						家庭（5）	政府（6）					
非直接营业税,等等	27	#	#	#	#	…	…	…	…	…		#
公司利润和其他财产收入	28	#	#	#	#	…	…	…	…	…	…	#
						…	…	…	…	…	…	0.0
固定人造资产折旧：建筑和设备	29	n.a.	n.a.	n.a.	−607.9							#
环境管理	30	n.a.	n.a.	n.a.	−19.2	…	…	…	…	…		#
污染缓解和控制	31	n.a.	n.a.	n.a.	−2.5							#
其他	32	n.a.	n.a.	n.a.	−586.1	…	…	…	…	…		#
固定自然资产和固定环境资产的耗损和退化	33	n.a.	n.a.	n.a.	n.a.	…	…	…	…	…		#
产值增长：固定的	34	n.a.	n.a.	n.a.	n.a.	…	…	…	…	…		#
已探明的地下资产	35	n.a.	n.a.	n.a.	−16.7~−61.6	…	…	…	…	…		#
已开发的土地	36	n.a.	n.a.	n.a.	n.a.	…	…	…	…	…		#
未开发的生物资源	37	n.a.	n.a.	n.a.	n.a.	…	…	…	…	…		#
未探明的地下资产	38	n.a.	n.a.	n.a.	n.a.	…	…	…	…	…		#
未开发的土地	39	n.a.	n.a.	n.a.	n.a.	…	…	…	…	…		#
水	40	n.a.	n.a.	n.a.	−19.9	…	…	…	…	…		#
空气	41	n.a.	n.a.	n.a.	−38.7	…	…	…	…	…		#
附加值总额（GDP）(行 26+27+28+29+33)	42	n.a.	n.a.	n.a.	n.a.	…	…	…	…	…	#	#
折旧、耗损和退化(行 29+33)	43	n.a.	n.a.	n.a.	n.a.	…	…	…	…	…		#
净附加值（NDP）(行 42–43)	44	n.a.	n.a.	n.a.	n.a.	…	…	…	…	…		#
												0.0
产业产出总额	45	#	#	#	#	#	#	#	#	#	#	#

注：…表明该项目不可用。

n.a.：数据不可得。

#：这些评估将依赖于国民核算账户系统和环境与经济核算体系的综合，此综合是 BEA 的经济账户总体现代化的一部分。

GDP：国内总产值。

NDP：国内净产值。

而易见，甚至当它们是纲要形式时也是如此。表 10-1 资产账户和表 10-2 生产账户，使用了 SEEA 中描述的表格的修正形式。

10.3.1　账户

（1）资产账户。综合经济与环境核算要求度量显示在资产账户中的与资产有关的存量和流量。IEESAs 为相关的资产提供了一个完整的核算：它们显示了与那些存货的变化相关的存量和流量。表 10-1 提供了对期初存量、存量的不同种类的变化和期末存量的评估。它同时也显示了 BEA 试图包括进 IEESAs 资产账户的非金融资产。这些大致都是遵循 1993 年 SNA 和 SEEA 的子项目的，但是重组了一些子项目，以扩展生产范围和资产定义。非金融资产被分为人造资产、已开发的自然资产和环境资产。人造资产，很大程度上效仿了传统的收入和财富账户中的非金融资产范畴，被细分为固定资产和存货。已开发的自然资产被细分为已开发的生物资源（既包括固定存货，又包括在造存货）、已探明的地下资产和已开发的土地。环境资产被细分为未开发的生物资源、未探明的地下资产、未开发的土地、水和空气（最后两类按照经济对存量变化的影响）。

（2）人造的和已开发的自然资产。为了更好地强调经济与环境之间的相互作用，表 10-1 比传统的收入和财富账户提供了更多的细节，关于自然资源以及与环境相关的可造资产。在人造资产中，非住宅的固定资本被分解为环境管理（保持和发展，以及供水）和垃圾管理工程（卫生服务、空气和水污染的缓解和控制）。同样提供了最终货物的农业存货的细节。在已开发的生物资源中，表 10-1 提供了传统账户中没有包含的细节，例如已开发的自然生长的固定资产（如牲畜），以及传统账户中没有包含的项目（如林区的树木）。在表 10-1 中，对已探明的地下资产和已开发的土地的处理方法不同于 SEEA 中的处理方法。已探明的储备通常定义为，那些通过勘探井或其他测试数据证实为高可靠性的储备，并且在现有的经济和技术条件下可以开采出来。在 SEEA 中，它们被归为不可造资产。在表 10-1 中，这些资产与已开发的自然生长资产一起，被包括进"已开发的自然资产"项中。就像将要在生产账户中阐明的那样，通过将未开发的或未开垦的资产引入已开发的自然资产项，以及通过将它们的价值加入该项，加入已开发的自然资产存量的资本构成与加入建筑和设备存量的资本构成的处理方法类似。

这种处理方法被采用是因为，当需要费用去探明矿产或开发土地时，合理地将已探明的储备和已开垦的土地描述为"不可造的"自然资产是很困难的。例如，农业用地必须支出费用才能形成，费用是用于将未开发的土地转变为商业化的有价值的农田，这些农田在若干年之内可以产生回报。如果想要把湿地变为农田，必须要加以排水、平整并且清除植被。未探明的矿产储备在被记录为已探明的储备之前，同样需要费用，用于勘探井、工程研究以及其他的勘探和开发投资。

这些已开发的自然资产和人造资产之间类似的处理方法促进了自然资产的资本构成和更传统的资本构成（例如，对建筑和设备的投资）之间一致的处理方法。在这一处理方法之下，如果矿产储备被探明了，可造资产的总价值（建筑和设备以及已探明的储备的价值）被归为资本构成。类似地，如果油田机械发生了折旧，与机械相关的已探明的储备也发生了耗损。

表 10-1 和相应的 SEEA 描述之间的关于已开发资产的其他主要的不同在于对土壤的处理方法上。在 SEEA 中，土壤（指农业用地中有生产能力的土壤）从农业用地中分离出来单独处理。在表 10-1 中，土壤是农业用地的子项目，因为农业用地的价值与土壤的价值是不可分的。现有的评估指出，土壤侵蚀或耗损对美国的农业生产力和土地价值的影响微乎其微。不过，尽管土壤没有被单独处理，却被单独显示了，因为土壤侵蚀通过对水质量的影响而对环境质量产生了显著的影响。

（3）环境资产。环境资产包括具有显著经济价值的自然资产，这种自然资产不同于已开发的自然资产，因为它们通常以它们的自然状态作为原料投入生产，要么是作为中间产品，要么是作为投资。举例来说，未开发的生物资源，如从海洋中捕捞的金枪鱼，被划为环境资产，而已开发的生物资源，如渔场中饲养的岩鱼，被划为已开发的资产。环境资产的其他项目是未开发的土地、未探明的地下资产、水和空气。将未探明的地下资产包括进来，拓展了地下资产的定义，使其包含了这样的储备，尽管未探明，却因为它们的位置或地质特征，具有高于其他未开发土地的经济价值。如果利用了资本支出来探明这些资产，它们就从不可造资产变为可造资产。这一关于地下资源的更宽泛的定义将促进关于矿产资源使用的更长期的计划和分析。已探明的储备存货，像钻探机存货一样，可以通过额外投资得到扩充；于是，公司将会把储备存货留在手中，而储备存货由现行市场价格、勘探成本和利率决定。因此，对矿产资源的完整分析要求考虑到未探明的储备，也要考虑到已探明的储备。

与已探明的地下资产和未探明的地下资产之间的区别类似，已开发的土地，如农业用地、公共绿地和建筑用地，被划为已开发的自然资产，而未开发的土地，如湿地和林地（不包括木材林区），被划为环境资产。农业用地必须经过开发才能作为农田使用，而湿地以其自然状态被经济使用，例如，用作防洪。水（根据类型细分）和空气同样以旅游服务和废弃物处理服务的形式为经济提供服务。

尽管这些环境资产不同于人造自然资产和已开发的自然资产，但加入这些资产存货的投资，正如下面在生产账户中指出的那样，与加入建筑和设备存货和已开发资产存货的投资采取对称的处理方法。举例来说，这些投资包含了污染缓解和控制以改善空气和水的质量与处理废弃物的能力，或者至少弥补发生在当前时期的退化和耗损（退化和耗损也记录在生产账户之中）。将这些开支作为投资而不是成本来处理的理由是，它们代表了一种经济决策，将资源用于投资以改善空气和水的质量，而不是投资于建筑和设备。

（4）生产账户。集成经济账户和环境账户的下一步是将资产账户的适当流量与生产账户的流量合并起来。通过这种集成，IEESAs 的生产账户明确地包括，通过耗损和退化项在生产中对自然资源和环境服务的使用，也包括通过加入已开发的自然资源存量的投资项或恢复环境资产存量的投资项而加入自然和环境资产存量的增加量。

表 10-2 融合了 1993 年 SNA 的供给表和使用表的特征。表 10-2 有四个部分（有一个除了总额之外是空白），通过双行隔开了，还有一个最右边的总额栏和一个底部的总额行。左上和右上部分显示了货物和服务（商品）的使用，名称在行的开头，总使用的合计由商品总产出来度量。左上和左下部分显示了产业对中间投入和生产要素的使用，产业的名称在每一栏的顶端，总供给的合计由产出总额来度量。

10.3.2 估价

对 BEA 来说，选择一种估价方法并不困难。虽然备选方法，如保持成本法和意外估价法，具有吸引人的理论特征，但它们不适合 BEA 的目标，且相关的操作困难超过了它们的吸引力。为了与上面描述的目标和标准保持一致，市场定价是 IEESAs 的最佳选择。首先，市场定价通过避免偏差保持了客观性，偏差可能是"支付意愿"调查所固有的；其次，市场定价与传统账户和 SEEA 保持了一致，并有助于国际比较；最后，市场定价与已包含的相互作用的限制保持了一致，因为它从市场观点评估了那些相互作用。然而，这个方法并不是没有问题的。1994 年发布的评估方法的质量随着可得的原始数据发生变化，而且因为自然资源和环境资源很少进行交易，市场价格经常不可获得。因此，在表 10-1 中记录的 1987 年的评估应该被认为是数量评估或可得的最佳评估的大致顺序。

当市场价格或其他原始数据不可获得时，BEA 使用了可获得的最佳技术来提供市场估价的替代方法：

（a）对葡萄园和果园价值的评估基于联邦储备委员会对农业用地价值的评估方法，对葡萄园和果园面积的评估方法来自于人口统计局。

（b）林区树木价值的评估方法基于美国林业局的西北太平洋观测站提供的

立木价值评估方法。立木价值评估方法基于木材架（不同于林业用地）的净租金的概念，并且主要从对原木采伐权支付的私人市场数据中得到。同样地，它们应该符合该地区的原木销售的折现价值减去采伐、选取、运输和加工的成本。美国所有适合商业化的林地中的木材，无论是公共的还是私有的，都包含在这一项目中。

（c）银色评估方法，是从美国农业部（USDA）得到的，通过额外的化肥成本和下降的生产能力反映了土壤耗损的年度影响。

（d）旅游用地的资本构成评估方法基于联邦政府对公园的保养和维修费用；没有州和地方政府的费用。假定这些费用正好抵消了旅游用地的退化和耗损；对于旅游用地，唯一可用的评估方法是通过保养和维修费用进行评估。这一假定是唯一的，所以投资评估和退化/耗损评估都在表中加以阐明，并且不包含任何关于退化和耗损的真实值的判断。[①]

（e）对于环境资产，其评估方法甚至比最不确定的评估方法还要不确定，最不确定的评估方法是对已开发的土地和已探明的地下资产储备的评估方法。甚至，表中这一部分的大部分，尤其是对于可更新的自然资源，显示为"数据不可获得"。对于未开发的土地存量和与其相关的生态系统，对于未探明的地下资产，以及对于未开发的生物资源（野生动物、鱼类、植物和森林），数据都不可获得。

（f）SEEA 并没有建议对空气存量（事实上是全球共有物）或水存量进行估价；作为替代，它建议估价应该局限于这些资产的变化——它们的退化和对其恢复的投资。对于这些资产来说，表 10-1 仅仅包括了空气和水的退化的综合值，以及恢复它们或防止它们退化的费用。表 10-1 中对空气和水质量退化的评估以及对未开发土地的评估简单地设定了指标，假定保养正好抵消了退化：它们是对污染这些介质的总成本的综合评估方法。对空气、水和未开发土地的污染的评估是从环境保护署得到的，关于美国公共和私人的污染控制活动的成本。对空气污染的评估包括按年计算的空气污染和辐射的成本。对水污染的评估是按年计算的保持水质量的成本，包括饮用水。对未开发土地污染的评估是按年计算的与超级基金、有毒化学品和农药有关的成本。

---

① Phases Ⅱ and Ⅲ of BEA's work plan, described in the next section, include work, building on the damage assessment and recreational valuation literature, to construct estimates of the market value of recreational and environmental amenities.

10.4　评　估

当市场价格不可获得时，BEA 试图提出一系列评估方法，以反映各种估价技术。然而，在大多数情况下，只有一种评估方法是可用的，而不是一系列，并且在表 10-1 中很多单元格没有包含评估。总体来说，当沿着行往下走的时候，从可造资产到不可造资产，评估的质量和有效性在下降，反映了提供这些评估时不断增加的概念上的困难和经验上的困难。评估最好被看成是对将要进行的工作的度量；把它们显示在这里是作为不同领域的路线图使用的，在这些领域中，原始数据和评估方法必须得到发展和改进。

表 10-2 中显示的评估来自于表 10-1。正如 "n.a." 所表达的，在 IEESAs 生产账户可以完成之前，很多估价和度量问题保持不变。进一步地，填补评估方法的工作将与 BEA 的国民核算现代化的工作相互配合进行，国民核算现代化的工作是与 SNA 保持同步的。举例来说，将政府建筑、设备和库存的费用当作资本构成来处理，实现了 SNA 的特征。在表中，"#" 表示该评估既反映了与 IEESAs 相关的变更工作，又反映了与 SNA 相关的变更工作。

对矿产资源的典型评估（1994 年公布的文件第一阶段所关注的焦点）包括账户中的存量和流量，补充了 BEA 的国民财富账户以及国民收入和产品账户（NIPAs）。这些典型评估提供了自然资产存量及其变化的综合描述。它们同样可以检验一些评估资源存量、增值和耗损的备选方法的操作结果。这些备选方法——当前租金法（BEA 使用了这种方法的两个派生方法）、价值折现法、替代成本法和交易价格法——意味着 BEA 对适合现有来源和方法的最佳评估和框架的技术评定。这些评估的一些含义如下：

（a）增值部分倾向于超过耗损部分。自从 1958 年以来，已探明的矿产储备存量的价值合计如果用现行美元来计价的话，增加了；而用固定（1987 年）美元来计价，就几乎没有什么变化。

（b）随着时间的推移，这些具有生产能力的资产存量也会发生变化，很大程度上反映了资源租金的变化。资源租金的增长伴随着对勘探和提高开采技术的更大投资。某些资源租金的下降伴随着勘探活动的减少和达到开采限度的油气田和矿山的关闭。

（c）已探明的矿产储备构成了经济中具有生产能力的资源存量的一个重要的组成部分。把这些矿产资源的存量值加入 1991 年建筑、设备和存货的值中，将会把总额提高 4710 亿~9160 亿美元，或者是 3%~7%，具体值依赖于所使用的估价方法。

（d）已探明的矿产资源存量比与这些资源相关的已投资的建筑和设备存量有价值的多。在1991年，地下资产的存量值是相关的已投资的建筑和设备以及库存存量价值的2~4倍。

（e）对耗损和增值的影响进行估价，也包括资源存量的价值，为回报提供了一个显著不同的描述。与现有账户中使用收入和资本存量来计算回报率的方法相比，基于IEESAs的1958~1991年采矿业中的资本平均回报率较低，是4%~5%，而不是23%。所有私人资本的回报率如果用现有账户的度量方法来计算是16%，而用IEESAs对采矿业的度量方法来计算就下滑至14%~15%。

（f）虽然备选方法所显现的趋势相似，但是评估波动的范围是很大的。存量、耗损和增值的最高评估是从现行的基于资本存量价值的租金评估法中得到的，而最低评估是从现行的基于资本平均回报率的租金评估法中得到的。

10.5　新账户的使用

IEESAs将有助于识别对各种自然资源和环境资源的使用，但是由于抵消的变化，很难有根据地说在它们的总价值中是否有净减少或净增加，甚至并不清楚这种"底线"评估法是否可取。首先，这种评估方法可能并不能提供多少信息。举例来说，当美国的一些资产（如蓝鳍金枪鱼）存量的经济价值下降，这种情况基本属实时，其他环境资产存量（如木材存量）由于种植和生长大于收割、火灾和土地变化造成的抵消增加了。类似地，当对湿地的开发造成的损失持续超过湿地恢复带来的收益时，从20世纪70年代中期开始的为了更加清洁的空气和水而不断增加的投资比率看起来已经导致了空气和水质量的净改善；许多对空气和水质量的度量，例如空气和水污染物的环境浓度，已经显示了这一改善。可以想象，当表10-2中所有的项目（或者，不是全部的话，至少也是比现在足够多，以避免基于部分结果而得出结论带来的风险）都被填满的时候，此表将展示出，IEESAs-NDP与传统的NDP之间相差甚微。

其次，反映在底线度量法上的信息是不是总是恰当的，这个问题还不清楚。举例来说，正如上面矿产储备的情况中所描述的那样，已探明的储备存量随着回报率而变化，并且保持在年消费的一个相当稳定的倍数上；采矿业为探明储备而支付费用，以确定一个供给水平，满足给定的或计划的需求。因此，已探明的储备的变化根本谈不到长期的可持续性。作为替代，正如典型的IEESAs账户所阐明的那样，随着时间的推移，已探明的储备存量及其价格的变化对回报率有显著的影响，无论是总体来说还是分行业来说都是如此，并且账户的结构允许对次要影响进行分析，这种分析针对不同类型的收入、不同类型的投资和不同类型的支出。其他可以分析的影响包括在美国贸易条件下矿产价格变化带来的冲击，相关的对以支配权为基础的 GNP 的度量（影响了那些由于出口和其他来自国外的收入，国家有支配权的资源），和各种各样的事项，包括支付给放牧权、水的使用、伐木、矿产权、捕鱼执照的联邦费用，以及环境立法和排放税带来的影响。[①]对一个发达的经济体来说，如美国经济，关于经济与环境之间的相互作用的详细信息，而不是对我们的环境财富或长期可持续性的标准化度量，将提供关于不同法规、赋税和消费模式的含义的最有价值的理解。

10.6　BEA 对于自然资源和环境核算的计划

BEA 的计划要求对 IEESAs 开展工作，与它的经济账户的现代化协同一致。从 20 世纪 50 年代开始，BEA 的国民核算账户一直在经历着第一次大的重新设计。这次重新设计，将沿着 1993 年 SNA 的路线进行，并将以一组综合的现行账户和资本账户为特征，其中账户是按每个部门做出来的。全面发展的资本账户，与平衡表一起，对一组综合的经济账户来说是必不可少的。对这些账户的概念性工作以及对自然资源和环境的更加专业性的工作将相互支持。进一步地，为了让有依据的政策选择包括各种资本之间的交易，需要一致地覆盖并适当地评估全部的资本存量，无论是自然的还是人造的。

BEA 已经为 IEESAs 制定了一个三阶段的计划。通过《当前商业调查》的 1994 年 4 月刊，BEA 完成了第一阶段的工作。全部的 IEESA 框架设计都基于现有的国民核算账户，并且与体现在新的国际化 SNA 中的规则一致，这些规则是关于辅助系统和 SEEA 指南的。在其最初的工作中，BEA 集中于矿产资源，包括石油和天然气、煤、金属和其他具有稀缺价值的矿产。这种集中，是与 SNA 的建议相一致的，并集中于已探明的储备，估价的基础是市场价格，并且对矿产资源的处理类似于对现有账户中的固定资本的处理，要求有费用支出以探明储量，并在很长的时间跨度内提供"服务"。

第二阶段将把可更新的自然资源包括进来。与不可更新资源的已探明的储备账户相比，如果经济文献向回倒退 50 年，很多可更新的资源的估价方法和概念将不会发展得这么好。可更新的自然资源的估价比不可更新的自然资源的估价本质上要更加困难，原因如下：可更新资源，如野生鱼类的存量或群集，

---

① For further discussion of the concept and measurement of command-basis GNP, see Denison（1981）or the *SNA* 1993（Commission of the European Communities *et al.*, 1993, 404–405）.

常常具有商业价值或生产价值，同时也具有环境舒适价值或旅游价值；所有权常常不能建立起来，并且它们不能用来出售；它们也可以再生，所以对它们的使用并不一定会导致其产量或存量价值的净减少。

虽然存在这些困难，但由于经济学家们努力跟上规章、法律和政策对环境破坏和冲击进行度量的需要，这些年来，在对可更新的自然资源的环境收益评估方面取得了快速的进展。BEA 将这些新的概念和度量方法转化为一个一致的国民框架的进一步工作，很大程度上将需要依靠美国政府其他单位的专家，例如，国家海洋与大气管理局、环境保护署、美国农业部和内务部。这一计划要求将账户扩展至可更新的自然资源资产，如林区的树木、鱼类存量和水资源。发展这些评估方法将比矿产资源更加困难，因为它们必须在更加粗糙的概念和更少的数据基础上完成。

基于这一工作，第三阶段需要转向与一组更广的环境资产相关的事务上来，包括清洁的空气和水的退化的经济价值，或者是旅游资产的价值，如湖泊和国家森林。显而易见，需要在基础的环境与经济数据方面取得显著的进步，也包括概念和方法，并且需要与科学、统计和经济社团协同努力来制定这些评估方法。

10.7　经　验

在发展 IEESAs 的过程中，我们学到了一些经验，可能对那些朝着综合的经济与环境账户的方向将要进行相似历程的国家而言是有用的警示。

（a）首先，新账户和传统账户一样，只有当它们被使用的时候才有价值。因此，如果它们与现有账户一起使用，通过使用市场价格及其替代物，以及对自然资源和环境资产使用与经济资产相对称的处理方法以保持与现有账户的一致性仍然是一个绝对的要求。另外，如果新账户集中于并基于现有账户中描述的与市场相关的概念，许多与早期社会账户度量的主观性和概念基础相关的担忧就都可以避免。

（b）在 IEESAs 发展的整个过程中，BEA 对其自身的工作十分谨慎，并依赖于过去的经济和社会账户的经验。BEA 同样也依赖于国内外的自然资源账户和环境与经济账户的专家所提供的专家经验和数据。通过这种方法，它避免了不必要的机构"彻底改造"。

（c）同时，BEA 根据其自身的需要修改了资料以使 IEESAs 适合于分析美国的特殊事务。

（d）当可以得到足够的原始数据时，BEA 提出了一组评估方法，以阐明不同的方法并强调与这些账户相关的不确定性。

（e）为了使它的原始数据、方法和假设前提具有开放性和易理解性，BEA出版了关于原始数据和评估方法的详细信息。

（f）经济与环境之间的相互作用的账户局限性，使得BEA可以一贯地使用一种市场方法（尽管精确的方法和数据可得性对未来的工作来说仍然存在问题）。如果账户扩展到了自然资源和环境资产的非经济功能，它们将不得不将多变的估价方法包括进来，这些方法将会阻碍有用的综合或比较，或者至少是使其复杂化。

（g）同样，经济与环境之间的相互作用的局限性也使得BEA可以将其账户建立在一个清晰、一致的概念基础上。这种方法的优势自从典型账户发布以来，已经反复地展现出来。最近，国家科学院已经能够根据国会的要求，通过对账户结构和方法的基本原理的清晰理解，开始对账户进行考查。

本文选自《环境核算理论与实践》，K.尤诺和P.巴特姆斯合著，多德雷赫特，波士顿和伦敦：Kluwer Academic Publishers 出版，第 113~129 页。

第 11 章　韩国：SEEA 的实验性版本 *

金胜友　简·凡·托格林　亚历山大·艾尔菲利

11.1　韩国的环境核算的定位和范围

在 20 世纪 70 年代和 80 年代，韩国的出口导向增长政策取得了成功；在 20 世纪 90 年代，韩国的环境开始面临显著的恶化，这是由快速的工业化、人口增长和城市化共同导致的。由于过去韩国不得不在没有自然资源和技术累积的充分支持的条件下从事经济发展，所以环境问题在经济政策中没有被优先考虑。

这一章阐明了提供数据以支持将政府的经济政策和环境保护统一起来的政策的需要。基于国际经验和建议，本章提出了一个环境核算框架的方案，拓展了韩国现有的国民（经济）核算账户，以反映市场上没有估价的自然资源耗损和环境退化。这一框架基于综合环境与经济核算系统（SEEA；联合国，1993a）。它可以用来分析环境与经济之间的相互作用（凡·托格林等，1994）。通过使用推荐的账户框架，韩国环境核算的一个实验性版本在 1985~1992 年期间被实行了。这一工程由联合国开发计划署资助，由韩国环境技术研究院（KETRI）执行，由联合国统计处（UNSD）和联合国发展支持与管理服务部（DDSMS）提供技术支持。

这些账户处理空气和水污染的经济原因，以及为了回应这些问题所要求的环境保护活动。同时，它们也处理自然森林、优质矿产和鱼类存量的耗损；通过分析韩国的经济活动对其他国家可耗损的自然资产的影响，后来的分析超出了韩国的范围。土地使用的问题，显示了森林和其他非经济用地是如何被农业用地、建筑用地和旅游用地所吞并的，这些吞并是韩国经济发展的后果，并且

---

* 这里所表达的观点仅代表作者个人的观点，并不一定代表他们各自供职的机构观点。

K.尤诺和 P.巴特姆斯（合著）：《环境核算理论与实践》，第 63~76 页。

1998 年克鲁沃学院出版社，大不列颠境内印刷。

也将进行讨论。

框架包括货币项下的有选择的国民核算数据，这些数据是由韩国银行（1994）编制的，还包括实物项下的数据和自然资产流量和存量的估算价值，以及工业导致的自然资源耗损和环境退化。环境保护开支的数据隐含在 SNA 总额中，并作为"其中一部分"单独提出。

这一章描述了核算框架、基于其上的环境账户的实验性版本、对这一版本形成的结果的初步分析和对未来工作的建议。

11.2　核算框架及其概念

韩国环境账户的核算框架，和 SEEA 一样，是 1993 年国民经济核算系统（SNA；欧洲共同体委员会等，1993）的供给和使用表。此表包括 SNA 的供给和使用以及附加值因素的一个综合的描述。供给包括工业产出、进口、覆盖中间消费的工业使用、家庭和政府的最终消费、出口和总资本构成。附加值在此框架中被描述为工业产出和工业的中间消费之间的差额。环境账户因素包含以下数据：

（a）对环境保护的开支被作为"其中一部分"项明确出来了。它们被反映在工业的中间消费、资本构成和附加值上，同样也反映在家庭和政府的最终消费上。

（b）工业和家庭对自然资源的非市场使用，包括矿产的耗损，也包括工业和家庭产生的空气和水污染物及固体废弃物的排放、释放或处理。

（c）工业产出和进口造成了国内和国外的自然资源的耗损，被认为是一个"其中一部分"项。

（d）不可造自然资产的资产账户，包括森林、矿产、鱼类、土地、空气和水。

矿产、森林和鱼类的资产账户包括每年的期初和期末存量及由于直接使用造成的变化信息，以及其他经济决策或自然原因及价格变化的信息。编制了耗损的数据，这些数据是对资源的使用超出了可更新资源（森林和鱼类）的可持续水平之上的价值，以及对不可更新资源的使用/提取总额的价值。对于水和空气来说，只评估其退化的成本。对土地来说，唯一的估算成本是其被作为废弃物收集和处理成本来评估的退化成本。所有的数据先被编制为实物项，然后转化为货币价值，使用的是单位价值。由于随着时间的推移，价格或资产的名义价值可能会发生变化，所以资产账户同样也包括自然资产存量的重新估价的数据。

覆盖 1985~1992 年这一时期的庞大数据组包括由环境因素拓展的供给和使用的核心框架。它由工作表来补充，工作表将在下一部分介绍。两种类型的工作表将被区分开来。第一种工作表包含与环境分析相关的经济数据，并已经隐含在国民核算总额中。这些数据涉及环境保护支出、环境费用和补助，同样也涉及在韩国生产的或进口的提取产品的数据。第二种工作表包括没有被国民经济核算覆盖的环境数据，如关于耗损、退化的数据以及关于非生产资产的资产账户的存量和流量的大部分数据。这些数据通常以实物单位被详细说明，并通过使用耗损的单位净价格和退化的"最佳可用技术"的单位成本（当前的和平准的资本成本）来估价。后面的方法存在于排放物处理的估算成本的评估中，使用了最佳可用技术（例如，废弃物和废水处理工厂的建设费用和当前费用，净化器、过滤器、催化转换器等的成本）。

11.3　数据、评估和估价

1985~1992 年这一时期可以描述出经济发展、环境退化和资源耗损的趋势。韩国已经很好地发展了国民核算和经济统计。然而，环境和自然资源的数据需要进一步发展，以改进账户及其分析。下面的内容描述了用于编制 SEEA 框架的不同因素的数据。

11.3.1　环境保护支出和环境费用

由于每年由韩国银行编制的国民核算数据不能提供足够的信息以识别经济中的环境保护产品和服务，于是使用了其他的数据来源。使用了《采矿业和制造业调查报告》（韩国国家统计局，1987~1994）以及《建筑工作调查报告》（韩国国家统计局，1986~1993b），以识别工业的环境保护产品和服务的供给和支出。对于政府和家庭支出来说，《政府收入和支出》（韩国国家统计局，1986~1993a）以及《家庭收入和支出的国家调查》（韩国财政部，1985~1992），这些报告是主要的数据来源。环境保护支出是按产业（韩国标准产业分类，KSIC）、退化/耗损项和受影响的环境介质来识别的。

不同的数据来源，特别是《建筑工作调查报告，韩国环境年鉴》（韩国环境部，1989~1994）以及《不同制造业的环境保护支出调查》（只有 1991 年和1992 年）（韩国环境部，1992）中的数据被用于识别不同产业的环境保护的资本构成。基于从中央政府到地方政府（六个主要城市和九个省）所分配的补助金数量和收入份额，评估了政府对环境保护设备的投资数据。

环境费用主要包括塑料废弃物的处理费用。环境补助覆盖了对工业的税收减免，以安装污染缓解和控制设备。数据从《韩国环境年鉴》中得到。

环境保护数据包含于如下工作表之中：

（a）基于韩国银行（1994）国民经济核算的带有经济数据的供给和使用表；

（b）制造业、建筑业的环境保护活动的产出和中间消费，以及团体的、社会的、个人的服务从若干来源中得到，特别是《采矿业和制造业调查报告》、《建筑工作调查报告》和《韩国环境年鉴》；

（c）工业（使用者）和环境主题范围（空气、水、废弃物、土地、噪声）对环境保护设备的资本构成；

（d）政府的固定总资本构成和当前环境主题范围对环境保护的开支；

（e）工业和环境主题范围的内部环境保护开支（净化器的安装和清洗、废弃物和废水处理厂的维护，等等）；

（f）根据类型划分的家庭的环境保护开支（净水器、垃圾处理费、污水费、矿泉水、化粪池、空气净化器、三向转换器，等等）；

（g）工业的排放费；

（h）环境保护产品的出口和进口；

（i）为了安装污染缓解和控制设备而采取的税收减免；

（j）根据类型划分的提取产品的出口和进口（矿产、林产和渔业产品）。

11.3.2　生产资产的资产账户

生产资产账户是用《韩国国民财富调查》编制的，《韩国国民财富调查》由国家统计局（1989）每10年进行一次。最近的一次调查发生在1987年。对于其他的年份，菲奥等人（1993）使用永续存货法和多项基准年度法来评估固定资本存量。然而，他们的评估没有包括大型动物和植物这些固定资产，这些固定资产是通过发布于《农业、林业和渔业的统计年鉴》（韩国农业、林业和渔业部，各年）的数据附加进去的。

11.3.3　非生产资产的资产账户

非生产资产账户包括土地、矿产资源、鱼类、森林、水和空气。由于缺乏蓄水层和其他地下水的数据，没有包括水资源的耗损。然而，评估了通过废水排放折算的水退化。森林和鱼类的资产账户用实物项和货币项来编制。没有包括这些资产耗损的成本。政府施行的人工造林和森林保护的大规模规划以及高效的森林管理解释了可持续的产量没有被逾越的原因，因此没有发生耗损。对鱼类来说，生物资源的数据对于计算最大可持续产量（MSY）是必需的，只有一种鱼的这些数据是可得的，黄色石首鱼。众所周知，由于单位作业量渔获量（CPUE）自从20世纪70年代以来总体上一直在下降，海洋鱼类存量也一直在下降。由于数据的限制，没有为捕鱼业安排耗损成本。

用于编制不可造自然资产的实物资产账户和货币资产账户的存量数据可以从各种统计年鉴和国家出版物中得到。然而，除直接使用（收割/提取）之外的流量数据很难得到，即生物的自然生长，由于自然原因和经济原因造成的灾难损失，新探明的矿产，等等。

非生产资产的资产账户数据，包含在单独的工作表中，涉及如下内容：

（a）土地的资产账户，根据土地区域的类型（农业用地、林业用地、建筑用地、其他）划分，以实物项和货币项的形式，同时也包括根据土地区域的类型（稻田、旱地、房屋用地、商业用地、林业用地、制造业用地、其他）划分的土地价格；

（b）根据物种（针叶林、落叶林、混合林）划分的森林资产的货币资产账户，以实物项和货币项的形式，并包含净价格数据；

（c）鱼类资源的资产账户，以实物项和货币项的形式，并包含净价格数据；

（d）根据矿产类型（煤、铁矿、石灰石、钨矿、铜矿、高岭土、黄金、白银）划分的矿产资源的资产账户，以实物项和货币项的形式，并包含由不同的贴现率计算的净价格数据和使用者成本数据。

11.3.4 排放

环境退化账户覆盖了实物和货币项中工业对空气、水和土地的排放。进入空气的排放物包括一氧化碳（CO）、氮氧化物（NO_x）、二氧化硫（SO_2）和磷酸三钠（TSP），进入水的包括排放的有机污染物（BOD）的数量，进入土地的包括排放的垃圾的数量。排放成本用处理排放物的"最佳可用技术"的形式的维护成本来计算。进入空气的排放物区分为来自固定来源（例如，生热、发电，等等）的排放物和来自移动来源（车辆）的排放物，以将不同的处理成本计入账户。在第一种情况下，评估了废气除硫（FGD）和使用选择催化系统（SCR）的成本。对于移动来源，编制了汽油车辆的三元催化净化器和柴油车辆的电热器的成本。BOD排放物的评估使用了建设一个运作的淤泥处理厂的标准化年成本，这个工厂有每天20000~100000吨的处理能力，有15年的预期寿命，并且折旧率是10%，评估同时也添加了当前成本。排放垃圾的成本是基于垃圾掩埋成本来估算的。

进入水的排放物数据从《工业废水排放的年度调查报告》（韩国环境部，1986~1992，1994）中得到，进入空气的排放物数据从《能源统计报告》（韩国能源经济学研究所，1987，1990，1992）中得到，垃圾排放的数据从《韩国环境年鉴》中得到。

排放物的数据被记录在以下工作表中：

（a）根据类型（块状废弃物、其他）和处理方法（未处理的、已掩埋的）划分的排放的废弃物总量，每单位的处理成本（或者是基于垃圾掩埋和焚化成本）以及总社会成本；

（b）根据类型（二氧化碳、氮氧化物、二氧化硫、三甲苯磷、碳氢化合物）、产业以及（在运输部门中）根据排放单位的类型（客车、吉普车、公共汽车、卡车、特殊设备车辆）划分的排放的空气污染物，以实物项和货币项的形式，同时也包括每单位污染物的避免成本；

（c）排放家庭和工业废水的环境"社会"成本，以实物项和货币项的形式。

11.4　分　析

对数据的结构分析显示在四个表中。这些表格强调了基于经济数据的传统分析和由环境调整的综合指标进行的类似分析之间的不同。由于数据库覆盖了7年的时期，所以可以显示这些结构分析是如何随着时间的推移而逐步发展的。尽管可以得到一个大得多的数据库，但出于本章的目的，只进行了两年的比较（1986年和1992年）。没有进行任何工作来做增长分析，因为过去的经验显示，经济综合指标的增长率和环境调整的综合指标的增长率之间几乎没有差异。

表 11-1　主要综合指标的经济分析和经济—环境分析的比较，1992 年

经济分析		与自然资产相关的经济事项 占 NDP 的百分比						经济—环境分析	
		耗损			退化				
经济分析中度量的概念	（占 NDP 的百分比）	森林	矿产	鱼类	土地	空气	水	（占 EDP 的百分比）	统一的经济—环境分析中度量的概念
NDP	100.00%							97.38%	EDP（占 NDP 的百分比）
其中：									
环境费用—补助	-0.05%				0.02%	0.00%	0.05%		
环境保护产业的附加值	0.95%				0.32%	0.27%	0.36%		
环境保护产品的中间消费/使用	1.74%				0.38%	0.66%	0.70%		
工业对自然资产的使用（耗损和退化）	2.01%		0.04%		0.00%	1.96%	0.01%		

| 经济分析 | | 与自然资产相关的经济事项 占NDP的百分比 | | | | | | 经济—环境分析 | |
| | | 耗损 | | | 退化 | | | | |
经济分析中度量的概念	（占NDP的百分比）	森林	矿产	鱼类	土地	空气	水	（占EDP的百分比）	统一的经济—环境分析中度量的概念
家庭的最终消费	59.66%							61.88%	家庭的最终消费，经过退化影响调整
其中：									
家庭对环境保护产品的最终消费	0.20%				0.04%	0.05%	0.11%		
自然资源的使用（退化）	0.60%				0.01%	0.27%	0.33%		
政府的最终消费	12.01%							12.33%	政府的最终消费
其中：									
政府对环境保护产品的最终消费（*）	0.36%				0.29%	0.00%	0.05%		
固定资本净构成	29.44%							27.54%	净资本累积（经过自然资本消费调整的净资本构成，即耗损和退化）
其中：									
对环境保护设备的固定资本构成（**）	0.91%				0.23%	0.19%	0.49%		
出口	31.93%							32.79%	出口
减：进口	33.04%							33.52%	进口
其中：									
进口产品导致的其他国家的耗损	5.80%	0.44%	5.19%	0.17%					

注：（*）包括政府在研发上的费用成本和管理成本。
　　（**）包括对环境保护设备这一固定资本的消费。

11.4.1　主要综合指标的经济分析和经济—环境分析的比较

表 11-1 和表 11-2 比较了国内净产值（NDP）的传统组成部分（通过费用）和经过环境调整的国内净产值（EDP）的传统组成部分，EDP 将对环境资产的使用成本计入账户。显示在左边的百分比涉及 NDP 的分解，而右边的百分比反映了 EDP 的分解。NDP 分析和 EDP 分析之间的差异通过与自然资产相关的经济事项得到阐释，显示在表的中部。这些栏涉及自然资产和环境介质，这正是本章研究的目标。

下面的内容解释了表格中部的部分是如何与显示在两边的经济综合指标和

环境综合指标之间的差异相关的：

（a）NDP。环境费用减补助、环境保护产业的附加值、对环境保护产品的中间消费/使用以及对自然资源的使用被认为是 NDP 的"其中"部分。环境费用、环境保护活动的附加值和对环境保护产品的中间消费/使用在表格的中部根据它们所影响的介质（土地、空气和水）而被识别。工业对自然资源的使用成本涉及森林、矿产和鱼类的耗损以及土地、空气和水的退化；在 EDP 的推导中，将其从 NDP 中扣除掉了。

表 11–2　主要综合指标的经济分析和经济—环境分析的比较，1986 年

经济分析		与自然资产相关的经济事项 占 NDP 的百分比						经济—环境分析	
		耗损			退化				
经济分析中度量的概念	（占 NDP 的百分比）	森林	矿产	鱼类	土地	空气	水	（占 EDP 的百分比）	统一的经济—环境分析中度量的概念
NDP	100.00%							95.87%	EDP（占 NDP 的百分比）
其中：									
环境费用—补助	−0.20%				0.00%	0.00%	0.00%		
环境保护产业的附加值	0.53%				0.18%	0.05%	0.30%		
环境保护产品的中间消费/使用	0.94%				0.30%	0.18%	0.46%		
工业对自然资产的使用（耗损和退化）	3.08%		0.02%		0.00%	3.04%	0.01%		
家庭的最终消费	61.37%							65.12%	家庭的最终消费，经过退化影响调整
其中：									
家庭对环境保护产品的最终消费	0.11%				0.00%	0.00%	0.11%		
自然资源的使用（退化）	1.06%				0.01%	0.47%	0.58%		
政府的最终消费	11.12%							11.60%	政府的最终消费
其中：									
政府对环境保护产品的最终消费（*）	0.20%				0.15%	0.00%	0.02%		
固定资本净构成	20.92%							17.51%	净资本累积（经过自然资本消费调整的净资本构成，即耗损和退化）
其中：									
对环境保护设备的固定资本构成（**）	0.66%				0.10%	0.08%	0.48%		

续表

经济分析		与自然资产相关的经济事项 占 NDP 的百分比						经济—环境分析	
		耗损			退化				
经济分析中度量的概念	(占 NDP 的百分比)	森林	矿产	鱼类	土地	空气	水	(占 EDP 的百分比)	统一的经济—环境分析中度量的概念
出口	41.86%							43.67%	出口
减:进口	35.28%							36.80%	进口
其中: 进口产品导致的其他国家的耗损	6.06%	0.64%	5.32%	0.11%					

注:(*)包括政府在研发上的费用成本和管理成本。
(**)包括对环境保护设备这一固定资本的消费。

(b)家庭的最终消费。两个"其中"部分被认为是家庭对环境保护服务的最终消费(例如,收集家庭废弃物的费用)和最终消费者对自然资源的使用(废弃物的产生和对空气和水中的排放)。后者被加入家庭的最终消费,以得到一个经过环境调整的等价物。这种相加偏离了 SEEA 的实践,SEEA 建议将这种使用转变为 NDP 的一个额外扣除项。然而,这里假定家庭实际上消费的数量多于它们支付的数量,因此,这种转变没有被应用,而作为替代,增加了最终消费。

(c)政府的最终消费。政府对环境保护服务的开支被单独识别为"其中"部分。它们并不影响任何经过环境调整的综合指标。

(d)固定资本净构成。只有对环境保护设备的固定资本构成被认为是"其中"部分。由于关于环境保护设备这一固定资本的消费的数据不可得,所以涉及总额概念。包括处理和阻止进入不同介质的排放物的设备。净资本累积是净资本构成的经过环境调整的等价物。它是通过将根据产业和最终消费者划分的对自然资产的使用成本从固定资本净构成中扣除而得到的。

(e)出口和进口。产品进口造成的其他国家的耗损,例如,木材、矿产和鱼类产品,在表格的中部被单独识别并分配到森林耗损、矿产耗损和鱼类耗损之中。目的是显示韩国经济对其他国家的自然资源的依赖性。

表格的中部包含了与自然资产相关的经济事项的信息。然而,正如上面阐述的那样,不是所有的事项在从 NDP 到 EDP 的转换中都形成调整。

以下结论可以从表 11-1 和表 11-2 中显示的数据中得到:

(a)1986 年和 1992 年经济分析与环境分析之间的总体结构关系揭示了 EDP 占 NDP 的比例从 1986(95.87%)~1992 年(97.99%)增加了[见(c)]。

在 NDP 分析和 EDP 分析之间变化的费用的两个组成部分是经过和没有经过环境调整的家庭的最终消费，以及不同于净资本累积的净资本构成；在表中，所有其他的概念在经济分析与环境分析之间保持不变。在 1986 年，当比较家庭消费占 NDP 和 EDP 的比例时，家庭消费（经过环境调整的）增加了大约 2%（61.88%~59.66%），而和净资本构成相比，净资本累积所占的比例下降了大约 2%（29.74%~27.54%）。在 1992 年，这些百分比分别大约为 +4%（65.12%~61.37%）和 +3.4%（20.92%~17.51%）。

（b）主要的环境影响（对自然资产的使用），在表格中部被识别出来，是工业对空气的影响，与家庭作为消费者对空气较小程度的影响，以及家庭对水（废水的排放）和土地（固体废弃物的排放）的影响。家庭的总影响大约占工业的 1/3。然而，这些影响从 1986~1992 年占 NDP 的百分比却下降了。因此，工业进入空气的排放物的价值（以保持成本衡量）占 NDP 的比例从 1986 年的 3.04% 下降到 1992 年的 1.96%，而家庭从 1986 年的 0.47% 下降到 1992 年的 0.27%。家庭排放的废水价值从 1986 年的 0.58% 下降到 1992 年的 0.33%。

（c）在 1986 年和 1992 年之间对环境保护的努力增加了。因此，环境保护产品的中间消费/使用作为占 NDP 的百分比从 1986~1992 年增加了（1986 年是 0.94%，1992 年是 1.74%），弥补了作为 NDP 百分比的环境影响的差距（1986 年是 3.08%，1992 年是 2.01%）。环境保护设备的固定资本构成同样从 1986 年的 0.66% 上升到 1992 年的 0.91%；环境保护活动的附加值从 1986 年的 0.53% 上升到 1992 年的 0.94%。然而，数据的不足限制了分析的进行。工业对环境保护的中间消费/使用包括工业的附属活动产生的环境保护估算"产出"。对"外部"环境保护产品的中间消费数据不可获得，而是作为环境保护产品的供给（产出和进口）以及出口与政府和家庭的最终消费之间的差额来估算的。不可能将其分配到产业中去，并且与"内部"环境保护开支一起，显示在表 11-3 和表 11-4 的行"未分配的"中，"内部"环境保护开支不能被分配到任何特定的产业中去。

（d）两年中矿产资源的耗损都非常低。这并不奇怪，因为韩国不是一个自然资源丰富的国家。相反地，它使用他国的自然资源，这反映在进口数字中。为了得到对其他国家的资源耗损的影响，进口作为占 NDP 的百分比显示在表格的底部左手边。在 1986 年，这些产品的进口百分比在其他国家是：森林 0.64%，矿产 5.32%，鱼类 0.11%，而 1992 年除了鱼类以外稍微要低一些（分别是 0.44%、5.19% 和 0.17%）。在估算这些百分比的时候，应该将这些数据计入账户，即不基于净租金或使用者成本估价，而是从国外购买的产品的总价值；因此，它们不反映耗损成本。此外，这些价值并不改变 EDP 的主要的综合指标，因为在推导 NDP 的时候进口已经被扣除掉了。

11.4.2 在经济分析和经济—环境分析中工业对净产值的贡献

表 11-3 和表 11-4 显示了根据产业划分的数据分析。这些表格比较了基于 SNA 概念的经济分析和基于 SEEA 中定义的经过环境调整的数据的环境分析。表格的左边显示了不同产业对 NDP 的贡献百分比，而右边显示了对 EDP 的类似贡献。中部显示了经济活动对自然资源的影响和经济的反应。经济活动的三个主要的国际工业标准分类（ISIC）项被包含进来：①农业、林业和渔业；②制造业、电力业、供气供水业和建筑业；③服务业。对于后者而言，只包含了两个经过选择的活动项（化学产品制造业；电力业、供气供水业；建筑业；运输和通信业；公共管理和国防业）。表格中部的数据被表示为每一个相应产业的附加值的百分比。

表 11-3　在经济分析和经济—环境分析中工业对净产值的贡献，1992 年

		经济分析	与自然资产相关的经济事项 占净附加值的百分比					经济—环境分析
		工业对 NDP 的贡献百分比	当前的环境保护开支 (*)	环境费用—补助 (**)	GFCF	对自然资产的使用	经过环境调整的附加值 (EVA)	工业对 EDP 的贡献百分比
农业、林业和渔业	总计	7.69%	0.00%	0.01%	0.00%	0.35%	99.65%	7.86%
	耗损							
	土地		0.00%	0.00%	0.00%	0.00%		
	空气		0.00%	0.00%	0.00%	0.35%		
	水		0.00%	0.01%	0.00%	0.00%		
采矿业	总计	0.37%	0.00%	0.01%	0.07%	11.78%	88.22%	0.33%
	耗损					11.43%		
	土地		0.00%	0.00%	0.03%	0.00%		
	空气		0.00%	0.00%	0.00%	0.35%		
	水		0.00%	0.01%	0.04%	0.00%		
制造业、电力业、供气供水业、建筑业 其中：	总计	42.55%	0.00%	0.03%	0.29%	1.95%	98.05%	42.84%
	耗损					0.00%		
	土地		0.00%	0.00%	0.07%	0.00%		
	空气		0.00%	0.00%	0.00%	1.95%		
	水		0.00%	0.00%	0.22%	0.00%		
化学产品制造业	总计	4.65%	0.00%	0.11%	0.35%	2.27%	97.73%	4.66%
	耗损					0.00%		
	土地		0.00%	0.11%	0.03%	0.00%		
	空气		0.00%	0.00%	0.00%	2.27%		
	水		0.00%	0.01%	0.32%	0.00%		

续表

		经济分析	与自然资产相关的经济事项 占净附加值的百分比					经济— 环境分析
		工业对 NDP的贡 献百分比	当前的环 境保护 开支(*)	环境费 用—补助 (**)	GFCF	对自然资 产的使用	经过环境调 整的附加值 (EVA)	工业对 EDP的贡 献百分比
电力业、供 气供水业	总计	1.83%	0.00%	0.00%	0.32%	16.79%	83.21%	1.56%
	耗损					0.00%		
	土地		0.00%	0.00%	0.02%	0.00%		
	空气		0.00%	0.00%	0.00%	16.79%		
	水		0.00%	0.00%	0.30%			
建筑业	总计	14.05%	0.00%	0.00%	0.32%	0.03%	99.97%	14.43%
	耗损					0.00%		
	土地		0.00%	0.00%	0.16%	0.00%		
	空气		0.00%	0.00%	0.00%	0.03%		
	水		0.00%	0.00%	0.16%			
服务业 其中：	总计	50.18%	0.00%	0.00%	1.09%	0.23%	99.77%	51.40%
	耗损					0.00%		
	土地		0.00%	0.00%	0.28%	0.00%		
	空气		0.00%	0.00%	0.00%	0.23%		
	水		0.00%	0.00%	0.79%	0.00%		
运输和 通信业	总计	6.13%	0.02%	0.00%	0.12%	1.60%	98.40%	6.19%
	耗损					0.00%		
	土地		0.00%	0.00%	0.04%	0.00%		
	空气		0.02%	0.00%	0.02%	1.60%		
	水		0.00%	0.00%	0.07%	0.00%		
公共管理和 国防业	总计	8.24%	0.02%	0.00%	5.71%	0.11%	99.89%	8.45%
	耗损					0.00%		
	土地		0.00%	0.00%	1.32%	0.00%		
	空气		0.02%	0.00%	0.01%	0.11%		
	水		0.00%	0.00%	4.29%	0.00%		
未分配的 （占总额的 百分比）	总计		99.04%	95.04%	26.85%	49.45%		
	耗损							
	土地		100.00%	70.19%	25.58%	0.00%		
	空气		99.85%	0.00%	99.07%	50.13%		
	水		100.00%	92.90%	0.03%	100.00%		
工业总计	总计	100.00%	1.74%	0.06%	0.91%	2.01%	97.38%	100.00%
	耗损					0.04%		
	土地		0.38%	0.02%	0.23%	0.00%		
	空气		0.66%	0.00%	0.19%	1.96%		
	水		0.70%	0.05%	0.49%	0.01%		

注：（*）只包括内部环境保护开支，外部环境保护开支在"未分配的"项中。

（**）环境补助只出现在"未分配的"项中。

表 11-4　在经济分析和经济—环境分析中工业对净产值的贡献，1986 年

		经济分析	与自然资产相关的经济事项 占净附加值的百分比					经济—环境分析
		工业对 NDP 的贡献百分比	当前的环境保护开支 (*)	环境费用—补助 (**)	GFCF	对自然资产的使用	经过环境调整的附加值 (EVA)	工业对 EDP 的贡献百分比
农业、林业和渔业	总计	11.76%	0.01%	0.00%	0.01%	0.22%	99.78%	12.24%
	耗损							
	土地		0.00%	0.00%	0.00%	0.00%		
	空气		0.00%	0.00%	0.00%	0.22%		
	水		0.01%	0.00%	0.01%	0.00%		
采矿业	总计	1.00%	0.02%	0.00%	0.02%	2.63%	97.37%	1.01%
	耗损					2.47%		
	土地		0.00%	0.00%	0.00%	0.00%		
	空气		0.00%	0.00%	0.00%	0.15%		
	水		0.02%	0.00%	0.02%	0.01%		
制造业、电力业、供气供水业、建筑业 其中:	总计	40.25%	0.12%	0.01%	0.17%	2.77%	97.23%	40.82%
	耗损					0.00%		
	土地		0.00%	0.00%	0.05%	0.00%		
	空气		0.00%	0.00%	0.00%	2.73%		
	水		0.12%	0.01%	0.12%	0.03%		
化学产品制造业	总计	5.12%	0.03%	0.09%	0.07%	1.92%	98.08%	5.23%
	耗损					0.00%		
	土地		0.00%	0.08%	0.01%	0.00%		
	空气		0.00%	0.01%	0.00%	1.89%		
	水		0.03%	0.00%	0.07%	0.03%		
电力业、供气供水业	总计	2.78%	0.01%	0.00%	0.01%	17.82%	82.18%	2.38%
	耗损					0.00%		
	土地		0.00%	0.00%	0.00%	0.00%		
	空气		0.00%	0.00%	0.00%	17.82%		
	水		0.01%	0.00%	0.01%	0.00%		
建筑业	总计	7.24%	0.10%	0.00%	0.33%	0.12%	99.88%	7.54%
	耗损					0.00%		
	土地		0.00%	0.00%	0.22%	0.00%		
	空气		0.00%	0.00%	0.00%	0.12%		
	水		0.10%	0.00%	0.11%	0.00%		
服务业 其中:	总计	45.83%	0.04%	0.00%	1.01%	0.69%	99.31%	47.48%
	耗损					0.00%		
	土地		0.00%	0.00%	0.07%	0.00%		
	空气		0.00%	0.00%	0.01%	0.69%		
	水		0.04%	0.00%	0.93%	0.00%		

续表

		经济分析	与自然资产相关的经济事项 占净附加值的百分比					经济—环境分析
		工业对NDP的贡献百分比	当前的环境保护开支(*)	环境费用—补助(**)	GFCF	对自然资产的使用	经过环境调整的附加值(EVA)	工业对EDP的贡献百分比
运输和通信业	总计	6.01%	0.02%	0.00%	0.05%	3.88%	96.12%	6.03%
	耗损					0.00%		
	土地		0.00%	0.00%	0.01%	0.00%		
	空气		0.00%	0.00%	0.02%	3.88%		
	水		0.02%	0.00%	0.02%	0.00%		
公共管理和国防业	总计	7.20%	0.02%	0.00%	6.16%	0.38%	99.62%	7.48%
	耗损					0.00%		
	土地		0.00%	0.00%	0.35%	0.00%		
	空气		0.00%	0.00%	0.06%	0.38%		
	水		0.02%	0.00%	5.72%	0.00%		
未分配的(占总额的百分比)	总计		92.79%	96.75%	19.60%	51.86%		
	耗损							
	土地		100.00%	0.00%	50.96%	0.00%		
	空气		100.00%	0.00%	93.02%	52.51%		
	水		85.30%	0.00%	1.22%	0.03%		
工业总计	总计	100.00%	0.94%	0.01%	0.66%	3.08%	95.87%	100.00%
	耗损					0.02%		
	土地		0.30%	0.00%	0.10%	0.00%		
	空气		0.18%	0.00%	0.08%	3.04%		
	水		0.46%	0.00%	0.48%	0.01%		

注:（*）只包括内部环境保护开支，外部环境保护开支在"未分配的"项中。
　　（**）环境补助只出现在"未分配的"项中。

　　为了阐明表格的分析方法，相当于电力业、供气供水业的"部分"用来举例。这一产业在1992年对NDP的贡献为1.83%，而对EDP的贡献为1.56%。对EDP的贡献下降可能是由于这一产业造成的退化影响（进入空气的排放物），总计等于附加值的16.79%。基于可得的数据以及未将成本分配到产业中去的问题没有计入账户，通过这一产业经济为了减轻其环境影响而做出的反应较小：环境保护开支微不足道，对这一产业没有征收环境费用。环境保护设备的固定资本构成等于附加值的0.32%，其中0.02%涉及土地的环境保护，0.30%涉及水的环境保护。EVA（经过环境调整的附加值）作为净附加值的一个百分比，显示在表格的中部，对于这一产业而言（83.21%）低于所有产业的平均值（97.33%）。

　　分析中的困难之一是未将在表格中部的一些经济事项和环境影响项的全部或大部分分配到产业中去。未分配的，显示在表格的阴影行中，对 1986 年和 1992 年来说都非常重要。对环境保护开支（1986 年，92.79%；1992 年，99.94%）与环境费用和补助（1986 年，95.04%；1992 年，96.75%）来说，未分配的是最重要的。对自然资源的使用（1986 年，51.86%；1992 年，49.45%）来说，未分配的稍低，但仍然很重要。

　　谨记有大量的成本没有分配到产业中去，根据表 11-3 和表 11-4 中显示的数据而得出的结论可以概括如下：

　　（a）正如已经在表 11-1 和表 11-2 中所显示的那样，在 1986 年（95.87%）和 1992 年（97.38%）之间，所有产业的总体 EVA/VA 百分比增加了。低于平均水平的产业，在 1986 年是电力业、供气供水业，在 1992 年是电力业、供气供水业和采矿业。这可能意味着这些产业比其他产业具有更大的环境影响。

　　（b）所有产业对自然资产的平均使用成本在 1986 年（3.08%）和 1992 年（2.01%）之间下降了。这反映了制造业、电力业、供气供水业、建筑业（1986 年，2.77%；1992 年，1.95%）和服务业（1986 年，0.69%；1992 年，0.23%）对自然资源使用的类似下降。然而，至少对两个产业而言，该百分比提高了，即采矿业（1986 年，2.63%；1992 年，11.78%）和化学产品制造业（1986 年，1.92%；1992 年，2.27%）。这一发现应该谨慎处理，因为大约对自然资源的使用的一半没有被分配到产业中去。

　　（c）所有产业总的经济反应（当前的环境保护开支、环境费用、环境保护设备的固定资本构成）在 1986 年（1.61%）和 1992 年（2.71%）之间增加了。这可以解释自然资产的使用成本的相应下降（1986 年是 3.08%，1992 年是 2.01%）。在 1992 年，自然资源的使用成本（2.01%）甚至比总的经济反应（2.71%）还要低。

　　（d）经济反应看起来并不与它们的环境影响成比例。因此，对制造业、电力业、供气供水业和建筑业来说，环境影响在 1986 年和 1992 年分别是 0.3% 和 0.32%，而经济反应分别为 2.77% 和 1.95%。对电力业和供气供水业来说，1986 年和 1992 年的自然资产使用成本分别为 17.82% 和 16.79%，而经济反应分别为 0.02% 和 0.32%。关于服务业，1986 年和 1992 年的自然资产使用成本分别为 0.69% 和 0.23%，而这一产业总的经济反应分别为 1.05% 和 1.09%。经济反应和对自然资产的使用之间的"不相关性"同样可以在建筑业、公共管理业和运输与通信业中观察到。然而，在大多数情况下，经济反应在 1986 年和 1992 年之间是增加的。

11.5　未来的工作

　　SEEA 的实验性版本通过使用现有的统计资料实行了。它认识到了数据的不足，尤其是环境保护开支、水资源和鱼类的数据。此外，产业的范围也限于那些数据可得的产业。环境保护开支根据不同的数据来源进行评估，这些数据是关于产出和中间消费的数据。这就导致了供给以及对环境保护产品和服务的使用之间的差异。此外，由环境部和韩国发展银行收集的数据与国民经济核算中使用的分类（KSIC）不一致。

　　研究表明，关于鱼类，一方面，近几年来鱼类的进口增加了，而另一方面，单位作业量渔获量（CPUE）自从 20 世纪 70 年代以来，总体上下降了。鱼类存量表现出快速的下降。我们需要关于评估不同种类的鱼类资源的更深层次研究，以及由此引出的可持续产量和耗损，来评定鱼类存量耗损的意义。

　　实验性版本的自然拓展，除了改进数据收集外，是该版本的制度化。在联合国统计处（UNSD）的帮助下，KETRI，环境部内的一个研究机构进行了研究。担负国民经济核算编制的来自其他机构的支持，如国家统计局（NSO）和韩国银行（BOK）是有限的。为了确保编制统一的环境和经济账户的连续性，一个协调机构，可能是 BOK 或 NSO，应该在从 SEEA 的实验性版本中得到的经验的基础之上建立起来。

　　本文选自《环境核算理论与实践》，K.尤诺和 P.巴特姆斯合著，多德雷赫特，波士顿和伦敦：Kluwer Academic Publishers 出版，第 63~76 页。

第 12 章 将环境因素考虑进来：NAMEA 方法*

马克·德·汉
斯蒂芬·J.昆宁 荷兰统计局

包含环境账户的国民经济核算矩阵（NAMEA）显示了与国民经济核算中的经济数据相一致的环境负担。在 NAMEA 中，现有的国民经济核算矩阵通过实物单位的账户得到了拓展。基于每种污染物对某一特定环境问题的预期影响，排放物被转化为主题相同的量。这形成了六个简要的环境指标，直接与传统的经济综合指标相对应。另外，这个中间水平的信息系统可以用来作为综合分析和预测经济、环境变化的核心数据框架。

12.1 引 言

总体来说，国民经济核算体系（SNA）中的商品价值基于市场中这些商品的实际支出和收入。按这种方法收入通常等于支出，这是一个重要的账户惯例，以保证系统的一致性。这一估价方法反映了市场显示出的偏好以及对公共产品的偏好，这一偏好是（民主的）决策制定过程的结果。目前对国民经济核算中的污染的阐述基于同样的出发点。如果污染企业实际上没有为其对环境造成的破坏支付费用，将没有成本从国内总产值（GDP）中扣除掉。这很有意义，因为这些社会负担实际上没有任何人来支付，因此同样没有从对污染企业的雇员和资本提供者的要素支付中扣除。类似地，环境功能的免费使用，例如，在干净的海水中游泳，并不导致 GDP 的增加。同样，无报酬的家庭劳动和休闲也不计入账户。

可以总结得出，核心的 SNA 为理解福利的发展做出了贡献，但没有提供

* 两位作者供职于荷兰统计局国民核算部。马克·德·汉是一位研究助理，斯蒂芬·J.昆宁是部门负责人。作者要感谢 C.M.白阿斯、A.J.德·布、P.R.鲍什、C.N.J.本斯库姆、L.M.W.凡·厄克、B.圭意斯、J.A.P.克雷恩、C.S.M.奥尔斯索恩、L.H.M.道姆普和 E.A.让奈维尔德，他们提供了专家意见。本章所表达的观点仅代表作者个人的观点，并不一定代表荷兰统计局的观点。

一个完整的描述。尽管福利问题，如国民净收入、就业和社会安全支出是系统的一部分，但这些问题并没有全部反映在一个单独的指标中，比如经过失业调整的国民收入。一个更加有成效的处理无法估价的福利问题的方法是用关于福利问题的非货币数据拓展国民经济核算，借此为每一个问题建立独立的指标。[1]从而指标的变化随后可以在综述表格中进行比较。例子可以在本章的表 12-4和表 12-5 中找到。NAMEA 包含了环境的详细信息，并将其转化为若干简要的环境指标。通过这种方法，经济和环境指标被反映在一个单个的账户系统中。这将在下一部分中作详细阐释。12.3 讨论了 NAMEA 框架中的环境主题。12.4 给出了 NAMEA 的一个应用，其中从各种产业和消费目的比较了经济和环境指标。最后，12.5 以其他可能的使用来收尾，并讨论了 NAMEA 与联合国的综合环境与经济核算（SEEA）的临时手册（1993）之间的关系的一些问题。

12.2　一个综合的 NAMEA

在 NAMEA 中，国民核算矩阵通过三个环境账户得到拓展。一个实物账户（表 12-1 中的账户 11）、一个全球环境主题账户（账户 12）和一个国家环境主题账户（账户 13）。这些账户没有表达货币项下的交易，却包含了环境信息，正如在实际中观察到的那样：是在实物单位中。[2] 在 NAMEA 的这部分中，不但阐释了生产者和消费者造成的污染，而且阐释了荷兰环境中有害介质的累积。这一累积等于国内污染物产出加上去往他国和来自他国的跨国界的污染物流量余额。在这个统计矩阵中，这些用荷兰盾表达的污染物流量的价值等于它们在经济中的交易价值，也就是零。在环境账户中，这些琐碎的价值没有被反映出来，却用相应的实物单位来代替。

NAMEA 中的其他账户包含了对国民核算矩阵中的常规交易的一个简要的概述（参照昆宁和德·吉特，1992）。[3] 有时，与某一环境问题有关的实际交易是隔离开的并明确显示（例如，可参见表 12-1 中的账户 1a）。在 NAMEA 中，收入反映在行中，而支出显示在列中。大多数账户在列中包含了一个余额项，定义为行中总收入与列中总支出之和的差额。在表 12-1 中，这些余额项在账户的列中是用双线框起来的。通过这种方法，列和行总额对每一个账户都是相等的，这是保证账户系统一致性的一条准则。为了强调货币单位和实物单位不

---

① 见昆宁（1995）关于这一问题的详细讨论。
② 见昆宁（1993）对账户框架中估算实物流量的假定价格的反驳。
③ 这些是标准的 ESA 账户。

可以相加，实物单位在行中处于较高的位置，并且在账户 2、3、6 和 9 中更加靠近列的左边。表 12-1 是关于 1991 年荷兰 NAMEA 的一个综合性阐述。这部分剩下的内容给出关于该表格的一个简要的描述。①

第一行和第一列包含了货物和服务账户。中间使用和最终使用显示在行中，国内和国外供给总额显示在列中。环境净化服务单独反映。在 NAMEA 中，两种类型的净化服务是区分开的：内部和外部环境净化。外部净化服务被卖给其他活动种类的单位（中间消费），卖给政府和家庭（私人消费）。这些服务被视为国民经济核算中的产出。一个例子是净化公司对废弃物的收集和焚化。内部环境净化服务由相同的机构提供，这些机构在其自身的生产过程中使用这一服务。这些内部服务在国民经济核算中既不被视为产出也不被视为中间消费。为了表达代表环境利益的不同产业的财务负担，这些开支被明确显示在 NAMEA 中。② 因此，产出和中间消费在 NAMEA 中要高于在标准的国民经济核算中的值，但是国内净产值（NDP）和附随的所有其他余额不变。关于环境净化服务的一个更加详细的阐释可以在本章的表 12-6 中找到。货物和服务账户的列同样包含了产品税［增值税（VAT）、货物税等］以及交易和运输利润。这两者都弥补了使用者支出和生产者收入之间的差额。

第二个账户是一个特殊的消费账户，将消费支出（矩阵 1，2）重新分配到消费目的（向量 2，5）之中。后者与特殊的污染形式（2，11）相连。为了保护环境而购买的消费者货物是单独显示的。这涉及，例如，配备有催化转化器的轿车的额外成本。这些开支反映了家庭为了保护环境而支出的费用（单元格 2a，5）。在 NAMEA 中，由政府产生的污染是与政府生产相连的，而不是政府消费。

第三个账户在行中显示了货物和服务的生产，在列中显示了中间使用和附加值。生产的其他税收记录在一个单独的税收账户中（单元格 8，3），而固定资本的消费直接放入资本账户（单元格 6，3），所以单元格（4，3）中的余额项等于国内净产值（NDP）的要素成本。在第 3 行中，货物和服务的生产用无法估价的污染物的伴随排放（行—向量 3，11）来拓展。表 12-2 给出了关于所有产业部门的介质排放的详细信息。向量（11，3）包含了这样的信息，即对没有货币投资的生产过程的若干投入，因此这些投入用实物单位来衡量。这些投入的例子是，对自然资源的提取以及在焚化工厂中处理的废弃物数量。废弃物焚化工厂的排放物被再次计入账户的行—向量（3，11）。当可以得到回收的废弃物的去向的足够数据时，这就同样可以反映在向量（11，3）中。

---

① NAMEA 的概念和应用来源于昆宁（例如，1993）；同样参照德·布等人（1993）。德·汉等（1993）提供了对荷兰 NAMEA 实际编制的来源和方法的一个更加详细的理解。

② 关于内部环境成本的概念性讨论，见德·布（1995）。

表 12-1　荷兰包含环境账户的国民核算矩阵（NAMEA），1991 年

（账户 1~10 以百万荷兰盾为单位）

物质（含氯氟烃和卤化物的单位是 1000 千克，天然气和石油的单位是兆焦耳，其他物质的单位是百万千克）

账户（分类）	1a	1b	2a 环境	2b 其他目的	3 生产	4 收入生成	5 收入分配和使用	6 资本	8a 环境税	8b 其他税	9 世界其他地区通货	10 世界其他国家资本	11a 二氧化碳	11b 一氧化二氮	11c 甲烷	11d 含氯氟烃和卤化物	11e 氮氧化物	11f 二氧化硫	11g 氨气	11h 磷	11i 氮	11j 废弃物	11k 天然气	11l 石油	12a 温室效应	12b 臭氧层耗损	13a 酸化作用	13b 富养化作用	13c 废弃物	13d 自然资源损失	总计
货物和服务（产品组） 环境净化服务 1a	交易和运输利润		24	–	6305		政府消费 1410				出口（离岸价格）																				商品使用 7739
其他货物和服务 1b	–	–	710	321727	501763		76837	总资本构成 114818			293085																				1308940
家庭消费（目的） 环境 2a							家庭消费 734						35372	2	4	656	156	5	–	15	115	6663									家庭消费 734
其他目的 2b							321727																								321727
生产（产业部门） 3	产出基础价格 7627	994861											128040	59	724	4375	397	191	220	155	1257	19742									生产基础价格 1002488
收入生成（主要的投入项） 4					国内净产值要素成本 429118				没有交给政府的增值税 1880		来自世界其他国家的报酬 820																				产生的收入 431818
收入分配和使用（部门） 5					产生的国民净收入要素成本 430650	财产收入和通货转账 573920			税收 3982	137518	来自世界其他国家的财产收入和通货转账 80190																				通货收入 1206258
资本 6					固定资本消费 61560			净储蓄 72960			来自世界其他国家的资本转移 980												自然资源的其他变化 1836	138							资本收入 135500
金融余额 7								对世界其他国家的净贷款 17340			来自世界其他国家的净贷款 –17340																				0
税收（税收项） 8	产品的税收减去补助				生产的其他税收减去补助		收入和财产税	土地增值税和投资税			来自世界其他国家的税收 980																				税收支付 3982
环境税 8a	907				855		2220																								3982
其他税 8b	112	45787			2887		88730	992			1050																				139558
世界其他地区通货 9	进口（到岸价格）267386					给世界其他国家的报酬 1170	世界其他国家的财产收入和通货转账 67720	交给世界其他国家的税收 160									来自世界其他国家的跨界污染 93	99	27	20	415										支付给世界其他国家的通货 336436
世界其他地区资本 10								对世界其他国家的资本转移 2350			通货的外部余额 –18710																				支付给世界其他国家的资本 –16360
物质 二氧化碳 11a					生产中物质的吸收						对世界其他国家的跨界污染														对全球环境主题的分配 164412		对国家环境主题的分配（物质的累积）				164412
一氧化二氮 11b																									61						61
甲烷 11c																									728						728
含氯氟烃和卤化物 11d																										5031					5031
氮氧化物 11e											488																158				646
二氧化硫 11f											159																136				295
氨气 11g											113																134				247
磷 11h											24																	166			190
氮 11i											581																	1206			1787
废弃物 11j					2645																								23760		26405
天然气 11k					2595																									–759	1836
石油 11l					138																										138
全球环境主题 温室效应（GWP）12a								环境指标 188890																							全球主题等价物 188890
臭氧层耗损（ODP）12b								3816																							3816
国家环境主题 酸化作用（AEQ）13a								156																							国家主题等价物 156
富养化作用（EEQ）13b								267																							287
废弃物（KG）13c								23761																							23760
自然资源损失（PJ）13d								–759																							–759
总计	供给市场价格 7739	1308941	家庭消费 734	321727	成本基础价格 1002488	产生的收入的分配 431820	通货支出 1206258	资本支出 135500	税收收入		来自世界其他国家的通货收入 336436	来自世界其他国家的资本收入 –16360	164412	61	728	5031	646	295	247	190	1787	26405	1836	138	主题等价物全球 188890	3816	主题等价物国家 156	287	23760	–759	

注：由于四舍五入，总计值并不总是相符的。

表 12-2　荷兰 1991 年 NAMEA 中物质流量的来源和去向的详细说明

来源	二氧化碳 (CO$_2$) 11a 百万千克	一氧化二氮 (N$_2$O) 11b 百万千克	甲烷 (CH$_4$) 11c	含氯氟烃和卤化物 (CFCs and halons) 11d 1000千克	氮氧化物 (NOx) 11e	二氧化硫 (SO$_2$) 11f	氨气 (NH$_3$) 11g 百万千克	磷 (P) 11h 百万千克	氮 (N) 11i	废弃物 11j	天然气 11k 兆焦耳	原油 11l 兆焦耳
家庭消费支出 (2)	36372	2	4	656	156	5	–	15	115	6663		
自己运输	14672	2	–	–	135	4	–	–	39	120		
其他	21700	–	4	656	21	1	–	15	76	6543		
生产 (3)	128040	59	724	4375	397	191	220	155	1257	19742		
农业、狩猎业、林业、渔业	10260	33	534	–	36	2	215	131	1117	1190		
采矿业和采石业												
原油和天然气生产	1566	–	78	–	5	2	–	–	2	1368		
其他采矿业和采石业	357	–	–	–	–	1	–	–	–	–		
制造业												
食品、饮料和烟草业	4173	–	1	8	12	2	–	1	4	2225		
纺织、服装和皮革业	357	–	–	160	1	–	–	–	–	61		
木材、家具和建筑材料业	83	–	–	478	1	–	–	–	–	216		
纸、纸产品、印刷和出版业	1626	–	–	5	4	–	–	–	1	381		
石油工业	11843	–	–	–	22	76	–	–	9	56		
化学工业	20307	17	3	1626	41	22	4	14	25	3099		
橡胶和人造材料加工业	1487	–	–	720	3	–	–	–	1	41		
建筑材料、陶瓷和玻璃产品制造业	2335	–	–	50	14	5	1	–	5	378		
碱性金属制造业	6097	–	–	15	12	14	–	–	4	308		

续表

	二氧化碳 (CO₂) 11a	一氧化二氮 (N₂O) 11b	甲烷 (CH₄) 11c	含氯氟烃和卤化物 (CFCs and halons) 11d	氮氧化物 (NOx) 11e	二氧化硫 (SO₂) 11f	氨气 (NH₃) 11g	磷 (P) 11h	氮 (N) 11i	废弃物 11j	天然气 11k	原油 11l
	百万千克	百万千克		1000千克			百万千克				兆焦耳	
金属产品和机械制造业	1190	—	—	742	3	—	—	—	1	160		
计算机产品制造业	992	—	—	472	2	—	—	9	16	123		
公共事业												
电力业	38781	—	96	—	68	35	—	—	21	149		
其他公共事业	75	—	—	—	1	—	—	—	—	485		
建筑业	2501	—	8	—	26	3	—	—	8	3574		
运输和仓储业	9254	2	—	6	78	22	—	—	23	2270		
环境净化和卫生服务业	3641	6	4	—	5	3	—	—	2	690		
其他服务业	11115	1	—	93	63	4	—	—	18	2968		
资本 (6)												
世界其他国家，通货 (9)	—	—	—	—	93	99	27	20	415	—	1836	138
总计=标号为11的列数值之和	164412	61	728	5031	646	295	247	190	1787	26405	1836	138
去向												
生产 (3)												
原油和天然气生产										2645	2595	138
环境净化和卫生服务										2645	2595	138
世界其他国家，通货 (9)					488	159	113	24	581			
全球环境主题 (12)	164412	61	728	5031								
国家环境主题 (13)					158	136	134	166	1206	23760	−759	0
总计=标号为11的行数值之和	164412	61	728	5031	646	295	247	190	1787	26405	1836	138

第四行包含了 NDP 的不同组成部分（报酬和工资、雇主的社会贡献和营业盈余）以及来自国外的报酬和工资。单元格（4，3）反映了销售方记入清单的附加值税，但由于种种原因没有上交给政府。账户 4 的列中，收入流被分配给了经济中的组织部门（金融和非金融公司、家庭和政府）和世界其他国家。在第五个账户中，收入被（再）分配给并用于消费和储蓄。在账户 6 中，净储蓄被转变为不同类型的资本构成。账户 7 显示了整个经济和世界其他国家的金融余额（净贷款）。通过定义，这些余额合计为零。因此没有必要描述一个（空白）列。

NAMEA 的账户 8 是一个单独的税收账户，其中显示了各种税收，例如，子矩阵（8，1）中的产品税（减补助），向量（8，3）中的其他生产税和向量（8，5）中的收入税。在详细的 NAMEA 中，环境税，如能源税、地表水污染税和废水排放税是单独显示的。税收收入的收集反映在税收账户的列中（行向量 5，8 和单元格 9，8b）。

账户 9 和账户 10 描述了与世界其他国家的交易。通货账户（9）的行不仅包含了货物和服务的进口，而且包含了通过河流和空气进入荷兰的污染。在列中，显示了支出，如出口，同时也显示了对其他国家的污染物出口。可惜，由于数据的缺乏，废弃物的跨界流动仍然是缺失的。单元格（10，9）反映了世界其他国家与荷兰的外部通货余额。数字显示，荷兰设法为商品和污染物制造了盈余。

账户 11 在列中记录了 10 种污染物的来源。这种污染是由生产者（行向量 3，11）、消费者（行向量 2，11）和世界其他国家（向量 9，11）引起的。此外，这一列记录了已探明储量的增加以及自然资源中的其他变化（向量 6，11）。这个账户的行显示了自然资源（原油和天然气）的提取以及经济进程对污染物的吸收。例如，这涉及废弃物的焚化（向量 11，3）。余下的污染物出口到了其他国家（向量 11，9），或者被再分配到了五个环境主题中（子矩阵 11，12 和 11，13）。自然资源的使用被分配到了第六个主题中：自然资源的损失。账户 11 的单位是千克或兆焦耳（pj）。当然，账户 11 的行总计和列总计是相等的。

12.3　环境主题

账户 12 和账户 13 中显示的所谓的"环境主题"取自荷兰的国家环境政策计划（VROM，1993）。环境主题被用作荷兰当前环境问题的一个目录框架。账户 12 和账户 13 的列总计反映了加权集合过程。对每个主题来说，权重反映

了每种物质对环境的潜在的相对压力。这些集合方法是由荷兰环境部
(VROM) 研制的，并且大部分基于国际研究，这些国际研究是关于不同物质
对环境质量的影响的。[①]

　　这里，我们简要概述了 NAMEA 中的环境主题。大气中温室气体浓度的变
化可能导致气候变化。下面的温室气体已经被加入温室效应指标中：二氧化碳
(CO_2)、甲烷 (CH_4) 和一氧化二氮 (N_2O)。含氯氟烃和卤化物同样已经被提
为温室气体，但是它们对温室效应的影响是不确定的 (IPCC，1992)。每种气
体对温室效应的相对影响可以表达为二氧化碳当量或所谓的全球变暖潜力
(GWP)。GWPs 反映了作为另一种温室气体的特定浓度，与它对大气的辐射性
能产生相同影响的二氧化碳浓度。表 12-3 反映了 NAMEA 中编制的温室效应
指标。

表 12-3　荷兰温室气体排放向 GWP 的转化，1991 年

	排放单位：百万千克	全球变暖潜力 (GWP) /千克	排放单位：GWP	%
CO_2	164412	1	164412	87
N_2O	61	270	16470	9
CH_4	728	11	8008	4
总计 (账户 12a)			188890	100

　　平流层中臭氧的浓度下降导致了更大程度的暴露于 UV-B 辐射，这可能对
人类健康和生态系统都有负面影响。含氯氟烃 (CFCs) 和卤化物被认为是反
应链中的催化剂，导致了平流层臭氧的耗损。[②] 含氯氟烃和卤化物的使用通过蒙
特利尔草案得到规范，蒙特利尔草案的目标是在 1996 年彻底禁止含氯氟烃。
ODP 值是一个指标，衡量某种特定气体影响臭氧浓度的程度，这种影响与
CFC-11 有关 (见 VROM，1992b)。

　　酸性物质的大范围沉积导致了荷兰土壤和地表水的成分变化。这一过程已
经引起了对生态系统、建筑物和农作物的严重破坏。导致酸化作用的最重要物
质是氮氧化物 (NO_x)、二氧化硫 (SO_2) 和氨气 (NH_3)。这些物质中的每一种
对酸化作用的潜在影响可以在潜在酸当量 (PAE) 中表述出来。这种衡量方法
反映了为了用适量的 H^+ 离子形成酸而必需的某种物质的数量。一单位的酸当
量等于 1/2 摩尔 (32 克) SO_2，或 1 摩尔 (46 克) NO_2，或 1 摩尔 (17 克)
NH_3 (斯奇奈德和布莱瑟，1988)。

---

①见阿德里亚斯 (1993) 的更加详细的讨论。
②四氯化碳和 1, 1, 1 三氯乙烷同样包含在臭氧耗损指标的编制中。HCFCs 和溴化甲烷的数据太
缺乏，所以不将它们编入。

氮（N）、磷（P）和钾（K）的过度累积可以导致富养化作用。反过来，富养化作用可能导致物种的损失，以及饮用水质量的下降甚至是毒化。由于数据的可得性，NAMEA仅仅集中于氮和磷。一个初级的公共单元被用于将这两种物质综合于一个主题（见VROM，1992a）。基于氮和磷在自然环境中的平均状态，采用氮和磷之间的一个从1~10的比率来得出富养化作用当量（EEQ）。

废弃物的累积和清除在大多数国家是一个重要的环境问题。荷兰的环境政策集中于减少产生的废弃物数量（VROM，1989）。因此，主题指标反映了以百万千克为单位的废弃物总量。特殊废弃物流量的其他方面，如有毒的化学废弃物的危害，没有反映在废弃物指标中。

最后，在参考年份中，已探明的石油和天然气储量的联合净变化反映在最后一个指标中。这一变化是由提取物余额［－(11k，3)和－(11l，3)］以及所有其他的已探明储量的变化［单元格（6，11k）和（6，11l）］来决定的。

环境主题导致了实物环境指标的数量有限。NAMEA中的账户12包含了两个环境主题，这两个环境主题与全球环境问题相关：温室效应和臭氧层耗损。相应的指标反映了荷兰对这些全球问题的贡献。不同的账户规则被应用于酸化作用、富养化作用和废弃物累积，因为这些主题引起了国内的环境破坏。对于这些问题，关于国家的污染物累积的信息是有关联的。这意味着：国内总污染加上污染物的进口减去污染物的出口。

大多数环境主题将污染物分配到特定的环境问题中，因此，是对环境中十分复杂的因果关系的一种经验反映。许多环境损失是不同类型的环境压力联合的结果。由一个单独的环境主题造成的实际环境影响通常是难以度量的。客观地确定某一特定的环境主题的相对重要性甚至是更加麻烦的。在这方面，社会偏好是至关重要的。在第一份试验性NAMEA中（德·汉等，1993），主题指标基于当前环境压力系数以及与之相伴的政策目标，正如荷兰环境政策计划（VROM，1989和1992a）中所描述的那样。这一计划反映了正式的政府政策，并正式由议会批准。我们认为，如果想要编制一个单独的环境压力指数，政策中认可的标准是最令人满意的权重。然而，正如荷兰国民经济核算咨询委员会所反映的那样，用户团体不愿意与政治上决定的目标合并统计。

在最综合的水平上，NAMEA显示了经济的宏观指标（NDP、净储蓄、外部余额）与环境（环境主题指标）之间的相互关系。基于表12-1，可以得到一个详细得多的信息系统，为每个账户区分大量的项目。表12-2用相应的宏观表格显示了账户11中关于物质流的更加详细的信息。生产中产生的污染按照产业部门进行划分。由于消费而排放的污染用两个消费目的来显示：自己运输以及其他目的。

12.4 比较工业和家庭对环境和经济指标的影响

表 12-4 和表 12-5 中显示的指标是通过将 NAMEA 中的排放物数据转变为环境压力当量，以及通过按主题综合这些当量来计算的。表 12-4 显示，荷兰的排放物，正如在 NAMEA 中所反映的那样，平均起来下降和上升的幅度显著低于国内总产值（GDP）。破坏臭氧层的污染物排放平均每年下降 12.4%。其他的环境指标同样表现出下降的趋势：富养化作用每年下降 3.5%，酸化作用每年下降 2.2%。另外，废弃物数量每年增长 1.8%，而温室气体的排放每年增加 2.0%。然而，这些百分比的增加显著低于 1989~1991 年的 GDP 数量增长，即每年 3.2%。

表 12-4 某些经济和环境指标在 1990~1991 年的平均年数量变化

(%)	经济指标			环境指标				
	GDP（要素成本）	劳动力数量	消费支出	温室效应	臭氧层耗损	酸化作用	富养化作用	废弃物
家庭消费支出			3.8	2.9	−12.3	−4.9	2.5	−2.1
自己运输			2.8	−1.1	−	−6.3	−7.9	−
其他			3.8	6.0	−12.3	4.8	4.7	−1.7
生产	3.3	1.8		1.8	−12.4	−1.8	−4.0	3.2
农业、狩猎业、林业和渔业	6.5	−0.4		6.8	−	−1.5	−3.9	1.2
采矿业和采石业	4.8	0.0		−	−	−	−	5.2
制造业	1.9	0.8		0.7	−12.5	−1.0	−3.0	4.4
食品、饮料和烟草业	3.7	0.3		2.0	−	−	−	9.0
石油工业	4.8	0.0		0.3	−	2.3	−	−
化学工业	0.0	0.0		0.9	−3.1	−5.6	−13.6	3.2
碱性金属制造业	−1.9	−1.7		−3.8	−	−2.2	−	−
其他制造业	2.1	1.1		3.6	−18.4	−1.3	−	1.5
公共事业	3.2	−2.2		0.4	−	−7.0	−	−
电力业	2.2	−1.9		0.1	−	−7.7	−	−
建筑业	0.0	0.0		−	−	−	−	−3.9
运输和仓储业	6.7	2.9		2.8	−	−0.5	−	5.0
环境净化和卫生服务业	1.9	3.8		2.7	−	−	−	−
其他服务业	3.3	2.5		1.1	−	−0.7	−	9.4
总计	3.2	1.8	3.8	2.0	−12.4	−2.2	−3.5	1.8

注：−代表影响太小，而不能可靠地度量变化。

在 1989~1991 年，平均消费增长等于 3.8%。尽管如此，每年消费者产生的废弃物却减少了 2.1%，排放的酸性物质减少了 4.9%。破坏臭氧层的排放物每年减少 12.3%。然而，更高水平的消费确实导致了每年温室气体（+2.9%）和富养化物质（+2.5%）的更多排放。这些增长超过了工业生产者的排放物的年增长（分别是+1.8%和-4.0%）。

很显然，由消费引起的相对较低的污染几乎都可以通过轿车和其他形式的个人运输工具的更少排放来解释。在这一消费项下，排放物都是沿着直线向前的，几乎不变，而消费量差不多每年上升 3%。这在一定程度上与自从 1989 年以来荷兰轿车中装备有催化转化器的比例增加有关。尽管排放下降，在 1991年个人运输工具仍然占消费引起的酸化作用的 86%。此外，它占温室效应的41%和富养化作用的 15%。相比较而言，在 1991 年，对个人运输工具的支出只占消费者总支出的 9%（见表 12-5）。

表 12-5　根据荷兰 1991 年的 NAMEA，生产和消费活动对 GDP、
就业和某些环境主题的影响

(%)	经济指标			环境指标				
	GDP（要素成本）	劳动力数量	消费支出	温室效应	臭氧层耗损	酸化作用	富养化作用	废弃物
家庭消费支出				20	10	11	9	25
生产				80	90	89	91	75
家庭消费支出			100	100	100	100	100	100
自己运输			9	41	0	86	15	2
其他			91	59	100	14	85	98
生产	100	100		100	100	100	100	100
农业、狩猎业、林业和渔业	4	5		16	0	49	86	6
采矿业和采石业	4	0		2	0	1	0	7
制造业	19	18		36	98	24	11	36
食品、饮料和烟草业	3	3		3	0	1	0	11
石油工业	1	0		8	0	10	0	0
化学工业	3	2		16	44	7	6	16
碱性金属制造业	1	1		4	0	3	0	2
其他制造业	12	13		5	54	3	4	7
公共事业	2	1		26	0	9	1	3
电力业	1	0		26	0	9	1	1
建筑业	6	8		2	0	2	0	18
运输和仓储业	6	5		6	0	9	1	11
环境净化和卫生服务业	0	0		3	0	1	0	3
其他服务业	9	63		7	2	5	1	15

在几乎所有的对臭氧层变薄有显著影响的产业部门中，造成这些问题的富养化作用和酸化作用，以及污染物的排放都下降了。唯一的例外是石油工业对酸性物质的排放（+2.3%）。附加值的数量增长在这里也相对提高了（+4.8%）。"其他制造业"项体现出了臭氧层破坏的大幅度减少（-18.4%）；这主要是由于橡胶和塑料产品制造业以及金属产品工业的进步。

富养化物质排放的减少主要是由于农业排放物的减少（-3.9%，同时生产增长 6.5%）。在这一产业部门中，酸化作用同样也下降了（-1.0%）。这一形式的污染在发电业（-7.7%）和化学工业（-5.6%）中同样也下降了。发电厂在附加值增长 2.2%的情况下，保持温室气体的排放在一个稳定的水平上。在某些产业部门中，废弃物生成和温室气体排放的增长速度要高于生产的增长速度。在"其他服务业"中，废弃物的数量表现出强劲的增长（9.4%），包括商业服务业、金融服务业、政府等；在食品工业中，增长也很强劲（9.0%）。在1989~1991 年，温室气体的排放在几乎所有的产业中都上升了，除了碱性金属工业。出现最大幅度增长的是农业和渔业（6.8%）以及其他制造业（3.6%）。

表 12-5 显示，在 1991 年，"其他服务业"占 GDP 的份额要比这一活动对上面提到的五个环境问题的影响高得多。撇开对臭氧层的破坏不说，这同样适用于其他制造业。农业和渔业、化学工业以及发电厂在大多数环境问题上显示出颠倒的情况。

应该注意到，在 NAMEA 中，污染是记录在这样的活动中的，在这些活动中发生了实际的排放。例如，在为铁路运输发电的过程中，排放的温室气体不记录在运输业中。然而，这样的非直接影响可以在基于 NAMEA 的矩阵乘数分析中计算。

表 12-6 包含了政府、家庭和产业部门的污染预防开支的一个概述。正如上文提到的那样，这些开支可以细分到两种类型的服务中：内部和外部净化服务。政府和家庭消费开支中环境净化服务所占的份额在 1989~1991 年稍微有所上升。提供给家庭的外部净化服务的大部分实际上是由政府消费和支付的。①从 1989~1991 年，工业对净化服务的支出的平均年增长率等于 18%，这比GDP 的年增长率要高得多。表 12-6 中的百分比给出了环境保护开支总额，这一总额是作为家庭或政府消费总额的一个份额，或作为每个产业的总投入成本的一个份额。在 1989 年，所有产业的平均份额仅仅等于 0.5%，在 1991 年略微上升到 0.6%。

不同生产活动的份额是不同的，并且这些差异通常与对环境主题的相关影响是不一致的。举例来说，发电业在 1991 年为环境保护支付了总投入成本的

---

① 一般来说，废弃物收集不是直接由家庭来支付的，而是通过征税来支付。

2.5%，而这一百分比仅仅比农业和渔业的平均水平稍高。与此相关，发电业排放的温室气体几乎保持不变，而附加值的年增长等于2.2%。发电业排放的酸性物质差不多下降了8%。这种对环境净化相对较高的支出和对环境主题影响下降同时出现的情况在碱性金属工业中同样可以看到。在这里，对所有的主题而言，排放物的平均下降超过了附加值和就业的减少。与之相伴，环境保护支出相对于附加值来说是很高的。相反的情况可以在运输业和石油精炼厂中看到。在这里，超过平均水平的环境支出并不与污染的下降有必然的联系。尽管如此，石油精炼厂对环境主题的影响的增长率要低于附加值数量的增长率。总之，环境保护支出和污染下降之间的正相关关系在产业水平上是不能确定的。无论如何，对于这一政策问题的进一步研究来说，NAMEA是一个合适的框架。

表 12–6　荷兰政府、家庭和产业部门对内部和外部环境净化服务的使用，1989 年和 1991 年

	1989 年				1991 年			
	内部	外部	使用总额占投入的百分比	使用总额占消费的百分比	内部	外部	使用总额占投入的百分比	使用总额占消费的百分比
	百万荷兰盾							
消费支出	509	1021		0.43	710	1434		0.54
政府	–	999		1.39	–	1410		1.80
家庭	509	22		0.02	710	24		0.02
总生产	1273	3251	0.50		1613	4692	0.63	
农业、狩猎业、林业和渔业	26	198	0.51		30	262	0.66	
采矿业和采石业	14	112	0.77		14	138	0.67	
原油和天然气生产	12	112	0.83		12	138	0.70	
其他采矿业和采石业	2	–	0.13		2	–	0.14	
制造业	563	1240	0.61		695	1622	0.74	
食品、饮料和烟草业	103	172	0.36		132	196	0.42	
纺织、服装和皮革业	114	13	1.44		135	16	1.60	
木材、家具和建筑材料业	9	3	0.18		10	5	0.21	
纸、纸产品、印刷和出版业	52	30	0.31		63	39	0.35	
石油工业	20	233	1.24		28	249	1.27	
化学工业	71	456	1.10		101	717	1.80	
橡胶和人造材料加工业	6	2	0.09		11	4	0.15	
建筑材料、陶瓷和玻璃产品制造业	15	33	0.57		16	44	0.67	

	1989 年				1991 年			
	内部	外部	使用总额占投入的百分比	使用总额占消费的百分比	内部	外部	使用总额占投入的百分比	使用总额占消费的百分比
碱性金属制造业	16	194	1.86		21	200	2.32	
金属产品和机械制造业	62	97	0.43		74	141	0.51	
计算机产品制造业	95	7	0.23		104	11	0.24	
公共事业	10	274	1.41		10	298	2.56	
建筑业	24	20	0.06		28	201	0.29	
运输和仓储业	61	416	1.09		80	589	1.35	
环境净化和卫生服务业	18	–	0.86		24		0.87	
其他服务业	557	991	0.38		732	1582	0.49	
总计	1782	4272			2323	6126		

注：内部环境净化服务包含在 NAMEA 的总投入（和产出）中。

12.5　其他的应用和未来扩展

NAMEA 系统可以有很多用途。例如，消费或出口的非直接的经济和生态影响可以显示出来。在里昂惕夫倒数的帮助下，有可能度量所有活动所产生的污染，这些活动有助于一单位的最终产品的实现。在这方面，生产活动和随之而来的污染物的详细划分是非常重要的。此外，NAMEA 可以作为所采用的一般均衡模型的框架。这些模型可以用来计算，例如，在系统中对环境和经济指标征收能源税的影响。另一个 NAMEA 的模型应用是度量可持续状态下的国民收入。[①]

很明显，NAMEA 系统本身并没有包含单独的生态附加值、生态利润等项目，而这些项目可以在联合国 SEEA 手册（1993）中找到。一个经过正确调整的 NDP 仅仅是一个明确的模型运用的结果。这样一个运用应该产生一个不同的，但是再一次完全一致的 NAMEA。为了便于计算为环境定价的全部影响，NAMEA 包含了一个完整的账户系统。某些 NAMEA 账户，如收入分配和使用账户还没有包含在 SEEA 中。NAMEA 包含一个按照环境问题划分的残留物的加权集合。SEEA 同样也区分残留物，但没有按照环境问题作进一步的集合。

---

① 在德·波尔等（1994）的研究中，阐述了这样一个基于 NAMEA 的简单最优化模型。

NAMEA 按照环境问题的类型与压力指标相连，这是很有用的，原因有二：①环境政策通常在这一水平上制定；②在国家中，压力指标比变化指标可获得更多的数据。应该注意到，NAMEA 既可以用于推导经济合作与发展组织（OECD）类型的综合指标，又可以用于"绿色"收入模拟。这两个系统之间的最重要的差异可能在于，NAMEA 起源于用所谓的实物账户扩展国民经济核算，而 SEEA 在很大程度上专注于用不可造自然资产账户拓展 SNA 中的资产账户。

目前，NAMEA 概念上的发展和统计上的发展还在继续。举例来说，当可以得到新的信息时，环境主题的数量将会得到拓展。这涉及，例如，荷兰环境政策计划中的其他主题（有毒物质的扩散、臭气和噪声干扰以及地下水的过度使用）。对系统的另一个扩展是将 NAMEA 中的供给和使用数据分解为实物单位和平均价格。进而可以建立自然资源使用和污染物排放之间的直接联系。这可以带来对生产过程中产生的物质流量的详细研究（见康尼吉等，1995）。表 12-2 反映了目前可得的最详细的排放数据。对物质流量的研究，如研究能量平衡，可以在近期带来更加详细的排放物度量。

最后，研究继续将国民经济核算、环境核算以及社会人口统计核算综合在一个单一的信息系统中，这个系统同样产生经济的、社会的和环境的核心指标，以监控人类的发展（昆宁，1995；昆宁和惕默曼，1995）。

参考文献

1. Adriaanse, A., *Environmental Policy Performance Indicators*, Ministry of Housing, Spatial Planning and the Environment, VROM, The Hague, 1993.

2. CBS, *National Accounts 1993*, SDU Publishers, The Hague, 1994.

3. De Boer B., M. de Haan, and M. Voogt, What Would Net Domestic Product Have Been in a Sustainable Economy? Preliminary views and results, in *National Accounts and the Environment*: *Papers and Proceedings from a Conference*, London, March 16–18, 1994, Statistics Canada, National Accounts and Environment Division, Ottawa, 1994.

4. De Boo, A.J., Accounting for the Costs of Clean Technologies and Products, in *Conference papers from the Second Meeting of the London Group on Natural Resource and Environmental Accounting*, Washington, DC, March 15–17, 1995, U.S. Bureau of Economic Analysis Washington, DC, 1995.

5. De Boo, A. J., P. R. Bosch, C. N. Gorter, and S. J. Keuning, An Environmental Module and the Complete System of National Accounts, in A. Franz and C. Stahmer (eds.), *Approaches to Environmental Accounting*, Physica -

Verlag, Heidelberg, 1993.

6. De Haan M., S. J. Keuning, and P.R. Bosch, Integrating Indicators in a National Accounting Matrix Including Environmental Accounts, NAMEA, in *National Accounts and the Environment*: *Papers and Proceedings from a Conference*, London, March 16–18, 1994, Statistics Canada, National Accounts and Environment Division, Ottawa, 1994.

7. IPCC, *The Supplementary Reports to the IPCC Scientific Assessment*, J.T. Houghton, B.A. Callander, and S.K. Varney (eds.), Cambridge University Press. Cambridge/London, 1992.

8. Keuning, S.J., An Information System for Environmental Indicators in Relation to the National Accounts, in W.F. M. de Vries, G.P. den Bakker, M. B. G.Gircour, S.J. Keuning, and A. Lenson (eds), *The Value Added of National Accounting*, Statistics Netherlands, Voorburg, 1993.

9. *Accounting for Economic Development and Social Change*, *with a case study for Indonesia*, Ph.D. thesis, Erasmus University Rotterdam, Rotterdam, 1995.

10. Keuning, S. J. and J. de Gijt, A National Accounting Matrix for the Netherlands, *National Accounts Occasional Paper*, No.59, Voorburg, 1992.

11. Keuning, S. J. and J. G. Timmerman, An Information System for Economic, Environmental and Social Statistics: Integrating Environmental Data into the SESAME, in *Conference papers from the Second Meeting of the London group on Natural Resource and Environmental Accounting*, Washington, DC, March 15 –17, 1995, U.S. Bureau of Economic Analysis, Washington, DC, 1995.

12. Konijn P., S. De Boer, and J.Van Dalen, Material Flows, Energy Use and the Structure of the Economy, *National Accounts Occasional Paper*, No.77, Statistics Netherlands, Voorburg, 1995.

13. Schneider T. and A. H. M. Bresser, *Acidification Research 1984–1988*. Summary Report, Dutch Priority Programme on Acidification, nr. 00–06, RIVM, Bilthoven, 1988.

14. United Nations, *Intergrated Environmental and Economic Accounting*, United Nations, New York, 1993.

15. VROM (Ministry of Housing, Spatial Planning and the Environment), *National milieubeleidsplan* (National Environmental Policy Plan), VROM, The Hague, 1989.

16. *Thema -Indicatoren voor het milieubeleid* (Theme Related Indicators Supporting Environmental Policy), nr. 1992/9, VROM, The Hague, 1992a.

17. *CFC -Action programme, cooperation between government and industry*, Annual Report 1991, VROM, The Hague, 1992b.

18. Milieuprogramma (Environmental Programme) 1993 –1996, voortgan- grapportage, VROM, The Hague, 1992c.

19. *National milieubeleidsplan* 2, VROM, the Hague, 1993.

20. The following CBS publications were to compile the NAMEAs:

Animal Manure and Nutrients 1990 (floppy disk).

Costs and Financing of Environmental Control 1991–1992.

Emissions from the Combustion of Fossil Fuels in Furnaces 1980–1990.

Emissions bv Road Traffic 1980–1990.

Environmental Statistics of the Netherlands 1993 (English publication).

Environmental Ouarterly.

Industrial Costs for the Protection of the Environment 1992.

Industrial Waste 1992.

Process Emissions 1980–1990.

Manure Production 1990.

Minerals in Agriculture 1970–1990; Phosphorus, Nitrogen and Potassium.

Municipal Waste 1991.

National Accounts 1993.

Phosphorus in the Netherlands 1970–1983.

Statistics of Water Quality Management and Control, Volume A: Discharge of Waste Water 1991, Volume B: Treatment of Sewage 1991.

Vehicle Wrecks 1989.

本文载《收入与财富评论》第 42 期，第 131~148 页。

第四部分

公司环境核算

第13章　公司环境核算系统：对抗环境质量退化的一个管理工具*

艾瑞恩·A.优尔曼

瑞士圣高尔经济、商业和公共管理研究院

摘要： 最近，在宏观经济和微观经济水平上流行的核算实务的不断增长的社会成本和对其不断核算增加的批评导致了人们努力扩展核算的范围，以更好地评估机构行为。公司环境核算系统（CEAS）利用公司的日常商业活动的年度环境影响的综合评估系统，提供了公司管理和政府当局的信息。作为控制经济对自然环境的影响的一种工具，CEAS有助于实现更高质量的生活。

在最近的出版物中，可以发现，对流行的宏观经济以及微观经济核算理论的批评不断增加。如果直到现在，一些问题，如账户的统计精度还受到人们反对的话，那么现在甚至连已建立理论的基本假设都会受到挑战。根据昆（1962）的研究，这种批评代表了范例的基本变化的开始。批评是建立在许多近期发展的基础上的。在最近的几十年中，不同的社会活动之间以及不同的地理区域之间的相互依赖关系大大地增加了，这主要是由人类能力的交错变化引起的。因此，经济领域得到了显著的扩展，一个人的日常生活中的越来越多的内容被经济化了。这种发展伴随着公众观念的显著转变，公众关注于与生活的其他方面相关的传统经济目标的相对重要性。"生活质量"代替了"生活水平"，是这一更加宽泛的观点的象征。因为流行的核算理论将它们自己限制在了传统经济问题中，这些理论所产生的数据具有更小的相关性。所以这一过程需要有新的方法来扩展核算的范围。

在这样一个普遍批评和不满的氛围下，最重要的是牢记任何核算理论都有两个基本的问题：核算与文化息息相关，并且为特殊的目标服务。这两个问题可以作为指导原则服务于新方法的研发工作。

＊作者要感谢 R.缪勒–阮克和 B.E.菲比格·优尔曼小姐的有益的评论。本章早期的草稿提交给了1975 年 6 月在英国曼彻斯特召开的欧洲管理学发展基金会的年会。

任何核算理论的文化背景都可以很容易地从使用的项目和措辞中看出来。尤其是，在核算的实物科目中更是清晰可见。对于这一问题最雄辩的描述见甘伯灵（1974）：

"重要的是，不仅国民收入账户，而且作为其基础的微观账户都应该度量人们关心的是什么，实际上人们对控制权感兴趣。因此，在过去，社会公众从发动战争、建造金字塔以及类似的代价很高并且乍看起来无利可图的活动中得到真正的满足。在西方，非常方便地就可以按照销售额、工资、利润以及类似的内容建立宏观账户，因为假定我们的主要兴趣在于对可移动财产的消费，尽管这或许不是一个普遍正确的假设。"

核算的目标定向是通过宏观核算所完成的进展来阐释的，这一进展是 20 世纪 30 年代的大萧条以及随后为了增强对经济的控制而做出的努力的结果（亚伯拉汉姆，1969；斯蒂登斯奇，1958）。

13.1　当前核算实务的缺陷

在宏观经济层面上，社会成本的增长作为西方世界长期的经济扩张的不受欢迎的次级后果，使人们明白了这样一个事实，即 GNP 对国家成就和福利而言不是一个充分的度量指标。关于 GNP 用途的需求自从其第一次计算以来已经发生了显著的变化。一个现代的福利国家不仅关注于衡量经济的效率，而且关注其他的问题，例如，社会公平、公共产品的充足供应以及社会环境和自然环境的状况。现在，人们正在做出努力，要么使 GNP 的度量适合这一新的任务（诺德豪斯和托宾，1972；经济合作与发展组织，1971），要么用一个社会指标系统取代它（经济合作与发展组织，1971a）。

在微观经济层面上，类似的发展也是引人注目的。在利润最大化的意义上，经济人对单纯经济目标的追求不仅给社会整体造成了不经济，而且从长期来说，损害了公司的名誉。由于传统的核算实务忽视了这些问题，当包含了随之而来的"无形"资产以及内部决策制定和发表报告中的责任时，困难就产生了。从而，核算不再为其目标服务，其目标是提供必要的信息，这些信息是关于稀缺资源的有效配置以及机构目标的实现（美国会计协会，1966）。尤其是，流行的核算标准没有完成它们的目标，即报告"那些企业影响社会的活动"，正如应该依照美国注册会计师协会（AICPA，1973）的一个研究组所提出的那样。在最近的几年里，人们进行了研究，将这些被忽视的问题中的一部分包含进核算理论中。众所周知的例子是人力资源核算（见开普兰和兰德凯奇对这一问题的概述，1974）以及社会核算（例如，可以参见博尔和芬，1972；德凯斯和博尔，1973；德凯斯，1974）。后者覆盖了广泛的主题，例如，少数民族雇用、消费主义、雇员安全和健康、污染，等等，以及在关键词"公司社会责任"之下同样吻合的问题（麦克亚当，1973）。

人们已经倡导了针对公司社会核算的各种方法，即综合的和局部的，货币的和非货币的，以投入为导向的和以产出为导向的系统（博尔，1973）。显而易见，这些方法的任何组合都包含了许多优势和劣势。在研发一个新的系统之前，应该考虑这些问题。

（1）社会核算的综合系统强调了聚合的问题。聚合既是可能的也是合理的，这是核算理论的基本原理的一部分（甘伯灵，1973）。然而，在组合了经济效率和上文描述的各种主题的综合系统的情况下，为了聚合而必要的一致性是值得怀疑的。此外，这一综合方法意味着大体上有足够多的衡量标准来包含这些主题。这就不可避免地会丧失精确性。另外，这一方法要求包含关于这些主题的一致意见以及每一个的相对重要性。然而，要达到这一一致意见，看来是相当困难的（博尔，1973a）。最后，关于如何改进生活质量的研究表明，一个人不可能轻易地通过增加其他领域的质量来替代某一至关重要的领域：更多的污染只能通过特定承受限度内的更多的少数雇用来补偿。[1]任何综合系统所固有的共同特性导致人们试图通过在最方便的领域发起项目，并同时用更高的优先级忽视其他的领域，来增加公司总的社会效益记录。此外，这一过程还表明，人们退回到增长率和增长总额最大化的阶段，而不是努力实现供应的货物和服务的结构平衡。人们已经在 GNP 的度量方面充分认识到了最大化行为的谬误。

（2）货币化的方法表现出了严重的缺陷，正如利诺斯的 SEOS（1972）和艾伯特的社会审计所受到的批评那样（德凯斯，1974；博尔，1973）。格雷（1973）强调了基本问题：

"对我们来说，试图对这些'外部性'采用传统的商业核算基本上不可靠的原因是流行的核算使用了与流行的市场经济理论相同的限制条件，因此也被其束缚了。与市场经济理论相同，它集中于交易领域。但是，我们需要这一核算覆盖的问题恰好成了问题，因为这些问题处于交易领域之外。"

对艾伯特学会的社会审计和德国 Steag AG 的检验（斯库尔特，1974；德凯斯，1974）清楚地阐明了这些困难。

（3）在以投入为导向的方法和以产出为导向的方法之间的选择与前文阐述的两个问题领域紧密相关。一般来说，包含在公司社会责任项目中的财务成本

---

[1] 在生理学水平上，实现需求的平衡组合的重要性在很久以前就已经被认识到了，是以"平衡饮食"的形式。然而，却忽略了将相同的理念应用于心理学和社会学水平。

比由此得到的收益更加容易计算。因此，货币投入方法经常被采用。这种方法的劣势是众所周知的：投入方法既没有反映付出的资金的适当性，也没有反映其有效性（美国会计协会，1973）。

13.2　公司环境核算系统

在这些问题当中，人们选择了一个局部的、非货币的并且以产出为导向的方法。这个方法只处理公司的日常活动对自然环境的影响并且用非货币单位度量这些影响。通过将其自身局限于许多与公司社会责任相关的重要问题中的一个，将这个方法选作公司环境核算系统（CEAS）是合适的。然而，如果推荐一个新的、以产出为导向的系统来衡量公司对环境的影响，这个方法就是一个富有挑战性的方法。[①]

13.2.1　基本假设

两个同等重要的基本假说代表了 CEAS 的起点。一方面，显而易见，西方现有的经济系统很适合增长。自相矛盾的是，甚至连现在的经济萧条都可以通过这种方法得到解释。现在正处于零增长时期，突出了未解决的问题和利益的冲突。因此，所有的努力都被导向恢复稳定的增长率，而不论次级后果如何。另一方面，不幸的是，这种发展经济的行为碰巧发生在"太空船空间"内，这指的是具有有限的承载能力和对其生态系统具有有限的同化功能的一个部分封闭的系统，从而限制了不可再生资源的数量。从一个物质平衡方法（阿亚历斯和克尼斯，1969）开始，将质量守恒基本定律引入账户，从而不可能单独处理污染问题，或者独立的处理污染和资源耗损问题。更确切地说，这两个要素，是正在进行的环境争论的主要主题，应该被认为是某些过程的两种表现形式。在这一参照框架下，工业产出的增长大致上表示了额外的环境压力：更多的污染和资源消耗。由于这些问题既没有在国民核算账户中，也没有在公司账户中显示出来，所以很难控制。CEAS 是弥补这一缺陷的一个尝试。它应该通过信息系统和评估系统提供公司管理和公共管理。

13.2.2　概念

CEAS 是一个基于公司投入—产出分析的系统。它度量与日常商业经营有关的年度环境影响：原材料和能源消费，固体废弃物的产生，排放进空气、水

---

① 对 CEAS 的详细描述已经以工作报告的形式发表了（缪勒–阮克和优尔曼，1974）。

和土壤的污染物。① 由于存在许多原材料和各种种类的污染物，对每一种都应该建立一个特殊的账户。

应该注意到，不是所有类型的环境影响都被记入 CEAS。举例来说，与噪声和土地使用相关的问题就被排除在外了，因为它们可以轻松地通过法律约束加以控制。很明显，除了推荐的账户外，如有必要，新的账户可以很容易地被加进来。

通过环境定义的稀缺性的概念对 CEAS 来说是首要的问题。这种类型的稀缺性一方面涉及生态系统有限的同化能力，另一方面涉及不可再生资源的有限数量。这种类型的稀缺性与市场类型的稀缺性很不一样。后者要么根本没有包含通过环境定义的稀缺性概念，如所谓的免费商品情况，要么仅仅包含了其一部分。例如，当资源减少的时候，增加的勘探和开采成本。两种不同类型的环境稀缺性应该区分开来。首先，生态系统显示了特定的同化能力。因此，只要人类造成的影响不超过一个特定的临界排放率，生态系统就不会被破坏。在这种情况下，环境稀缺性定义为由于当前的排放率而造成的生态系统的再生能力被消耗的程度。这种类型的环境稀缺性被称为流动稀缺性。其次，还有所谓的累积稀缺性。在这里，甚至连最小的影响都加剧了短缺。不可再生资源的消费就是一个很好的例子。根据影响的类型，环境稀缺性要么定义在一个世界范围的基础上，要么定义在一个区域性的或国家的基础上。例如，将汞的稀缺性与垃圾掩埋地的稀缺性相比较，其中汞的稀缺性是与全球水平相关的，而用作处理固体废弃物的垃圾掩埋地的稀缺性是与一个给定的区域相关的。

通过为每一个投入和产出应用这两种稀缺性概念，可以得到一个系数，称为换算系数（EC）。对于流动稀缺性而言，EC 是这样计算的：②

$$EC = \frac{F}{F_c - F} \cdot \frac{1}{F_c}$$

F 是当前的年排放率，F_c 是临界排放率。如果 $F = F_c$，严重的并且不可逆转的破坏就发生了。通常假定今天的 F 比 F_c 小。如果这一假定不正确，就需要比 CEAS 更加严格的衡量方法。

对于累积稀缺性而言，EC 是通过如下公式确定的：③

$$EC = \frac{nF}{R - nF} \cdot \frac{1}{R}$$

F 是年度影响，R 是已知储量，而 n 定义为 R 应该持续的年数。n 是社会

---

① 怀斯特曼和吉佛德推荐了一种有些类似的方法（1973）。
② 在附录 A 中给出了一个例子。
③ 在附录 B 中给出了一个例子。

未来的发展方向和对于后代的责任的标准表达。[①] 只要 $0 < nF < R$，EC 就可以定义。应该注意到，R/F 可能比设定的时间范围（n）小，所以 EC 不能根据推荐的公式来定义。在这种情况下，不得不采用一种特殊的方法。

为了可以根据环境状况的新发展重新调整，为了避免不希望有的刚性，EC 应该由政府建立并随时变化。通过使用 EC，就可以比较不同的环境影响，如将能源消费与其他资源的消费和污染物的排放相比。这使得公司和政府能够将 CEAS 用于评估净环境收益，例如，建立空气污染缓解设备或增加循环使用的净环境收益。一般来说，这是一个困难的任务，因为降低空气污染水平常常意味着水污染的增加；或者，更多的循环使用可能导致某一机构的能源消费的增加，因此环境的真实收益不能被确定出来。

13.2.3　CEAS-单位

首先，公司用实物单位（吨、千瓦小时、立方英尺，等等）来衡量其与环境相关的投入和产出。其次，通过将这些数值与相应的 ECs 相乘，并将得出的 CEAS-单位加总，就可以得到一个总和，反映了在一年时间内，一个公司的经营活动对环境造成的总的影响。[②]

如果原材料被循环使用，只计算与循环过程相关的环境影响。例如，运输和加工所需要的能源数量，或者是各自所包含的污染。循环使用的原材料的 CEAS-单位中的值在投入方是零，因为当其第一次进入经济系统时才被计算。因此，对原材料的经济使用和循环使用得到了补充。

13.3　从微观核算到宏观核算

13.3.1　限额

不应该忽视的是，现有的经济系统可能会阻碍公司采用 CEAS 指出的将环境影响降至最低所要求的度量方法。竞争可能会迫使企业拓展其销售和（或）延迟对环境有益的投资。如果参与竞争的公司不考虑它们造成的环境影响，这种情况就很容易发生。因此，CEAS 应该与一个限额系统相连，通过这一限额系统，每个公司每年都被授予特定数量的 CEAS-单位。

[①] 应该预期 n 至少等于 50，因为现在生活的一代人肯定对这一比率下的不可再生资源的消费不感兴趣，而以前的人们可能在这一比率下消费。

[②] 在附录 C 中给出了一个例子。

从而，负责分配 CEAS-单位的政府可以控制由经济产生的年度环境影响。重要的是，只要调节公司的 CEAS-单位的总量而（给定确定的排放标准）不是某一单个账户中的 CEAS-单位。因此，一个扩展中的公司必须通过选择最适合其经济情况的度量方法来节约 CEAS-单位，并利用节约的 CEAS-单位产生最大的边际收益。

13.3.2 一些特殊的问题

第一个问题是谁应该采用 CEAS。有人建议，所有的公司，私有的、公共的和国有的，都应该建立 CEAS。只有私人家庭和非常小的生产机构（小型农场、手工作坊以及类似的机构）应该排除在这一规则之外。正如它们被排除那样，由于实际的原因，从定期簿记来说，同样的机构应该适用于 CEAS。因此，那些产品销售给这些从 CEAS 中排除出去的机构的生产者，主要都是消费品生产者，不得不为环境影响付费，这些环境影响来源于对他们的产品的使用。因此，对许多消费品的平均使用，如轿车或家用电器，必须按照 CEAS-单位进行评估。这一过程并没有将消费品生产者置于不利地位。然而，它给在自然环境中更加安全地生产和设计这些产品带来了巨大的压力。

第二个重要的问题涉及限额应该建立的基础。有很多方法可以分配一个有限的数量：给每个个人或经济机构分配同等的数量，通过市场机制进行分配，通过抽签的方法分配，根据优先级或根据现有的所有权进行分配。最近对各种机制的检验显示，它们中的任何一个都不是完全令人满意的。考虑到采用 CEAS 的机构的多样性，以及由于实际的原因，如经济过程的最小扰动，最小的实行和保持成本，以及与流行的法定概念的一致性，人们偏向于根据现有的所有权分配稀缺的 CEAS-单位。换句话说，CEAS-单位的分配是根据计算公司以前年份的年度消费来制定的。

遇到的第三个问题是正确计算和分配所计算的环境影响，即避免重复计算。很明显，每一个公司只为其自身所造成的环境影响付费，正如上文阐述的那样，不包括私人家庭和小型生产机构。对于污染物和废弃物而言，这一概念没有问题：理论上，污染源总是可以识别的。然而，考虑到原材料，就有好几个解决方案是可行的。应该是由采矿业付费还是经济过程中的其他人处理这些原材料？从环境的观点出发，在对自然环境的排放发生的点上进行收费看起来是合理的。在那里，根据热力学原理，恢复几乎是不可能的。因此，最终产品的生产者将普遍被收费，因为这些产品通常以消费品的形式进行分配。然而，从环境的观点出发，分配等于排放。对于其他所有的中间生产者来说，除了损失外，没有发生对原材料的收费。换句话说，CEAS 类似于增值税系统。作为系统的特有功能，将货物运送到采用 CEAS 的机构必须附有证件，说明产品与

CEAS 有关的资源构成。可以预见，通过这一程序，最终产品的生产者对他们的供货商施加了很强的影响，迫使他们选择对环境造成最小影响的原材料。因此，稀缺资源的储量将得到节约。

因此，公司的 CEAS-平衡表包含三个部分：[①]

（1）生产过程所产生的环境影响：使用的原材料和能源、产生和排放的污染物和废弃物；

加上：

（2）对销售给不采用 CEAS 的消费者的产品的使用所造成的影响；

减去：

（3）原材料，分别包含在销售给采用 CEAS 的消费者的产品中。

最后，非常重要的问题出现了，因为国民经济是开放的系统，而生态系统是超越国界线的。如果一个国家建立了 CEAS，对一个公司而言，关于物质环境影响的合理的策略要么是将相关的生产过程移至国外，要么从外国供应商那里购买相应的半成品。

因此，环境影响出口了，并且公司的 CEAS-平衡表得到了缓和。这种经济过程的重组应该受到欢迎——不仅从环境观点来看如此，而且就发展中国家而论也是这样。毋庸置疑，这些新的东道国将会十分谨慎，不去重复旧的工业化经济所犯下的错误。

如果无论如何，引入 CEAS 的国家都将发生负面影响，那么进口商可以按照 CEAS-单位为他们的进口付费，就好像产品是在国内制造的一样。出口商要么与国内市场的生产者服从同样的规则，要么可以制定特殊的方案。很明显，不可能建立通用的规则，因为出口对于经济的重要性在国家与国家之间变化很大。

13.4　对于行动的建议

很明显，一个包罗万象的系统如 CEAS 不能够立即被实行。许多问题仍然需要解答。例如，关于合并的规则，关于环境影响的知识不足，以及不希望有的 CEAS 的间接影响。因此，建议采用多阶段的程序。

（1）在第一阶段，CEAS 应该在不同类型的企业中试行。因此，有可能改进系统，这一改进基于所得的经验，并使其适用于各种产业的特殊需求。

（2）在第二阶段，CEAS 应该对所有的公司强制实行，除了已指出的例外。

---

① 见附录 C 中给出的例子。

可以预见，公司的年度环境影响的直观表现将导致各自策略的变化。在这一阶段，政府层面上所要求的控制系统的实行，应该得到测试。

（3）在第三阶段，采用 CEAS 的公司应该公布年度的 CEAS-平衡表，而公共机关，类似于税务机关，可以使用它们各自的数据。

（4）在第四阶段，一个精心设计的 CEAS，基于从前面几个阶段得到的经验，应该被引入。同时，政府应该努力劝说其他的政府建立类似的控制系统。

13.5 CEAS 目前的工艺水平

目前的研究活动集中于第一阶段。CEAS 是与瑞士 Rorschach 地区的 Roco 食品包装公司合作建立的。人们遇到了许多理论上和实践上的问题；只有最重要的问题将在下文提到。

由于还没有正式的 EC，各种资源的 EC 不得不由其创立者基于专家的文献和论述来计算。这包含了大量的工作；它同样指出，存在一些无法得到确切数据的缺口。有价值的研究非常必要，需要研究可用资源的数量以及污染物的影响。然而，不幸的是，这可能需要等待直到得到准确的数据。尽管可靠数据的暂时特征如此，建议考虑问题的重要性以及包含在即时行动中的风险。

从权衡世界和本地影响的相对重要性中产生了一个非常困难的问题。在 CEAS-平衡表（附录 C）中，全球基础上的资源稀缺性被分配了权重 1，而关于本地层面上的环境影响，各自的 ECs 与一个系数相乘，该系数定义为地域重要性，即相对于全球表面积的瑞士表面积。通过这一方法，得到的结果偏向于将更多的重要性分配给基于全世界基础上的环境影响，而不是区域水平上的。然而，可以申辩的是，例如，一个湖泊的退化或者一个本地生态系统的破坏，比汞的耗损要重要得多，因为后者由于技术革新可以有替代品，而前者对相关的人群是至关重要的，而且更加难以恢复。很明显，没有可行的正确权重。任何决定都要明显的标准化，并且必须建立在各种观点民主的相互影响的基础之上。因此，这里给出的例子应该被理解为初步的建议。

遇到的实际困难是 CEAS 所要求的公司数据的可得性。由于直到现在这些数据要么根本没有收集，要么是根据 CEAS 之外的标准分类的，所以这些数据有时候难以得到公司以前的环境影响评估。从而，实行 CEAS 的第一步应该根据 CEAS 的特殊需要重新安排信息流。尽管存在这些困难，CEAS 包含的管理费用在公司水平上是很少的。在政府水平上，这些费用更加难以评估。然而，它们不应该超过实行和保持增值税的必要费用。

13.6 结 论

迄今为止所采取的实际工作中得到的最令人满意的结果之一是对公司的年度环境影响表现的高层管理的影响。高层管理受到以下内容的影响：气态和液态排放物的数量，每年产生的固体废弃物的装载量，以及使用的能源、原材料和水的数量。

是否会从中产生行为的变化尚待观察。进一步的调查表明，高层管理者和较低层次的管理者经常都不知道公司总的环境影响。因此，公司行为的改善看来是一个既有关动机又有关信息的问题。所以，即使 CEAS 从来没有超出第二阶段，仍然有希望的是，这些简单的步骤将使得公司采用综合的策略以保护环境。

附录 A

计算瑞士一氧化碳的 EC：

F = 700000 吨/年

$$F_c = \frac{(\text{瑞士上空的空气体积}) \cdot (\text{容许的最大浓度}/m^3)}{\text{在空气中存在的平均周期}}$$

$$= \frac{205.10^{12}m^3 \cdot 1mg/m^3}{0.1 \text{ 年}}$$

$$= 2050000 \text{ 吨/年}$$

$$EC = \frac{F}{F_c - F} \cdot \frac{1}{F_c} \cdot c^{[1]} = 0.25 \cdot 10^6$$

某一特定数量的一氧化碳在一个大国产生还是在一个非常小的国家产生，这不是同等重要的，所以，在计入账户时，必须衡量 EC。

瑞士的权重系数是 $8.04 \cdot 10^{-5}$。

因此：

$EC_{CO} = 20$ CEAS–单位/吨。

附录 B

计算锡的 EC：

---

[1] 由于实际的原因，引入了一个常数因子 $c=10^{12}$。

F = 2.53 · 10⁵ lgtons

$$F = 2.53 \cdot 10^5 \text{ lgtons}$$

$$R = 4.3 \cdot 10^6 \text{ lgtons}$$

$$n = 10^{①}$$

$$EC = \frac{nF}{R - nF} \cdot \frac{1}{R} \cdot c$$

$$= \frac{10 \cdot 2.53 \cdot 10^5 \text{ lgtons}}{4.3 \cdot 10^6 \text{ lgtons} - 10 \cdot 2.53 \cdot 10^5 \text{ lgtons}} \cdot 10^{12}$$

因此：

$$EC_{Sn} = 0.328 \cdot 10^3 \text{ CEAS--单位/吨}。$$

这里使用的 F 和 R 的数据是由美国矿业局提供的，并列于 Meadows (1972)。

附录 C

1973 年瑞士 Rorschach 地区的 Roco 食品包装公司 CEAS--平衡表摘要（以 CEAS--单位为单位）：

能源消费	76099
（电、气、油，等等）	
原材料消费	10439663
（镀锡铁皮、铅锡焊料、铝、玻璃、塑料、纸）	
固体废弃物	9
废水	30545
气态污染物	12913
废热	515
销售给家庭的产品所造成的环境影响	222
（主要是固体废弃物）	
总计	10559966
减去	
运往采用 CEAS 的客户的原材料	1804858
净环境影响	8755108

---

① 这里 n 等于 10。这并不意味着 10 年的时间范围被认为是足够的。这可以解释为，今天所知道的资源比那些将在近期发现的资源少了 5 倍。

参考文献

1. Abraham, W.I., *National Income and Economic Accounting* (Prentice-Hall, 1969).

2. American Accounting Association, *A Statement of Basic Accounting Theory* (1966).

3. American Accounting Association, Report of Committee on Environmental Effects of Organizational Behavior. *The Accounting Review*, Vol. XLVIII (1973), Supplement, pp.73–119.

4. American Institute of Certified Public Accountants. *Objectives of Financial Statements* (1973).

5. Ayres, R.U. & Kneese, A.U., Production, Consumption, and Externalities. *American Economic Review*, Vol.59, No.3 (1969), pp. 282–297.

6. Bauer, R. A. & Fenn, D. H. J., *The Corporate Social Audit* (Russell Sage Foundation, 1972).

7. Bauer, R. A., The State of the Art of Social Accounting, in Dierkes and Bauer (1973), pp.3–40.

8. Bauer, R. A., The Future of Corporate Social Accounting, in Dierkes and Bauer (1973a), pp. 389–405.

9. Caplan, E. H. & Landekich, S., *Human Resource Accounting: Past, Present and Future* (National Association of Accountants, 1974).

10. Dierkes, M. & Bauer, R. A., eds., *Corporate Social Accounting* (Praeger, 1973).

11. Dierkes, M. & Bauer, R. A., eds., *Die Sozialbilanz* (Frankfurt/M, 1974).

12. Gambling, T., *Societal Accounting* (Allen and Unwin, 1974).

13. Gray, D., One Way to Go about Inventing Social Accounting, in Dierkes and Bauer (1973), pp.315–320.

14. Kuhn, T., *The Structure of Scientific Revolutions* (University of Chicago Press, 1962).

15. Linowes, D. S., Let's Get On With The Social Audit: A Specific Proposal, *Business & Society Review/Innovation* (Winter, 1972–1973), pp.39–49.

16. McAdam, T.W., How To Put Corporate Social Responsibility Into Practice. *Business & Society Review/Innovation* (Summer, 1973), pp.8–16.

17. Meadows, D. *et al.*, *The Limits To Growth* (Earth Island, 1972).

18. Müller-Wenk, R. & Ullmann, A.A., *Die ökologische Buchhaltung* (St. Gallen, Zürich 1974).

19. Nordhaus, W.D. & Tobin, J., Is Growth Obsolete? *Economic Growth* (National Bureau of Economic Research, 1972).

20. OECD, *Environment and Growth in National Accounts* (1971).

21. OECD, *Working Group of Social Indicators*, *Social Indicators Development Program* (1971a).

22. Schulte, H., Die Sozialbilanz der Steag AG. *Betriebswirtschaftliche Forschung und Praxis*, No.4 (1974), pp.277–294.

23. Studenski, P., *The Income of Nations*, *Theory*, *Measurement and Analysis*, *Past and Present* (New York, 1958).

24. Westman, W. E. & Gifford, R.M., Environmental Impact: Controlling the Overall Level. *Science*, Vol.181 (1973), pp.819–825.

本文载《会计、组织与社会》第 1 期，第 71~79 页。

第 14 章　生态—效率核算

斯蒂凡·斯恰尔泰格

　　摘要：在本章中，将讨论环境核算的框架，集中于公司以及它们的活动对环境的影响。首先，经过环境区分的传统核算，是传统核算的一部分，被作为衡量在货币项下环境导致的财务影响的工具来讨论。它被解释为大多数内部管理决策的基础，是如何努力满足公司的外部风险承担者对于财务信息的需求的。然后，讨论了生态核算系统，这是作为按照非货币实物单位，衡量公司对环境的生态影响的工具来进行讨论的。其次，讨论了生态—效率，它衡量公司的经济成效，而这种成效与其活动所造成的环境影响有关，同时解释了传统核算与生态核算系统是如何通过合理的生态路径方法（EPM）统一于生态—效率的。所有以上概念的基本方面，连同附加值、附加环境影响等概念一起，都通过图形、表格和案例研究的帮助得到了阐释。

研究目标

　　读完了这一章，读者应该拥有如下很好的理解和工作认识：

　　● 附加值、附加环境影响、经过环境区分的核算和生态核算的概念和它们各自的子概念，以及很多其他相关的主题和问题；

　　● 传统核算和生态核算系统是如何通过合理的生态路径方法（EPM）统一起来以导出对生态—效率的衡量的；

　　● 生态—效率的概念，它所扮演的角色，以及它如何在公司水平上被应用，从而评估公司的状况，这种评估是按照其经济成效来进行的，而这种成效与公司活动所造成的环境影响有关。

14.1　作为操作度量的生态—效率

　　尽管生态—效率概念是在斯恰尔泰格和斯德姆（1990）的文献中首次引入和讨论的，但直到 Schmidheiny 出版社的名为《改变过程》（*Changing Course*）的书（1992）出版之后，它才受到普遍关注。关于这一概念的一些其他的问题及其局限性由格莱德林等人（1995）作了详细阐述。实际上，术语"生态—效率"被用于不精确地传达不同的意思。因此，首先，重要的是在它应用于公司水平的情况下，澄清这个术语的概念。

一般说来，效率是产出相对于投入之间的度量。给定投入的情况下产出越高，或者给定产出的情况下投入越低，则一项活动、一种产品、一个公司等的效率就越高。由于任何经济活动的目的都是以可能的最佳操作来管理稀缺资源，所以效率是合理的经济管理的特征。

效率在其最一般的含义上来说是一个无单位的概念。当衡量投入和产出时所使用的单位可以依据主题而有所不同的话，如果指定背景环境，效率的范畴就变得具体了。举例来说，在商业背景下，如果投入和产出在财务项下进行衡量，收益率就成了效率的度量，通常称为财务效率。一些经济效率或财务效率的度量是贡献毛利、销售利润率、资产收益率，等等。经济效率指出，社会活动与否，以及多长时间内可以受到经济的支持。另外，如果效率在技术项下进行度量，则通常情况下更加集中于实物单位，比如千克。技术效率也被称为生产率。"最佳可能"效率与"实际达到的"效率之间的比率被称为 X–效率（雷本斯特恩，1966）。效率并不局限于财务范畴或技术范畴，不同的范畴可以联合起来以计算交叉效率数据。例如，每一个雇员创造的利润。

使用上文给出的效率的定义以及适当的单位，某一活动的生态效率通常可以表示为期望的产出与我们称之为活动的附加环境影响之间的比率（斯恰尔泰格和斯德姆，1990）。附加环境影响（EA）定义为所有已评估的由此活动造成的环境影响的总和。因此：

生态效率 = 期望产出/附加环境影响 （1）

然而，这一生态效率的定义没有覆盖可持续发展的所有问题。同样的问题对附加值（或增加值）来说也是存在的。举例来说，附加值的计算没有将如下内容计入账户：如果产品和服务被导向满足劳动力的基本需求的话，评估是否可以通过增加穷人的经济机会来实现可持续发展，正是这些劳动力的工作产生了附加值，以及诸如此类的价值。很明显，重要的是将附加环境影响与附加值关联起来，因为没有任何经济活动是不产生环境影响的。

如果公司销售的产品或者完成的功能与造成的附加环境影响之间的比率很高的话，那么公司管理就是生态有效的。在这种环境下，推荐了两种不同的对生态效率的衡量方法（斯恰尔泰格和斯德姆，［1992］1994）：

● 生态产出效率；
● 生态功能效率。

生态产品效率是一单位的产品（产品单位）与产品在其整个生命周期或生

命周期的一部分中所造成的附加环境影响之间的比率。也就是说：

生态产品效率 = 产品单位/附加环境影响　　　　　　　　　　　　　　(2)

公司所造成的环境改善常常在其总产品效率的信息中（例如，每一单位的环境影响可以制造的轿车数量）报告出来。产品效率可以通过整个一系列污染防止方法和策略得到改善，包括管道末端设备、减少投入、资源的替换，等等。虽然从原则上来说，产品效率的改善是人们所期望的，并受到大家的欢迎，但是某些产品永远都不会在满足一定需求方面与其他产品同样有生态效率。举例来说，在满足运输需求方面，一辆轿车通常总是比一辆自行车缺乏生态效率。

生态功能效率与生态产品效率相比，具有更加宽广的视野。它衡量即将产生的或已经产生的单位时间内的环境影响，这是在完成某项特殊的功能时产生的。具有代表性的是，一项功能可以定义为将一个人运送特定的距离。在备选方案中，如果某一种可以在完成给定的功能的同时产生最小的环境影响，它就具有最高的生态功能效率，定义为：

生态功能效率 = 完成的功能/附加环境影响　　　　　　　　　　　　(3)

生态功能效率可以通过将低生态效率的产品替换为高生态效率的产品（例如，用自行车替代轿车）得到改善，也可以通过降低对需要完成的功能的要求（例如，使用汽车共享，可以降低对私家车使用的需求），或通过延长产品寿命（例如，更长的轿车锈蚀保证）以及通过提高产品效率而得到改善。环境利益团体常常喜欢根据某种产品总的生态功能效率来衡量其环境记录（例如，将运送一个人到特定距离的轿车的生态功能效率与自行车或公共交通工具完成相同功能的生态功能效率相比）。

这两种对生态效率的衡量方法（生态产品效率和生态功能效率）都很有用，但是它们的适用性取决于它们预定的目的。式（2）和式（3）给出的比率可以应用于不同的综合水平，如一个单位产品、一个战略性的商业单位，或者是一家公司的总销售额。在这种环境下，重要的是考虑总销售额和绝对环境影响，因为大量的生态有效产品可能比少量的生态无效产品更有害。

经济与生态范畴之间的交叉效率，或者换句话说，"经济—生态效率"，是公司产生的附加值与其导致的附加环境影响之间的比率（斯恰尔泰格和斯德姆，1990）。在大多数情况下，按照某些种类的经济成效和环境影响之间的关系来定义经济—生态效率是有如下意义的：

经济—生态效率（生态—效率）= 附加值/附加环境影响　　　　　　(4)

经济—生态效率常常被称为"生态—效率"。很明显，当一种产品或一项活动的增加值上升并且（或者）其总的环境影响下降的时候，其生态—效率将上升。注意到在式（4）中，对经济问题和生态问题的衡量都不是固定不变的。

因此，式（4）的比率应该通过这样的衡量方法来计算，即按照分析目标提供了最佳信息的衡量方法。如果认为经济和生态影响具有相同的重要性，那么分子和分母应该给予相同的权重，正如在式（4）中所示的那样。但是，根据它们的价值，不同的团体可能给经济成效和生态成效分配不同的权重。换句话说，例如，在评估对污染防止设备的投资中，生态—效率的边际产品可以被用来表示每一单位的额外成本所带来的环境改善率（因此，衡量了成本—效率）。

　　环境指标通常应该在经济成效的背景下建立，因为之后它就可以评估公司、产品、国家等所取得的进步。关于它们的"生态—效率组合"，显示在图 14-1 中。环境成效沿着这张图的纵轴绘制，而经济成效沿着横轴。显示在图 14-1 中的生态—效率组合有四个不同的区域：

　　● 绿色五角星（右上角）是场所、产品等，具有较低的附加环境影响和较高的经济成效。当通过综合清理技术达到低成本的时候，在它们的发展过程中，它们的环境影响就已经最优化了。因为它们产生了相对较低的环境影响，就会有这样的市场，市场中的消费者愿意为这样的环保产品支付额外的溢价。成本节约以及高价格就导致了较高的经济成效。

　　● "肮脏现金牛"（右下角）源于数量增长策略。它们的特征是，相对较高的收益率和较高的附加环境影响。"肮脏现金牛"很危险，一旦外部环境成本（经济外部性）内部化，例如，通过环境税的征收，就会失去其收益。

　　● 绿色问号（左上角）是环保的，但是它们达到的是相对较低的经济成效。从长远观点来看，由于它们的经济弱性，不可能盛行。

　　● "肮脏的狗"（左下角）具有较高的附加环境影响和较低的或负的经济成效。它们在经济上没有利益，并且造成巨大的环境破坏。它们应该被淘汰，或者在经济方面和生态方面都得到改善。

　　同时带来环境数据和经济数据的组合是一个非常有力的分析工具，用于评估不同生产场所、产品、公司等的相对的生态—效率状况。它们同样可以用于标准地测试在环境方面"好"的竞争者，这些竞争者是相对于有问题的公司而言的（伊利尼奇和斯恰尔泰格，1995）。此外，一旦在已记录的和已评估的数据基础上做出决策，就可以制定适当的策略以进行改善。正如图 14-1 中所示的那样，所有在生态—效率线之上的运动都代表了改善的生态—效率。

　　然而，生态—效率的定义伴随着两个主要的困难。第一，当衡量经济成效的时候，怎样考虑和评估环境导致的财务影响？第二，怎样准确地衡量附加环境影响？

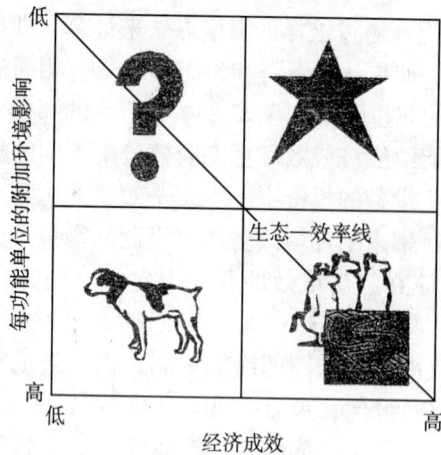

图 14-1　　生态—效率组合

资料来源：根据斯恰尔泰格和斯德姆，1992。

14.2　环境核算

现代核算，起源于 15 世纪的意大利北部，在超过 100 年的时间里，是最重要的公司信息收集和分析系统。由于持续的环境退化以及与之相关的问题，现在人们给予对环境事项和环境问题的信息收集和分析越来越大的重要性。因此，越来越需要修改传统的核算系统以适应这一新的状况。为了评估公司及其业务的生态—效率，公司的风险承担者将对两个主要的信息项目感兴趣，这两个信息项目与环境事项和环境问题有关：

● 环境导致的财务影响；

● 公司的环境影响。

给定这两个项目的不同特征，并不令人惊讶的是，现在关于"环境核算"的许多不同的概念和案例被建立起来了（斯恰尔泰格和斯汀逊，1994）。结果，相应地，就有了许多各种各样的并不断增加的文献，涉及通常被称为"绿色核算"的不同方面（亚当斯，1992；加拿大特许会计师协会，1992；艾普斯顿，1995；格雷等，1993；格雷，1994；格雷和拉佛林，1991；普拉斯·沃特哈尔斯，1991；魁克，1991；鲁本斯顿，1994；斯恰尔泰格等，1996；斯皮泽和艾尔沃德，1995）。

然而，根据"丁伯根法则"（"丁伯根法则"通常应用于经济学和公共政策）当某一工具被用于追逐没有绝对互补的不同目标时，它就变得效率低下而且失去作用（丁伯根，1968）。在这种情况下，任何一个目标都不能有效地并实际上达到。因此，应该使用不同的工具来处理不互补的问题。至于核算，这就是为什么应该使用不同的核算系统来处理不同种类的问题。每一个核算系统为不同集团的风险承担者提供了特殊的信息。公司的风险承担者根据定义可以是一个个人，或者是一个团体，他与公司之间有利害（风险）关系，并且可以影响公司的活动和政策，或者受公司活动和政策的影响。风险承担者可以是公司的经理、雇员、股东、供应商和客户，或者也可以是税务机构、环境压力团体、邻居，等等。图 14-2 显示了重要的风险承担者，以及他们与核算中不同的项目和系统之间的利害关系。在这张图中，风险承担者的三个重要集团（管理层、股东和调控者）垂直显示，而传统的核算系统和生态核算系统水平显示。

核算系统 （和衡量方法） 风险承担者 （举例）	传统核算 （货币单位）			生态核算 （实物单位）		
	管理会计	财务会计	其他核算系统	内部生态核算	外部生态核算	其他生态核算
管理层		×	×	×	×	×	×
股东		×	×	×		×	
调控者		×	×	×		×	×

经过环境区分的传统核算（货币单位）

生态核算（实物单位）

+ 环境核算 = 经过环境区分的传统核算 + 生态核算

图 14-2 传统核算和环境核算以及它们的风险承担者

正如从这张图中可以看到的那样，两个核算系统都处理环境问题。因此，是"环境核算"的一部分。三个区域用深灰色阴影显示，代表了经过环境区分的传统核算系统。作为传统核算的一部分，它们衡量了在货币项下，环境导致的公司财务影响。传统核算系统剩下的部分，不处理环境问题，用没有阴影的区域来表示。

风险承担者变得越来越对环境事项和问题感兴趣，所以传统的核算系统不仅应该包含环境问题的财务影响，而且应该通过包含生态核算系统，或者至少是其基本方面，来得到扩展。生态核算系统在图 14-2 中以浅灰色表示，衡量公司对环境的生态影响。生态核算系统所使用的度量方法，不同于经过环境区分的传统核算中所使用的度量方法，是在实物项下计算的，如千克。区分生态核算系统和传统核算系统很有必要，因为：

● 从原材料的角度来看，生态核算的焦点与传统核算的焦点有很大的不同。生态核算的焦点在于环境干预，而传统核算的焦点在于财务影响。

● 环境信息的来源常常不同于提供财务信息的信息来源。

● 环境信息相对于财务信息来说，常常出于不同的目的被不同的风险承担者所需要。

● 环境信息相对于经济信息（即货币单位）来说，对质量和数量（例如，千克）有不同的度量方法。

由于经过环境区分的传统核算系统和生态核算系统都处理由环境引起的信息，所以当它们放在一起的时候，就组成了一般被称为环境核算的核算系统（斯恰尔泰格等，1996）。作为核算的子领域，环境核算处理：

● 行为、方法和系统；

● 记录、分析和报告；

● 环境导致的财务影响以及已定义的经济系统（例如，一个公司、一个厂区、一个国家，等等）的生态影响，生命周期评估（LCA）可以被看作是以产品为导向的环境核算的一个特例。

传统核算系统和生态核算系统实际上是两个不同的核算系统，这一事实不应该成为它们单独的和个别的结论和信息进行综合的障碍。实际上，当这些结论和信息在一个独立的数据流中进行综合、分析并变得可用的时候，它们将促进生态—效率的计算以及管理层和风险承担者的决策制定。

14.3　经过环境区分的核算

理论上，所有的影响，包括对社会和对自然环境的影响都应该包含在传统核算中。否则，由于只有一小部分的外部性被内部化，战略管理决策将基于以往成效（因此，影响着未来的预期）的不完全的信息，甚至在某些情况下将会产生经济上的误导（例如，在时滞之后，外部成本才被内部化）。

然而，如果管理层想要将其传统核算中的外部性内部化，只要这没有形成对经营的实际经济影响的一部分，就甚至会产生更大的误导。传统核算从本质上来说是一组信息系统，用于衡量公司以往的经济成效。因此，外部成本和内部成本的混合将歪曲实际的数据，并且由此它们将不再具有必要的"信息价值"以作出经济决策。

由于其法定义务只是处理实际的内部财务影响，所以传统的公司核算只关注于内部相关的财务影响。此外，为了支持经济上合理的决策，这些财务影响需要明确地反映在传统核算中（即从其他财务影响中区分出来）。很明显，只有利用恰当的管理信息，股东和债权人才能正确地评估实际的和潜在的环境问题的经济后果，适应新环境规则造成的经济影响，并且共同进行富有成效的关于如何最好地实行防止污染的措施的讨论。

传统核算系统进一步划分为三个子系统：

● 传统经营核算；

● 传统财务核算；

● 其他传统核算。

经营核算（也称为管理核算或成本核算）是主要工具，并且是大多数内部管理决策的基础（关于这一方面的介绍，见考韦，1988；豪哥瑞和佛斯特，1987；开普兰和艾特金森，1989；玻利曼尼等，1986），而且通常外部风险承担者不需要（图 14-2）。它处理这样的问题：什么是环境成本，环境成本应该如何跟踪和描绘？应该如何处理环境导致的成本（例如，罚款、费用、投资）？它们应该是分摊到产品中还是记为经常开支？管理会计师的职责是什么？

相反，财务核算被特别设计以满足公司的外部风险承担者（即股东）关于财务影响的信息需求。财务核算中的典型问题是，环境导致的费用是否算作投资，或者，应该为（或有）负债的披露采用什么标准和方针，以及关于在核算中如何处理这些负债，应该提出什么建议。在核算年度末尾做出的财务结果，可以依据如何处理环境问题而本质上发生改变。

"其他传统核算系统"是指用于覆盖一些附加的且常常更加特殊的核算系统，如税务核算和银行管理核算。税务核算对所有的经常业务来说是强制性的，因为政府税务机构需要它们的税务"报告"，而像银行这样的管理机构只对银行有特殊的核算和报告要求。这些传统核算系统的每一个系统都处理不同的问题，如关于环境事项是如何影响机构的。其他核算系统的主题是不同的。举例来说，税务核算考虑对污染缓解设备的补助的效果，考查如何将垃圾掩埋这一补救措施的成本从税款中扣除掉，以及分析对于清洁生产技术采用加速折旧的效果和各种环境税收（例如，二氧化碳税）的后果。其他传统核算系统中的环境问题包括保险、产品责任、抵押、银行信用，等等。

概括来说，在传统核算中考虑环境导致的财务问题很重要，因为只有这样做了，才有可能正确计算公司的收益率和生态—效率。

14.4　生态核算

正如我们之前所指出的那样，传统核算系统不仅应该包含环境问题的财务影响，而且应该通过包含生态核算系统，或者至少是其基本特征而得到扩展。

生态核算系统，在图 14-2 中用浅灰色显示，衡量公司对环境的生态影响。同时，正如我们已经指出的那样，为它们而制定的衡量方法是以实物单位计算的，不同于为经过环境区分的传统核算制定的衡量方法。此外，和传统核算系统一样，生态核算系统也可以被分为三个子系统：

● 内部生态核算；

● 外部生态核算；

● 其他生态核算。

内部生态核算被设计为只出于内部管理的目的而收集生态信息。它与传统经营核算是互补的。衡量公司的产品和工艺对自然环境的影响的方法对做出好的管理决策来说是很必要的，这些方法对于监控污染排放和计算生态—效率来说也是很有必要的。跟踪原材料流量、能源使用以及排放物的账户是内部生态核算的一个核心部分。此外，内部生态核算系统，最好是改进的内部生态核算系统，对任何环境管理系统来说都是一个必要的前提。

在外部生态核算中（外部生态核算是传统财务核算的对应部分）收集了数据，并为对环境问题感兴趣的外部风险承担者将其变得可用，其中外部风险承担者包括普通民众、媒体、股东、环境基金和压力团体。在最近十年中，数以百计的公司发布了这样的外部环境报告，因此给予了公众详尽考查其活动的环境影响的机会。这其中的许多是广泛的年度报告，包含污染物排放的详细信息。外部生态核算的一个核心问题是，在公司的集团报告中，合并不同生产地点的附加环境影响。

其他生态核算系统，以实物单位度量数据，是调控者控制合规性的一种方法。它们对正确评估环境税很有必要，环境税是对二氧化碳、挥发性有机化合物（VOC）等征收的。很明显，公司缴纳的这些税收如果没有此公司相关的污染物排放和排放物释放的正确信息，是不能评估的。除了税务机构和环境保护机构主要对特殊污染物排放的特殊信息感兴趣外，数量和种类都越来越多的风险承担者，如银行（扮演贷款机构的角色）和保险公司，现在同样都需要公司的环境影响的可靠信息。很明显，生态核算对于计算生态—效率很有必要，因为它可以确定公司、产品等的附加环境影响。

14.5 生态—效率的计算

内部风险承担者和外部风险承担者都可以计算生态—效率，但是管理层却可以从经营账户和内部生态账户中得到生态—效率的必要信息，而外部风险承担者不得不依靠财务账户和外部生态账户，或者依靠其他传统核算系统和其他生态核算系统来得到这些信息。出于透明度的原因，生态—效率的计算只在如下部分中从内部经营的观点来解释。对环境核算的进一步讨论可以在斯恰尔泰格等人（1996）的文献中找到。

14.6　经环境修正的经营核算信息

经营核算是主要工具，并且是大多数内部管理决策的基础（考韦，1988；豪哥瑞和佛斯特，1987；开普兰和艾特金森，1989；玻利曼尼等，1986）。它被定义为"信息的识别、度量、存储、分析、预处理、解读和交换，在实现组织目标方面协助高级管理人员"（豪哥瑞和佛斯特，1987：2）。

从经营核算中得到或导出的正确的财务信息，是确定生态—效率的先决条件。从经过环境区分的经营核算中得到的信息常常在财务核算中用于与外部风险承担者的信息交流。其他经过环境区分的核算系统同样从经营核算中导出它们的大多数信息。给定经营核算的这一中心功能，它必须提供正确的信息以支持管理公司的大多数经济方法。由于环境问题持续地对经济成效造成越来越大的影响，很明显它们在经营核算中必须用应有的精确度来考虑。为了精确地计算产品的收益率和生产设备的运转效能，所有环境导致的成本和收益，以及其他的成本和收益，必须被正确地跟踪、描绘并分摊。过去，对环境导致的成本的计算和分摊的关注很有限。而且污染防止和净化成本常常被认为是经常费用，并分摊到所有的产品中——甚至分摊到没有产生这些成本的"清洁"产品中。结果，"肮脏"产品和产品组被内部交叉消化了，而清洁产品的收益率被低估了。此外，与机器占用、人员和原材料相关的管理成本在计算废弃物生成的成本时常常不被考虑。

环境导致的成本可以通过环境保护工作增加或者减少。额外成本一方面可以包括罚款、费用、净化成本、对不必要的产出的增加生产，等等。另一方面，可以通过资源的最优使用、降低不必要的产出、减少罚款和费用等方法实现节约。

环境导致的收益可以是直接的，也可以是非直接的。直接的收益包括，例如，从销售可再造产品得到的收益、产品的增加销售以及以更高的价格销售产品。非直接影响相比而言更加无形，可以包括，例如，提高的公司形象、更大的客户和雇员满意度、经验的传递以及为环保产品开拓新的市场。

经营核算的主要问题关注于环境成本的跟踪、描绘和分摊，以及投资评估。这些问题与经过环境区分的核算有关，正如它们与生态核算的关系一样。一旦考虑了与环境相关的财务影响，经营核算就能够正确计算财务成效指标，如产品的创利额、不同生产地点的净资产回报、投资项目的净现值，等等。

14.7 内部生态核算

生态核算是环境核算的子领域，处理行为、方法和系统，以记录、分析和报告已定义的经济系统对自然环境的影响。它试图回答这个问题：怎样才能精确地度量附加环境影响？

从概念上来说，内部生态核算的方法相当于传统经营核算中的方法。在这个意义上，内部生态核算起到以下作用：

● 鉴别生态弱势和强势的分析工具；

● 支持关于环境定性决策的方法，以及为环境衡量和生态—效率提供基础的方法；

● 控制直接的或非直接的环境影响的工具；

● 用于内部交流（以及以非直接方法进行的外部交流）的中性的、透明的媒介物。

内部生态核算描述了一个被称为辅助核算系统的核算系统，其目的是计算经营活动对环境的影响。为生态核算制定的衡量方法以实物项来表达，不同于经过环境区分的传统核算。为此而使用的实物单位可以具有定量或定性本质，尽管在所有的可能情况下，成效通常以数量来衡量。所有的环境影响来源于被认为创造价值或实用品的活动。但是，这些经济活动同样造成了环境干预，如排放物、资源的使用等，这些都可以记录在存货（例如，排放物存货）中。然而，假定几乎所有的经济活动都对自然产生不同强度的影响，以及假定它们不可避免地造成许多复杂的至今尚未知的相互作用，那么就不可能将所有的环境干预记录在存货中。

生态核算活动，通常以研究生产的个别阶段为起点，可以得到扩展以分析产品、地点和经营活动。生态核算的主题包括使用的资源；环境干预以及生态资产。使用的资源，如果在这种情况下考虑，包括不可更新的原材料资源和能源载体（例如，矿石、石油），以及可更新的原材料资源和能源载体（例如，木材、水）。

环境干预包括就物质而言的原材料排放和污染，或者就化合物而言的原材料排放和污染，如二氧化碳、氮氧化物、挥发性有机化合物，以及以热、辐射、噪声等形式进行的能源排放。生态资产（指生态生产资料）包括土地、森林、多样化的生物等。

内部生态核算处理环境干预的记录以及环境影响的分摊和评估。在对环境干预进行记录、跟踪和描绘的背景下，记录的目的是准备一个存货账户，在这个存货账户中，所有的环境干预被记录在实物项下。分摊涉及将环境影响分摊到产品、流程和活动中去。实际上，这是一个将环境影响分摊到那些造成这些环境影响的生产、地点和产品的个别阶段中去的过程。影响评估关注于确定环境干预的相对严重程度，以及计算附加环境影响。影响评估是一个技术的、定量的和（或）定性的过程，用以划分、描述和评估资源消费和将污染物排放进环境所造成的影响。

14.8 记 录

生态核算偏好定量化的数据，以衡量环境干预程度（按照使用的资源，以及原材料排放和能源排放）和生态资产（例如，土地、森林、水储量，等等）。所有的内部和外部核算报告应该包含定量数据以及必要的注解，以帮助读者正确解读。

生态资产（例如，森林、土地）可以被记录并描绘在一个被称为"生态—资产表"的表中。在公司水平上，自然资产很少说明，因为只有一部分的制造公司拥有相当数量的土地资产或其他自然资源。因此，生态—资产表不是公司财务平衡表的真正对应部分。相反，为了简单起见，它是某一给定日期时公司的自然资产的一张"照片"，列出了在那一日期公司拥有或占用的所有生态资产。生态—资产表包含公司的所有生态资产，包括栖息在公司的土地、森林等上的不同种类的动植物群的存货清单。最近，一些公司（例如，Dow 化学公司）已经开始将明确的货币价值分配到它们的生态资产中，这种分配是通过，例如，取得在热带雨林中的收割权来实现的。虽然还很"原始"，但是生态—资产表是一个很有价值的工具，可以让管理层认识到公司的生态资产的潜在的和明显的财务意义。过去，很多公司低估了它们的生态资产的财务责任的重要性。

附加环境影响报表的基本理念相当于传统核算中的收入报表。原材料和能源投入流，以及由此导致的进入自然环境的产出，被记录在这些报表中，并对每一个核算期都做出评估。

只有当环境干预可以被记录、跟踪并描绘的时候，它们才能够得到解释。将账户用于记录和描述财务流被人们广泛地接受。因此，给定寻找处理数据的可行方法的需求，以及因为记录原材料和能源流的有效方法已经在传统核算系统中建立起来了，所以，对生态账户也使用类似的方法是明智的。很明显，关于环境干预的数据在这个系统（从传统核算修改而来）中将不记录在货币项下，而是记录在"投入—产出"账户的实物项下。在这个生态核算系统中，首先必须为制造过程准备原材料和能源流量图。为此而需要的关于原材料和能源流的信息只有从实际生产的详细观测中才能得到。表 14-1 显示了一个"投入—产出"账户的典型例子。

表 14-1 一个投入—产出账户的典型例子

第 10 组 原材料投入	第 20 组 原材料产出
100 矿产资源	200 产品 (附加环境影响载体)
101 生物资源	
102 水	201 可循环材料和不可循环材料
103 …	203 排放物
104 矿物能源载体	2050 埋填的废渣
1040 原油	2051 液态排放物
1041 煤	20510 有机碳化合物 (TOC)
1042 天然气	20511 硫
105 可再生能源载体	20512 水
	20513 …
106 原材料	2052 气态排放物
1060 聚苯乙烯	20520 二氧化碳 (CO_2)
1065 可循环材料和不可循环材料	20521 氮氧化物 (NOx)
	20522 挥发性有机化合物 (VOC)
1066 …	20523…

资料来源：斯恰尔泰格和斯德姆，[1992] 1994。

在表 14-1 左边的列中，所有投入生产的原材料和能源（自然资源、半成品、原始原材料，等等）都用标识号列出来了。所有期望的和不期望的原材料和能源的生产产出（期望的产出、排放物、废弃物，等等）显示在右边，同样有一个标识号。原材料投入被划分为矿产资源、生物资源、水、能源载体和其他原材料。能源载体（例如，石油）被记录为原材料资源。

能源的记录应该从原材料流的记录中独立出来，这是为了避免重复计算和混乱。根据质量和能量守恒定律，账户投入方的总质量和能量必须等于产出方的总质量和能量。换句话说，生态账户的左右两边必须平衡，因为无论是质量还是能量都不能被消灭。当有太多的项目或活动需要说明的时候，可以为一个或更多的列在"综合"账户中的项目开设单独的账户。也就是说，可以为使用的石油开设一个单独的账户，为二氧化碳排放物开设另一个单独的账户，等等。

废水可以从一个账户转移到一个后来的账户中，或者转移到综合账户中，就像在基本的簿记中那样，除非事项将用千克来计算。随着这一过程，输入和输出的物质流可以根据它们的来源而集聚和定义。这与传统核算中的损益账户类似。

关于数据质量的信息对解释结果极其重要，对寻找更好的替代方法也非常重要。应该衡量、计算并评估数据质量，而且，如果有必要，应该使用来自文献（例如，工业平均值）或来自供应商的辅助数据。并且数据应该根据质量进行分类。衡量过的数据通常以可能的最优方法反映了特殊的状况。尽管如此，考查用于数据产生和收集的方法还是很有帮助的，这是为了可以评估数据的可靠性和质量并决定如何将它们与其他数据相比。

将目标定为所有的质量和能量流的全部存货是没有经济意义的，并且在任何情况下，这个目标都很少能够达到。收集数据的方法通常需要好几年来发展，它是逐渐改进的，直到更多详细信息的边际收益与收集的边际成本相符。有效的数据收集和管理必定需要一个计算机化的系统，尤其是高质量数据的收集（这些数据具有充足的数量和详细度）是一件繁重并且费力的任务，必须耐心地进行并需要很谨慎。

14.9　分　摊

在经营核算中，基于活动的核算的目的是计算活动和成本载体（产品、产品组等）所导致的总成本。采取基于活动的核算是为了精确地确定公司从哪里产生其收益，又在哪里损失了金钱。在内部生态核算中也具有类似的特征。"基于生态活动的成本核算"致力于揭示哪里产生了环境干预，以及哪些产品、产品组等对总的附加环境影响贡献最大。

然而，在经营成本核算和生态核算之间有一个主要的不同点。这就是，在后者中，环境干预在被评估之前就分摊了。通常根据它们的相对环境影响在第二阶段对它们进行评估，这是为了计算附加环境影响。另外，在传统的成本核算中，没有必要进行评估，因为货币价值（价格和成本）已经形成了评估。同样，与经营成本核算类似，内部生态核算在被称为附加环境影响的中心、载体、动力、分摊规则和分摊关键等问题之间作了区分，正如下文将描述的那样。

附加环境影响中心描述了原材料和能源进行处理的"地点"，或者是各自的流量进入自然环境的"地点"。这一中心的例子是生产场所、生产地点、焚烧炉、污水处理厂，等等。"附加环境影响中心核算"有助于识别联合使用的净化设备实际造成"经常环境干预"的地点，或者"经常环境干预"实际发生的地点。

附加环境影响载体类似于传统成本核算中的成本载体。它们描述了这样的产品、产品组、单位等，这些内容看起来导致了附加值以及附加环境影响的产生。理论上，这些载体应该与成本载体相对应，因为只有这样，生态—效率才能被计算出来。"附加环境影响载体核算"识别这样的产品、流程或活动，它们造成了环境干预，这些环境干预被分摊到附加环境影响中心去了。在经营核算中可以找到一个与其类似的情况，就是将成本分摊到成本中心或成本载体中去。

附加环境影响动力引发了环境影响。二氧化碳排放导致了温室效应，挥发性有机化合物排放导致了光化学烟雾，这都是这些动力的典型例子。

附加环境影响分摊规则制定了保证正确分摊环境干预的一般方法，而附加环境影响分摊关键描述了附加环境影响载体以及导致的环境干预之间的关系。举例来说，如果环境干预是由多功能净化设备的元件（例如，清洁器、污水处理厂，等等）联合造成的，那么每一个元件单独造成的干预必须被跟踪并分摊到有责任的载体中去（在框图 14.1 中给出了一个典型例子）。但是，为了尽可能准确地完成这件事，必须定义具有代表性的附加环境影响动力和分摊规则，这和在成本核算中一样，从根本上需要同样的分摊程序。当考虑到分摊规则对产品创利额的影响，以及对引导资本投资的影响的时候，选择分摊规则的重要性就变得格外明确了。

14.10　影响评估

有时候，一个完整的存货清单以实物单位的形式提供了足够的信息，以揭示什么是主要的环境问题，以及在什么地方产生了这些环境问题。在这种情况下，可以在存货清单的基础上定义环境保护、污染防止等的优先次序。然而，在大多数情况下，存货清单包含了大量的未评估信息和详细信息，对于这些信息管理层不能准确地解释。那么，存货数据的影响评估就很有必要。影响评估是技术的、定量的和（或）定性的过程，用于划分、描述和评估需要的资源和记录的环境负荷的影响。对环境干预的生态评估常常需要将大量的实物计量减少为较少单位（或者甚至只有一个单位或一个指数）的度量，只有在综合了附加环境影响中心（或附加环境影响载体）账户之后，才应该采取对环境干预的生态评估。这种方法的优势在于，不同的评估方法可以基于相同的存货数据，并且可以相互比较。由于这个原因，生态核算并不局限于目前关于环境干预所造成的危害的知识水平，它同样允许在将来的任何时间采用新的权重。

框图 14.1　一个分摊的典型例子
对于下面给出的分摊略图，考虑这个问题：附加环境影响中心 A（1 千克有机碳化合物/升水）和附加环境影响中心 B（2 千克有机碳化合物/升水）

的废水在一个污水处理厂中处理。排放进河流的水中含有 0.090 千克有机碳化合物/升水。应该如何将排放进河流的有机碳化合物分摊到 A 和 B 以及附加环境影响载体中？

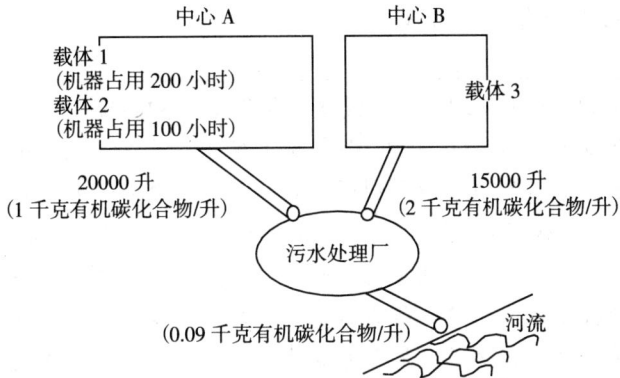

附加环境影响中心 A 排放的有机碳化合物 = 20000 升 × 1 千克/升 = 20000 千克

附加环境影响中心 B 排放的有机碳化合物 = 15000 升 × 2 千克/升 = 30000 千克

排放进河流的有机碳化合物 = 35000 升 × 0.09 千克/升 = 3150 千克

根据进入污水处理厂的水负载来分摊，

A 排放进入河流的有机碳化合物 = 3150 千克 × 20000/35000 = 1800 千克

B 排放进入河流的有机碳化合物 = 3150 千克 × 15000/35000 = 1350 千克

然后，基于机器占用时间来分摊，

分摊到附加环境影响载体 1 的有机碳化合物 = 1800 千克有机碳化合物 × 200/300 = 1200 千克有机碳化合物

分摊到附加环境影响载体 2 的有机碳化合物 = 1800 千克有机碳化合物 × 100/300 = 600 千克有机碳化合物

分摊到附加环境影响载体 3 的有机碳化合物 = 1350 千克有机碳化合物（与分摊到附加环境影响中心 B 的有机碳化合物相同）

在文献中有很多不同的方法来进行影响评估，在实践中也采用了许多变化形式。

在数学上，附加环境影响先是通过将每种排放物（例如，二氧化碳、甲烷，等等）的实物数量与其所分配的适当权重（例如，二氧化碳权重为 1，甲烷权重为 11）相乘来计算的。对于所有相关的排放物，所有这种相乘所得的结果再相加，以得出附加环境影响。某一给定排放物的权重反映了它对总环境影响的相对贡献，这正是所讨论的问题。举例来说，在温室气体的情况中，当有必要的时候，这种单个的贡献可以用二氧化碳当量来表达。关于这一问题的详细讨论可以在关于环境影响评估（EIA）的文献和斯恰尔泰格和斯德姆（[1992] 1994）的文献中找到。

框图 14.2　CIBA 的染料分公司对生态核算的实施

Ciba 的染料分公司在 1994 年实施了生态核算。为此目的，它建立了一个由 6 到 8 名成员组成的跨学科的工作小组。其任务是引入一个环境信息系统，以满足分公司的特殊需求。工作小组的目标是评估 Ciba 的不同染料和颜料在生态—效率组合中的相对地位，以此作为决策制定的基础。在一个密集的初始阶段之后，工作小组每月举行一次进度会议。

小组第一步要识别现有的信息来源（生产信息系统、为管理机构准备的信息文档，等等）。一名成员被授予评估软件的任务，目的是改进信息管理。为了建立一个系统的、连续的环境信息系统，在分公司的关键产品上实施了生态核算。大约过了一年之后建立了基础系统，自从那以后持续地得到升级。现在，一名兼职的环境经理负责信息收集、分配和影响评估。结果将在年度管理会议上讨论，并用于环境管理和战略管理中的决策制定。

14.11　合理的生态路径方法（EPM）：传统核算和生态核算的统一

正如从式（4）中看到的那样，生态—效率是附加值与附加环境影响的比率，或者是经济成效指标（例如，创利额）与生态成效指标的比率。因此，生态—效率的计算，要求统一从传统核算中得到的经济信息（资金流，如收入、费用、收益、成本，等等）和从生态核算中得到的环境信息（环境干预，如排放物、资源使用，等等）。图 14-3 显示了经济和环境信息可以被统一的过程，以及这一过程的结果如何被用于决策制定。

合理的生态路径方法（EPM），大略的显示在图 14-3 中，已经被发展以满足这一统一的需要。它描述了一个结构化的决策过程，从而将公司的经营活动导向生态—效率。EPM 是一个简单明了的和实用的方法，用于将经济范畴和生态范畴统一起来，这两个范畴分别显示在图 14-3 的左边和右边。这一统一过程区分了三个问题，即核算、判断和决策。

在模块 I（图 14-3）中，经营核算的货币结果，包括环境依从成本和收

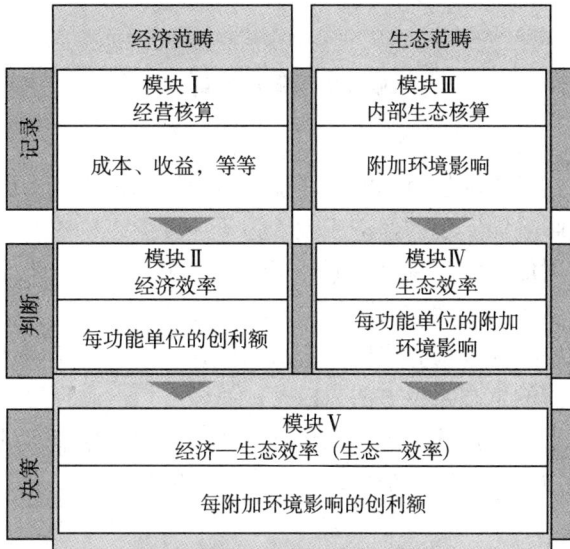

图 14-3 合理的生态路径方法

资料来源：斯恰尔泰格和斯德姆，1994。

益，得到了评估。模块Ⅲ代表了对以附加环境影响为单位造成的生态危害的评估，这是从生态核算中计算而来的。在模块Ⅱ中计算了经济成效指标，作为对经济效率的度量，如净现值（NPV）、净资产回报（RONA），或者是创利额（CM）。为此而需要的关键数据可以在任何功能良好的经营核算系统中找到。为了分摊环境导致的成本，必须知道每一个成本中心造成的附加环境影响。模块Ⅳ按照每一产品、产品组或一些其他的功能单位的附加环境影响计算了生态效率。模块Ⅱ和模块Ⅳ都是这样的步骤，在此步骤中，提供了作出关于生态和经济效率的独立判断而需要的数据。所有这四个步骤在模块Ⅴ中通过联合经济效率和生态效率的度量，以及通过计算每附加环境影响的经济成效指标的比值（例如，某种产品每附加环境影响所创造的货币创利额），统一起来了。

将经济指标和生态成效指标统一起来的"现实"目的是度量经济—生态效率（生态—效率）。通过这种方法将环境问题整合进入决策制定过程，就可以让内部风险承担者和外部风险承担者都能够制定决策，将问题引向图 14-1 中可谓是"绿色现金牛"的方向。统一和衡量经济和生态影响的"政治"目的是考虑和满足不同风险承担者的要求。根据风险承担者对信息的需求及其目标，经济成效或增长可以按照销售额、收益、创利额、净现值（NPV）等来度量。同样有对与工程相关的财务和环境信息的需求，以支持合理的经济、生态相统一的投资决策。

14.12　结　论

生态—效率定义为附加值和附加环境影响的比率，或者，更一般的，每造成一单位的环境影响而实现的经济成效。为了计算生态—效率，必须知道附加环境影响，其中附加环境影响是根据环境干预的相对环境影响而导致和评估的所有环境干预的总和。然后它与附加值产生了关联，因为没有任何经济活动是不产生环境影响的。环境核算提供了所需的信息，用于确定附加环境影响和生态—效率，而合理的生态路径方法（EPM）使经济信息和环境信息的统一成为可能。生态—效率中实现的改进可以从不同产品、生产地点等的生态—效率组合中得到直观的判断和比较。最后，生态—效率的目标是以低附加环境影响实现高经济成效。

参考文献

1. Adams, J. (1992) *Accounting for Environmental Costs: A Discussion of the Issues Facing Taday's Businesses*, Norwalk: FASB.

2. CICA (Canadian Institute of Chartered Accountants) (1992) *Environmental Accounting and the Role of the Accounting Profession*, Toronto: CICA.

3. Cowe, R. (ed.) (1988) *Handbook of Management Accounting* (2nd edition), Aldershot: Gower.

4. Epstein, M. (1995) *Measuring Corporate Environmental Performance*, Chicago: Irwin.

5. Gladwin, T., Krause, T. and Kennelly, J. (1995) 'Beyond Eco-Efficiency: Towards Socially Sustainable Business', *Sustainable Development* 3: pp.35–43.

6. Gray, R. (1994) 'Environmental Accounting and Auditing: Survey of Current Activities and Developments', *Accounting and Business Research* 24 (95): pp.285–286.

7. Gray, R. and Laughlin, R. (eds) (1991) 'Green Accounting, Special Issue of Accounting', *Auditing and Accountability, Journal* (AAAJ) 4: 3.

8. Gray, R., Bebbington, J. and Walters, D. (1993) *Accounting for the Environment*, London: Chapman Publishing.

9. Horngren, C. and Foster, G. (1987) Cost Accounting. *A Managerial Emphasis* (6th edition), Englewood Cliffs, Calif.: Prentice-Hall.

10. Ilinitch, A. and Schaltegger, S. (1995) 'Developing a Green Business Portfolio', *Long Range Planning*, No.3.

11. Kaplan, R. and Atkinson, A. (1989) *Advanced Management Accounting*, Englewood Cliffs, Calif.: Prentice-Hall.

12. Leibenstein, H. (1966) 'Allocative Efficiency versus X-Efficiency', *American Economic Review*, 56: pp.392-415.

13. Polimeni, R., Fabozzi, F. and Adelberg, A. (1986) *Cost Accounting, Concepts and Applications for Managerial Decision Making*, New York: McGraw-Hill.

14. Price Waterhouse (1991) *Environmental Accounting: The Issues, the Developing Solutions*, New York: Price Waterhouse.

15. Quirke, B. (1991) 'Accounting for the Environment', *European Environment* 1 (5): pp.19-22.

16. Rubenstein, D. (1994) *Environmental Accounting for the Sustainable Corporation*, Westport, Conn.: Quorum.

17. Schaltegger, S. and Stinson, C. (1994) 'Issues and Research Opportunities in Environmental Accounting', Discussion Paper, No. 9124, Basel: WWZ.

18. Schaltegger, S. and Sturm, A. (1990) 'Eco-Rationality' (in German: Ökologische Rationalität), *Die Unternehmung* 4: pp.273-290.

19. Schaltegger, S. and Sturm, A. ([1992] 1994) *Environmentally Oriented Decisions in Firms. Ecological Accounting Instead of LCA* (in German: Ökologieorientierte Entscheidungen in Unternehmen. Ökologisches Rechnungswesen statt Ökobilanzierung), Bern: Haupt (2nd edition).

20. Schaltegger, S. and Sturm, A. ([1995] 1996) *Eco-Efficiency through Eco-Controlling. For the Implementation of EMAS and ISO 14000*, Zürich: Vdf (German version: Zürich/Stuttgart: Vdf/Schäffer-Poeschel).

21. Schaltegger, S, Müller, K. and Hindrichsen, H. (1996) *Corporate Environmental Accounting*, Chichester: John Wiley & Sons.

22. Schmidheiny, S. (1992) *Changing Course*, Frankfurt: Artemis & Winkler.

23. Spitzer, M. and Elwood, H. (1995) *An Introduction to Environmental Accounting as a Business Management Tool: Key Concepts and Terms*, Washington DC: USEPA.

24. Tinbergen, J. (1968) *Economic Policy*, Freiburg: Rombach.

25. Vedsø, L. (ed.) (1993) *Green Management*, Copenhagen: Systime.

推荐读物

Schaltegger, S., Müller, K. and Hindrichsen, H. (1996) *Corporate Environmental Accounting*, London: John Wiley & Sons.

自测问题

1. "生态—效率"是什么意思？（选择一项或多项）

(a) 生产一单位产品所产生的环境影响。

(b) 实现可持续发展的最快方法。

(c) 为了实现环境保护，经济上最低廉的方法。

(d) 每单位附加环境影响生产的附加值。

(e) 相对于附加环境影响的经济成效。

2. 什么是"公司环境核算"？（选择一项或多项）

(a) 用于记录洪水、地震、污染、滥伐等环境影响的系统。

(b) 环境审计的基础，因为它提供了所有需要的信息，以完成环境审计报告的检查表。

(c) 核算的子领域，处理行为、方法和系统，用于记录、分析和报告一个已定义的经济系统（例如，一个公司、一个工厂、一个地区、一个国家，等等）中环境导致的财务影响以及生态影响。

(d) 记录可持续发展的所有问题的一个尝试，包括环境影响、社会发展和经济成效。

3. 生态核算中的主要问题是什么？（选择一项或多项）

(a) 计算一个地理区域中的物种数量并画出它们的分布图。

(b) 计算环境退化的货币价值。

(c) 记录、分摊并评估原材料和能源流的环境影响。

4. "合理的生态路径方法"(EPM) 的概念是什么？（选择一项或多项）

(a) EPM 是一个战略概念，用于更加合理的管理资源使用。

(b) EPM 用来将传统核算和生态核算统一起来，以衡量生态—效率。

(c) EPM 评估环境保护措施的财务影响，因此支持了经济上合理的管理。

5. 经过环境区分的核算。（选择一项或多项）

(a) 与公司环境保护不相关，因为它仅仅处理财务问题。

(b) 对公司的环境保护非常重要，因为它改善了公司的经济效率。

(c) 对公司的经济成效越来越重要。

6. 计算生态—效率。使用下面的表格中给出的数据，回答如下问题：

附加环境影响载体	每单位的创利额（英镑）	销售的附加环境影响	销售的单位（克）	为1平方米的面积着色需要的克（g）数
A	5	7500	2500	2.5
B	2	800	200	0.5
C	3	9000	3000	3.0

（a）附加环境影响载体 A、B 和 C 的生态产品效率是多少？

（b）附加环境影响载体 A、B 和 C 的生态功能效率是多少？

（c）附加环境影响载体 A、B 和 C 的生态——效率是多少（销售总额的功能效率、产品效率和生态——效率）？

（d）如果附加环境影响载体与成本载体不对应，生态——效率如何计算？

本文选自《环境管理实践》（第 1 卷），B.纳斯和 L.汉斯合著，Compton and D. Devuyst，伦敦：Routledge，第 272~287 页。

第15章 KUNERT 公司集团全球一瞥

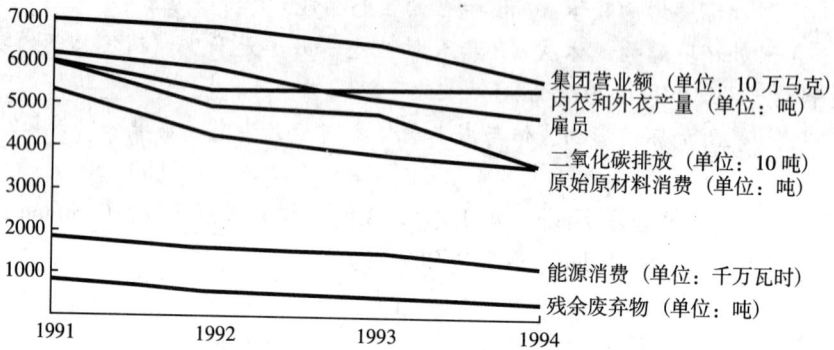

集团营业额（单位：10万马克）
内衣和外衣产量（单位：吨）
雇员
二氧化碳排放（单位：10吨）
原始原材料消费（单位：吨）
能源消费（单位：千万瓦时）
残余废弃物（单位：吨）

	1991	1992	1993	1994	+/-93/94
总的商业数据[1]					
员工	6126	5814	5126	4764	-7%
集团营业额（百万马克）	693	679	639	559	-13%
税后利润（百万马克）	22.1	-16.9	7.6	-6.8	
产品产出[1]					
产品产出（单位：1000千克）	9280	7997	8935	8493	-5%
内衣和外衣产量（单位：1000千克）	5963	5318	5328	5394	-1%
包装所占的份额（单位：%）	32.4	32.0	29.3	25.9	
原始原材料、辅助原材料和附属原材料[1]					
原始原材料消费（单位：1000千克）	5312	4243	3821	3558	-7%
染料消费（单位：1000千克）	172	106	114	91	-20%
不含金属的染料所占的份额（单位：%）	—	—	52.3	62.9	
能源消费和排放[1]					
能源消费（单位：10亿瓦时）	185	158	151	119	-21%
每千克产品的能源消费（千瓦时/千克）	44	50	48	49	+1%
氮氧化物排放（单位：1000千克）	164	135	139	101	-28%
二氧化硫排放（单位：1000千克）	201	168	208	170	-18%
二氧化碳排放（单位：1000千克）	59357	49605	48081	36110	-25%
水消费和废水[1]					
水消费（单位：1000立方米）	672	531	495	429	-13%
每千克产品的水消费（升/千克）	159	167	158	176	+11%
废水（单位：1000立方米）	488	388	376	339	-10%
固体废弃物[1]					
固体废弃物总量（单位：1000千克）	3125	3069	2519	2358	-6%
每千克产品的废弃物（克/千克）	737	968	804	966	+20%
有害废弃物所占的份额（单位：%）	0.8	0.9	1.6	2.7	
可回收的废弃物所占的份额（单位：%）	62.8	73.7	76.2	77.0	
残留废弃物所占的份额（单位：%）	27.0	18.8	19.3	14.8	
建筑废石所占的份额（单位：%）	9.3	6.6	2.9	5.5	

1) 不完全的大概值。

1

版本说明

出版人：	KUNERT 股份有限公司，Immenstadt 市
作者/内容负责人：	克里斯顿·乌彻勒
内部项目管理：	环境工作小组成员：克劳斯·白杰尔、优尔里奇·戴斯、彼特·佛兰克、杰哈德·霍夫曼、皮尔·昆泽-豪姆斯、优韦·伊莫尔、鲁道夫·克莱博斯、优尔里奇·兰杰豪斯特、阿尼姆·里尼安塞尔、罗伯特·马丁、米歇尔 G.莫勒、赫曼·尼道里奇卡、汉斯·拉斯、卡尔-彼特·斯恰夫黑特尔、克里斯顿·乌彻勒
外部项目管理：	管理和环境研究院，Augsburg 市： 伯恩德·瓦格纳教授、瑞纳·劳伯格教授 电话：++49/821/3490-272，传真：-273
编辑/联系人：	克里斯顿·乌彻勒
经销：	KUNERT 股份有限公司，Immenstadt 市，Sigrun Nickel
版本号：	15000
ISSN：	0949-3662
版权：	KUNERT 股份有限公司，Immenstadt 市
地址：	Julius-Kunert-Straβe 49,D-87509 Immenstadt 市
电话：	++49/(0) 8323/12-0
传真：	++49/(0) 8323/12-389
电传：	832381 = KUNERT
外语版本：	前一年的环境报告同样有德语、法语和荷兰语的版本。
英语翻译：	奥伊菲·凯纳迪、布鲁塞尔斯
照相排版：	Siegl 工作室，Kempten 市
翻版：	Repro-Frick，Kempten 市
印刷：	Graphische Betriebe Eberl GmbH，Immenstadt 市
封皮：	印刷于厚纸板上，厚纸板由 90%的再生纸制成：水盘漆
内容：	印刷于 100%再生纸上

封面：尽管客户要求手工洗涤，HUDSON 和 KUNERT 仍然采集天然纤维——"HAUTE 自然"和"100%天然"。

封底：KUNERT 开始向生态承诺的原因之一是为了保护自然环境：Allgäu 省 Immenstadt 市 KUNERT 集团总公司。

目 录

1) 在统一的账户系统中，存货（STOCKS）缩写为 S，投入（INPUT）缩写为 I，产出（OUTPUT）缩写为 O。

首席执行官的序言

一个值得在其中居住的环境无可置疑的是下一代人的生存需要之一。在未来的几年中，消费者将从以环境意识思考过渡到以环境意识行动。消费者将需要这样的产品，它们不仅完美地满足他们的喜好和功能要求，而且同时还对社会负责。这是研究人员得出的结论，他们对未来全球趋势的预测在20世纪90年代已经被证明是正确的。

消费者的"环境意识购买"将"回报"对社会和环境负责的公司。每一笔购买都将表达出关于环境的个人观点。政府通过环境立法花费了很多年来改变的状况，未来使用市场经济规则和环境购买的消费者在几个星期或几个月的时间里就可以完成了。

应用于纺织品的方法与应用于冰箱、个人电脑或轿车的方法是一样的。在一个自由竞争的世界中，具有充分信息的消费者将成为环保生产的推动力量。当今天的儿童长大的时候，商业世界的生态责任将有可能在购买决策中成为中心主题和重要的因素。

瑞纳·迈克尔　　沃尔特·特拉伯　　汉斯-杰根·佛斯特　克劳斯·艾伯哈德特

在纺织品部门，KUNERT已经在很多场合证明，有效生产的利益并不与生态目标冲突，相反，二者经常是一致的，最近的一次是其试验项目"环境成本管理"的成果所说明的问题。根据经济原则来保护环境对企业来说是很有意义的。经济和生态可以在市场经济机制下协同工作，以巩固我们的经济。

KUNERT公司集团不仅提供了单个的无化学的自然采集，而且还提供了一个完全生态最优的系列。这同样包括用人造纤维和染料制成的商品。通过使用生态—平衡表和生态—控制工具，我们正朝着成为一家生态最优企业的方向发展。

一些重点

试验项目"环境成本管理"的成果

如果 KUNERT 试验项目的成果应用于德国经济,那么德国的工业每年可以减少数百亿马克的成本。工业企业的总成本可以削减 1 到 2 个百分点。这通过一个为期一年的研究项目的成果得到了证明,这个研究项目使用了 Mindelheim 的 KUNERT 工厂的例子。此外,新研制的方法将环境保护和每一项成本削减措施都结合起来了。造成环境污染的残留废弃物的主导成本因素不是排放成本,而是购买成本。

这个新方法,是由位于柏林的 Kienbaum Unternehmungsberatung、位于奥斯伯格的管理和环境研究院,以及 KUNERT 公司集团联合研制的,是一个可以应用于所有工业企业的系统。它使识别每一个生产阶段中无附加值的残留原材料的数量和成本成为可能,其中无附加值的残留原材料通常不包含在传统核算中。这个项目得到了德国环境基金会(Deutsche Bundesstiftung Umwelt)的支持。

新闻发布会:在 Osnabrück 的德国环境基金会介绍试验项目"环境成本管理"的成果。左起:哈特马特·菲斯勒(Kienbaum Unternehmensberatung)、马库斯·斯洛拜尔(管理和环境研究院)、瑞纳·迈克尔(KUNERT 股份有限公司首席执行官)、佛瑞兹·布里克韦德(德国环境基金会秘书长)和克里斯顿·乌彻勒(KUNERT 环境控制官)。

集团回顾：生态—平衡表

	投　入		
	流　入 1993	流　入 1994	存　货 31.12.1993
S 1. 土地 [1] **（平方米）**	**9281**	**12931**	**649143**
1.1. 封闭的土地	3323	636	68606
1.2. 绿地	523	938	448659
1.3. 建筑用地	5435	11357	131878
S 2. 建筑 [1] **（平方米）**	**3955**	**17447**	**178473**
2.1. 生产性建筑	0	1210	73709
2.2. 分销和仓储建筑	3695	16059	87569
2.3. 管理机构建筑	260	178	17205
S 3. 工厂和设备（张）	**1321**	**1436**	**16542**
3.1. 生产机器	341	530	6386
3.2. 办公设备	470	583	7020
3.3. 办公和通讯机器	421	277	2806
3.4. 车队	42	25	164
3.5. 专业设备	47	21	166

	投　入 1991	投　入 1992	投　入 1993	投　入 1994	存　货 31.12.1994
I 1. 流动货物（千克）	**15771320**	**12006223**	**12421796**	**11055912**	**—**
1.1. 原始原料	5311896	4243238	3821006	3558124	697183
1.2. 半成品和完成品	2655422	2114895	2637453	2082292	—
1.3. 辅助原材料	5954169	4115455	4345438	3936325	—
1.4. 附属原材料	1849833	1532635	1617899	1479171	—
I 2. 能源（千瓦时）	**185039982**	**157709097**	**150682651**	**118986313**	**N/A**
2.1. 天然气	15749655	20536032	19892297	16570184	N/A
2.2. 电力	54809172	46465919	47878784	33123331	N/A
2.3. 燃油	97754180	71677150	59416240	47262590	497616
2.4. 区域供热	1615625	2391466	5595680	5586418	N/A
2.5. 燃料	15111350	16638530	17899650	16443790	N/A
I 3. 水（立方米）	**672110**	**530541**	**495043**	**428770**	**N/A**
3.1. 自来水	451936	338583	303852	281275	N/A
3.2. 生水	220174	191958	191191	147495	N/A
I 4. 空气（立方米）	**—**	**—**	**—**	**—**	**N/A**

---

1)　由于在突尼斯和摩洛哥的 KUNERT 工厂改进了数据收集，所以土地和建筑账户中的存货值已经改变了。

续表

存　货		产　出		
31.12.1994		流　出 1993	流　出 1994	
646960		105414	9602	S 1. 土地 [1]（平方米）
65750		13435	2692	1.1. 封闭的土地
448386		54322	340	1.2. 绿地
132824		37657	6570	1.3. 建筑用地
185369		1569	17923	S 2. 建筑 [1]（平方米）
72107		1569	9347	2.1. 生产性建筑
96667		0	7566	2.2. 分销和仓储建筑
16415		0	1010	2.3. 管理机构建筑
16715		1037	1263	S 3. 工厂和设备（张）
5943		554	973	3.1. 生产机器
7436		209	167	3.2. 办公设备
2972		178	111	3.3. 办公和通讯机器
182		56	7	3.4. 车队
182		40	5	3.5. 专业设备

存　货 31.12.1994	产　出 1991	产　出 1992	产　出 1993	产　出 1994	
—	9280253	7997075	8935247	8492704	O 1. 产品（千克）
2786664	5786896	5153663	5116411	5199188	1.1. 内衣
—	175962	164446	211756	194911	1.2. 外衣
—	0	0	989275	897598	1.3. 运输包装材料
—	3007958	2561693	2617805	2201007	1.4. 产品包装材料
36398	3124629	3069063	2519252	2357988	O 2. 废弃物（千克）
3910	26475	27738	40399	62883	2.1. 有害废弃物
25236	1963477	2260672	1920624	1816553	2.2. 可回收废弃物
6052	843697	577803	485429	349652	2.3. 残留废弃物
1200	290980	202850	72800	128920	2.4. 建筑废石
N/A	185039982	157709097	150682651	118986313	O 3. 废热（千瓦时）
N/A	487770	388189	376289	339277	O 4. 废水（立方米）
					O 5. 气体排放物
N/A	163521	133058	138828	100548	5.2.1. 氮氧化物（千克）
N/A	200632	167702	207872	170132	5.2.2. 二氧化硫（千克）
N/A	59356556	49605355	48080685	36109594	5.2.3. 二氧化碳（千克）
N/A	—	—	121614000	96895400	5.2.4. 蒸汽（千克）

　　注：对若干年中投入和产出数量的对比清楚地显示了生态—控制的成功。若干年来，原材料和能源投入数量以及固体废弃物、废水和气体排放物的数量都持续地下降。在 1991 年和 1994 年之间，能源消费下降了大约 36%，投入的水大约下降了 36%，原始原材料消费下降了 33%。这些投入值的迅速下降对应于这四年中内衣和外衣产量的较少下降——10%。在相同的时期内，固体废弃物下降了 1/4，而残留废弃物下降了 59%。同样令人满意的是二氧化碳和氮氧化物排放，二者都下降了 39%。然而，一个令人失望的情况是，有害废弃物增加了。这部分可以归因于记录方法的改进，例如，电子废料的记录方法。

存 货

S 1. 土地

序 号	类 型	存 货 31.12.1993	流 入 1994	流 出 1994	存 货 31.12.1994
S 1.	**土地 [1)] (单位：平方米)**	**649143**	**12931**	**9602**	**646960**
1.1.	封闭的土地 [1)]	68606	636	2692	65750
1.2.	绿地 [1)]	448659	938	340	448386
1.3.	建筑用地 [1)]	131878	11357	6570	132824

1) 1993 年和 1994 年之间存货的差别是由于改进了数据收集。

注：在数量方面，土地存货没有显著的变化。相比之下，在质量方面，有一些很重要的发现。在 KUNERT 第 Ⅱ 工厂（已经被转让掉了）发现了从过去遗留下来的危险废弃物。在 20 世纪 50 年代，当时 Rauhenzell 市的市政当局默许了工厂主在当地一些小范围的废弃物堆积。这个工业公司破产之后，这块地被出售给了 KUNERT，而没有提到任何的有害废弃物，同时这些有害废弃物被掩埋掉了。当作为转让洽谈一部分的土壤分析进行的时候，这些废弃物在 1994 年被首次发现了。

在以前的柏林 Hudson 工厂中，当进行土壤分析的时候，发现了包含五氯苯酚（PCP）在内的少量残留废弃物。现在还不知道这一污染是在何时如何发生的。

员工越来越多的公共交通使用遇到了结构性的限制。KUNERT 的工厂大多处在乡村地区，这些地区没有得到公共交通的充分服务。同时，巴士公司的车费在 1993/1994 年期间大幅上升，而且还有另外一个组织问题（各种不同的工作时间）开始的时候被低估了。越来越多的弹性工作时间和轮班工作意味着，越来越少的员工在相同的时间开始和结束工作。这就导致了一个趋势，从环境保护的观点来看是一个消极的趋势，即人们倾向于使用轿车，这使得人们在时间表上变独立了。假定现在技术可行的话，对于在乡村地区工作的员工来说，一个在生态上划算的替代方法是使用燃烧低有害物质含量或完全不含有害物质的燃油的轿车。

对于生产的环节转移的情况来说，"公司生态—平衡表"的环境控制功能仍然不能令人满意。由于柏林的 KUNERT 工厂的关闭，构造油的消费跌落至零——至少初看起来是这样的。实际上，构造油的消费并没有减少，而是简单地转移到了前一环节的纱线制造商——没有任何的生态改善。KUNERT 股份有限公司将试图通过为生态—平衡表添加额外的信息以及通过重新定义生态—平衡表准则，将这个因素包含进下一个环境报告中。

排水、管道和仓储系统的持续革新工作的目标的实施只能从 1995 年开始。

S 2. 建筑

目标

● 确保危险废弃物没有被遗留在土地中，以及没有带有残留污染物的土地被购买。

● 减少在员工的住处和 KUNERT 公司集团的工作地点之间的交通量。

措施

● 在土地和建筑成为 KUNERT 股份有限公司的财产之前，彻底检查其中从过去遗留下来的废弃物。

● 将排水、管道和仓储系统的检查和更新工作持续下去。

● 在 KUNERT 股份有限公司的环境报告中加进一个常设的章节"交通"。

● 进行一项研究，关于如下主题："通过使用'信息高速公路'以及通过与 KUNERT 股份有限公司的网络连接使用位于家中的外部工作地点来减少住所和公司之间的交通量。"

● 修改生态—平衡表的准则，从而能够记录生产的转移和相应的投入和产出数量。

序 号	类 型	存 货 31.12.1993	流 入 1994	流 出 1994	存 货 31.12.1994
S 2.	**建筑[1]（单位：平方米）**	**178473**	**17447**	**17923**	**185369**
2.1.	生产性建筑[1]	73709	1210	9347	72107
2.2.	分销和仓储建筑[1]	87559	16509	7566	96667
2.3.	管理机构建筑[1]	17205	178	1010	16415

1) 1993 年和 1994 年之间存货的差别是由于改进了数据收集。

注：根据对工厂/经销公司递交的关于建筑的数据的回顾，做出了一些修正，并且以前没有收集的数据也包括进来了。结果，1994 年建筑的存货数据更加准确了。

在新的隔热规定（Wärmeschutzverordnung）下，对于新的和改建的建筑，从 1995 年 1 月 1 日起，强制实行最小化环境准则，其特定目标是，将热损失保持在尽可能低的水平上。将来，每一个建筑合同都必须附有对年度热消费的检验。对于建筑，将会有不可超出的特殊限定值。

在公司集团中，对所有建筑的系统化的生态评估目前还不可能，原因是人员能力有限。然而，作为合理化措施的一部分，实行了最优化措施，尤其是在供给和清理厂内的建筑中。可以在账户"投入 2. 能源"和"产出 3. 废热"中找到例子。

依照立法中规定的限值，已经完成了噪声污染的削减。

目标

● 符合对有害货物的运输和存储的规定。

措施

● 作为关于有害物质的运输和存储的规定（Gefahrgutverordnung Straße-GGVS）中所要求的员工培训的一部分，进一步检查建筑中的有害货物的运输路线以及中间存储和最终存储。

S 3. 工厂和设备

序 号	类 型	存 货 31.12.1993	流 入 1994	流 出 1994	存 货 31.12.1994
S 3.	**工厂和设备[1] (张)**	**16466**	**1439**	**1263**	**16718**
3.1.	生产机器	6310	533	973	5870
3.2.	办公设备	7020	583	167	7436
3.3.	办公和通讯机器	2806	277	111	2972
3.3.1.	主机	23	4	3	24
3.3.2.	图像显示设备/终端	827	59	7	879
3.3.3.	复印机	77	10	7	80
3.3.4.	传真设备	58	9	6	61
3.3.5.	个人电脑	224	55	13	266
3.3.6.	打印机	431	101	26	506
3.3.7.	其他	1166	39	49	1156
3.4.	车队	164	25	7	182
3.4.1.	汽车	133	17	6	144
3.4.2.	客货两用车和小型巴士	20	8	1	27
3.4.3.	卡车	11	0	0	11
3.5.	专业设备	166	21	5	182

1) 1993 年和 1994 年之间存货的差别是由于改进了数据收集。

注：压力蒸汽设备、半成型机器和针织机的减少可以部分归因于生产过程中的环节转移到了供货企业。国内外工厂中使用含有氟氯化碳（CFCs）的有机溶剂的净化机器被不含氟氯化碳的机器取代了。1994 年原则上做出决定，陆续将 KUNERT 的车队，包括销售代表的轿车替换为较低高功率的柴油发动机的轿车，这些车消耗更少的燃油，很划算。其消耗比用汽油机驱动的轿车减少了 30%。

销售代表们同样还相信新的柴油发动机技术的质量。首席执行官瑞纳·迈克尔，通过将一辆汽油机驱动的梅赛德斯-奔驰 500 换成一辆涡轮式柴油发动机的 350 型，向所有的员工传达出了一个信号——使用公司的汽车。

使用菜籽油生物柴油发动机的大众（VW）帕萨特成为 KUNERT 车队中最受欢迎的轿车。其性能优于使用纯柴油发动机的轿车，尤其是在低转数方面。现在，没有了汽油烟雾，车队更加有可能闻到的是"法国炸薯条味"。环保汽车的中期远景是转变为使用太阳能氢燃料的汽车。出于这方面的考虑，KUNERT 支持宝马公司（BMW）在柏林召开的联合国气候大会上提出的战略方法，通过使用无硫天然气，燃气驱动的汽车技术就可以发展到生产的水平。此外，天然气赐予了东欧国家一次挣取硬通货的机会，从而为经济建设做出决定性的贡献。在 1995 年末，KUNERT 将得到宝马公司提供的一辆天然气驱动的测试型轿车，从而这一前瞻性的环境技术可以在日常的商业领域中得到实用性测试。

目标

● 到 1996 年年末，进一步将工厂和设备转向资源节约和能源节约技术以及更低的排放。

措施

● 培训那些在采购、生产和车队中具有决策权的人，培训内容是 KUNERT对生产机器和汽车的环境采购准则。

● 实行对环保技术的测试。

● 在 1997 年年末之前，在德国和国外的其他生产地点安装环保画染技术以及高频率烘干技术。

● 到 1996 年年中，给予供货商一些指导，关于对工厂和设备的环境采购准则，尤其是对针织机、印染机和包装机的采购。

投 入

I 1. 流动货物

1.1. 原始原材料

序 号	类 型	投 入	投 入	存 货
		1993	1994	31.12.1994
I 1.1.	**原始原材料（单位：千克)[1]** **纱线和布**	**3821006**	**3558124**	**697183**
1.1.1.	尼龙 [1]	2051857	1405676	231315
1.1.2.	棉花 [1]	583552	949947	223594
1.1.3.	氨纶 [1]	388347	268409	27037
1.1.4.	羊毛/尼龙 [1]	219189	331553	106915
1.1.5.	羊毛 [1]	145267	146252	28069
1.1.6.	羊毛/棉花/尼龙	91834	145398	32187
1.1.7.	羊毛/腈纶	67140	82044	10756
1.1.8.	粘胶纤维 [1]	10423	13376	18
1.1.9.	聚丙烯	15663	20734	15708
1.1.10.	压克力纱线 [1]	228434	162404	11846
1.1.11.	其他纱线	19300	32331	9738

1）在上一个环境报告中，纱线的原始原材料投入没有包含纺织品。因此，现在加进了以布的形式出现的投入。

原始原材料

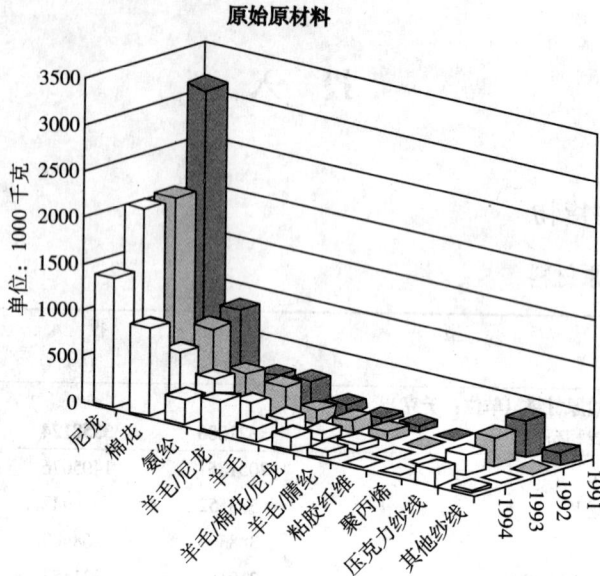

注：公司集团对原始原材料"纱线和布"的消费与 1993 年相比又下降了 7%。相反，天然纤维纱线的子账户却显示出上升了：

● 棉花上升了 63%，以及天然纤维/尼龙混合而成的染色纱线；

● 羊毛/尼龙上升了 51%；

● 羊毛/棉花/尼龙上升了 58%。

原始原材料的波动是市场的反映。趋势是向粗针织品发展的，这就意味着当细针织紧身衣丧失市场份额的时候，男士和女士短袜占得了优势。KUNERT 公司集团的产品对自然生长的棉花的使用规模更大了，但是却遭到了限制。第一，世界范围内对自然生长的棉花的供应仍然非常有限；第二，供货商不能保证持续大量的供应，而这对于传统的收集来说是必不可少的。尤其是，只有很少数量的所需求的长纤维精梳棉可以得到，而且这种原始原材料的价格几乎上涨了 100%。

同时，位于不来梅（Bremen）的德国棉花交易所提交了一项由独立机构进行的研究，该研究是关于传统路径下美国棉花生长的。研究显示，美国棉花中的杀虫剂水平是极低的，甚至比德国为粮食设定的水平还要低。KUNERT 一直使用这种棉花，与其他棉花一起，用于生产一种新型的短袜"棉 973"。

在伯恩德·瓦格纳教授（奥格斯堡大学）的方法学支持下，纱线供货商 TWD（Textilwerke Deggendorf GmbH）为聚酰胺 6.6（尼龙）绘制了一个产品树分析。结果全文显示在"产品树分析"这一章中。KUNERT 的供货商在环境管理方面的方法学支持导致了在最初的织维板贴面阶段中对环境更多的承诺。在 1994 年，Augsburger Kammgarnspinnerei（AKS）为羊毛制成的双氰胺双纤维绘制了产品树分析。在 1995 年，奥格斯堡公司发布了它的第一个环境报告，包括整个公司的完整的"公司生态—平衡表"。

为了羊毛短袜的无触感表面光洁度而使用自然酶的技术仍然处在发展初期，目前还不能用于生产。

目标

● 在 KUNERT 公司集团中，对所有的纱线（以千克计量）都要符合 ÖKO–TEX–标准 100。

● 在 1996 年年中之前，测试粘胶纤维纱线的环境影响。

措施

● 所有的纱线供货商都要有书面保证，证明所有运往 KUNERT 的纱线都符合 ÖKO–TEX–标准 100（采购条件）。

● 抽样检查以检验是否遵守了此标准。

● 对"粘胶纤维"进行环境评估。

I 1. 流动货物

1.2. 半成品和完成品

序　号	类　型	投　入	投　入
		1993	1994
I 1.2.	**半成品和完成品（单位：千克）[1]**	**2637453**	**2082292**
1.2.1.	细平布产品 [1]	1437082	1205858
1.2.2.	针织品 [1]	1065076	721499
1.2.3.	外衣 [1]	135295	154935

1）由于一个记录错误，1993 年的值必须修正。

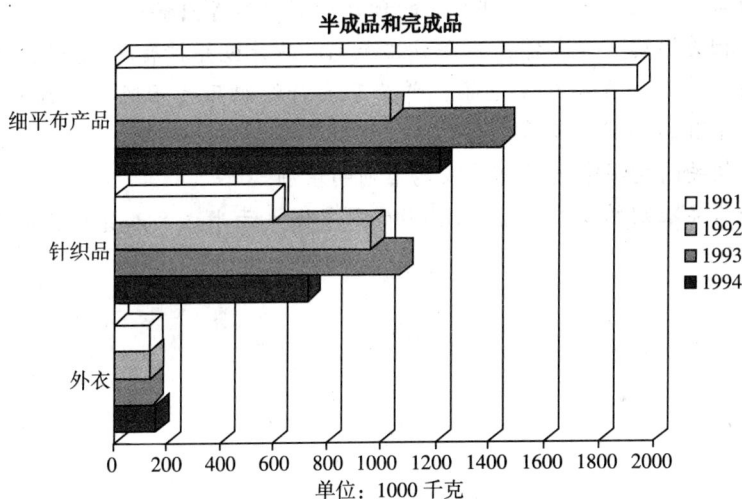

注：相对于总生产下降22%，为了生产内衣而对半成品和完成品的购买在"细平布产品"中下降了15%，在"针织品"中下降了32%。此时，增长的领域是"外衣"，上升了15%。根据 Bedarfsgegenst ände-Verordnung（商品准则，禁止制造可能对健康造成危害的商品）的修订版，所有半成品和完成品的供货商都被要求做出保证，所有交付的货物都遵守立法所要求的条件。从那以后，几乎所有的供货商都提供保证声明。如果在1995年10月底，声明仍然缺失，没有收到，那么这些供货商将从 KUNERT 集团的供货商名单中删除。"为短期、迅速、节约成本的纺织品测试流程创造组织上的前提条件"，这一目标的实行仍然处于非常早期的阶段。尽管从不同的测试机构已经收到了投标书，但它们并不节约成本，尤其是可能需要大量的抽样调查。基本上，所有的纺织品加工厂和纺织品零售商都面临这一任务。"Gesamttextil"和"Gesamtmasche"制造商协会同样应该被要求为节约成本的纺织品测试流程创造前提条件。专家之间对于最终公认的测试流程的争论意味着延误了得到有约束力的投标，最终公认的测试流程可以可靠地检查出非法的"致癌胺"的存在。

"生态投入—过滤法"目前对于半成品和完成品的购买在功能上并不能令人满意。还没有详细的购买条款，包含黑名单的结果（尤其是染料和化学品）。而且，对负有责任的员工的内部培训和对供货商的外部培训还有待实行。对半成品和完成品的测试，仅仅才部分实行，应该像操作规程那样并入质量手册。

目标

● 到 1995 年年末，扩展控制流程，以确保 KUNERT 集团购买的半成品和完成品符合商品准则。

● 供货商符合 KUNERT 公司集团的"环境采购准则"。

● KUNERT 公司集团的半成品和完成品遵守 ÖKO-TEX-标准 100。

措施

● 到 1995 年 10 月底，任何供货商，如果不提供书面承诺，保证遵守商品准则的话，就将其从供货商名单中删除。

● 为了给节约成本的纺织品测试流程创造组织上的条件，与 Gesamtmasche 和 Gesamttextil 协同工作。

● 为纺织品测试流程在 1996 年的预算计划中圈存出资源。

● 与相关的购买者合作，为半成品和完成品升级并扩展环境采购准则。

● 为了采购半成品和完成品，并为了实行纺织品关于商品准则和 ÖKO-TEX-标准 100 的测试，起草程序规程作为质量手册的一部分。

● 对相关的购买者进行环境采购准则的培训。

● 将商品准则的要求和 KUNERT 公司集团关于半成品和完成品的采购条款统一起来。

I 1. 流动货物

1.3. 辅助原材料

1.3.1. 染料

序　号	类　型	投　入 1993	投　入 1994	存　货 31.12.1994
I 1.3.1.	**染料（单位：千克）**	**114072**	**91499**	**27744**
1.3.1.1.	碱性染料	888	1215	1486
1.3.1.2.	分散性染料	4415	3186	1031
1.3.1.3.	直接染料 [1]	2443	3847	2061
1.3.1.4.	金属络合体染料	34268	18308	7258
1.3.1.5.	用于羊毛的活性染料	1073	870	714
1.3.1.6.	用于棉花的活性染料	38094	39666	8089
1.3.1.7.	酸性染料	32844	24047	6479
1.3.1.8.	天然染料	47	0	626
1.3.1.9.	其他染料	0	360	0

1) 账户"直染染料"和"因多索尔染料"合并为账户"直接染料"。

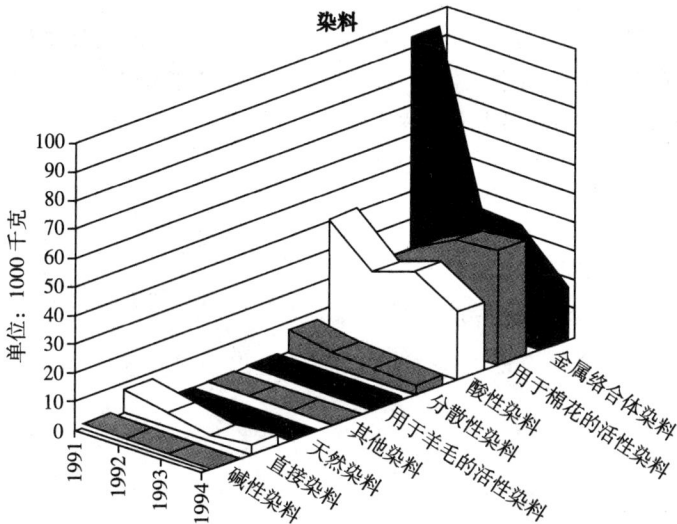

染料

注：1994 年，在染料消费总值中，染料中包含的重金属比例下降了超过 10%。在 KUNERT 公司集团中，所使用的染料中的 63% 是不含重金属的。然而，现在看起来，我们已经达到了当前技术所允许的最大限度。对不含重金属染料所进行的大量测试只有一部分获得了成功。在大多数情况下只用半成品、干燥制品和浅色就可以达到同等程度的染色牢度，如果使用酸性染料，就可以染出很好的染色牢度。然而，零售业务和消费者在考虑到染色牢度的时候，总是提出更高的要求。这就导致了金属络合体染料的使用在 1995 年暂时性上升。

"黑名单"数据库包含了差不多 500 种 KUNERT 集团使用的染料和化学品，在外部专家和三个新加进来的标准的帮助下，"黑名单"数据库得到了改进。评估所有的染料和化学品的基础是在瑞士研究的

"格莱特模型"。由于根据一系列的废水测试,显示出高于染料和化学品的预期水平——等级"3"(即黑名单),则很明显,今后将不得不寻求与废水有关的最优化原材料使用。

染色浴的循环使用是某一课题的主题。在五个月的时间里,关于"续染浴染色法"进行了很多试验。外部专家为这个课题提供支持。结论是,染色浴的循环使用在技术上是可行的。然而,试验中使用的染料具有高吸附率,所以只有很少数量的染料残留在废水中。具有高吸附率的染色浴的循环使用并不具有经济意义或生态意义。此外,不得不使用昂贵的集液池和持续大量的染料分批作业。

在减少产品的种类方面,进展十分有限。由于集团将生产集中在一个生产公司,到1996年为止,将做出进一步的努力以精简染料的种类。

发布于1994年的商品准则的修订版本造成了轰动。这一立法列出了一些染料,禁止用它们为纺织品染色,因为它们沉积了致癌胺。由于在"与废水有关的最佳染料"领域中做了充分的准备工作,所以在KUNERT公司集团的染色工厂里,这些染料已经有很多年没有使用了。

目标

● 在1995年,将黑名单中等级为"3"的染料数量降低10%,在1996年进一步降低20%。

● 将每千克染色产品所消费的活性染料降低20%。

● 将重金属染料占总染料消费的比例稳定下来。所采用的基准是1994年水平。

● 对所有的产品用遵守ÖKO–TEX–标准100的目标来管理染料使用。

措施

● 与那些染料已经加入KUNERT集团"黑名单"的供货商讨论。要求他们提供替代产品,降低到等级"1"或"2"(KUNERT股份有限公司"绿色名单")。

● 为最终产品的抽样检查圈存出预算以确保符合商品准则或ÖKO–TEX–标准100。

I 1. 流动货物

1.3. 辅助原材料

1.3.2. 化学品

序 号	类 型	投 入 1993	投 入 1994	存 货 31.12.1994
I 1.3.2.	**化学品（单位：千克）**	**1353616**	**1191877**	**117691**
1.3.2.1.	均化剂	89427	70062	12908
1.3.2.2.	氯化钠 [1]	538094	514603	19645
1.3.2.3.	碱性溶液	68658	82724	8716
1.3.2.4.	氧化剂	20398	10344	1571
1.3.2.5.	再处理剂	16320	10211	3117
1.3.2.6.	硫酸钠	99204	64751	1315
1.3.2.7.	还原剂	33325	25566	2058
1.3.2.8.	酸类物质	143403	118026	19762
1.3.2.9.	清洁剂	72654	67815	12995
1.3.2.10.	软化剂	104836	103432	14461
1.3.2.11.	其他化学品	167297	124343	21143

1）氯化钠投入的全部数据在上一份环境报告中没有给出，现在已经得到了修正。

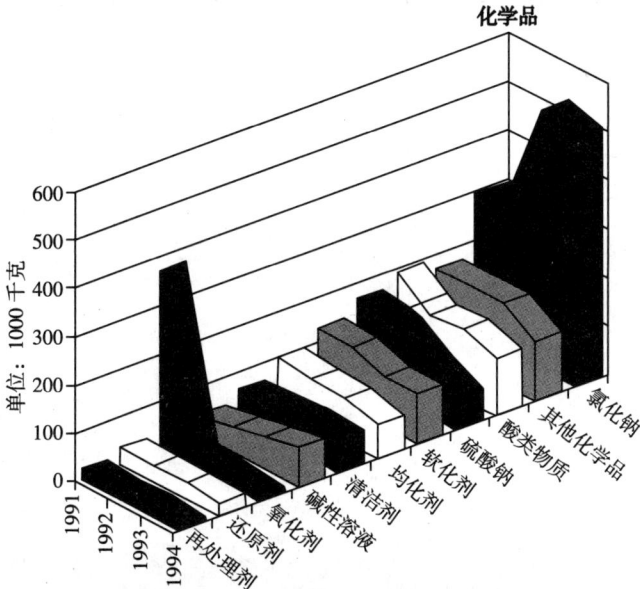

化学品

注：对于许多单个的项目来说，化学品使用的减少不成比例地高于生产数量的减少。然而，对氯化钠持续的高使用量使得总消费数据并不明显。1994 年的焦点是与废水有关的染整化学品的生态最优化。在这方面，"黑名单"数据库非常有用，因为它覆盖了公司集团中使用的所有化学品，并将它们划分为"绿色名单"（继续许可）和"黑名单"（不希望在将来使用）。KUNERT 能够找到所有系列的化学

品的替代产品，这些化学品在生态评估中表现欠佳。此外，KUNERT、Hudson 和 Burlington 染色工厂经理之间的协调通过清晰的数据库得到了促进。这导致了一系列协调会议的减少，结果是化学品的种类也减少了。数据库的成果同样也指出了许多与供货商配合而进行染整化学品的最优化工作的起点。

由外部专家支持的一个课题，主题是关于软化剂的，揭示了一些非常值得注意的结论。在平常使用中，某些软化剂的吸附率比制造商宣称的要低很多。这为染整加工的最优化提供了明确的起点，并因此降低了资源的使用以及废水污染。这个课题提供了明确的证据，表明控制 pH 值是染整加工最优化的关键因素。在摩洛哥和 Mindelheim 的大批量试验中（试验目的是当使用活性染料染色的时候，减少所使用的氯化钠的数量）证明这是有希望的。通过使用新研制的活性染料，染色所需要的氯化钠数量可以减少 2/3。

目标

● 在 1995 年，将具有生态等级"3"并处在"黑名单"之中的化学品数量减少 10%，1996 年减少 20%。

● 控制染整化学品，如有必要的话，将其最优化，这样所有的产品都能遵守 ÖKO–TEX–标准 100。

措施

● 到 1996 年初，责成供货商为处于"黑名单"之中的化学品寻找替代品。

● 责成供货商为不能保证遵守 ÖKO–TEX–标准 100 的化学品寻找替代品。

● 基于废水分析被识别为污染物的化学品，将其减少或大规模替代。

● 就染整加工的最优化，进一步培训染色工厂的经理和员工。

● 就关于有害物质的运输和存储的规定（GGVS），进一步培训员工。

I 1. 流动货物

1.3. 辅助原材料

1.3.3. 产品包装

序　号	类　型	投　入 1993	投　入 1994
I 1.3.3.	**产品包装总计（单位：千克）**	**2690430**	**2483517**
1.3.3.1.	包装纸	816593	672080
1.3.3.2.	线轴片/芯	729854	711747
1.3.3.3.	可折叠纸盒/坯布	580110	502345
1.3.3.4.	筒	7408	6080
1.3.3.5.	与腿同长的束腹短裤箱	5861	5982
1.3.3.6.	PP+PE 聚乙烯袋 [1]	58776	49557
1.3.3.7.	PP+PE 半薄膜袋 [1]	252726	300893
1.3.3.8.	压花薄膜	480	1152
1.3.3.9.	复制纸	12864	10016
1.3.3.10.	卷	33365	30364
1.3.3.11.	整形钩	40133	39350
1.3.3.12.	粘胶标签	48362	36920
1.3.3.13.	缝合标签	103898	117031

1）PE = 聚乙烯，PP = 聚丙烯。

注：粘胶标签的消费不成比例地大幅度下降了，证明在将价格直接印在包装上这方面取得了进步。1992 年和 1993 年发起的许多措施导致了产品包装成分（即可回收性）更大的清洁度，而同时，减少了原材料的种类。通过改变标签，Hudson 就可以将标签种类的数量减少 33 种（即 40%）。由 100% 再生 PP 材料制成的聚丙烯袋最先在 Hudson 使用，现在也在 KUNERT 和 Burlington 使用。将来，所有的袜钩都要作出标记，表明 KUNERT、Hudson 和 Burlington 使用的是相同的材料。不仅产品包装而且装饰材料和 KUNERT 公司集团的标志都要用几国语言的处理说明作出标记。

计划中使用的组合包装，在零售业中遭到了明显的排斥，尤其是中等价格和高价格系列的产品。

目标

● 到 1996 年年末，将包装占产品的平均比例降低到少于 25%。

● 提高包装产品成分的清洁度，即提高它们可回收的能力。

措施

● 研制更新型的包装，具有更大的材料清洁度，并使用更少的资源，尤其是针对低价范畴内的产品。

● 增加使用由清洁成分构成并可回收的产品包装材料。

● 在包装上刊登广告，内容关于 KUNERT 公司集团的环保产品、环保包装和环保生产技术。

I 1. 流动货物

1.3. 辅助原材料
1.3.4. 产品附加物

序 号	类 型	投 入 1993	投 入 1994
I 1.3.4.	**产品附加物总计 (千克)**	**187320**	**169432**
1.3.4.1.	缝合标签	5039	5662
1.3.4.2.	松紧带	28499	38083
1.3.4.3.	转绒贴花	613	217
1.3.4.4.	服装饰物贴花	1774	4241
1.3.4.5.	角撑板[1]	144070	114988
1.3.4.6.	移画印花	3805	3047
1.3.4.7.	软线	139	167
1.3.4.8.	金属夹和扣件	100	220
1.3.4.9.	包装纸	3281	2807

1) 在 1994 年的环境报告中，角撑板项的存货数据被错误地显示为 1993 年投入。这一错误已经得到了纠正。

注: 产品附加物的总消费在 1994 年下降了 10%。在"生态过滤法"的帮助下，在中央采购部门中建立了这一方法，将来只有在特殊情况下才会采购产生"有害废弃物"的产品附加物。在大多数部分中，节约原材料的可能性现在已经不存在了。

目标
● 进一步改善产品附加物的环保性。

措施
● 责成半成品和完成品的供货商使用环保的产品附加物，即使用由清洁成分构成并可以回收的初始原材料。

I 1. 流动货物

1.4. 附属原材料

序　号	类　型	投　入 1993	投　入 1994
I 1.4.	**附属原材料（单位：千克）** **（不包括办公原材料）**	**1617899**	**1479171**
1.4.1.	**油和溶剂（总计，单位：千克）**	**40625**	**39774**
1.4.1.1.	润滑剂	32523	34000
1.4.1.2.	发动机和齿轮用油	5850	3921
1.4.1.3.	压缩机油	440	778
1.4.1.4.	溶剂 [1]	1812	1075
1.4.2.	**运输包装（总计，单位：千克）**	**1577274**	**1439397**
1.4.2.1.	运输用硬纸板包装箱	1531103	1404926
1.4.2.2.	包装用铁环卷	5329	5563
1.4.2.3.	粘合胶带卷	14808	14515
1.4.2.4.	发泡包装薄膜	20147	7450
1.4.2.5.	PP–胶带 [2]	5081	6588
1.4.2.6.	存储薄膜	806	355
1.4.3.	**办公原材料（张）**	**37466520**	**30163383**
1.4.3.1.	**纸总计（张）**	37315140	30014720
1.4.3.1.1.	再生纸	2141414	908619
1.4.3.1.2.	无氯纸	34926330	28941773
1.4.3.1.3.	普通纸	247396	164328
1.4.3.2.	**办公用品（张）**	**151380**	**148663**
1.4.3.2.1.	铅笔	17081	15452
1.4.3.2.2.	打字机色带/修正带	2884	2568
1.4.3.2.3.	电脑材料	2493	3559
1.4.3.2.4.	金属薄片和文件夹	86100	102122
1.4.3.2.5.	公文箱/公文包	7777	8474
1.4.3.2.6.	带环的资料夹	14345	11210
1.4.3.2.7.	登记簿	2548	1776
1.4.3.2.8.	其他办公用品 [3]	18152	3502

1) 在 1994 年环境报告中，由于数据收集中的一个错误，溶剂投入被赋值为 3512 千克，而不是正确的数字 1812 千克。

2) PP=聚丙烯。

3) 其他办公用品包括胶水、金属物品（例如订书钉和回形针）、木制品（例如尺子）以及没有包含在其他地方的任何其他物品。

注：溶剂使用的减少不成比例的高，达到了 41%，实现了上年度所设定的目标。另外，与生产相关的运输包装的减少却比预期值低，只有 9%。上年度设定的目标是在运输包装方面实现非常大的削

减，发泡包装薄膜（-63%）和存储薄膜（-56%）达到了这个目标，而运输用硬纸板包装箱的减少比生产的减少要低。发动机和齿轮用油的消费减少了 35%，这是因为 KUNERT 和 Hudson 出售了总计 11 辆的重型载重拖车。

压缩机油的上升是因为安装了额外的压缩空气设备。减少"办公原材料"和"其他原材料"的消费，这一活动的进展和措施的实行只获得了部分的成功。尽管如此，这一环境管理"进程的开端"确实有助于减少相关的残留废弃物的数量并使其可回收。办公用品的种类保持在非常低的水平——200 种不同的用品。

目标

● 进一步降低附属原材料的特殊消费，这些原材料对环境有特殊的影响，例如，"溶剂"和"运输包装"。

● 尽一切办法减少纸张的消费，尤其是印染纸，因为它们的回收相当复杂。

措施

● 思考工厂和生产阶段中的溶剂使用，并制定措施以节约溶剂或用环保物质替代它们。

I 2. 能源

序　号	类　　型	投入（单位：千瓦时）	投入（单位：千瓦时）	存货（单位：升）
		1993	1994	31.12.1994
I 2.	**能源总计**	**150682651**	**118986313**	**—**
2.1.	天然气	19892297	16570184[3]	—
2.2.	电力	47878784	33123331[4]	—
2.3.	燃油总计	59416240	47262590[3]	497616
2.3.1.	轻燃料油	23063560	17060650	416016
2.3.2.	重燃料油	25402450	24314350	81600
2.3.3.	混合燃料油	10950230	5887590	0
2.4.	区域供热	5595680	5586418	—
2.5.	燃料总计	17899650	16443790[3]	0
2.5.1.	普通柴油机燃料	4215840	1741640	0
2.5.2.	低硫柴油机燃料 [1]	0	17530	0
2.5.3.	汽油 [2]	6315710	5713950	0
2.5.4.	外部运输设备燃料	7368100	8970670	—

1) 从 1994 年开始，已经引入了两辆使用菜籽油生物柴油机燃料的汽车。
2) 由于在上一个环境报告中出现了一个记录错误，所以对 1993 年赋予了一个错误的值。
3) 代表 6771963 千克的物质。
4) 代表 87627860 千瓦时的初始能量。

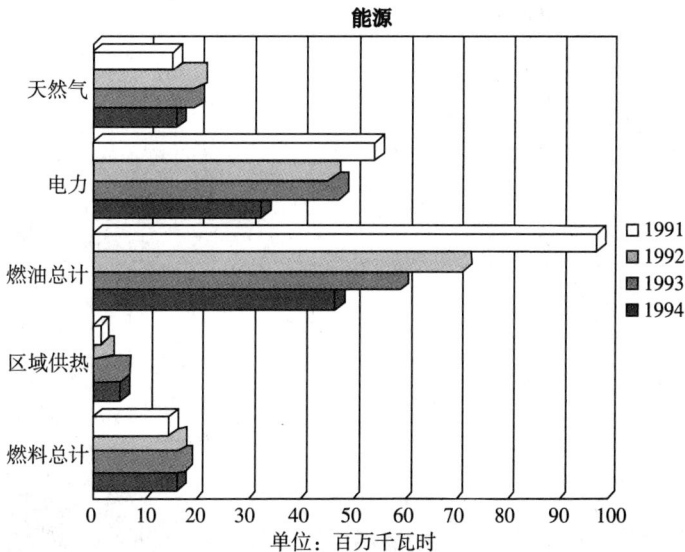

能源

单位：百万千瓦时

注：KUNERT 公司集团的能源消费在 1994 年下降了 21%。给定生产类似的下降了 22%，这看起来是不言自明的。然而，传统的经营管理显示，经常开支，包括能源成本的一部分，比生产数量下降的要慢得多。如果考虑到能源成本（从更局限的观点来看是用于生产的能源成本），很明显，由于有效的

能源管理以及在 KUNERT 公司集团的工厂中引入新的节约能源的制造技术，得到了可观的节约。

在普通柴油机燃料领域中的下降主要是由于 KUNERT 和 Hudson 出售公司的载重拖车造成的。KUNERT 车队从汽油驱动的汽车转变为带有催化转换器的柴油发动机汽车，使得降低燃料消费 1/3 这一目标获得了稳步的前进。最初的成果已经可以在 1994 年的数字中看到。这一趋势应该被转化为 1995 年和 1996 年总消费的显著下降（同样参见 "S 3. 工厂和设备"）。

在 "次品和返工品" 以及 "重新调整和重染" 领域中识别出了显著更高的节约潜能，由于这一事实，起始的时候焦点应该放在制定这些领域的措施上。

"预定型或预压平"、"画染机染色" 以及随后的 "高频技术烘干"，这些制造技术在位于 Mindelheim 的 KUNERT 工厂中得到了成功的测试，并被引入位于摩洛哥的 KUNERT 工厂中。结果，现在北部非洲的工厂同样能够在 1996 年进一步节约能源。

目标

● 到 1996 年年末，通过降低能源投入（试验项目 "环境成本管理" 的结果），降低位于 Mindelheim 的 KUNERT 工厂中的环境成本 "废热"。

措施

● 制定措施，到 1996 年年末，将位于 Mindelheim 的 KUNERT 工厂的能源成本降低 5%。

● 到 1998 年年末，在 KUNERT 集团的其他工厂中也应用这些措施。

● 当购买工厂设备和技术的时候，特别要注意能源效率；对能源的合理使用以及低排放是最重要的因素。

● 改进测定燃料消费的操作方法。

I 3. 水

序 号	类 型	投 入 1993	投 入 1994
I 3.	**水总计（单位：立方米）**	**495043**	**428770**
3.1.	自来水	303852	281275
3.2.	生水（井/湖）	191191	147495

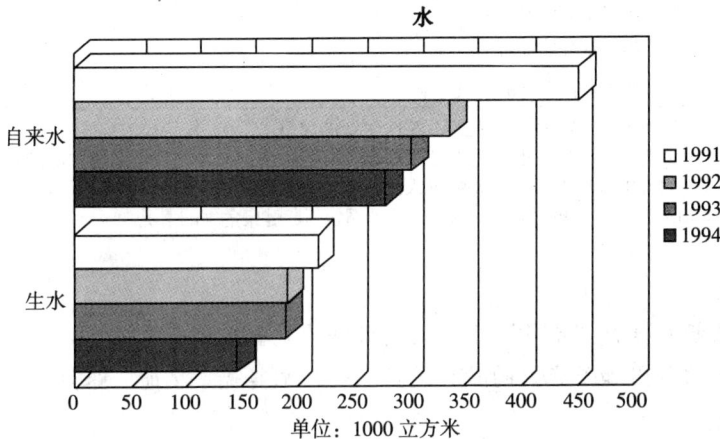

单位：1000 立方米

注：上一年度报告中设定的目标——"降低每单位生产所消费的饮用合格水"，并没有得到实现。当总生产（单位：千克）在 1994 年下降 22% 的时候，饮用水的消费仅仅下降了 7%，总的水消费下降了 13%。这里所反映的是位于 Immenstadt 的 KUNERT 染色工厂的关闭，这个工厂直到 1993 年从一个小高山湖中使用了大量的生水。在实验室试验和生产中所证明的"续染浴染色法"课题的成果表明，通过使用这一方法，可以节约大量的水。然而，购买集液池以及从相同的色堆中减少批量的高昂成本使得目前这一技术不可能节约成本的投入使用。然而，这一课题的一个次要影响，是导致用水节约的流程最优化。在某些类型的印染机器中，有充水的自动机制方面的故障。甚至当小负荷运行时，只需要少量的水，这一机制也将染色转鼓加到最满。控制系统中的故障立即得到了排除，从而将导致位于 Immenstadt、摩洛哥、匈牙利和葡萄牙的染色工厂的大量节约。

目标

● 在 1995 年，降低每单位生产所消费的饮用水。

● 到 1996 年年末，将每单位生产的用水成本降低 10%。

措施

● 在试验项目"环境成本管理"的框架内制定措施以开发所计算的成本节约潜能。

● 作为试验项目"降低废水污染"的一部分，实行最优化节水流程。

● 在 1997 年年末之前，在 KUNERT 公司集团的所有染色工厂中，采用来自这两个试验项目（废水和环境成本管理）的措施。

● 作为一项研究项目的一部分，在位于 Mindelheim 的 KUNERT 工厂中实行水回收，这一研究项目是在 1995/1996 年由联邦研究和技术部进行的（见章节"产出 4.废水"）。

I 4. 空气

序 号	类 型	投 入 1993	投 入 1994
I 4.	**空气总计（单位：立方米）**	—	—
4.1.	用于空调设备的空气	3189920000	3189920000
4.2.	用于燃烧器系统的空气 1)	90210202	71839377
4.3.	用于交通的空气	—	—
4.4.	用于空气压缩机的空气	—	—
4.5.	用于其他设备的空气	—	—

1）基于更加全面的数据收集，就会有 1993 年新的数值。

注：生态—平衡表"空气"账户仍然处于建设和巩固阶段。通风和空调系统中的特殊过滤器将灰尘和粉尘从外部空气中过滤出去，这就将投入的空气中的有毒物质水平降到了最低。这些过滤器定期进行保养。在 KUNERT 公司集团中，尚未发现空调系统引起健康危害的情况。

目标

● 在投入账户"空气"中，改进数据的完备性和一致性。

● 为收集附加子账户的数据进行调查，尤其是"交通"账户。

措施

● 制定程序指引并扩展生态—平衡表准则，以将数据收集包含进"空气投入"中。

产 出

鉴于进入工厂的原始原材料、辅助原材料和附属原材料被记录在了之前的投入部分中，在 1995 年又离开了工厂并已经转化了的原材料和能源，现在继续记录在产出部分中。

O 1. 产品

序 号	类 型	产 出 1993	产 出 1994	存 货 31.12.1994
O 1.	**产品总计（单位：千克）**	**8935247**	**8492704**	
1.1.	内衣总计	5116411	5199188	2786664
1.1.1.	细平布产品	2845310	2762880	1469213
1.1.2.	针织品	2271101	2436308	1317451
1.2.	外衣	211756	194911	—
1.3.	运输包装材料 [1]	989275	897598	—
1.4.	产品包装材料	2617805	2201007	—

1）在 1993 年第一次独立记录。

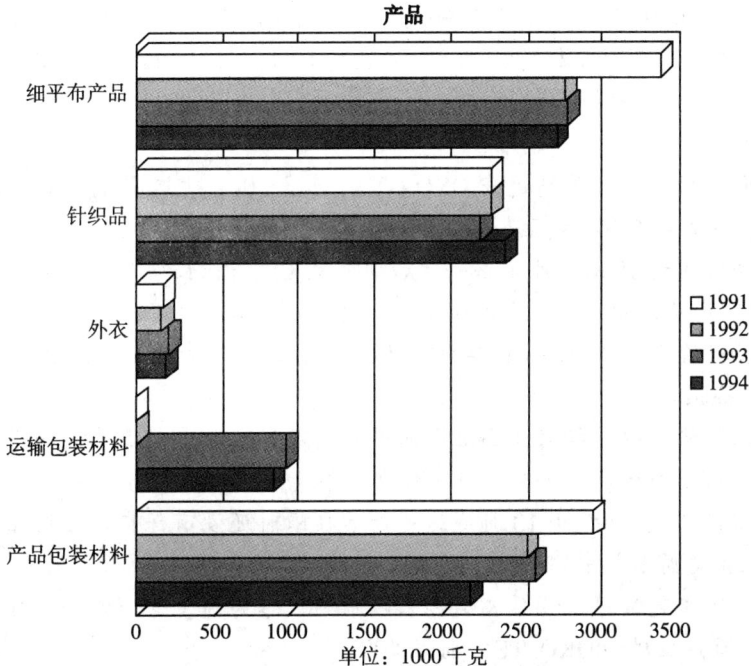

产品

单位：1000 千克

注：在过去的两年中，发生了明显的转变："细布产品"领域在下降，而"针织品"领域，例如短袜和针织长筒袜，却在扩张。这一变化是由消费者行为变化引起的。因为针织品需要的包装要少得多，这同样也解释了产品包装材料下降16%的原因。

产品的种类已经减少了。尤其是，KUNERT的产品种类已经减少了15%，而从1993~1995年中，Hudson的产品种类下降超过了22%。颜色的种类几乎保持不变，因为零售商和消费者一直期待着来自品牌内衣的领导厂商的这些种类。含有重金属的染料占染料总消费的比例在1994年下降超过了10%。然而，对某些产品来说，客户对更好的染色牢度的越来越高的要求没有得到满足。在1995/1996年，这些产品将再一次使用重金属染料进行染色，以保证消费者所要求的染色牢度水平。

"ÖKO-TEX-标准100"（Hohenstein研究所）对欧洲纺织工业来说已经变得越来越重要了。越来越多的零售商，尤其是大客户，都要求遵守限额。同时，供货商已经提供了保证，证明它们的原始原材料、辅助原材料和附属原材料都遵守了这一标准。

德国商品准则禁止使用可能对健康造成危害的商品，它列出了被禁止的染料，因为从它们之中分离出了致癌胺。由于采购中使用了"生态过滤法"，这些染料在KUNERT公司集团的自身生产中已经有很多年没有使用了。半成品和完成品的供货商同样给出了保证，他们也将遵守商品准则。将对仓库中的剩余存货进行额外的抽样检查。

研究项目"针织品的回收"已经由位于Denkendorf的für Textil-und Verfahrenstechnik研究所完成。这个项目识别出了各种将针织品回收并制成过滤材料、纤维板和用于汽车工业的模具部分的方法。然而，它同时也表明，回收过程是能源密集和资源密集的。回收针织品需要使用许多不同的化学品，这些化学品将进而造成环境污染。此外，废弃针织品的回运本身将消耗大量的能源并形成更多的气体排放物。结论是：针织品的回收在给定现有可行技术的条件下，并不具有生态意义。

目标

● KUNERT公司集团生产的所有产品都符合ÖKO-TEX-标准100。

● 将环境控制更紧密地包含在市场和产品发展的决策制定过程中。

● 到1995年年末，将位于Mindelheim的KUNERT工厂在"次品和返工品"领域中的残余物成本减少20%，并且到1996年末，在KUNERT生产集团的所有工厂内实现这一目标。

措施

● 责成所有的供货商遵守ÖKO-TEX-标准100，尤其是购买的纱线、染料和化学品以及任何半成品和完成品。

● 将任何到1996年年末这一最后期限时还没有保证遵守ÖKO-TEX-标准100的供货商从供货商名单中删除。

● 抽样检查以监控对ÖKO-TEX-标准100的遵守情况，并在1996年为这类检查准备预算。

● 抽样检查以监控对商品准则的遵守情况，尤其是对于购买的半成品和完成品，并从1995年开始为这一目标准备年度预算。

● 将任何到1995年10月底这一最后期限时还没有保证遵守商品准则的供货商从供货商名单中删除。

● 制定工艺程序、操作指引和采购准则，作为质量管理的一部分，这将确保遵守商品准则和ÖKO-TEX-标准100。

● 到1995年年末，对员工进行商品准则条款的培训，到1996年年末，

进行 ÖKO–TEX–标准 100 条款的培训，包括相应的采购准则和操作指引。为 1995 年和 1996 年准备培训预算。

● 在 1995 年年末之前实行并继续措施，这些措施被引进"次品和返工品"、"数据系统"和"废水"领域（试验项目环境成本管理的成果）。

● 为产品研发永久性的实行新制定的时间和组织顺序表（试验项目环境成本管理的成果）。

● 制定并实行新的成本削减措施，到 1996 年年中，使位于 Mindelheim 的 KUNERT 工厂的"重新调整和重染"中的剩余原材料成本潜能下降大约 20%。

● 到 1996 年年末，将"重新调整和重染"中的成本削减措施移植到 KUNERT 生产集团的其他工厂中。

● 使用 KUNERT 集团在品牌政策、广告、销售推广以及包装中的生态优势。

● 在 1996 年进一步减少产品的种类。

O 2. 废弃物

序号	类型	产出 1993	产出 1994	存货 31.12.1994
O 2.	**废弃物总计（单位：千克）**	**2519252**	**2357988**	**36398**
2.1.	**有害废弃物（总计，单位：千克）**	**40399**	**62883**	**3910**
2.1.1.	固体废弃物	7228	1520	1030
2.1.2.	液体有害废弃物	9077	46601	565
2.1.3.	荧光颜料	1792	1291	656
2.1.4.	含有多氯联苯的电容器	2731	3018	118
2.1.5.	电池	422	451	69
2.1.6.	废弃药剂	260	240	25
2.1.7.	废油	11506	3315	2170
2.1.8.	电子废料 [2]	2928	5997	52
2.1.9.	其他有害废弃物 [2]	4455	450	75
2.2.	**可回收废弃物总计（单位：千克）**	**1920624**	**1816533**	**25236**
2.2.1.	废纸	274917	260739	3136
2.2.2.	瓦楞纸板/厚纸板	773075	755446	6170
2.2.3.	盖板	101857	105750	5500
2.2.4.	库存废弃物	228636	170029	635
2.2.5.	废纱线	15806	17345	1010
2.2.6.	缝纫废弃物	175744	141439	2971
2.2.7.	薄膜（PP + PE）[3]	47121	56464	850
2.2.8.	纸板筒	103360	69528	1142
2.2.9.	塑料筒	4030	2103	10
2.2.10.	其他合成材料	15189	8773	22
2.2.11.	金属废料	127392	198720	3515
2.2.12.	玻璃废料	10637	8980	275
2.2.13.	可堆肥废弃物 [2]	10150	1465	0
2.2.14.	其他可回收废弃物 [1]	32710	19752	0
2.3.	**残留废弃物（单位：千克）**	**485429**	**349652**	**6052**
2.4.	**废石总计（单位：千克）**	**72800**	**128920**	**1200**
2.4.1.	木料 [1]	26300	55910	1200
2.4.2.	混凝土、砖、沙，等等	46500	73010	0

1）在上一个环境报告中，4100 千克的废弃木料被错误地包含在了其他可回收的废弃物项下。这一错误已经得到了纠正。

2）在 1993 年第一次得到记录。

3）PE = 聚乙烯，PP = 聚丙烯。

注：当有害废弃物增长 56% 的时候，残留废弃物与上一年度相比，又下降了 28%。对有害废弃物的近距离观察为此揭示了两个原因。首先，电子废料由于位于 Schopfheim 的 Burlington 计算机部门的更新工作而上升了 105%。其次，液体有害废弃物上升了 413%。这一异常的上升发生在位于匈牙利的

Burlington 染色工厂。为了避免额外的废水污染，在 1994 年，46000 千克的染料和化学污泥作为液体有害废弃物被处理掉了。这些废弃物来自每月对热回收厂的调节池的清理工作。将来，当计划中的废水处理厂建成的时候，就可以避免污泥的产生（同样参见章节 "O 4. 废水"）。如果没有匈牙利产生的污泥，有害废弃物的总数字与 1993 年相比将大致是其一半。

当 Kempten、Oberallgäu 的废弃物管理行政协会在 1994 年对 KUNERT 的"残留废弃物"进行抽样检查的时候，计算得出可回收废弃物的份额为 30%，并敦促 KUNERT 将可回收废弃物占残留废弃物的比例降至 0%。为了达到这一设定目标，KUNERT 股份有限公司为处于 Immenstadt 的工厂的可回收废弃物引进了一个改进的收集系统。这个 KUNERT 收集系统分为四个主要的物质组：可回收废弃物、有机废弃物、残留废弃物和有害废弃物。在办公室中，为质量为 A 和 B 的纸张设有残留废弃物收集箱和可回收废弃物收集箱。所有其他的物质由员工在"他们的"可回收岛上处理掉。在这里，有针对在各种不同的部门中产生的所有类型的废弃物的合适收集箱。此外，在厨房里，有有机废弃物收集箱用以收集剩饭剩菜、咖啡碎渣，等等。新系统的引进得到了可回收岛和收集箱上方所使用的通知以及告知员工可回收废弃物收集系统概念的信息手册的帮助。积极影响已经可以看见了。可回收废弃物的比例上升了，这是因为可回收废弃物上升，而残留废弃物的数量进一步下降。

Kempten、Oberallgäu 的废弃物管理行政协会已经成功地在整个 Oberallgäu 地区引入了 KUNERT 处理有害废弃物"荧光颜料"的模式。除了商业公司之外，同样包括私人家庭。通过这种广泛合作的方法，对环境项目和财务项目的处理都得到了改进。

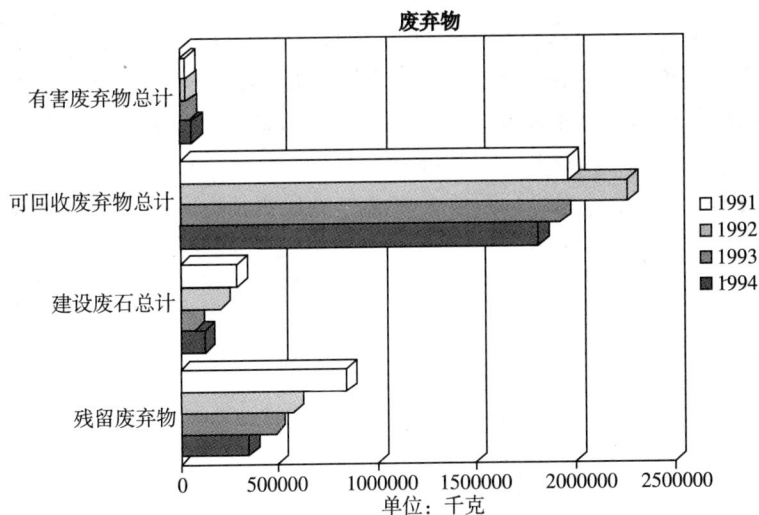

目标
● 到 1997 年年末，将残留废弃物份额（参照环境指标）降低到 12% 以下。
● 到 1997 年年末，将有害废弃物份额降至 0.8%。

措施
● 到 1995 年年末，在位于 Mindelheim 的 KUNERT 工厂中引入新的收集系统，到 1996 年年末，将其引入到其他地区的 KUNERT 工厂，这些地区的条件允许购买者将优质材料回收。

● 扩展环境采购准则，以限制对原始原材料、辅助原材料、附属原材料或者产品的采购，这些原材料或产品使有害废弃物或残留废弃物的产出上升。

● 与当地的废弃物管理协会合作，制定并实行《回收法案》所要求的措施。

O 3. 废热

序 号	类 型	产 出 1993	产 出 1994
O 3.	废热总计（单位：千瓦时）	150682651	118986313

注：在 Mindelheim 工厂的试验项目"环境成本管理"中，研究了能源排放中的成本削减的潜能（"其他废热"）。依靠这一基础，现在就可以制定目标措施以降低这些成本潜能占残留物成本的份额。

在 Mindelheim，热回收设备的能源效率通过引进一个用于回转机和画染机的双管废水分离系统得到了改进。位于 Geyer 的 KUNERT 工厂的蒸汽加热系统的控制机制的部分最优化以及用于小范围货物的辐射加热系统的安装使能源得到了进一步节约。

在位于 Immenstadt 的 KUNERT 工厂中，空调系统的控制机制得到了最优化，因此，降低了以热的形式出现的能源损失。

目标

● 到 1996 年年末，在位于 Immenstadt 的 KUNERT 工厂中，降低热损失以及相应的"废热"残留物成本，到 1998 年年末，在另一个 KUNERT 生产集团的染色和成型加工厂中也实现这种降低（试验项目"环境成本管理"）。

措施

● 到 1996 年年中，制定进一步的措施以降低热损失。

O 4. 废水

序 号	类 型	产 出 1993	产 出 1994
O 4.	废水总计（单位：立方米）	376289	339277

注：自从 1991 年以来，废水污染已经得到了显著的降低。至于理论方法，是"流程开端管理"的要素，实现这一目标最重要的是将相对于废水的投入原材料最优化。在试验项目"降低废水污染"中，对 10 种最常使用的染料和化学品的每一种都拟定了"打击名单"。这些投入原材料然后接受了生态评估，并且，如果结果被证明不能令人满意，就要寻找替代物质。对投入原材料进一步的生态最优化通过"黑名单"工程方法被引进。与供货商合作进行努力以寻找染料和化学品的替代物，这些染料和化学品处于等级"3"，并仍然在使用，而且已经识别出了一些替代品。同时，染色和染整流程的最优化还在继续——从在染色机器中安装 pH 值控制机制作为最优流程管理的基础，到 Mindelheim 的 KUNERT 工厂中完全耗尽染料和化学品以使絮状悬浮物降低 70%。除了通过更好的絮状悬浮物定量来减少环境污染，在 Mindelheim 工厂中每年还有 150000 马克的成本节约。第三个战略方法是染色和染整浴的循环使用（见章节"1.3.1 染料"和"1.3.2 化学品"），第四个战略是带有热回收的废水流量的分离和循环。

在 Mindelheim 工厂中，高频率烘干设备中的冷凝水循环的最优化导致了每年 17000 马克的节约。分离回转机和画染机上的染色浴，导致了热回收设备、中和工厂设备以及用于回转染色机的冷凝水再循环的运转改进，带来了环境污染和成本的进一步下降。在 1995 年秋天，受联邦研究和技术部的委托，一个新的废水净化项目将在 für Textil-und Verfahrenstechnik，Deggendorf 研究所的项目管理下开始。在这个为期三年的项目过程中，将测试不同环保型的用于染料清除、循环和处理的过滤技术。此外，这个项目还将研究用水回收。目前正在制定关于废水处理的建议，以改进位于摩洛哥 Temasa 的 KUNERT 工厂、位于匈牙利 Mosonmagyarovàr 的 Burlington 工厂以及位于突尼斯的 KUNERT 工厂中不能令人满意的废水状况。含有重金属的染料投入在 1994 年下降了 10%。这一在投入方的进步当然意味着重金属污染在国内和国外都实现了进一步的下降。通过同样的方法，在投入方引入不含可吸收有机卤化物（AOX）的染料，导致了废水中可吸收有机卤化物水平的下降，同时也降低了盐污染。

在各种研究项目下，进行了对来自染色工厂的废水测试，得出的结论并不完全令人满意。在后续的分析和措施中，识别出了一些有问题的物质，这些后续的分析和措施是为了减少或替代有问题的染料或化学品，并且已经实行了。

目标

● 进一步减少 KUNERT 公司集团的所有工厂中的废水污染，尤其是染色工厂的废水污染。

● 到 1996 年年末，进一步减少位于 Mindelheim 的 KUNERT 工厂中废水的残留物成本。

● 在下一个生态—平衡表中用以千克计量的重金属来记录废水污染。

措施

● 制定并实行措施以降低位于 Mindelheim 的 KUNERT 工厂中的废水成本。

● 将降低成本和污染的措施移植到 KUNERT 公司集团的其他工厂中。

● 到 1996 年年末，通过继续进行试验项目并实行结论性的措施来降低废水污染。

● 在项目框架内回收并循环使用水和化学品（例如，氯化钠），这一项目是由联邦研究和技术部在 1995/1996 年资助的。

● 为进一步的废水测试准备预算，以识别并消除更多的造成水污染的物质。

● 到 1996 年年末，解决摩洛哥、匈牙利和突尼斯中的不能令人满意的废水状况。

● 制定出一个方法，用于通过重金属来记录水污染（与流程相关的排放系数）。

O 5. 气体排放物

序　号	类　型	产　出	产　出
		1993	1994
O 5.1.	**气体排放物总量**（单位：立方米）		
5.1.1.	空调设备排放物	3189920000	3189920000
5.1.2.	燃烧器系统排放物	—	—
5.1.3.	交通排放物	—	—
5.1.4.	压缩空气设备排放物	—	—
5.1.5.	来自其他系统的排放物	—	—
5.2.	**气体污染物总量**（单位：千克）		
5.2.1.	氮氧化物 [1]	138828	100548
5.2.2.	二氧化硫 [1]	207872	170132
5.2.3.	二氧化碳 [1]	48080685	36109594
5.2.4.	水蒸气 [2]	121614000	96895400

1）在 1994 年，这是第一次有可能记录由 KUNERT 公司集团使用的电力和区域供热引起的气体污染。1993 年的数字经过了调整，所以现在二氧化碳、二氧化硫和氮氧化物的值覆盖了来自 KUNERT 自己的燃烧器系统以及来自外部电力和区域供热生产的排放物。

2）通过使用一个更为精确的方法，已经重新计算了 1993 年的水蒸气排放值，给出了一个新的值。

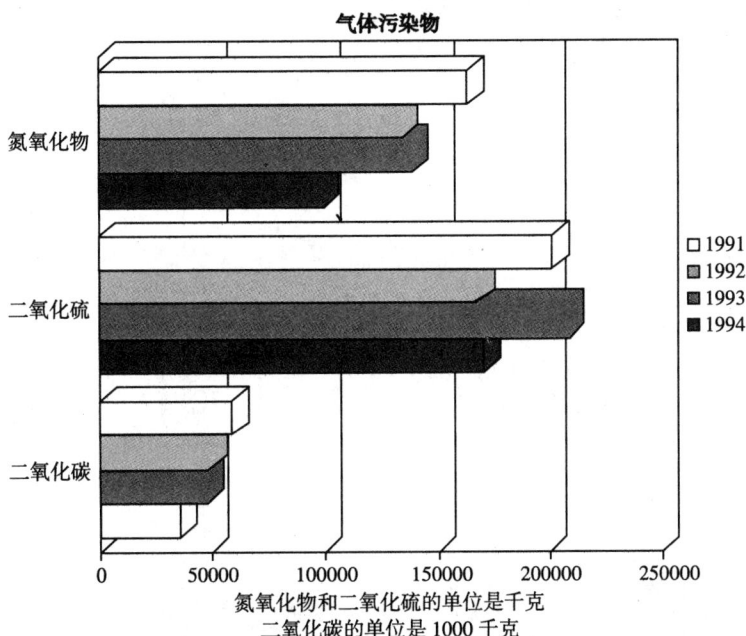

气体污染物

氮氧化物和二氧化硫的单位是千克
二氧化碳的单位是 1000 千克

注：以另一种视角来观察投入账户"2. 能源"，将会揭示出最低利用率的能源来源减少了 31%，因此最高的排放物也减少了 31%；电力作为二次能源，主要在烧煤的电力工厂或者核电厂内产生，而且

必须进行长距离的传输。这就产生了排放物和利用率的损失。直到现在，这些"电力"排放物还没有被记录在"气体排放物"账户中，因为它们发生在工厂的围墙之外。从 1994 年开始，二氧化碳、二氧化硫、氮氧化物，这些由于 KUNERT 从外部获得电力或区域供热而导致的排放物已经被包含在生态—平衡表中。以前年份的值将被确定下来，并且据此修正平衡表。

当生产转移到供货公司的时候（例如，转移到了国外）生态—平衡表中就会发生失真或"虚假改进"。如果针织和染色不再由 KUNERT 来完成，而是在一个很远的长期合同内委托加工公司完成，则所造成的污染将会更大（例如，由于包含了运输）。结果并不能改善环境，只是简单地将污染转移到了别的地方。

位于 Horb 的天然气管道已经延长到了 Hudson/SILKONA 仓库与转发中心。位于摩洛哥 Temasa 的 KUNERT 工厂中的焚烧炉已经被切碎机替代了。所有的工厂都被责成在工厂空地上种植植被。最近的例子是在位于 Immenstadt 的 KUNERT 总部通过种植吸附二氧化碳并提供氧气的植被来进行对员工停车场和行政大楼周围区域的彻底改造。

目标

● 到 1996 年年末（参考基准是 1994 年），进一步减少废气（二氧化碳、二氧化硫、氮氧化物）。

● 识别来自工厂和客运交通的排放物水平。

措施

● 将位于 Horb 的 Hudson/SILKONA 仓库与转发中心中的燃烧器系统转换为天然气系统。

● 减少能源投入，目标是进一步减少废气排放。

● 制定出测定交通排放物的程序。

KUNERT 公司集团的环境成效指标

序号	类 型	1989	1990	1991	1992	1993	1994
A	**生产—特性比** [1]						
1.	每千克产品的水消费（升/千克）	—	166.7	158.5	167.3	158.0	175.6
2.	每千克产品的能源消费（千瓦时/千克）[2]	—	48.9	43.6	49.7	48.1	48.7
3.	每千克产品的排放物 [3]						
3.1.	氮氧化物排放物（克/千克）	—	—	38.6	42.6	44.3	41.2
3.2.	二氧化硫排放物（克/千克）	—	—	47.3	52.9	66.4	69.7
3.3.	二氧化碳排放物（千克/千克）	—	—	14.0	15.6	15.3	14.8
4.	每千克产品的废弃物（克/千克）[2]	987.06	781.56	736.93	967.78	804.26	965.84
4.1.	有害废弃物（克/千克）	9.4	6.7	6.2	8.7	12.9	25.8
4.2.	残留废弃物（克/千克）	345.2	335.7	199.0	182.2	155.0	143.2
4.3.	可回收废弃物（克/千克）	364.3	358.7	463.1	712.9	613.2	744.1
B	**能源和废弃物份额**						
5.	能源份额 [2]						
5.1.	天然气	6.5%	6.4%	8.5%	13.0%	13.2%	13.9%
5.2.	电力	28.4%	30.4%	29.6%	29.5%	31.8%	27.8%
5.3.	燃油	57.1%	54.8%	52.8%	45.4%	39.4%	39.7%
5.4.	区域供热	—	—	0.9%	1.5%	3.7%	4.7%
5.5.	燃料	8.0%	8.4%	8.2%	10.6%	11.9%	13.8%
6.	废弃物份额 [2]						
6.1.	有害废弃物	1.1%	1.0%	0.8%	0.9%	1.6%	2.7%
6.2.	可回收废弃物	43.8%	55.1%	62.8%	73.7%	76.2%	77.0%
6.3.	残留废弃物	55.1%	43.9%	27.0%	18.8%	19.3%	14.8%
6.4.	建筑废石	—	—	9.3%	6.6%	2.9%	5.5%
C	**原材料比率**						
7.	不含重金属的染料的比例	—	—	—	—	52.3%	62.9%
8.	包装占产品的平均比例	—	37.0%	32.4%	32.0%	29.3%	25.9%
D	**排放物份额** [3]						
9.	二氧化碳排放物（克/千瓦时）	—	—	349.3	351.6	362.1	352.1
10.	氮氧化物排放物（克/千瓦时）	—	—	0.96	0.96	1.05	0.98
11.	二氧化硫排放物（克/千瓦时）	—	—	1.18	1.19	1.57	1.66

1) 投入或产出的总数字包括管理、仓储等，是由相应周期内生产的数量来记录和划分的。

2) 改进的数据收集形成了一些新的值。

3) 包括来自 KUNERT 自己的燃烧器系统的排放物以及 KUNERT 使用的电力和区域供热的生产所产生的排放物。

废弃物份额

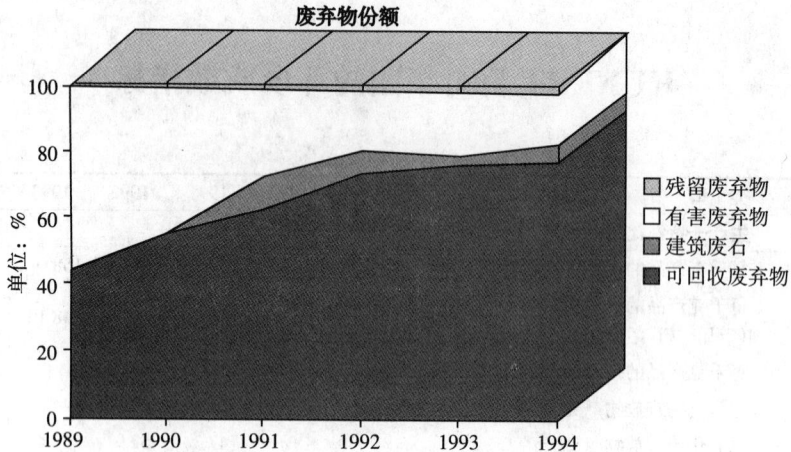

注：有效的生态—控制需要指标以使实际情况与目标之间的比较成为可能，也使随着时间的推移与上一年度的值的比较以及在相同部门中的其他公司之间的比较成为可能。记录在生态—平衡表中的投入和产出的绝对数字的正确性可能受到生产和销售波动的影响。在管理和环境研究院的帮助下，KUNERT公司集团研制了一个成效指标系统，通过使用相关的数字使得公司活动的环境趋势和生态—效率清晰化。应该指出的是，这些是总额数字，因此包含了能源消费和废弃物生产，这些能源消费和废弃物生产发生在办公室、食堂和仓库，不直接受生产波动的影响。

A. 生产—特性比

尤其是生产—特性比显示了资源和能源是如何有效地用于产品制造的，因为它们给出了水和能源消费以及与生产数量相关的废弃物和排放物，生产数量是用千克计量的。在计算这些数字的过程中，使用的不是产出平衡账户"1. 产品"的值，而是在"针织"和"染色"领域中的生产数量。这是两个使用最多的资源（纱线、染料、化学品、水/废水）和能源（针织，加热染色浴至沸点）的生产领域。根据定义，产出账户"1. 产品"中的数字仅仅覆盖了在完成品储备中终止的数量，即仅仅覆盖了完成品，而没有覆盖生产的半成品，如未完成的或未染色的紧身衣。数字清楚地显示，生产潜能在哪里没有被完全开发，那里的资源和能源使用中的生态效率就恶化。当潜能被完全使用的时候，生态—效率就得到了最佳实现，因为那时投入和产出占整个原材料和能源流量的份额降低了，这个份额没有直接为附加值的形成作贡献。首先要确定的是特定的氮氧化物、二氧化硫、二氧化碳排放物。它们包括了来自KUNERT自己的燃烧器系统的排放物以及KUNERT从其他地方购买的电力和区域供热的生产所造成的排放物。

B. 能源和废弃物比率

天然气相对于燃油来说更加环保，占KUNERT公司集团的能源供给的份额持续增加。燃油占整个能源消费的份额持续下降：在1989年的时候还是57.1%，而现在已经降低到了39.7%。由于大幅度的节约了能源总量，燃料所占的份额在1994年上升到了13.8%，而其绝对值是下降的。对若干年的废弃物份额的比较很清楚地显示出KUNERT集团在收集和分离可回收废弃物方面取得的成功。结果，残留废弃物份额从1989年的55.1%下降到今天只有14.8%。同时，可以从其他残留物质和已回收物质（部分有用）中分离出来的可回收废弃物的比例已经上升到了77%。建筑废石所占的份额没有表现出特殊的发展趋势，而是反映了每年建筑活动的剧烈变化。1994年有害废弃物份额的剧烈上升很大程度上是因为位于匈牙利的Burlington工厂的处理问题：当时，由于没有合适的废水处理厂，产生了大量的染料和化学品污泥。

C. 原材料比率

包装占产品的比例持续下降，现在是25.9%。纺织工业中的大部分污染来自纤维织物和纱线的染色。由于这个原因，KUNERT的环境管理的焦点之一是降低含有重金属的染料的比例。通过这种方法，当染料被采购的时候（流程管理的开端），就已经可以避免废水污染了。含有重金属的染料占总染料消费的比例的进展应该通过一个新的指标更加清楚地表现出来。指标显示，在1994年，差不多所使用的所有染料中的63%不含有重金属，与上一年度相比，上升了10%。

D. 排放物比率

在1994年的生态—平衡表中，第一次记录了由KUNERT工厂所使用的电力和区域供热的生产而产生的二氧化碳、二氧化硫、氮氧化物排放。回顾地计算了以前年份的相应值，并且调整了排放物比率，以将此考虑在内。这就解释了这里显示的特殊排放物的数字与早先的环境报告中公布的数字之间的巨大差异，早先的环境报告只考虑了KUNERT自己的燃烧器系统产生的排放物和能源消费。特殊二氧化硫排放的跳跃是因为包含了区域供热：位于匈牙利的Burlington工厂从一个使用重燃油的发热装置获得区域供热。

能源份额

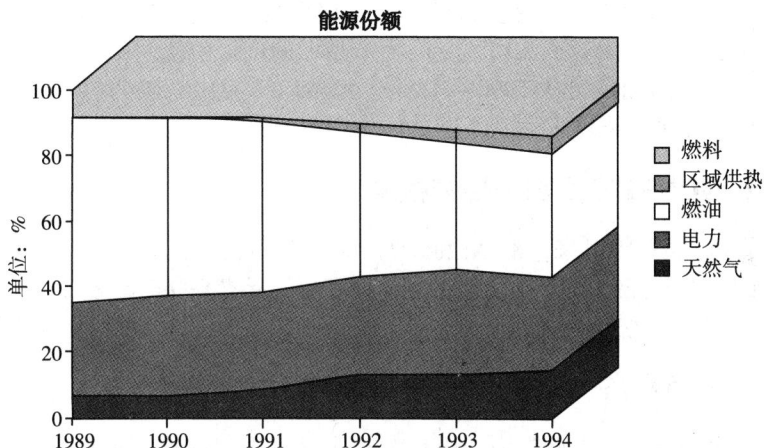

目标

● 进一步将环境成效评估统一进管理决策制定的过程。

措施

● 扩展工厂水平上的对成效指标的记录，例如，废弃物份额、能源份额、每一个工厂的特殊生产指标。

● 内部提出并讨论环境成效指标，作为设定目标的方法和管理工具。

环境管理和欧共体生态—审计

人们期望德国的公司将能够从 1995 年秋天开始参与环境管理和环境审计（被称为生态—审计或简称为 EMAS 准则）的欧共体系统。公司在自愿的基础上实行环境审计，建立环境管理系统并以环境声明意向的方式告知公众，只要他们符合所有的要求，就会从外部专家那里收到一份"参与证书"。然后公司就可以在他们的信笺抬头和不专门为产品做的广告中使用正式的欧共体生态—审计标志。问题是自从 1990 年以来，KUNERT 股份有限公司所实行的生态—控制已经在多大程度上达到了欧共体生态—审计的要求。

1. KUNERT 生态—控制模式

自从 1990 年以来，KUNERT 股份有限公司已经拥有了一个集团范围的系统化的生态—控制系统，不断地发展并以新的元素来完善。实质上，它覆盖了如下元素，这些元素与参与欧共体生态—审计相关。

2. 公司生态—平衡表

在内部生态—平衡表中，原材料和能源（单位分别是千克和千瓦时）的年度投入和产出被系统地记为余额项，无论是对每一个单个的工厂还是对集团整体都是如此。通过这种方法，公司内的事件可以被系统地检查以发现生态弱点和生态威胁，并可以在重要的成效指标之间进行比较。获得的数据使制订目标计划以及控制和监控公司内的原材料和能源流量成为可能。

3. 环境报告

现在的环境报告每年发布一次，覆盖了以下集团水平上的元素：
● KUNERT 公司集团的环境政策；
● 公司生态—平衡表；
● 每一个单个的余额项的目标和措施；
● 环境成效指标；
● 环境控制系统的说明；
● 关于优先主题的信息。
环境报告为公众提供了信息，同时作为管理和环境控制信息的内部工具而提供服务。

4. 生态—工作组

环境工作组是一个机构，联合了来自所有工厂和所有员工水平的成员，在工作组中，讨论了公司当前的环境保护问题，并协同解决这些问题。与其他为环境优先项目工作的小组一起，环境工作组作出了很大的努力来确保环境保护作为一个共同的责任在整个公司都得到认可。

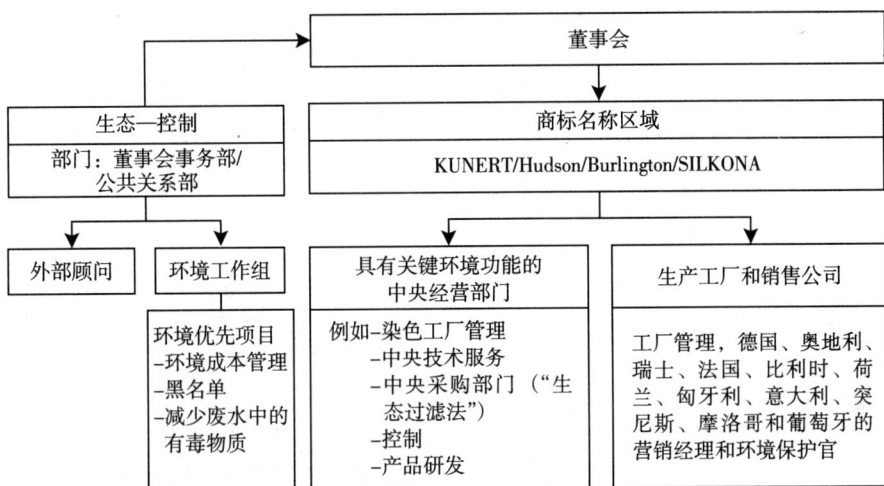

KUNERT 公司集团中的环境管理的公司组织结构。

5. 生态过滤法

KUNERT 公司集团已经为采购制定了被称为"生态过滤法"的方法。所有的染料、化学品和油类都被记录在数据库中，并根据 18 种生态特征和人类毒理学特征进行评估。不希望有的物质被放进"黑名单"（禁止名单）中，而继续受到认可的物质被放进"绿色名单"中。这个方法是为了使中央采购部门有可能过滤掉大批进来的原材料，那些造成生态危害的原始原材料、辅助原材料和附属原材料。这是与"流程开端管理"原则相一致的，根据这个原则，环境污染恰恰应该从开始处就被制止。

6. 环境成本管理

在 1994 年和 1995 年，在德国环境基金会的支持下，在 Mindelheim 工厂中进行了一个关于环境成本管理的试验项目。其目的是调查由能源和原材料流量引起的成本，以揭示措施的成本削减潜能，这些措施导致了成本和环境污染的下降。为此，在非常全面的分析中研究了实际成本，实际成本是抬高成本和相关环境污染状况的要素。

7. 重叠—差异—衡量

在下图中，比较了两个系统的内容。

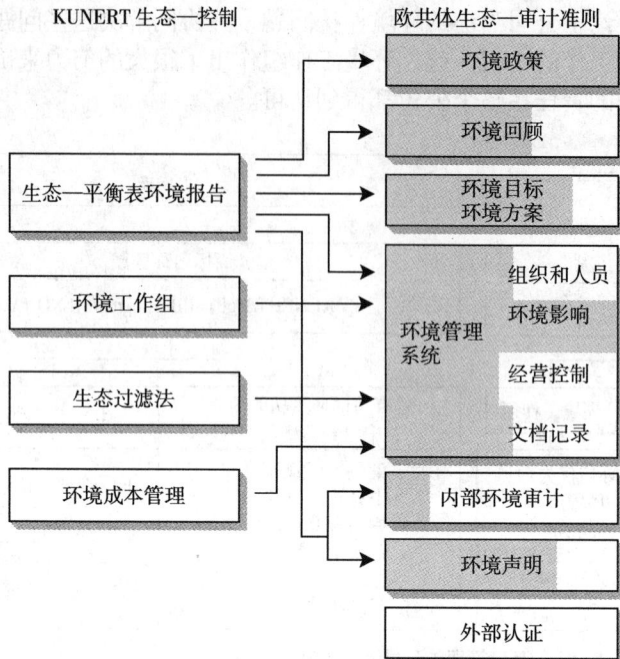

阴影区域表明 KUNERT 的生态—控制在多大程度上达到了欧共体生态—审计准则的要求。

8. 位于 Mindelheim 的 KUNERT 工厂的试验项目欧共体生态—审计

在 Mindelheim 工厂的试验项目中，为参与 EMAS 计划进行了以下步骤，同时为其他地方下结论做内部准备。

● 在内部研制的软件的帮助下，进行了"初始环境回顾"，严格地坚持了欧共体生态—审计准则。除了监控工厂水平上的环境保护之外，它还检查对相关的环境立法的遵守情况（合规审计）。

● 在 Mindelheim 水平上和在集团水平上，分别制定环境目标和环境方案（目标和措施）。

● 澄清一些组织细节，并计划培训措施。

● 准备环境相关领域的书面说明。

● 制作特定地区的环境管理文档（手册）。

KUNERT 股份有限公司必须确定以其所有的 11 个地区参与 EMAS 计划是否可行。一种流行的说法是，KUNERT 股份有限公司作为环境管理和生态—审计的先驱者，感到有责任达到普遍公认的欧洲标准。

另外，从额外的外部认证和参与欧共体生态—审计的声明所得到的收益与所有 11 个地区的准备工作和外部认证的成本相比十分有限。

由于预算资源以及认证和注册的条件到 1995 年 4 月的时候仍不具备，KUNERT 股份有限公司决定进行一个试验项目，在此过程中所有参与的必要措施将在 Mindelheim 工厂实行。基于这些经验，就可以做出决定，是否参与以及在多大程度上参与 EMAS 计划。

　　欧共体生态—审计准则在原材料/能源方面以及组织方面对参与的公司提出了要求。KUNERT 股份有限公司由于在 1990 年建立了集团范围内的生态—控制系统以及在 Mindelheim 进行了试验项目"环境成本管理"，所以在原材料/能源领域（"生态—平衡表"）所完成的工作远远超出了审计准则的相应要求。只有在组织方面还需要一些额外的措施。

投入 1993			产出 1993		
1.	**流动货物（千克）**	**2191381**	**1.**	**产品（千克）**	**1954244**
1.1.	原始原材料	—	1.1.	内衣	1100066
1.2.	半成品和完成品	1133256	1.2.	外衣	—
1.3.	辅助原材料	950116	1.3.	运输包装	268005
1.3.1.	染料	26110	1.4.	产品包装	586173
1.3.2.	化学品	230920	**2.**	**固体废弃物（千克）**	**215454**
1.3.3.	产品包装	691740	2.1.	有害废弃物	可忽略
1.3.4.	产品附加物	1346	2.2.	可回收废弃物	155774
1.4.	附属原材料	108009	2.3.	残留废弃物	59680
1.4.1.	油/脂肪	586	**3.**	**废热（千瓦时）**	**12226744**
1.4.2.	运输包装	107423	3.1.	废热：水	4512672
2.	**能源（千瓦时）**	**12226744**	3.2.	废热：空气	7714072
2.1.	天然气	8015974	**4.**	**废水（千克）**	**49322400**
2.2.	电力	2649340		水	49322400
2.3.	燃油：特轻的	1561430		染料	5773
3.	**水（千克）**	**61653000**		化学品	201210
3.1.	自来水	61653000	**5.**	**气体排放物（千克）**	**14342300**
3.2.	生水	—		氮氧化合物	2002
4.	**空气（千克）**	**未记录**		二氧化硫	531
				二氧化碳	2009167
				水蒸气	12330600
		63844381			**66041381**

位于 Mindelheim 的 KUNERT 工厂的特定地区的生产平衡表。

9. 欧共体生态—审计的原材料/能源部分

　　大约有 400 名员工在 Mindelheim 的工厂工作。这是公司集团的高技术中心，因为它拥有高度现代化的工厂和设备。除了针织以外，紧身衣生产的所有阶段在那里都是通过与其他工厂的部分国际化分工来进行的。然而，Mindelheim 仅仅是一个生产工厂：管理层次是最低的，并且通常在 Immenstadt 处理。

　　由于贯穿整个集团的联系，特定工厂的生产平衡表的制作被证明比期望的更加复杂。在某些情况下，只能通过带有典型的参考权重和推测的度量方法来获得数据。

　　工厂没有被供应原始原材料，而仅仅是半成品和完成品（例如，来自 Immenstadt 针织工厂的未完成的紧身衣或者包装用的货物）。水占了投入的最大部分。这说明"水/废水"领域在纺织品加工业中具有巨大的环境重要性。

		MINDELHEIM 地区 1993	KUNERT 股份有限公司 1993
生产—特性比			
水消费/产品产出	升/千克	31.5	55.4
能源/产品产出	千瓦时/千克	6.3	16.5
废弃物/产品产出	千克/千克	0.11	0.28
原材料比率			
包装比率	%	30.0	29.3
原材料效率	%	89	75
染料效率 [2]	%	78	—
化学品效率 [2]	%	13	—
废弃物比率			
可回收废弃物份额	%	72	76
残留废弃物份额	%	28	19
排放物份额 [1]			
二氧化碳排放物	克/千瓦时	164	252.5
氮氧化物排放物	克/千瓦时	0.16	0.32
二氧化硫排放物	克/千瓦时	0.04	1.68

1) 只包括 KUNERT 的燃烧器系统。
2) 只在工厂水平上记录。

10. 成效指标

将 Mindelheim 工厂的成效指标与集团整体的成效指标相比较，清楚地显示出，Mindelheim 在环境项下是一个高于平均水平的工厂。每千克产品产出的水和能源消费相对良好，即使是不同生产阶段的比较也有其局限性。

原材料效率表明，使用的原始原材料、辅助原材料和附属原材料有多大的百分比进入了产品。染料和化学品比率表明，这些原材料的多大比例进入了产品。这些只为 Mindelheim 工厂计算的比率清楚地说明只有大约 13% 的化学品（织物软化剂，等等）和 78% 的染料进入了产品。剩下的部分在废水中离开了工厂，并在地方政府的水处理厂中进行处理。

特定气体排放物（每千瓦时的排放物）的值非常低，这是由于天然气占能源投入的比例很高。结果，二氧化硫排放就低于平均水平。

基于生态—平衡表的结果和关于环境成本管理的试验项目，拟定了以下措施：

降低废水数量以及废水中有毒物质的水平：

● 在中和工厂中对废水进行的预处理和精确定量技术将絮状物质的投入减少了大约 2/3。

● 根据废水的污染水平和温度将其分离进入一个双管道系统，因此就可以进行热回收。

● 作为课题的一部分，进行了研究，对聚酰胺和聚氨基甲酸酯而言在续染浴中染色是否可行。这使得大量减少水、染料和化学品的投入成为可能，因为废水浴被重复使用，用于染色或染整。实验室中的测试被证明是成功的。

● 在未来的两年内，在联邦研究和技术部支持的一个计划中，将测试一个使用薄膜技术的纳米过滤系统装置。

减少生产次品：

● 生产过程中的错误导致了次品（废弃物），这些次品无论从生态观点还是从经济观点来看都不受欢迎。通过在缝纫机上安装光电传感器，在早期生产阶段中提升质量控制，减少产品种类以及对质量问题举行定期讨论，在 Mindelheim 工厂中降低了次品水平。由于一些措施还没有完成，将改进进行量化的过程只能在 1996 年开始。

11. 生态—审计的组织部分

关于组织和形式，生态—审计准则在建立环境管理系统方面有一定的要求。为了达到那些要求，制定了如下措施：

● 通过使用为此目标特殊设计的软件，进行环境回顾，严格坚持计算机生态—审计准则。除了回顾公司的环境保护成效，它还检查对相关环境立法的遵守情况（合规审计）。

● 除了集团目标之外，为 Mindelheim 地区特殊制定了一个环境计划（目标和措施）。

● 为 Mindelheim 工厂制作了一本手册，将欧共体生态—审计准则的要求编制成环境管理系统的文件。

● 起草了一份特殊地区的环境声明。

● 从长期来看，目标是进一步发展信息系统，以将环境数据与成本会计统一并关联起来。务必要覆盖所有相应的原材料流（产品、流出的残留原材料流量以及内部循环工作，例如返工）。通过这种方法，成本削减的潜能就可以通过环境管理措施得到不断的开发。

12. 试验项目的结论

KUNERT 股份有限公司欢迎欧共体生态—审计准则。这一准则推动了产业的责任问题，并在经营中启动了持续改进环境保护的进程。它显示了一个环境管理系统的框架，但没有明确说明这样一个系统应该如何建立。通过这种方法，为创新和为单个公司的与实践相关的解决方案留下了空间。然而，为环境管理增加机构的趋势是有危险的。如果 KUNERT 股份有限公司决定以其所有的 11 个地区参与欧共体系统，公司将必须每三年制作 11 本手册和 11 份环境声明，以及为外部认证机构支付 11 倍的认证费。统一进入管理的生态—控制系统（正如 KUNERT 迄今为止所实行的那样）以其高成本的文件和外部认证代表了欧共体生态—审计的一个"类似的"替代物。尽管如此，KUNERT 股份有限公司将实行其他地区参与欧共体生态—审计计划所要求的内部措施，直到准备环境声明为止。所有地区实际上是否接受环境认证机构的认证将取决于相关的费用是否设定在这样的水平上，使得其对于工业企业具有财务意义。

试验项目"环境成本管理"的成果

每千克的"固体废弃物"、每立方米的"废水"和每千瓦时的"废热"不仅污染环境，而且大量减少公司的收益。公司为这些未使用的原材料和能源流量支付了数倍的费用：

(1) 采购原始原材料、辅助原材料和附属原材料；

(2) 产生机器工时、生产工资、能源、运输、仓储，等等；

(3) 处理固体废弃物、废水和气体排放物。

同时，如果在投入方没有购买有毒物质，随后就没有必要以高成本来处理它们。未来环境管理的机会在于新的方法：从"流程末尾"思维转向"流程开端"思维。采购作为经济和生态过滤器在这里扮演了关键的角色。

这些KUNERT环境管理中的关键性的认识是"试验项目环境成本管理"的起点，此项目为期一年，于1995年5月完成。位于柏林的KIENBAUM-Unternehmensberatung、位于奥格斯堡的管理和环境研究院，以及KUNERT股份有限公司联合工作，研究了位于Mindelheim的KUNERT工厂。这个为期一年的项目的目标是系统化的发展未开发的成本削减潜能，并引入措施以降低成本。

由于这个项目的示范性特征，并且预期其成果可以广泛地移植到其他公司，所以项目得到了德国联邦环境基金会的支持。

项目的目标是制定新的环境成本管理的方法，超出以前采用的务实方法，这将：

● 通过综合的环境保护减少固体废弃物、废水和能源消费，并降低工厂的成本。

这里，主要的焦点在于最优化能源和原材料流量，从投入通过所有的生产阶段流入产出。

● 在KUNERT公司集团中建立环境成本管理系统，这将使得所有环境保护和成本削减的显著机会都可以被系统化的记录和开发，并在将来继续下去。

位于Mindelheim的KUNERT工厂，雇用了400个人，主要从事细布紧身衣的生产、染色、成形和包装。生产过程是能源密集和废水密集的。此外，大量的包装最终成了废弃物。另外，气体排放物较低。

1. 发展原材料流量的透明度

第一步要实现原材料流量的透明。对生产过程中的每一个阶段来说，原材料和能源流量根据投入—产出系统都得到了系统化的记录。

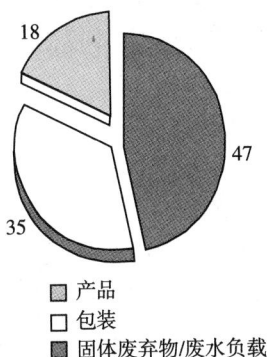

原材料流量：Mindelheim 工厂
单位：%

18
47
35

- 产品
- 包装
- 固体废弃物/废水负载

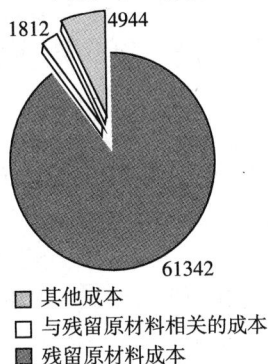

成本：Mindelheim 工厂
单位：1000 马克

1812　4944
61342

- 其他成本
- 与残留原材料相关的成本
- 残留原材料成本

经营管理和工厂中的技术方面紧密合作，完成了这一工作，并且涉及所有层次的管理级别，从集团经理到工厂经理。这确保了成果是可靠的和被广泛接受的，并导致了所有公司部门对环境义务的积极承担。在 Mindelheim 工厂中，目前对环境有害的能源和原材料流量在年度基础（1993 年）上是，215454 千克的固体废弃物，48336 立方米的废水和 7714072 千瓦时的气体排放物。气体污染物是 531 千克的二氧化硫，2002 千克的氮氧化物和大约 200 万千克的二氧化碳。废水被 206395 千克的染料和化学品污染。考虑到废水负载量（不包括水部分），可以发现，大约 47% 的原始原材料、辅助原材料和附属原材料进入了产品，35% 进入了产品包装，而 18% 作为废弃原材料或废水离开了工厂。

2. 分摊成本

下一步要将成本分摊到原材料和能源流量中。在 Mindelheim 工厂中，在参考年份 1993 年，总成本大约为 6800 万马克。其中，494 万马克或 7.25% 是不产生附加值的成本（与固体废弃物、废水、气体排放物等中的"残留原材料"相关）。另外，是与残留原材料相关的成本，大约为 180 万马克。

为了比较起见：在德国工业中，残留原材料成本的平均比例在 5%~15%。

实际处理成本只占 Mindelheim 工厂所产生的残留原材料成本的一个很小的部分。

占支配地位的成本要素不是处理费用，而是对残留原材料的购买成本。这意味着对残留原材料的环保性避免比产业以前的想法能获得多得多的利益。

在 Mindelheim 工厂中，次品由于质量缺陷，在生产过程中紧身衣在废弃物筐中结束其流程，代表了残留原材料中成本的最大部分。对于这个子领域而言，单独的"次品和返工品"的总计成本等于 120 万马克。这其中的大约 100 万马克是纱线、染料和化学品的采购成本。

3. 制定成本削减措施

在 1994 年秋天，向董事会提交了成本和数量分析，并提出了开发成本削减潜能的计划措施的建议。

由于为此项目准备的预算无论在财务方面还是在时间方面都是有限的，所以不是所有的措施都能够实行。选择了三个领域，实行了其中同时降低成本和污染的措施。作为最大的成本密集领域，优先权被赋予了具有最大成本潜能的"次品和返工品"。成立了两个工作组来处理这一领域。第一个工作组的任务是，为生产改进数据系统，为的是保证原材料流量持续的透明度。第二个工作组的任务是，在所有生产阶段中改进产品质量，从产品研发到包装，为的是降低次品率并增加处于最高质量等级的产品的数量。

第三个小组处理具有残留原材料成本潜能的"废水"，这一领域被选为第二个成本密集领域。

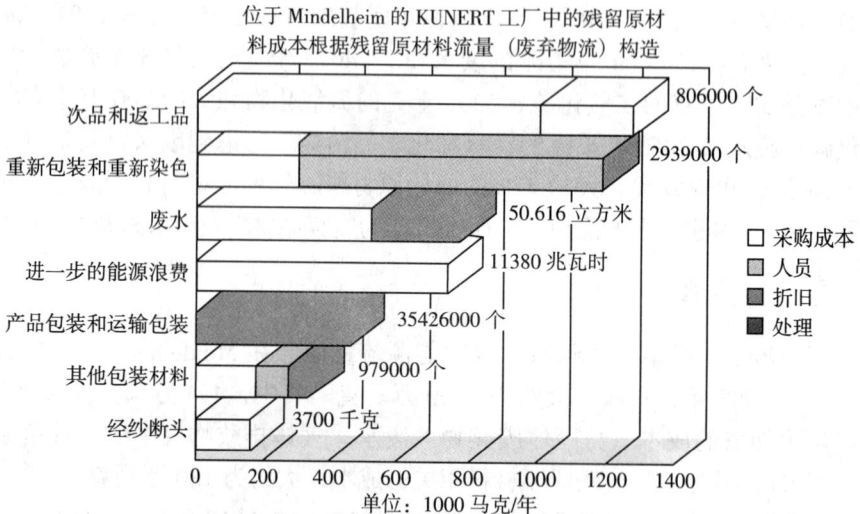

位于 Mindelheim 的 KUNERT 工厂中的残留原材料成本根据残留原材料流量（废弃物流）构造

到 1995 年 4 月底，制定出了计划措施，并且部分的实行带来了 80 万马克的节约。新近研制的环境成本管理系统被统一进了现有的公司结构中：进入生产、控制、质量管理以及环境管理。还没有被处理的其他领域中的成本削减潜能将在未来的几年里进行开发。环境成本管理将在 KUNERT 公司集团的其他工厂里被采用，在这些地方，它将被证明是有价值的，并且是有效的。

目标是实现 20% 的环境成本削减潜能，即 Mindelheim 工厂和 KUNERT 公司集团的其他工厂的总成本的 1%~2%。这代表了数百万马克的节约，以及环境污染的减少。

结　论

　　根据项目参与者的经验，对于包含在没有附加值的废弃物成本流中的工业企业来说，总成本中的成本削减潜能占 5%~15%。通过使用环境成本管理，公司肯定能够节约总成本的 1%~2%。这意味着，对企业而言数百万马克的节约，对国民经济而言数十亿马克的节约。对环境有害的残留原材料的主要成本要素不是处理成本，而是购买价值。这些不含附加值的成本几乎没有在目前经营管理和会计中所使用的数据加工方案中清晰地显示出来，或者仅仅是部分地显示——对会计而言在任何情况下都肯定没有显示，对生产的每一个阶段，数量和成本都进行了分摊。

　　这一成本削减潜能不能被临时权宜地开发。环境成本管理要求的是跨学科的方法。大部分不同级别层次的所有部门和相关人员都必须被包含进数据收集和措施制定中来。随后的调整阶段持续一到三年，并且必须与公司中其他的优先项目竞争。

　　在一个工厂中证明了价值的环境成本削减措施可以被移植到其他的工厂地点。同样采用了普遍采用的生态—平衡表：如果所有的德国公司都通过有效的环境成本管理开发这一成本削减潜能，那么，这将是在德国经济中对环境投资的最大促进。

　　在得到试验项目的成果之后，任何疑问都可以保留，对企业而言，根据经济原则进行环境保护是否可行？为了我们的经济利益，根据市场经济原则将经济学和生态学结合起来是可行的。

在跨部门的工作组中制定措施

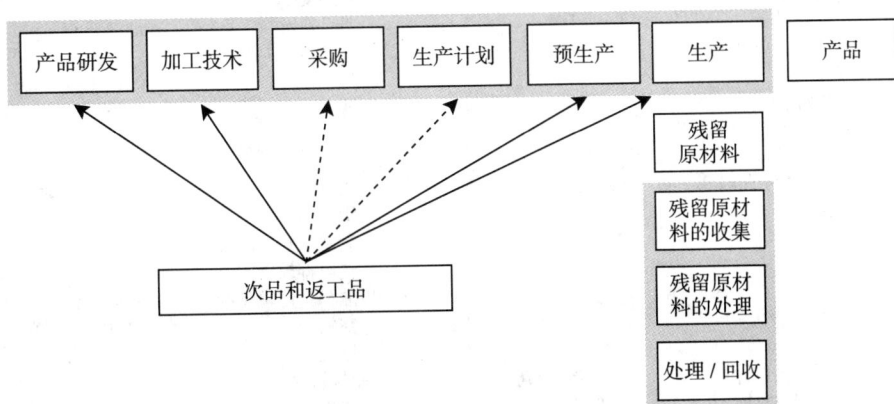

产品树分析

　　一对"平软"细布紧身衣的内部产品平衡表在 1993 年为通过使用产品树分析而评估产品的环境生命周期奠定了基础。KUNERT 公司集团的一种主要产品的制造流程在其整个内部生产生命周期中都被跟踪，并且流入和流出的原材料和能源流量在整个所有的加工阶段中相互保持平衡。

　　作为 Augsburger Kammgarnspinnerei 股份有限公司的"精纺毛纱"的产品平衡表以及 Ciba-Geigy GmbH 的一种染料的产品平衡表的结果，人们对紧身衣生产的初级阶段进行了研究。KUNERT 股份有限公司所使用的主要原始原材料的产品平衡表，尼龙（聚酰胺 6.6.），由 Textilwerke Deggendorf（TWD）实行，现在进一步加入了结构单元，以综合评估一对"平软"细布紧身衣的整个生命周期中的环境影响。

1000 千克聚酰胺的产品平衡表

　　下面的产品平衡表给出了在生产 1000 千克的聚酰胺原纱的过程中原材料和能源流量的信息，聚酰胺原纱是 KUNERT 公司集团中最重要的原始原材料。这一数量代表了大约 50000 对"平软"紧身衣的基本原始原材料，"平软"紧身衣是研究的基本产品（见 1993 年的环境报告）。

	投　入			产　出	
1.	**原始原材料**		1.	**产品**	
	颗粒状	1036.5 千克	1.1.	原纱 PA6.6.	994.8 千克
2.	**辅助原材料**		1.2.	纺纱预备产品	5.2 千克
	纺纱预备原材料	6.1 千克	2.	**辅助原材料**	—
3.	**附属原材料**		3.	**附属原材料**	**36.67 千克**
3.1.	纺线轴	36.67 千克	4.	**废弃物**	
3.2.	喷嘴部分	0.07 千克	4.1.	线头/纱饼	41.7 千克
3.3.	油和分离剂	0.41 千克	4.2.	废弃的碎屑	
3.4.	氮气	0.334 立方米		废铁/废铝	0.07 千克
4.	**能源**		4.3.	废油	0.1 千克
	（发动机、加热设备、空调设备）	1837 千瓦时	4.4.	纺纱预备废弃物	0.6 千克
5.	**水（1 千克=1 升）**	**620 千克**	5.	**废热**	**1837 千瓦时**
6.	**空气**			噪音（气动力噪音）	90 分贝
	压缩空气	2533.4 立方米	6.	**废水（1 千克=1 升）**	**620 千克**
			7.	**气体排放物**	
			7.1.	油和其他预备物	0.61 千克
			7.2.	空气	2533.4 立方米
			7.3.	氮气	0.334 立方米
	原材料总计	**1700 千克**		**原材料总计**	**1700 千克**
	能源总计	**1837 千瓦时**		**能源总计**	**1837 千瓦时**

当生产 1000 千克的聚酰胺（6.6）原纱时，大约有 42 千克（4.2%）的废弃物，主要是线头和纱饼，当颗粒状原始原材料进行纺纱的时候，产生了这些废弃物。在纺纱过程中需要的预备物中，85%保留在了原纱中，并在随后的阶段中发出（织构、针织、成形和染色）。剩下的 0.9 千克（15%）在生产过程中损失掉了——6%是液体损失（在喷雾过程中），0.3 千克是气体排放物中的水蒸气。36.67 千克的纺线轴，是使用的主要附属原材料，在接下来的织构流程之前没有变成废弃物。产品包装和运输包装达到总重量的 11.2%~17.2%，这根据线轴的尺寸而定。

为了制造 1000 对"平软"紧身衣，80%的聚酰胺纱线被用作主要的原始原材料，或者是上面结算出的数量，18.66 千克。

这里假定来自不同的原纱制造商的用于角撑板的聚酰胺纱线与 TWD 生产的用于腿部的聚酰胺纱线具有相同的生产结构。制造完成的纱线的织构和装配没有在上面表格的数字中表示出来，因为它已经作为织构包含在了过去位于柏林的 KUNERT 工厂的以前的平衡表中了，这一平衡表是作为基础使用的。

因此，来自聚酰胺原纱制造的 34.3 千瓦时（=1837 千瓦时/1000 千克 × 18.66 千克）的特殊能源消费，可以被加进内部平衡表中 482 千瓦时的内部能源消费中。因此，从能源的观点来看，原纱制造代表了整个制造过程中消费的大约 7%，直到制成一对紧身衣为止。基本原始原材料，颗粒状聚酰胺（以石油为基础的）能源含量，在这里还没有被考虑进来。对 1000 对"平软"紧身衣这一参考数量的重新计算得出，必须将 0.8 千克额外的生产废弃物加进来，其中的 10%是 KUNERT 的废弃物。另外，特殊的水消费，每 1000 对紧身衣消费额外的 11 升水，相对于 KUNERT 内部的水消费（主要用于染色和成形）来说是非常低的，内部水消费是 4000 立方米。

与供货商（纱线）和制造商（细布紧身衣）合作带来改进的方法在产品和运输包装的分析中变得很清楚了：得到证实的是，如果 4.2 千克的大号线轴代替 2.2 千克的小号线轴用于装配，那么就可以节约 35%的包装材料。

目标
● 深入分析在产品生命周期中仍然缺失的子平衡表——原始原材料的制造，通过零售等渠道直到最终消费者的使用和处理。
措施
● 将运输以及重要的初级阶段和随后的阶段包含进内部产品平衡表中。
● 坚持包装的优先原则（PP 外包装膜、线轴片、盖板）。
● 制定一个方法，用于将出厂后的阶段包含进产品生命周期中（零售、使用、处理）。

KUNERT 公司集团

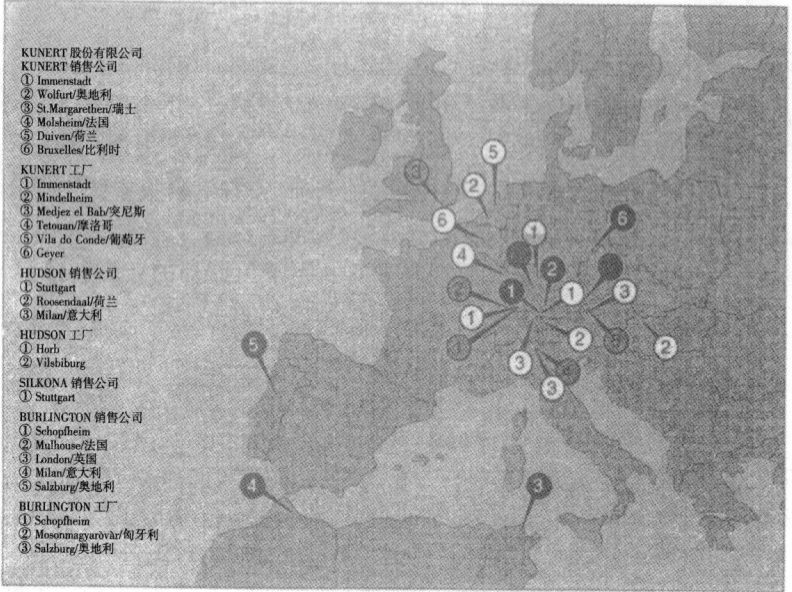

KUNERT 股份有限公司
KUNERT 销售公司
1 Immenstadt
2 Wolfurt/奥地利
3 St.Margarethen/瑞士
4 Molsheim/法国
5 Duiven/荷兰
6 Bruxelles/比利时

KUNERT 工厂
1 Immenstadt
2 Mindelheim
3 Medjez el Bab/突尼斯
4 Tetouan/摩洛哥
5 Vila do Conde/葡萄牙
6 Geyer

HUDSON 销售公司
1 Stuttgart
2 Roosendaal/荷兰
3 Milan/意大利

HUDSON 工厂
1 Horb
2 Vilsbiburg

SILKONA 销售公司
1 Stuttgart

BURLINGTON 销售公司
1 Schopfheim
2 Mulhouse/法国
3 London/英国
4 Milan/意大利
5 Salzburg/奥地利

BURLINGTON 工厂
1 Schopfheim
2 Mosonmagyaròvàr/匈牙利
3 Salzburg/奥地利

　　KUNERT 股份有限公司是一家以顾客为导向的针织品公司。品牌名称及其质量形成了公司销售政策的主要焦点。四个品牌名称有控制的进行相互之间的竞争（KUNERT、HUDSON、BURLINGTON 和 SILKONA），以欧洲范围为基础进行经营。

　　除了针织品，它同样也销售外衣。私人品牌的针织产品使品牌产品系列更加齐全了。

　　按照国际分工的原则，如果对质量而言，生产的制造阶段处于决定性的地位并且是资本密集型的，那么就在欧洲中部地区进行，如果生产的制造阶段是劳动密集型的，那么就在工资较便宜的国家进行。

　　所有的生产、所有的人类活动都与对环境的不利影响相关联，程度有大有小。当赋予市场优先权的时候，KUNERT 股份有限公司希望用对环境尽可能小的伤害来生产并将经济和生态结合起来。

　　KUNERT 股份有限公司愿意公平对待其员工、客户、股东、供货商和所有那些与 KUNERT 股份有限公司有接触的人或单位，并希望得到他们的共鸣。

结　语

伯恩德·瓦格纳博士、教授，奥格斯堡大学

在公布目前这份报告的过程中，KUNERT 股份有限公司提供了它的第六份统一的集团生态—平衡表。在公司中牢固地建立了生态—平衡表工具，并且成为管理过程固定的组成部分。只有这一概念不仅带来生态方面的成功，并且带来经济方面的成功，这一状况才可能发生。在某些情况下，这些成功可以被度量和证明，如原始原材料、能源、水的消费的减少，或者是包装或废弃物数量的减少。然而，在某些情况下，很难用数字来表示这些成功，例如，公司形象的有利影响或是雇员积极性的提高。其他实际上不可以度量的成功是预防性的类别，例如，当一个公司可以没有任何问题地适应新的外部要求（如商品准则），而在其他公司中没有环境管理的时候，就有必要对生产进行大规模的重新组织。

尽管在开始的时候，KUNERT 股份有限公司是孤独的先驱者，但是现在，在德国及国外开始了广泛的运动。在德国很难找到一个较大的公司而没有公布环境报告。内部生态—平衡表的方法，即投入—产出分析，已经作为构建和提交环境报告的方法得到了广泛的应用。尽管如此，内部生态—平衡表的方法仍然处于动态发展阶段（经过了数十年的工作之后，商业平衡表的发展仍然没有结束）。然而，关于引进一些标准化的第一个方法建议正在制定中，例如，Umweltbundesamt（联邦环境局）在其新的"生态—控制"手册中的建议，或者是各个环境部门（例如，Baden-Württemberg 和 Bavaria 的规定）的环境管理准则。

在 1994 年联合国环境规划署（UNEP）的研究中，比较了世界范围内的100 份环境报告，特别提到了 KUNERT 股份有限公司的生态—平衡表中的投入—产出分析。将银行、储蓄会和保险公司中的环境管理结合起来，恰恰显示了标准化的账户框架的第一个草案，这一账户框架是服务行业的生态—平衡表的框架。

方法的持续进一步发展将使其更加有效，不仅对内部管理如此，而且对公司之间的比较——"阶段打分"来说也是如此。由于 KUNERT 公司集团之前广泛的经验，它仍然是这个过程的一个重要的参与者，并继续领导某些单独的发展路线。包含在这其中的是环境成本管理概念的进一步改进。表达与环境相关的事实（例如，消费或节约的水平）不仅作为实物数量，而且从经济方面来说作为成本，是将来将环境管理统一进经营政策的关键。环境成效指标的发展同样可能为经营管理提供非常大的推动力，正如在本报告的相关章节中显示的那样。

　　然而，为了可以有效地建立并使用这些指标，前提条件之一是生态—平衡表数据库。在很多公司，这还并不存在。

　　环境报告还受到了另一个全欧洲范围的推动力的影响，这一推动力是通过欧共体生态—审计准则实现的。这一准则并不特殊要求根据上面提出的方法编制生态—平衡表。然而，在一个多少有些非系统的方法中，这一方法分布于整个准则内容中，它要求大多数余额项的信息。它被证明是有帮助的，不仅是在KUNERT股份有限公司中，通过使用系统化的生态—平衡表方法来抵消准则结构的不足。通过使用生态—平衡表，这一准则就可以变得更加容易管理并且更加系统化，而现在准则受到了普遍的批评，内容不清楚，而且过于复杂。这有助于那些在公司中处理准则的人，并且还使得公司之间的比较变得更加容易。生态—平衡表有助于解决非结构化的准则内容和公司中与环境相关的复杂状况。它提供了一个系统，用于组织环境报告和欧共体生态—审计准则的环境声明。

　　本文选自 Immenstadt：KUNERT 公司集团，第 1~3 页。

第 16 章　环境成本核算和审计 *

彼得·莱特莫斯

助理教授，Ruhr-Uni Bochum，Bochum，德国

劳格 K.杜斯特

教授，会计学院，克莱姆森大学，克莱姆森，南卡罗来纳州，美国

摘要： 环境成本核算系统是一个以流量和决策为导向的，对传统的成本核算系统的扩展。它基于因果分析，有助于将环境影响的成本正确地分摊到其来源中去。本章试图说明如何将环境成本核算系统应用于内部和外部审计以及成效的改善。生成的信息可以用来参考目的和目标是否已经达到。大量的环境影响表明生产领域的低效率。消除这些影响能够有助于实现公司的生态目标和经营目标。

关键词： 环境影响　可持续发展　有害物质　环境审计　法律　废弃物

16.1　引言

目前对货物和服务的高消费不符合可持续发展所必需的水平。西欧国家与美国相比，在环境问题方面看来更加严重。例如，德国联邦环境署（1997）强调了如下的危险趋势：

● 从 19 世纪末以来，全球气温平均上升了 0.3~0.6 摄氏度。

● 在过去的 100 年里，海平面上升了 10~25 厘米。

● 同温层臭氧层耗损。

● 物种灭绝加快。

● 肥沃土壤的持续侵蚀和快速流失。

● 海洋污染和过度捕捞。

* 管理审计杂志 15/8 ［2000］ 424–430

MCB 大学出版社 ［ISSN 0268–6902］

可以从以下网站得到本杂志的现刊和文章全文的存档

http://www.emerald-library.com

- 人为影响使得地面系统逐渐超负荷。
- 北大西洋暖流方向的改变，这可以导致全世界气候的紊乱。

根据德国联邦环境署（1997）的资料，一天之内对自然环境造成的总的损害的估计值由以下数据给出：

- 55000 公顷的热带雨林受到毁坏。
- 耕地减少 20000 公顷。
- 100~200 种物种灭绝。
- 6000 万吨的二氧化碳排放进入大气。

将传统的成本核算系统扩展为环境影响及其成本的账户是从 20 世纪 70 年代末的德国开始的。在 1979 年，公布了 Bundesverband der Deutschen Industrie（1979）和 Verein Deutscher Ingenieure（1979）的两个准则，包括如何计算环境保护的经营成本的规则。这些准则帮助公司遵守它们的报告要求，在德国实现公共统计。但是这个方法不是以决策为导向的，因此，不适合系统化的环境管理。从而，很多公司试图主要通过自己设计的管理方法实现对法律的遵守，并满足其风险承担者的利益。

在 20 世纪 80 年代和 90 年代，德国政府在环境领域引进了许多新的准则。结果，废水净化和排放物过滤的合规成本显著地增加了。而且，在很多情况下，很多不希望有的副产品，如有害废弃物和废水的成本增加了几百个百分点。这些发展促使许多公司更加关注产出流量的成本，并且公布了许多通过环境保护来降低成本的案例研究。盖格（1997）是一个关于环境的企业协会（BAUM）的代表，他在 1997 年估算得出，公司可以通过使用以决策为导向的环境管理系统使它们的总成本降低 5%。这些系统应该包括关于原材料和能源成本的可靠数据。盖格的书中包含了大约 1000 个案例，关于公司如何通过环境保护实现成本削减。克莱森和麦克拉恩（1996）注意到了环境管理对公司绩效的显著影响。作为关键优势，他们提到了成本削减，原因是技术的变化以及原材料和能源消费的降低。在产品上贴上生态标签可以导致对市场的大量占有。

莱特莫斯（1998）提供了更加系统化的环境成本核算方法，这是在最近 10 年内制定的。他不仅关注为环境保护成本做正确的核算，而且考虑了与环境相关的原材料和能源流量的成本。总的目标是实现经营目标和环境保护领域的改善（见汉森和莫文，1999）。

以流量和决策为导向的观点来看环境成本核算，为大多数公司的思维补充了更加以过程为导向的方法。如果原材料成本、加工和产品对其他领域造成影响，例如，废弃物处理和腐坏的成本，那么，这种方法就具有特殊的优势。环境成本核算显示了投入和经营过程的真实成本，并确保在节约成本的基础上遵守法规。此外，成果可以运用于其他领域，例如，用于衡量质量和服务成本。

环境审计审查整个环境管理系统。主要的目标是检查合规性，并找出低效率的地方，这可以减少环境影响和成本的数量。一个适当的信息库不仅减少了执行审计所必需的工作量，而且还改善了审计的结果。本章显示了环境成本核算系统是如何工作的，以及它如何能够改善以成效为导向的审计的结果。

16.2　环境成本核算的目的

环境成本核算系统是一个以流量为导向的成本核算系统，基于系统化的因果分析，尤其是与产出相关的成本，例如，将排放物、废弃物处理和废水的成本正确地分摊到引起它们的投入中。在传统的成本核算系统中，这些成本像其他经常成本一样进行处理，并任意地分摊。例如，排放物、废弃物处理和废水的成本可能会累积起来，并任意地在各种成本中心之间分摊，而不管哪些成本中心导致了那些成本，使其第一次发生。这种方法没有对成本中心包含任何的激励作用，以降低环境影响及其成本。安塞瑞等人（1997）主张，将环境成本正确地分摊到它们的来源中可以有助于在其他领域降低成本。大量的废弃物经常是经营过程低效率的一个信号。例如，腐坏的产品不仅增加废弃物处理的成本，还导致了制造的成本更高，因为额外的原材料、劳动力和经常费用投入到了腐坏的货物中。

环境成本核算对内部定价系统是有帮助的，内部定价系统用投入、加工和产品的真实成本为它们估价。这个方法为环境管理系统以及对原材料和能源流量的计划、控制和监督建立了以决策为导向的信息库。因此，环境成本核算是一个以较低的成本保证合规性的合适的工具。它统一了所有计划领域中的环境问题，计划是自动使用成本数据的。此外，环境数据加深了对经营过程的理解。举例来说，拥有产出流量数据的公司常常对它们的废弃物流量和与之相关的成本数量感到惊讶。这一信息能够帮助找到措施并改变公司对环境保护的态度（安塞瑞等，1997）。

为了达到这个目标，有必要扩展现有的成本核算系统。但是，只有当额外信息的收益高于得到它们的成本的时候，管理层才会同意这样的扩展。从而，必须调整传统的成本核算系统和环境成本核算系统的一体化。扩展并调整系统以符合变化的经营要求的可能性促进了引进这一系统的决策。为了运行这样的一个系统，成本领域的经理没有必要精通环境成本的因果关系。内部价格包含了环境影响的成本，是降低与环境相关的成本的主要推动力。

对环境影响的系统化思考对于具有保守的环境战略的机构来说同样是有意义的。即使一个机构没有保护环境的明确目标，并且仅仅根据环境准则做出反应，它仍然有很大的潜能在实现传统的公司目标方面获得更大的成功，如收益最大化或者是更高水平的市场份额。

16.3　环境成本核算系统的结构

为了正确识别并分摊环境成本，应该考虑环境影响的复杂原因和结果。下面的方法强调了成本核算的任务，为经营过程的计划、控制和监督传递信息。图 16-1 显示了这个环境成本核算系统的结构。

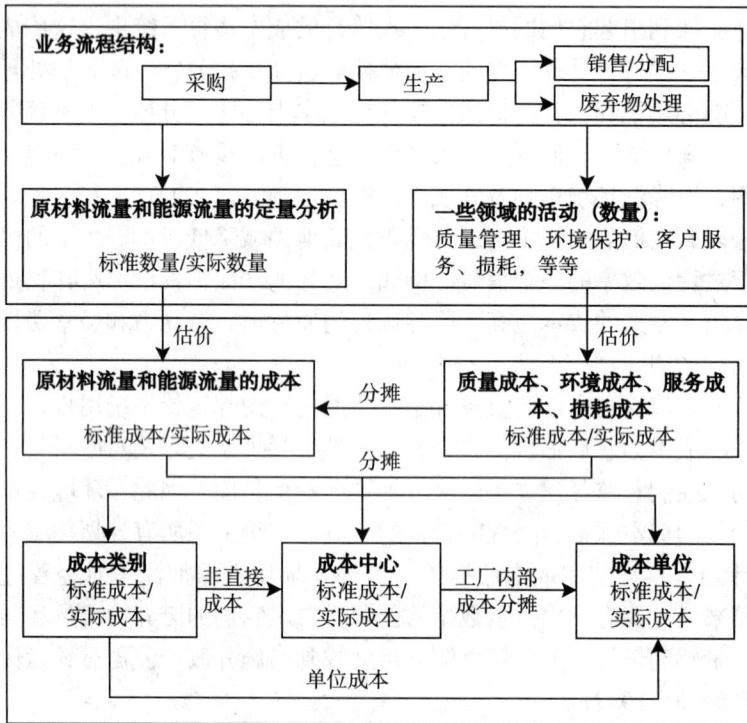

图 16-1　环境成本核算系统的结构

只有当使用原材料和能源流量的实际成本来记录它们并对它们进行估价的时候，环境成本才能够以一个合适的方法来帮助控制这些流量。为了实现这个目标，要求同时部分地进行五个步骤。

（1）环境管理系统（EMS）小组必须识别其公司的环境影响。这同时也是 ISO 14001 标准的要求之一。通常，大多数的影响都与原材料相关，包括原材料的仓储、生产和分配。应该记录环境影响的原因和类别。在这一步骤中，

EMS 小组必须确定哪些环境影响具有较高的重要性，哪些环境影响的重要性较低。只有重要性高的影响将在环境成本核算系统中得到考虑和评估。

（2）计算出哪些原材料和能源流量导致了显著的环境影响。如果可能的话，应该度量一项原材料或能源来源的影响。一种单独的原材料可以引起不同的环境影响。例如，氟氯化碳既导致了温室效应，又导致了臭氧层的损耗。

（3）为了能够计算环境成本，必须确定原材料和能源的数量。对于计划来说，对原材料和能源实行环境通告并将它们系统地分摊到投入、流程和产品中是很有用的。为了控制原材料和能源流量，可以将它们的实际数量与标准数量进行比较。这种方法不仅对减少环境影响是适用的，还可以避免低效率，低效率导致了更高的成本和（或）质量问题。

（4）在记录了原材料和能源流量的数量之后，应该用它们的实际成本为其估价。只有实际的分摊才能够避免环境成本被系统化地低估。除了采购成本，其他成本同样可能有关联。例如，对采购的货物或废弃物的处置和后勤管理的成本。

（5）必须正确地将环境成本分摊到它们的原因对象中，如投入、流程和产品。这将根据原材料和能源通告来实行，原材料和能源通告在前面已经提及。内部价格是将一种单独的原材料和能源来源的所有成本构成相加的结果。这些内部价格可以用于投入、流程、产品和环境影响的计划和控制。

16.4　环境影响通告

所有的环境影响都可以追溯到原材料和能源流量。为了将它们正确地分摊到它们的来源中去，可以区分三种不同类型的环境影响：

（1）与投入相关的环境影响是直接由投入的使用引起的，如二氧化碳排放物是燃烧煤、石油或其他矿物能量来源的结果。与投入相关的环境影响与流程无关，在流程中插入了投入。

（2）流程引起的环境影响不能被分摊到单个的投入中。它们是实行特定流程的结果。它们是由投入联合引起的，如排放物取决于流程的温度。

（3）产品导致的环境影响可以追溯到产品，但不能追溯到单个的投入或流程。例如，在消费阶段中的能源使用或者是产品使用之后的废弃物。

为了研究原材料和能源流量，这些信息来源可能有用：

● 机器制造商知道开动机器所需要的原材料和能源来源，进行生产流程需要这些机器。此外，他（她）可以提供关于技术效率和损坏率的详细信息。已经使用这一技术进行工作的客户可以提供进一步的信息。

● 质量经理知道现有的和潜在的质量问题的来源。统计质量控制提供了关于原材料和其他工艺参数的最优规范的信息，以符合公司的质量标准。

● 科学文献提供了关于某种生产技术的生产率和特殊风险的进一步的详细信息。如果公司想要引进一种新的技术流程，这样的信息就非常有价值。

● 环境管理收集关于公司的环境影响的数据。这方面的经验和知识可以有助于评估原材料和能源流量以及流程风险。

● 与公司的风险承担者的交流可以减少利益冲突。理论上，风险承担者集团的成员具有这样的知识，可以形成更加环保和节约成本的生产。

这样，原材料和能源通告就可以产生了。然后，这一信息可以被用于预先规划环境影响并在生产阶段中控制影响的水平。如果标准环境影响和实际环境影响之间有显著的不同，那么就应该进行矫正工作。

16.5 投入的环境影响通告

投入的环境影响通告（见图 16-2）包括所有可以追溯到某种单独的原材料或能源来源的环境影响。这意味着，环境影响的数量并不依赖于流程，在流程中使用了投入。在这一阶段中，所有与投入相关的环境影响必须被分摊到引起它们的投入中去。

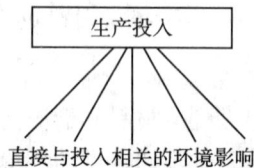

图 16-2 投入的环境影响通告

16.6 流程的环境影响通告

流程的环境影响通告（见图 16-3）包含进行流程而导致的环境影响。流程的总环境影响是直接与流程相关的环境影响以及与投入相关的环境影响之和。直接与流程相关的环境影响不能被分摊到单个的投入中。与投入相关的环境影响可以通过将流程的投入系数与每单位所考虑的投入的与投入相关的环境影响相乘来计算。与投入相关的环境影响通过投入的环境影响通告给出。

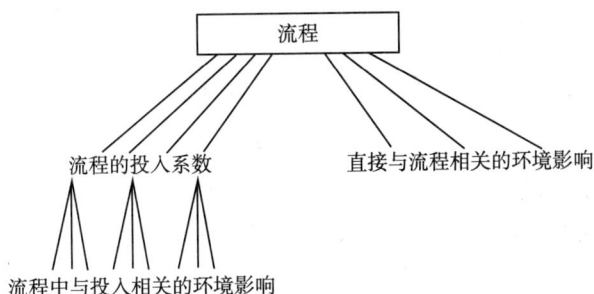

图16-3 流程的环境影响通告

16.7 产品的环境影响通告

通过产品的环境影响通告（见图16-4），显著的环境影响就可以正确地分摊到产品中去。产品的环境影响包括直接与产品相关的环境影响以及所有的与投入相关的影响和与流程相关的影响，与投入相关的影响和与流程相关的影响是通过制造产品的流程和投入而产生的。

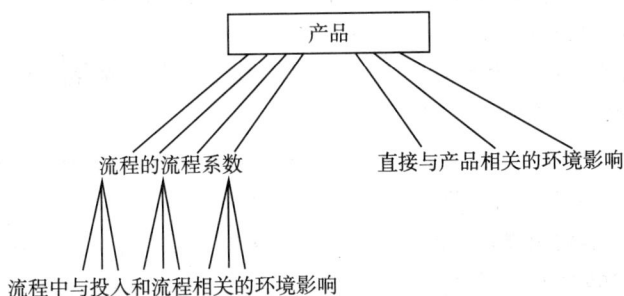

图16-4 产品的环境影响通告

经过描述的环境影响通告给予了公司更加系统化的计划、控制和监督其环境影响的机会。如果实际的环境影响，例如，通过排放物或废水的数量表现出来的环境影响，高于标准影响，这就表示在经营过程中存在低效率。同时，使用恰当的数据可以更好地实现对法规的遵守。但是由于仅仅以数量来度量环境影响，所以没有办法保证合规性以及在节约成本的基础上实现经营目标。因此，原材料和能源来源的内部价格计算是下一个逻辑步骤，建立以决策为导向的信息库。

16.8 内部定价

所记录的原材料和能源数量需要用它们的实际成本来进行估价。除了采购成本，其他的成本构成也常常是有关联的（见图16-5）。

采购成本
+　处置成本
+　后勤成本
+　回收和处理废旧产品的收回成本
+　环境风险成本
+　记录和监督成本
+　额外的控制成本
　　原材料或能源来源的内部价格

图16-5 计算原材料和能源流量的内部价格

● 分离、提炼、净化使用过的原材料或不希望有的残留物，如废弃物、废水和排放物的处置成本。

● 后勤成本，包括仓储和运输的成本以及安全措施的成本，用以避免事故和不受控制的环境影响。

● 在欧洲，许多制造商不得不将旧产品（艾普斯顿，1996）在使用后收回。举例来说，新的欧洲准则责成所有的汽车制造商从2005年开始收回所有的废旧汽车。成本的数量取决于产品的拆卸和循环使用的能力。改进产品的可再用性的流程可以减少这些成本。

● 环境风险成本决定于财务风险，财务风险在发生概率和数量方面都是不确定的。例如，高环境影响的责任风险（鲁本斯顿，1994）。环境风险成本可以通过预期值加上或减去一个安全溢价来估算。

● 监督成本发生于记录并控制有害物质和废弃物以实现合规性的过程中。EMS文档编制的成本同样包含在这一项目中。

● 额外的控制成本可以被用于建立推动力以减少造成巨大环境影响的原材料的使用。它们有助于根据环境计划中的环境目的和目标控制原材料和能源的使用。同样可以考虑原材料和能源使用的外部性。

内部价格（图16-5）改变了投入、流程和产品的相关价格。结果表明，用其他危害较少、导致的成本较低的物质替代有害原材料。

16.9　审计和环境成本

环境成本核算为计划、控制和监督提供了信息。所有自动使用成本数据的领域将扩展的信息统一进它们自己的计划系统中。此外，来自于环境成本核算系统的信息可以被用于投资决策，用于开创新产品，等等。环境影响通告可以被统一进生产计划和控制系统中。

为了考察环境成本核算如何为审计传递有用的信息，区分内部审计和外部审计是很有意义的。外部审计或第三方审计是由独立的外部审计师或注册官进行的，目的是审查管理系统。最普遍的外部审计是 ISO 9000 和 ISO 14001 审计，审查质量管理或环境管理系统。进行这两个审计的目的都是检查管理系统是否符合相关标准的要求。尽管它们是正式的不以结果为导向的标准，但是适当的数据可以支持注册官的工作。关于原材料和能源的投入和产出流量的数据显示了经营过程是否得到了适当的记录。ISO 14001（克莱门斯，1996）标准致力于持续的发展，与环境管理系统的总体目标一致。为了实现这个目标，公司必须定义具体的目的、目标和措施来实现它们。具体的措施和目标可以包括废弃物、废水和排放物的减少。如果这些产出通过环境成本核算系统得到说明，那么比较当前流量和下一时期的流量就容易得多了。这给予了公司回顾其改进措施的机会。为了保持 ISO 14001 或 ISO 9000 认证，必须经常重复进行外部审计（库雷，1998）。尤其是应该以较大的兴趣来看待公司记录并监督其改进措施的方法。

可以进行内部审计，为上面提到的标准的外部审计作准备。进行内部审计同时也是为了确保遵守管理目标。这些审计可以用与外部审计同样的方法来使用环境成本会计系统的信息库。通过内部审计对公司的环境措施的持续性的和系统化的检查，完成了更多的工作，在这一领域中，外部审计就可以花费更少的时间、工作量和金钱。

另一种审计是成效审计。成效审计衡量公司的当前成效，并试图识别改进的潜能。成效审计同样可以成为定义未来应该达到的目的、目标和措施的基础。为了达到成效审计的适当水平，公司需要检查（库辛，1994）它们的：

● 组织安排，以确保正确划分现有的职责，实现公司目标；

● 系统计划，以确保系统发展项目的充足，应对推荐的成本系统的复杂性；

● 人事政策，以确保拥有合适的雇用、培训标准，并分配人员以处理必需的任务，这些必需的任务是新的要求的结果；

● 财务控制，以确保责任核算和用于衡量成本的报告程序以及归因于各种经营和成本流量的变量的充足；

● 计算机操作，以确保设备、软件和人员具有合适的数据处理能力。

为了完成这些任务，需要基于因果分析的综合信息。大量的废弃物、废水和排放物常常是低效率的结果。不希望有的副产品数量的剧烈变动也说明了低效率的存在。从而，成效审计应该优先考虑这样的领域/成本中心，它们对大多数的环境影响负有责任。举例来说，大量的废热说明需要投资于一个热回收系统。大量的清水和废水的使用可以通过闭合循环得到降低。腐坏可以通过技术和组织措施或替换原材料而得以避免。废弃物可以分离，至少其中一部分可以回收。另一个方法是通过更多有效的流程来降低废弃物处理的成本。这同时导致了原始原材料的采购成本降低。由于管理层关注于总成本，而不仅仅是采购成本，所以他们就可以作出更加有见识的决策。

内部审计部门的自我审计和检查对满足环境保护局（EPA）的要求和降低潜在的附加外部成本常常是必需的。环境保护局（EPA，1998）为有机涂层设备公布了一个自我审计的准备指南，覆盖了如下的领域：

● 气体排放物；

● 废水管理；

● 有害物质/废弃物管理；

● 固体废弃物管理；

● 公众知情权；

● 污染防止。

前三个领域是在一些检查表的帮助下进行审计的，检查表包含了对如下领域的检查：

● 检查记录；

● 检查物理特性；

● 监督员和经理的职责；

● 监督员和经理对所考虑的领域和资源回收的管理；

● 有机涂层设备。

经过检查的记录包含关于排放物、废水和废弃物数量的数据。如果环境成本核算系统提供了适当的数据的话，那么就可以更加容易地检查这些流量。如果检查员发现这些数据与检查过的物理特性相符的话，整个检查就可以加快。如果具有对重大环境影响持续的监督，那么在这些地方即使有违规的话，EPA也很难发现。对原材料和能源流量的记录将对环境问题的相关处理记入档案，因此是证明公司的环境合规性的一个很好的基础。

16.10 结 论

基于因果关系的环境成本核算系统是很有必要的。为了更好地识别并适当地估算与环境相关的成本，需要环境成本核算系统。这样一个系统不仅有助于公司的成效改善，并且它还为内部和外部审计员提供了一张非常重要的路线图，审计员试图确定公司对公司政策以及与环境相关的法规的遵守情况。作为建立和监控有效的环境成本核算系统的结果，所实现的改进可以帮助公司实现其目标，遵守环境法规，并为我们这一代以及子孙后代的生态健康作出贡献。

参考文献

1. Ansari, S., Bell, J., Klammer, T. and Lawrence, C. (1997), *Measuring and Managing Environmental Costs*, Irwin, Chicago, IL.

2. Bundesverband der Deutschen Industrie (1979), *Anleitung zur Bestimmung der Betriebskosten für den Umweltschutz in der Industrie*, Köln.

3. Clemens, R.B. (1996), *Complete Guide to ISO 14001*, Prentice-Hall, Englewood Cliffs, NJ.

4. Cushing, R. (1994), *Accounting Information Systems*, Addison-Wesley, New York, NY.

5. Culley, W.C. (1998), *Environmental and Quality Systems Integration*, Lewis, Boca Raton, LA.

6. Environmental Protection Agency (EPA)(1998), *Self-audit and Inspection Guide for Facilities Conduction Cleaning, Preparation, and Organic Coating of Metal Parts*, EPA, Washington, DC.

7. Epstein, M.J. (1996), "Accounting for product take back", *Management Accounting*, August, pp.29–33.

8. Gege, M. (1997), *Kosten senken durch Umweltmanagement*, Vahlen, München. Hansen, D.R. and Mowen, M.M. (1999), *Management Accounting*, 5th ed., South-Western, Cincinetti, OH.

9. Klassen, R.D. and McLaughin, C.P. (1996), "The impact of environmental management on firm performance", *Management Science*, Vol.42, pp.1199–1214.

10. Letmathe, P. (1998), *Umweltbezogene Kostenrechnung*, Vahlen, München.

11. Rubenstein, D.B. (1994), *Envrionmental Accounting for the Sustainable*

Coperation, Quorum, Westport, CT and London.

12. Verein Deutscher Ingenieure（1979）, *VDI-Richtlinie 3800–Kostenermittlung für Anlagen und Maßnahmen zur Emissionsminderung*, Düsseldorf.

扩展阅读材料

1. Epstein, M.J. and Birchard, B. *Counting What Counts*: *Turning Corporate Accountability to Competitive Advantage*?

2. Federal Environmental Agency（Germany）（1997）, *Sustainable Germany*, Berlin.

3. Gallhofer, S. and Haslam, J.（1995）, "Worrying about environmental auditing", in Lehman, G. and Owen, D.（Eds）, *Social and Environmental Accounting*, *Special Edition of Accounting Forum*, Vol.19, pp.205–218.

本文载《管理审计学报》第 15 期，第 424~430 页。

第五部分

政策使用和分析

第17章 国民经济核算和环境资源

卡尔-戈兰·马勒

瑞典，斯德哥尔摩，斯德哥尔摩经济学院 6501 信箱，S-11383

摘要： 在本章中，作者使用最优增长理论引出合适的国民生产净值概念，同时把环境资源和环境破坏因素也考虑在内。本章得出的基本结论是：用传统方法定义的国民经济核算（NP）应当通过扣减环境破坏因素并增添所有资源净变化的价值来进行修正。

关键词： 国民经济增长理论 国民经济核算体系

17.1 引 言

正如目前我们所知，国民收入核算的使用始于 20 世纪 40 年代。当时，国民收入核算是建立在以帮助人们进行宏观经济政策分析为目标的基础之上的。由于当时盛行的是凯恩斯主义宏观经济学，那么核算体系设计用于提供总供给和总需求之间的平衡、储蓄和可再生资本投资以及国际关系等方面的信息就是很自然的事。这一核算体系对实现此种目的依然很有价值。然而，国民生产总值的核算也被用于其他多种目的，最常见的就是被用作福利度量指标。许多人批评反对使用 GNP，他们认为 GNP 是一个毛量概念应该被国民生产净值 NNP 所代替。然而，即使将折旧从 GNP 中进行扣减，NNP 仍然是一个衡量福利的差的指标，特别是与自然资源和环境资源联系起来时更是如此。这一点只考虑了国民生产净值作为与这些资源相联系的一种福利测量手段。此外，这一点也只考虑了为核算总福利建立的合适的概念性框架进行的理论分析。很少有评论涉及如何核算的问题，在我看来前述的核算体系很难被百分之百地执行。为了评价环境资源使用的经济运行绩效，很大程度上我们将必须依赖实物指标和其他特殊指标。尽管如此，我们希望这一理论探索可以使人们弄清楚现有核算体系中存在的问题。

对现有的国民经济核算框架的批评主要有三种：

（1）防御性支出。例如，个人采取减少环境破坏影响的措施所进行的支出，目前它被纳入最终需求进行计算，但实际上它应被扣除。

（2）在计算国民收入净值时没有扣减环境退化对家庭和企业造成影响的价值。

（3）环境资源存量的价值变化没有包含在账户中。

我们将用一个非常简单但又足以说明问题的一般模型来讨论这几点。我们将发现第（1）种不合理，第（2）种和第（3）种部分合理。

17.2　模　型

假设有两种环境资源 y_1 和 y_2。y_1 是一种在各期均能以数量 y_{10} 获得的流动资源。我们可以把它看做是清新的空气或纯净的水。在各期它可以在生产过程中被当做投入品（废物处理）。投入耗用量记作 z_1。剩余数量为：

$y_1 = y_{10} - z_1$

此时它是空气纯度或水纯度的一个指标。

另外一种资源是存量资源 y_2。假设资源消耗量为 z_2，而且它具有一个线性增长函数。因此：

$$\frac{dy_2}{dt} = m(q_3, l_3)y_2 - z_2$$

这里我们假设资源增长会受管理的影响，可以用所使用的生产资料 q_3 和劳动力 l_3 来表示。q_3 可以认为是在林业或农业中投入的肥料。Dasgupta[①] 把环境资源定义为"可再生但是潜在可耗竭的资源"。因此，从此种意义上说，y_2 是指环境资源。它可表示未开发的木料或某一鱼类的数量，也可表示纯净的水或清新的空气所代表的资产。

假设只有一种生产资料，生产函数可以写成：

$q = f(l_1, k_1, s_1, z_2, y_1, y_2)$

其中，l_1 是雇用的劳动量，k_1 是可再生资本的存量，s_1 是产生的废品数量。这是一个非常概括的方程，它意味着不仅获得存量资源 z_2，而且存量本身可能影响产出。在大多数情况下我们假设 $\frac{\partial f}{\partial y_2} = 0$ 是很正常的。另外，我们也假设环境服务的流量 y_1，可能会影响生产。公司也会从特殊的污染控制企业购买污染控制服务。它们的生产函数是：

$z_1 = g(s_1, l_2, k_2)$

---

① 参见 Dasgupta（1982），第 14 页。

这里的 l_2 和 k_2 分别指在环境污染控制部门中投入的雇用劳动量和资本量。这意味着只有公司制造污染。然而，也可很轻松地把这个模型扩展为包含家庭产生污染的情形。

假设家庭可以通过一些"防护"支出来改善他们所处的环境，即通过使用防护产品来进行特别的隔离、清洁等。令家庭生产函数为：

$y = \varphi(y_1, q_2, l_4)$

其中，q_2 指购买产品的投入，l_4 是指自有劳动的投入。我们能够轻易地把将家庭资产存量引入到这一生产函数，但是它不能更进一步地说明什么问题（后面我们将接触到包含这一存量投资在内的核算框架）。

最后，令家庭效用函数表示为：

$u = u(q_1, y, y_2, l_5)$

式中，q_1 是指产品和服务和消耗，l_5 是指可自由支配的休闲时间。很显然我们有：

$q = q_1 + q_2 + q_3 + I_1 + I_2$

其中，I_i 是指在部门 i 进行的投资总额。这意味着

$$\frac{dk_i}{dt} = I_i - \delta_i k_i, \quad i = 1, 2$$

假设劳动力供给是无限的并且等于 i，即

$l_1 + l_2 + l_3 + l_4 + l_5 = i$

如果 r 是利率，对于下述跨期最优化问题的解，可以用一个动态竞争均衡来表示：

$$\text{Max} \int_0^\infty e^{-rt} u(q_1, \varphi(y_1, q_2, l_4), y_2, l_5) \, dt$$

s.t.

$q_1 + q_2 + q_3 + I_1 + I_2 = f(l_1, k_1, s_1, z_2, y_1, y_2)$

$z_1 = g(s_1, l_2, k_2)$

$y_1 = y_{10} - z_1$

$l_1 + l_2 + l_3 + l_4 + l_5 = i$

$$\frac{dk_i}{dt} = I_i - \delta_i k_i$$

$$\frac{dy_2}{dt} = m(q_3, l_3) y_2 - z_2$$

这个最优问题的哈密顿函数值是：

$$\begin{aligned}
H = {} & u(q_1, \varphi(y_1, q_2, l_4), y_2, l_5) \\
& - p(q_1 + q_2 + q_3 + I_1 + I_2 - f(l_1, k_1, s_1, z_2, y_1, y_2)) \\
& - v_1(y_1 + z_1 - y_{10}) + \alpha(z_1 - g(s_1, l_2, k_2))
\end{aligned}$$

$$-w(l_1 + l_2 + l_3 + l_4 + l_5 - \bar{l}) + \mu_1(I_1 - \delta_1 k_1) + \mu_2(I_2 - \delta_2 k_2)$$
$$+ v_2(m(q_3, l_3)y_2 - z_2)$$

可以通过利用 l_1, l_2, l_3, l_4, l_5, s_1, z_1, z_2, q_1, q_2, q_3, I_1, I_2, y_1 最大化 H 来取得求取最优值的必要条件。

为求取未来的参考值，需要的条件（如果我们假设一个内部最大值）是：

$$u'_{q_1} - p = 0; \quad u'_y \varphi'_{q_2} - p = 0;$$

$$u'_y \varphi'_{y_1} + p f'_{y_1} - v_1 = 0; \quad u'_y \varphi'_{l_4} - w = 0; \quad u'_{l_5} - w = 0;$$

$$p - \mu_1 = 0; \quad p - \mu_2 = 0; \quad p f'_{I_1} - w = 0;$$

$$\alpha g'_{l_2} - w = 0; \quad p f'_{s_1} - \alpha g'_{s_1} = 0;$$

$$v_1 - \alpha = 0; \quad v_2 m'_{l_3} - w = 0; \quad v_2 m_{q3} - p = 0;$$

$$p f'_{z_2} - v_2 = 0; \quad p f'_{y_1} - v_1 = 0。$$

令 $v^c_{y_1} = u'_y \varphi'_{y_1}$，这是流量资源退化的边际效用；同时令 $v^p_{y_1} = p f'_{s_1}$，这是流量资源的边际生产力，此时有 $v_1 = v^c_{y_1} + v^p_{y_1}$。令 $v_{pc} = \alpha g'_{s_1}$，此时，v_{pc} 可解释为污染控制的价格。最后，令 $v^c_2 = u'_{y_2}$ 表示为家庭拥有的存量资源的边际价值，同时令 $v^p_2 = p f'_{y_2}$ 表示生产中存量资源的边际生产力（与投入的 z_2 截然不同）。

存量资源价格 μ_1, μ_2, v_2 由三个不同的方程来决定：

$$\frac{d\mu_1}{dt} = -\frac{\partial H}{\partial k_1} + rk_1$$

$$\frac{d\mu_2}{dt} = -\frac{\partial H}{\partial k_2} + rk_2$$

$$\frac{dv_2}{dt} = -\frac{\partial H}{\partial y_2} + ry_2$$

请注意，我们也可写成：

$$\mu_1(t) = \int_t^\infty e^{-r(\tau - t)} p(\tau) f'_{k_1} d\tau, \text{ 和}$$

$$\mu_2(t) = \int_0^\infty e^{-r(\tau - t)} v_1(\tau) g'_{k_2} d\tau$$

因此，价格 μ_i 可解释为目前资本存量边际增长的未来收益的现值。同样我们很快将看到，v_2 可以解释为存量资源边际增长的现值。

同理可得：

$$v_2(t) = \int_t^\infty e^{-r(\tau - t)} (u'_{y_2} + p f'_{y_2}) d\tau$$

沿着最优路径，得出哈密顿函数是：

$$H^* = u(q_1, \varphi(y_1, q_2, l_4), y_2, l_4) + \mu_1 \frac{dk_1}{dt} + \mu_2 \frac{dk_2}{dt} + v_2 \frac{dy_2}{dt}$$

17.3　国民净福利核算

　　沿着最优路径得到的哈密顿函数值是我们寻求的根据效用衡量的国民福利。沿着最优路径得到的线性哈密顿函数值与国民净福利 NWM 是完全一致的。它衡量的是目前的消费效用（产品、服务以及环境服务）以及从现有存量资源变化而产生的未来效用流的现值。因为现有存量资源的价格是衡量存量资源的边际增长对未来福利的贡献的现值，所以它是成立的。

　　线性化的含义需要进行某些深入的评论。我们沿着最优路径取出一些价格，也就是最优价格，并且利用这些不同的价格评估出以下变量的值——产出、环境变量等。现实经济不会在最优轨道上，而且有人或许会问为什么在这点我们应当受到最优价格的困扰。原因在于，如果潜在的可行集是一个凸集，最优价格是唯一的将会产生一个福利度量估计值的价格，这个福利度量在任何情况下将会显示出真实福利的增加或减少。因此，在凸性假设条件下，无论现实经济是不是在最优轨道上，利用最优价格将会得到福利变化的准确显示。它遵循这点，即通常价格必须是核算价格而不是实际的市场价格。假设 X 是哈密顿函数中自变量（价格除外）的矢量，X_t^* 是最优路径上在 t 时点的值。现在我们考虑一个很小的扰动，由此得出的哈密顿函数值便是净福利度量 NWM，或：

$$NWM = H(X_t^*) + u_{q_1}q_1 + u_y \ (\varphi_{y_1}y_1 + \varphi_{q_2}q_2 + \varphi_{l_4}l_4) + u_{y_2}y_2$$

$$+ u_{l_5}l_5 + \mu_1 \frac{dk_1}{1dt} + \mu_2 \frac{dk_2}{2dt} + v_2 \frac{dy_2}{2dt}$$

通过运用最优路径的必要条件，上式可写成：

$$NWM = p(q_1 + q_2 + q_3) + \mu_1 \frac{dk_1}{dt} + \mu_2 \frac{dk_2}{dt} \ （传统的 NP）$$

$$- pq_3 - w(l_1 + l_2 + l_3) + v_1^c y_1 + v_2^c y_2 + v_2 \frac{dy_2}{dt} （调整项）$$

$$+ H(X_t^*)$$

式中前三项与用传统方法衡量的国民生产净值相对应，它包括消耗量为 q_1 的总产出，家庭（和公共部门）的防御性支出 pq_2，为促进环境资产增长的生产资料的总投入，以及可再生的实际资本存量的净投资。这一传统的国民生产净值，此时应当从以下几个方面加以修正：

　　（1）在制造产品时支付的工资不应当成为国民生产净值的一部分，直观的原因在于，从边际的角度考虑，人们觉得在劳动力市场上获得一份工作与自由支配自己的时间用于娱乐或者做自己的工作都是没有区别的。

（2）在目前采用的核算方法不应该将防御性支出 pq_2 从国民净收入中扣减，目的在于防止在将环境服务的价值 $v_{y_1}^c$ 包含在内进行核算时，它被重复计算。如果我们引入了家庭资产，那么家庭为保护未来环境质量的净投资也应当包含在内。

（3）那些被用于增加环境资产存量的产品投入的价值应当从传统的国民生产净值中扣减。

（4）流动服务的价值应当包含在内，但要以家庭边际价值 $v_{y_1}^c$ 进行估值。生产损坏不应当从 NNP 中扣减，原因在于它已经通过 pq_1 计算在内了。

（5）现在直接使用的存量资源的价值应该包含在内，但是通过家庭边际价值进行估价，而且它在生产中的那部分价值不应该被包含在内。

（6）存量变化的价值（不是存量价值的变化）应该包含在内。预期的资产收益不是国民收入的一部分。

（7）存量资源的变化应当由反映未来存量资源价值的价格来衡量，不仅是作为生产的一种投入来源 z_2，也是作为家庭效用的一种直接来源，以及生产中生产效率的一种来源。我们知道：

$$\frac{dv_2}{dt} = (r - m)v_2 - (v_2^c + v_2^p)$$

$$v_2 = pf_{z_2}$$

这尤其意味着：

$$v_2(t) = \int_0^\infty e^{-(r-m)(\tau-t)}(v_2^c + v_2^p)d\tau$$

即存量资源的核算价格等于它未来收益的现值。

（8）$H(X_t^*)$ 是一个常量，它不会影响扰动项的价值。它反映了社会财富，我们将在后面进一步探讨这一项。很明显它将根本不会影响现在经济活动对 NWM 的作用，因此，我们可以与此同时将其忽略。

结论（1）可能较为令人吃惊。从直觉上看，其原因如下所述。假设每人都自由地选择他们的劳动力供给，劳动力市场处于均衡状态，工作的机会成本是必须放弃的休假时间。从边际的角度考虑，没有人将从劳动力供给的增加中获得好处。当国民经济福利是真实福利的线性近似值，那么劳动收入不应该包含在内。这表明清楚地使用账户的重要性。对于宏观经济分析来说，劳动收入很显然是最重要的变量之一。如果我们想得到一个福利度量值，不应当把劳动收入也包含在内（考虑在一个完美的劳动力市场条件下）。因此，为了对宏观经济分析提供基础并用劳动和环境资源账户对其进行补充，我们有必要保留已有的账户。请注意，我们没有将或许是最重要的资产（人力资本）包含在内。如果将人力资本引入这个模型，如果部分工资是人力资本的收益，那么这部分工资应当被包含在 NWM 中。这部分工资对应于"原始劳动力"应当从总产出的价值中进行扣减，以便使 NWM 成为一个衡量个人福利的好指标。

最后，为了简化我们将忽略之前所进行的讨论，并保持已经建立的将工资包含在 NWM 中的程序。

17.4　社会核算矩阵

对简单的经济来说，这些结果可以用一个社会核算矩阵表示出来。为了简化，我们将忽略 $H(X_i^*)$。令 $I = I_1 + I_2$，$q = q_1 + q_2$，。此外，令 $v^c = v_1^c y_1 + v_2^c y_2$ 表示这两种环境资源的总消费者估值，并且令 $v^p = v_1^p y_1 + v_2^p y_2$ 表示在生产中资源的相应价值（废弃物处理的第一资源的价值和作为投入的第二资源的价值除外）。最后，令 v_i 表示从部门 i 的收益中扣除工资、污染控制支出、折旧以及隐含的环境成本之后的盈余。且令 $V = V_1 + V_2$，V_i 也可被解释为资本的净收益。

表 17-1　社会核算矩阵

	H	L	C	Prod.	Poll.C.	S-I	Env.
H		wl	V				V_e
L				wl_1	wl_2		wl_4
C				V_1	V_2		
Prod.	$p(q_1 + q_2)$					I	pq_3
Poll.C.				V_p, s_1			
S-I	S			$\delta_1 k_1$	$\delta_2 k_2$		
Env.	v^c			$v^p + v_2 z_2$	$v_1^p z_1$	$v_2^* dy_2/dt$	

在这里，我们假设存在一个环境管理机构购买劳动力和生产资料来促进环境资产的增加。现在将第一列解释为最终总需求，将资本投资除外，即将公共部门包含在内。我们可以看出国民福利度量可以通过第一列数据的加总得出。它包括目前用于商品和环境服务的支出，$p(q_1 + q_2) + v^c$，加上净储蓄 S。因为行加总与列加总相等，所以国民福利也等于增加值 wl + V 以及所有环境资源的隐含价值 V_e。环境的隐含价值等于以下几项的加总。即对家庭来说的环境价值 v^c，作为一种未破坏的资源流量以及存量对公司来说的价值 v^p，作为投入品对公司来说的价值 $v_2 z_2$，如废弃物处理公司以及在存量资源上净投资为 $v_2(dy_2)/dt$ 减去加强环境资产增长的开支。净储蓄 S 等于在可再生资产上的净投资和在环境资产上的投资。

$$S = I - \delta_1 k_1 - \delta_2 k_2 + v_{d2} \frac{dy_2}{dt}$$

现在国民福利度量可写为：

$$NWM = p \left(q_1 + q_2 \right) + v^c + I + v_2 \frac{dy_2}{dt} = wl + V + V_e$$

显然，把家庭的估值和资源在生产中的重要性进行分离是很重要的。在生产中使用的资源通过国民净福利中的利润和产出反映出来，可是家庭估值没有通过这种方式包含在内。另外，存量资源变化的价值，应当包括直接的消费者边际价值和间接的生产边际价值。局部的空气污染就是上述关于资源的一个例子，因为今年的环境浓度高可能对于明年的环境浓度说明不了什么问题。地方的空气污染可能提供一个关于存量资源的例子。排放的硫将以硫酸盐的形式沉淀下来，如果沉淀超过了"临界点"，就会积聚起来并会导致长期的环境破坏。在第一个例子中，只有对消费者造成的直接损坏应当被包含在内，然而在第二个例子中，今年由于过度沉淀而导致未来所有破坏的现值也应当被包含在核算中。

我们能够轻易地将上述核算框架进行扩展，即将对外贸易和跨国的环境影响纳入进来。很容易看到，在扩展的核算框架中，可以做到在贸易平衡和国内金融储蓄之间进行标准的确认。

让我们讨论国民福利度量这一概念：

$$NWM = p(q_1 + q_2) + v^c + S$$

另一种表达方式为：

$$NWM = p \left(q_1 + q_2 \right) + v_1^c \left(y_{10} - z_1 \right) + v_2^c y_2 + S$$

现在假设 $y_{10} = 0$（它仅意味着我们已选择零点作为衡量资源流动的刻度），且 $v_2^c = 0$。由于对评论的普遍性不会产生任何影响，我们不考虑利用商品和劳动力来促进环境资源存量的增长。此时我们可以得到：

$$NWM = pq - ED + S$$

$$= pq + \left(I - \delta_1 k_1 - \delta_2 k_2 \right) - ED - \left(-v_2 \frac{dy_2}{dt} \right)$$

式中 ED 是环境破坏$-v_1^c z_1$。这个新的衡量公式不同于传统的国民生产净值所进行的核算，因为在那里我们扣除了环境破坏的价值 ED 以及存量资源的退化价值（$-v_2 dy_2 / dt$）。因此，总体结论是：传统的国民净收入应当从以下两方面进行修正：

减去经过家庭评估的现有环境破坏价值；

减去存量资源退化的价值，存量资源的价格反映了存量资源的未来价值。

17.5　环境破坏

我们如何评估环境破坏的价值（或者可以说是环境服务的价值 $v_1^c y_1$）？尽管过去十年人们在评估环境破坏的货币价值方面有了长足的发展，但是很显然，我们离规范地衡量环境破坏的价值还有很远的距离要走。鉴于此，我们通常将防御支出作为环境破坏的一个近似值。因此，在核算时，我们不是对环境破坏价值进行扣减，而是对防御性支出进行扣减。但是，总的来说，防御性支出是环境破坏的一个很差的估计量。只有防御性支出能很好地替代环境服务值时，这个近似才成立（例如，马勒，1985）。在大多数情况下，防御性支出与真正的破坏成本没有关系。因此，人们很难认真地考虑这一做法。

因此，另外一种更有趣的方法建议，人们应当详细说明环境目标——最大的二氧化硫集中度，河流中最小的氧气溶解水平，最小的社区娱乐可能性等。总的来说，衡量实现这些目标的成本比衡量不能实现这些目标所导致的损失更加容易。实现目标的成本将被认为是社会真实价值的一个近似值。如果所有的边际意愿支付曲线和边际递减成本曲线都有普通的曲率，我们将可以通过这种程序得到向下的有偏估计。尽管是有偏估计，但是还有某些令人满意的地方，即偏差的方向是一致的。然而，不同的环境问题所具有的偏差是显著不同的。

环境目标的确定是一个政治问题。政治信念也可以通过边际价值得以表现。因此，如果在公众讨论之后政治家能够决定环境改善的边际价值，那么这些边际价值可以用来估计环境破坏成本。

最后但尤其重要地，估计破坏成本函数的技术在迅速提高。对于许多环境问题，可以发现破坏成本的价值——这些价值能被运用在卫星核算体系中。

17.6　可持续收入

我们现在可以采纳魏茨曼的关于国民产出的福利重要性的分析（魏茨曼，1976）。事实上，它有可能表明，上述定义的 NWM 是考虑到如果未来消费不减少情况下可允许进行的最大消费。

$$\frac{dH^*}{dt} = \frac{\partial H^*}{\partial k_1}\frac{dk_1}{dt} + \frac{\partial H^*}{\partial k_2}\frac{dk_2}{dt} + \frac{\partial H^*}{\partial y_2}\frac{dy_2}{dt}$$

$$+ \frac{\partial H^*}{\partial \mu_1}\frac{d\mu_1}{dt} + \frac{\partial H^*}{\partial \mu_2}\frac{d\mu_2}{dt} + \frac{\partial H^*}{\partial v_2}\frac{dv_2}{dt}$$

$$= r\mu_1 \frac{dk_1}{dt} + r\mu_2 \frac{dk_2}{dt} + rv_2 \frac{dy_2}{dt} = r \ (H^* - u^*)$$

式中 u^* 表示沿着最优路径得到的效用。这是一个在 H^* 所表示的微分方程中计算得到的结果：

$$H^*(t) = r \int_t^\infty u^* c^{-r \ (\tau - t)} dt$$

所以，

$$\int_t^\infty H^*(t) \ e^{-r \ (\tau - t)} d\tau = \int_0^\infty u^*(\tau) e^{-r \ (\tau - t)} d\tau$$

因此，恒定的效用流 H^* 的现值等于最大的效用流现值。$H^*(t)$ 是目前最大的效用，并且它是永久可持续的，即 H^*（或 $NWM = H^*$）是可持续收入的一个测量值（从效用角度看）。

17.7 可持续发展

正如我们所显示的那样，NWM 是可持续收入的一个衡量值，它是根据如下进行考虑的：可持续发展可以被定义为 NWM 永不减少的一种发展。因此：

当且仅当效用随着时间的推进不降低时，经济发展就是可持续的。

从以上分析可以得出：

$$\frac{dNWM}{dt} = r \ (\mu_1 \frac{dk_1}{dt} + \mu_2 \frac{dk_2}{dt} + v_2 \frac{dy_2}{dt} \ )$$

如果我们将总的资本存量定义为：

$$K = \mu_1 k_1 + \mu_2 k_2 + v_2 y_2$$

那么，当且仅当价格恒定时 K 是非减少的，则发展就是可持续的。因此，可持续发展要求总的资本存量，以一种特殊的方法（由 Solow 于 1986 年首次采用）定义，就是非减少的。然而，先前的分析没有表明通过这种方法来定义可持续发展是可行的。例如，如果 m = 0，也就是如果资源存量是一种可耗竭的资源，如果这种存量资源与资本之间的替代弹性小于 1，与其他资本价格相关的存量资源的价值将会如此，即 K 总是会减少的。这已经被 Dasgupta 和 Heal（1981）分析过了。特别地，那意味着可持续性收入为零。另外，如果把技术进步引入到这个模型，尽管在这种情况下，可持续发展也是可行的。

这种情况有其特殊性，那就是哈特维克法则，即把可耗竭资源的竞争性租金投资在可再生资本上时，就能实现可持续发展。[①] 显而易见，我们的（或者说

[①] 参见 Hartwick（1977），(1978) 与 Dixit，Hammond 和 Hoel（1980）。

是 Solow 的）公式得出了一个对可再生资源案例的哈特维克法则的概括。由上述可知：

$H(X_t^*) = rK_t^*,$

式中 H* 等于在 t 时刻所有资本的总收益。这样 NWM 可写成：

$$NWM = rK^* + p(q_1 + q_2 + q_3) + \mu_1 \frac{dk_1}{dt} + \mu_2 \frac{dk_2}{dt} \quad （传统的 NP）$$

$$-pq_3 - w(l_1 + l_2 + l_3) + v_1^c y_1 + v_2^c y_2 + v_2 \frac{dy_2}{dt} （修正）$$

这就能够合理地被解释为国民净产出 NP。

17.8　不可预期变化

到此为止所进行的分析都是基于我们能准确预知未来的假设之上。假如现在没有理由拒绝对未来完美预期的假设，但是在时期 t′ 出现对存量资源或技术完全预料不到的变化（或者在世界价格市场上，它可以用生产函数的变化来表示）。[1] 从 0 到 t′ 时期内，NWM 将如上所述得到发展，直到 t′（尽管我们必须假设用于计算 NWM 的价格是 Arrow-Debreu 价格或者是用于计算的影子价格，以便反映商品、服务和资源在不同的状态世界中的"价值"）。然而，在 t′ 时刻参数将会发生变化，因此也会位于最优路径上从 t′ 向前推进的部分。所以，NWM 将在 t′ 时刻发生改变，不可预知的资本收益在 t′ 时刻也将被包含在内。

尽管对未来的存量资源、技术以及价格方面存在不确定性，但是可以表明（Dasgupta and Heal，1974；Dasgupta and Stiglitz，1976）实际上还是会发生同样的事情。不同的是折现率 r 必须包含风险溢价，因此未来的不确定性将被考虑在内。当发生不可预知的变化时，NNI 将会发生变化，而且经济将沿一条新的路径发展，直到下一个不可预知变化发生时为止。

因此，在从价格、存量资源和技术的不可预知的变化中分辨出可预知的变化，这将变得尤为重要，因为这将影响 NWM 的计算。如果考虑到国内生产商品的价格在世界市场上发生变化，这个结论将得到进一步强化。如果这种变化可以准确地进行预期，它们在我们的模型中便可以认为是生产函数的变化，即作为技术进步（尽管在这里技术进步可能是负值）。这些从价格变化中得到的资本收益不应被包含在 NWM 中。它们的重要性已经资本化在其他价格中，并从而已经被包含在国民净收入中。另外，从它们的定义中可以看出，不可预知

---

[1] 接下来的讨论参见 Dasgupta 和 Mäler（1990）。

的收益没有被资本化，而且应当被包含在一个正确的国民福利核算的衡量中。

17.9　结　论

本章试图建立一个讨论如何将环境资源包含在国民核算中的分析框架。我们发现，传统的国民净产出核算应该通过以下几点进行修正：

（1）环境破坏流量应当从传统的 NNP 中扣减。

（2）不仅是人造资本，而且所有资本存量的净变化价值都应加入到 NNP 中。

（3）为增加自然存量资源所进行的投资应当被认为是一种中间产品。

（4）现存财富，作为经济中总资本存量的收益应当被加上。

通过对以上所进行的修正，就没有必要减去防御性支出或者是进行一些其他类似的调整。

因此，这样构建的净福利度量可被解释为可持续收入，从这个意义上讲，它给出了最大可能得到的可行恒定消费流。

此外，最大流量可被解释为经济中总财富的回报。

17.10　致　谢

本章在很大程度上是与 Partha Dasgupta 进行数次讨论后得出的成果，而且文章所描述的一些结论已经出版在我们合著的论文——《环境和新兴发展问题》(Environment and Emerging Development Issues) 的附录中。事实上，他应当是本章的合著者，但他还未曾阅读本文，因此，本章可能依然存在一些错误。我也非常感谢两位匿名审稿人对初稿所提的宝贵意见。当我完成初稿后，我读到一篇由哈特维克（1990）写的有趣的文章，他基本上也用到了和我所使用的同样的方法。对约翰·哈特维克对我早期的初稿提供的宝贵意见表示感谢。

参考文献

1. Ahmad，J.J.，E. Lutz，and S. El Sarafy（1989），*Environmental Accounting for Sustainable Development*，World Bank，Washington D.C.

2. Bartelmus，P. and J.W. van Tongeren（1988），*SNA Framework for Environmental Satellite Accounting-Draft Proposals*，UNSO.

3. Bartelmus，P.（1988），*Accounting for Sustainable Development*，Working Paper No.8 Department of International Economic and Social Affairs，United

Nations.

4. Dasgupta, P. (1982), *Control of Resources*, Basil Blackwell, Oxford.

5. Dasgupta, P. and G. Heal (1974), "The Optional Depletion of Exhaustible Resources", *The Review of Economic Studies*, Symposium on the Economics of Exhaustible Resources.

6. Dasgupta, P. and K. -G. Mäler (1990), Environment and Emerging Development Issues, WIDER.

7. Dasgupta, P. and G. Heal (1981), *Economic Theory and Exhaustible Resources*, Cambridge University Press.

8. Dasgupta, P. and J. Stiglitz (1976), Uncertainty and Resource Extraction Under Alternative Institutional Arrangements, IMSSS Technical Report 1979, Stanford University.

9. Devaraian, S. and R.J. Weiner (1988), *Natural Resource Depletion and National Income Accounts*, unpublished.

10. Dixit, A., R. Hammond, and M. Hoel (1980), "On Hartwick's Rule for Regular Maximum Paths of Capital Accumulation and Resource Depletion", *Review of Economic Studies* 45, pp.551–556.

11. Hartwick, J. (1977), "Intergenerational Equity and the Investing of Rents from Exhaustible Resources", *American Economic Review* 66, pp.972–974.

12. Hartwick, J. (1978), "Substitution among Exhaustible Resources and Intergenerational Equity", *Review of Economic Studies* 45, pp.347–354.

13. Hartwick, J. (1990), Natural Resources, National Accounting and Economic Depreciation, *Journal of Public Economics*, forthcoming.

14. Mäler, K.-G. (1974), *Environmental Economics–A Theoretical Inquiry*, The Johns Hopkins University Press.

15. Mäler, K.-G. (1985), "Welfare Economics and the Environment", in *Handbook of Natural Resource and Energy Economics*, eds. A.V. Kneese and J.L. Sweeney, North-Holland.

16. Peskin H. (1989), *Accounting for Natural Resource Depletion and Degradation in Development Countries*, Environment Department Working Paper No.13, The World Bank.

17. Repetto, R., W. Magrath, M. Wells, C. Beer, and F. Rossini (1989), *Wasting Assets Natural Resources in the National Income Accounts*, World Resources Institute.

18. Solow, R.W (1986), "On the Intertemporal Allocation of Natural

Resources", *Scandinavian Journal of Economics* 88 (1).

　　19. Weitzman M. (1976), "On the Welfare Significance of National Product in a Dynamic Economy", *Quarterly Journal of Economics* 90.

　　本文载《环境和资源经济学》第 1 期，第 1~15 页。

第18章 环境影响和经济结构：投入—产出法

瓦斯利·列昂惕夫 *

18.1

污染是正常经济活动的副产品。在其许多形式的每一种中，污染总是通过一种可以衡量的方式与某些特殊的消费过程和生产过程相联系。例如，空气中释放的一氧化碳数量，就与各种类型的机动车引擎所燃烧燃料的数量有一定关系，而排放在河流和湖泊中的污染过的水则直接与钢、纸、纺织品及其他用水产业的产出水平相联系，并且在各种情况下，其数量依赖于具体行业的技术特征。

投入—产出分析根据给定的国民经济的各个部门与其他所有部门相应的活动水平之间的关系来描述和说明该部门的生产水平。在其更加复杂的多地区和动态模型中，投入—产出方法允许我们说明各种各样的货物和服务的产出和消费及其随着时间增加或减少（视情况而定）的空间分布。

不合需要的副产品（以及有某些价值但无需付钱购买的自然投入品）是直接与决定经济体系日复一日运行的实物关系网相联系的。这一点往往不为人们所注意，更经常的是被人们所忽视。合乎需要的和不合需要的产品的产出水平之间的技术依存关系可以通过与那些生产和消费的所有常规部门之间的结构依存关系的结构系数相类似的结构系数来描述。事实上，它可以作为该网络的一个组成部分来进行描述和分析。

本章的目的，首先是解释这个"外部产物"如何被纳入传统的国民经济投

* 本章曾在国际社会科学协会环境破坏委员会于 1970 年 3 月在日本东京举办的当代世界环境破坏国际研讨会上发表。

彼得·派特瑞与埃德·沃夫均为哈佛经济研究项目小组成员，他们两人均参与了本章所描述的计算。对他们所作的不可估量的帮助，我谨表示诚挚的感谢。

入—产出模型；其次说明，一旦完成此事，传统的投入—产出计算能够对某些基本的事实性问题给出具体答案，这些问题是应该由当代技术的不良环境影响和失控的经济增长所引起的问题找出实际解决方法之前就提出并回答的。

18.2

根据读者已经熟悉的静态投入—产出分析的基本概念框架的假设，我将下面的解释与我写的那本名为《投入产出经济学》（Input Output Economics）（纽约：牛津大学出版社，1966）第七章中的数值例子和基本方程组联系在一起。

我们考察一个简单的经济系统，它由两个生产部门——农业和制造业以及居民构成。两个产业中的每一个本身吸收其自身年产出的一部分，供应一部分给另一产业，并将其余部分提供给最终消费者——在本例中由居民代表。这些部门之间的流量能够很方便地填入一个投入—产出表中，例如：

表 18–1　国民经济投入—产出表（以实物单位表示）

来自 \ 进入	部门 1 农业	部门 2 制造业	最终需求 居民	总产出
部门 1 农业	25	20	55	100 蒲式耳小麦
部门 2 制造业	14	6	30	50 码布

两产业总产出的数量以及每个产业所吸收的两种不同投入数量依赖于：①必须提交给最终消费者（例如，居民）的农业产品和制造业产品的数量；②由其特定的技术结构决定的这两个产业的投入需求。在这个特例中，假定农业部门生产 1 蒲式耳小麦需要投入 0.25（= 25/100）单位的农产品和 0.14 =（14/100）单位的制造业产品，而生产 1 码布需要 0.40（= 20/50）单位的农产品和 0.12（= 6/50）单位的制造业产品。

两生产部门的"食谱"也可以通过一个简洁的表格来表示：

表 18–2　每单位产出的投入需求

来自 \ 进入	部门 1 农业	部门 2 制造业
部门 1 农业	0.25	0.40
部门 2 制造业	0.14	0.12

这是该经济的"结构矩阵"。第 1 列数字是农业部门的技术投入系数，第 2 列则是制造业部门的投入系数。

18.3

技术系数决定的是，如果农业和制造业不仅满足既定的（对两种产品的每一种）最终用户（如，居民）的直接需求，而且满足依次依赖于这两个生产部门的总产出水平的中间需求，那么它们的年总产量应为多大。

这些稍微有点复杂的关系通过下列两个等式简明地描述出来：

$$X_1 - 0.25X_1 - 0.40X_2 = Y_1$$
$$X_2 - 0.12X_2 - 0.14X_1 = Y_2$$

整理后，得：

$$0.75X_1 - 0.40X_2 = Y_1$$
$$-0.14X_1 + 0.88X_2 = Y_2 \qquad\qquad （1）$$

X_1 和 X_2 分别代表农产品和制造业产品的未知总产量；Y_1 和 Y_2 是既定的要交付给最终消费者的农产品和制造品的数量。

这两个带有两个未知变量的线性方程可以根据任何给定的 Y_1 和 Y_2 显然地解出 X_1 和 X_2。

它们的"通"解可写成下列两等式的形式：

$$X_1 = 1.457Y_1 + 0.662Y_2$$
$$X_2 = 0.232Y_1 + 1.242Y_2 \qquad\qquad （2）$$

在等式右边代入给定的 Y_1 和 Y_2 的值，我们就可算出 X_1 和 X_2 的值。在表 18-1 所描述的特例中，$Y_1 = 50$，$Y_2 = 30$。通过必要的乘法和加法运算，即可得出 X_1 和 X_2 的对应值，它们恰好等于农产品的总产出（50 蒲式耳）和制造品的总产出（100 码）。

例如，下面的矩阵，即出现在（2）右端的数字方表，

$$\begin{bmatrix} 1.457 & 0.662 \\ 0.232 & 1.242 \end{bmatrix} \qquad\qquad （3）$$

描述出现在（1）中原方程的左端系数组的矩阵，

$$\begin{bmatrix} 0.75 & -0.40 \\ -0.14 & 0.88 \end{bmatrix} \qquad\qquad （4）$$

被称为"逆矩阵"。

无论是制造业还是农业，哪个产业的技术发生改变，例如，填入表 18-2 的四个投入系数中任何一个发生改变，必将带来结构矩阵（4）发生相应的改

变，从而导致逆矩阵（3）的相应改变。即使对农产品（Y_1）和制造品（Y_2）的最终需求保持不变，如果打算保持两种产品总投入和总产出之间的平衡的话，则其总产出 X_1 和 X_2 的相应变动能够由同一通解（2）来确定。

在处理实际经济问题时，当然，我们同时考虑技术变化和最终交付水平的预期变化的影响。在这一计算中使用的结构矩阵包含的不是两个部门而是几百个部门，但分析方法保持一样。为了保持下面的论证和用于说明的数值例子简单起见，直接由居民和其他最终用户制造的污染不对其进行考虑。有关最终需求部门产生的污染和由生产部门产生的污染一起引入投入—产出系统的定量描述和数值解的方式的简要描述被放入本章最后的数学附录之中。

18.4

如前所述，生产活动或消费活动产生的污染物和其他不良的或合意的外部影响出于所有的实践目的应该作为经济系统的一部分来考虑。

每种额外的产出（或投入）对于已知与之相关的一种或多种传统经济活动的水平在数量上的依赖关系必须用适当的技术系数来进行描述。并且所有这些系数必须纳入所考察的经济体系的结构矩阵中去。

例如，假定制造部门所用技术使得它每生产 1 码布要向空气中排放 0.50 克固态污染物，而农业部门生产每单位产品（即每蒲式耳小麦）排放 0.20 克。

用 $\bar{X}_3$ 来表示这一附带产品的未知总量，我们可以在投入产出系统（1）的原有两个方程中加上第三个，得到：

$$0.75X_1 - 0.40X_2 \quad\quad = Y_1$$
$$-0.14X_1 + 0.88X_2 \quad\quad = Y_2$$
$$0.50X_1 + 0.20X_2 - \bar{X}_3 = 0 \tag{5}$$

在最后一个方程中，第一项描述了由制造业部门产生的依赖于该部门总产量 X_1 的污染物的数量，同样，第二项代表农业产生的污染（作为 X_2 的函数）。整个方程仅仅表明，由整个经济系统所产生的该类型污染物的总量 $\bar{X}_3$，等于由其各构成部门产生的污染量之和。

给定农业和制造业产品的最终需求 Y_1 和 Y_2，则由这三个方程不仅能解出它们的总产出 X_1 和 X_2，而且还能够解出不合意污染物的总产量 $\bar{X}_3$。

扩展的投入—产出系统（5）的左端系数构成矩阵为：

$$\begin{bmatrix} 0.75 & -0.40 & 0 \\ -0.14 & 0.88 & 0 \\ 0.50 & 0.20 & -1 \end{bmatrix} \tag{5a}$$

系统（5）的"通解"形式上将与系统（1）的通解（2）类似，但它将由三个而不是两个等式组成，出现在右边的结构矩阵（4）的逆矩阵将由三行三列组成。

无需对经过扩展的结构矩阵求逆，我们可以通过两步运算得到同样的结果。第一，用原来的较小矩阵（4）的逆矩阵，从两个方程的系统（2）导出需要满足任一指定的最终需求组合 Y_1 和 Y_2 的农产品和制造品的产量 X_1 和 X_2。第二，通过将 X_1 和 X_2 的值代入（5）的最后一个等式，就可确定对应污染物的"产量" $\overline{X}_3$。

令 $Y_1 = 55$，$Y_2 = 30$，这是投入—产出表 18–1 所列出的对于农产品和制造品的最终需求量。将这些数字代入（5）的右边，用前面两个方程的通解（2），我们可以求出 $X_1 = 100$，$X_2 = 50$。如我们所预料的那样，它们与表 18–1 中对应的总产出数字相同。用（5）中的第三个方程，我们求出 $X_3 = 60$，这是由两产业产生的污染总量。

对于 $Y_1 = 55$，$Y_2 = 0$，然后对 $Y_1 = 0$，$Y_2 = 30$ 进行类似的计算，我们可以知道，60 克污染物中的 42.62 克是直接或间接与为居民提供 55 蒲式耳小麦的农业或制造业活动相联系的，而剩下的 17.38 克则可归因于直接或间接为最终提供 30 码布所进行的生产活动相联系。

如果对布的最终需求从 30 码减至 15 码，则可追溯的污染物数量将从 17.38 克降至 8.69 克。

18.5

在着手进行进一步分析研究之前，似乎最好在表 18–1 中明确引入污染物流量，如表 18–3 所示。

表 18–3　包括污染物的国民经济投入—产出表（按实物单位）

来自＼进入	部门 1 农业	部门 2 制造业	居民	总产出
部门 1 农业	25	20	55	100 蒲式耳小麦
部门 2 制造业	14	6	30	50 码布
部门 3 空气污染	50	10		60 克污染物

表 18-3 最后一列底部的项目指出农业部门产出 50 克污染物，即每蒲式耳小麦 0.50 克。用制造部门的污染产出系数乘以其总产量，我们发现在全部的 60 克污染物总量中，有 10 克要归因于制造部门。

传统的经济统计只关心这样的生产和消费，即它们被假定是在我们竞争的私人企业经济中具有某种积极的市场价值的货物和服务，这就是为什么 DDT 的生产和消费进入传统的投入—产出表，而发动机内部燃烧产生的一氧化碳的生产和消费则不反映在投入—产出表上的原因。由于构成绝大多数传统的经济统计的主要资料来源的私人和公共簿记不关心这种"非市场"交易，因而它们的数量必须通过对基础的技术关系的详细分析间接地估测出来。

然而，只要我们对污染问题超过解释和计量污染的范围而打算做些什么的话，则注定将会引起费用和价格的问题。

18.6

传统的国家或地区投入—产出表包括一个"增加值"行，它表示每个生产部门从其他生产部门购买投入品的支出额之外的按美元计算的工资、折旧费、利润、税金以及其他费用。大多数的"增加值"代表劳动、资本以及其他所谓生产的原始要素的成本并依赖于这些投入的实物数量及其价格。例如，一个产业的工资总额等于人年数乘以每人年的工资率。

在表 18-4 中，原来的全国投入—产出表经过扩展，将劳动投入或总就业行包括在内。

表 18-4 包括劳动投入的投入—产出表（按实物及货币单位）

来自 \ 进入	部门 1 农业	部门 2 制造业	居民	总产出
部门 1 农业	25	20	55	100 蒲式耳小麦
部门 2 制造业	14	6	30	50 码布
劳动投入 （增值）	80 ($80)	180 ($180)		260 人年 ($260)

表 18-2 中所示"食谱"可进行相应的扩充，以包括两产业的劳动投入系数，这些系数以人时和货币单位表示。

在 18.3 节中显示了如何用原投入—产出体系（2）的通解来确定农产品和制造业产品的总产出（X_1 和 X_2），以使得提交给最终居民的这些最终产品的数量

(Y_1 和 Y_2) 的任何给定组合被满足。相应的总劳动投入可以用适当的劳动系数 (k_1 和 k_2) 乘上每个部门的总产出得到。两个乘积的和就得到整个经济的劳动投入 L。

$$L = k_1X_1 + k_2X_2 \qquad (6)$$

表 18-5 每单位产出的投入要求（包括劳动或增值）

来自	进入	部门 1 农业	部门 2 制造业
部门 1 农业		0.25	0.40
部门 2 制造业		0.14	0.12
最初劳动投入人时 （每小时$1）		0.80 ($0.80)	3.60 ($3.60)

假定工资率为每小时 1 美元（见表 18-5），我们得出农业的每单位产量的最初投入为 0.80 美元，制造业为 3.60 美元。这意味着 1 蒲式耳小麦的价格 (p_1) 和 1 码布的价格 (p_2) 必须足够高，使得农业和制造业在支付过由它们的"食谱"规定的所有其他投入之后，允许它们各自的每单位产出分别产生一个增加值：农业为 v_1 (= 0.80)，制造业为 v_2 (= 3.60)。

$$p_1 - 0.25p_1 - 0.14p_2 = v_1$$
$$p_2 - 0.12p_2 - 0.40p_1 = v_2$$

整理上式，得：

$$0.75p_1 - 0.14p_2 = v_1$$
$$-0.40p_1 + 0.88p_2 = v_2 \qquad (7)$$

可由任意给定的增加值 v_1 和 v_2 的组合计算这两个方程的"通解"，允许计算 p_1 和 p_2 是：

$$p_1 = 1.457v_1 + 0.232v_2$$
$$p_2 = 0.662v_1 + 1.242v_2 \qquad (8)$$

对于 $v_1 = 0.80$ 美元，$v_2 = 3.60$ 美元，我们有 $p_1 = 2.00$ 美元，$p_2 = 5.00$ 美元。用相应的价格乘以表 18-4 中第 1 行和第 2 行中小麦和布的实物量，我们就能将表 18-4 转换为一个其中所有交易均以美元显示的熟悉的投入—产出表。

18.7

在上述开放的投入—产出系统的框架下，污染物产出水平的任何减少或增加都可追溯到某些具体货物和劳务的最终需求的变动，该经济的一个或多个部门的技术结构的变化，或者是上述二者的某种组合。

经济学家不能发明新技术，可是，如前所述，他能解释甚至预测任何给定的技术变化对污染的产出的影响（以及对所有其他货物及服务的影响）。他可以确定这样一个变化对各部门对"生产的原始要素"的需求量产生的影响从而对总需求量产生的影响。此外，在给定"增加值"系数的情况下，他可以估计这一变化对各种货物和服务的价格的影响。

在给出上述解释后，一个简单的例子应足以显示任何这类问题能够如何用投入—产出的术语来表述和回答。

考虑一个简单的两部门经济，其原来的状态和结构如表 18–3、表 18–4、表 18–5 和表 18–6 中所述。假定已引入一种消除（或防止）污染的工艺，该工艺的投入要求是，消除每克污染物（无论是农业的还是制造业的）需要 2 人年的劳动（或 2.00 美元的增加值）及 0.20 码布。

表 18–6　包括污染产出及反污染投入系数的国民经济结构矩阵

产出部门　　　　　投入及污染产出	部门 1 农业	部门 2 制造业	污染物消除
部门 1 农业	0.25	0.40	0
部门 2 制造业	0.14	0.12	0.20
污染物（产出）	0.50	0.20	
劳动 （增值）	0.80 ($0.80)	3.60 ($3.60)	2.00 ($2.00)

这一附加的信息和先前引入的技术系数结合起来，得出上面复杂的国民经济结构矩阵。

整个经济的投入—产出平衡可以由下列包括四个方程的方程组来描述：

$0.75X_1 - 0.40X_2 = Y_1$（小麦）

$-0.14X_1 + 0.88X_2 - 0.20X_3 = Y_2$ （棉布）

$0.50X_1 + 0.20X_2 - X_3 = Y_3$（污染物）

$-0.80X_1 - 3.60X_2 - 2.00X_3 + L = Y_4$（劳动）　　　　　　（9）

变量：

X_1 = 农产品总产量　　　Y_1 = 对农产品的最终需求

X_2 = 制造品总产量　　　Y_2 = 对制造品的最终需求

X_3 = 消除的污染物总量　Y_3 = 未消除的污染物总量

L＝就业量　　　　　　　　Y_4＝被居民及其他最终需求部门使用的劳动总量[①]

代替描述所有污染物的完全消除的是，第三个方程的右边项目 Y_3，即未消除的污染物数量。与给定的最终交付向量的其他所有元素不同，Y_3 不是"需要的"，而是可容忍的。[②]

根据任何给定的一组 Y，可解出该系统的诸未知量 X 的通解如下：

$X_1 = 1.573Y_1 + 0.749Y_2 - 0.149Y_3 + 0.000Y_4$　（农业）

$X_2 = 0.449Y_1 + 1.404Y_2 - 0.280Y_3 + 0.000Y_4$　（制造业）

$X_3 = 0.876Y_1 + 9.655Y_2 - 1.131Y_3 + 0.000Y_4$　（污染）

$L = 4.628Y_1 + 6.965Y_2 - 3.393Y_3 + 0.000Y_4$　（劳动）　　　　（10）

右端的系数方集（每个系数与适当的 Y 相乘）（10）是出现在（9）左边的常数矩阵的逆矩阵。当然，求逆是通过计算机进行的。

第一个等式表明，提交给最终消费者（例如，居民）的农产品每增加 1 蒲式耳，要求（直接或间接地）农业部门（X_1）的总产量增加 1.573 蒲式耳，而最终交货每增加 1 码布，意味着农业总产出需增加 0.749 蒲式耳。

在同一等式中的下一项衡量了农产品总产出（X_1）和向最终用户"提供"Y_3 克未消除的污染物"交货量"之间（直接或间接的）关系。

在最后这个等式中与之相关的常数–0.149 表明，提交给最终用户的污染物总量减少 1 克需要农业总产出增加 0.149 蒲式耳。

往下查第二、三、四方程中 Y_3 的系数，我们可以看到提交给最终用户的污染物数量的下降对所有其他产业的总产出水平有怎样的影响。制造业将必须生产更多码的布；第三部门，即反污染产业本身，将需要消除 1.131 克污染物以使其最终交货减少 1 克成为可能。原因在于，被要求（直接或间接地）消除污染的经济活动本身事实上也产生某些污染。

第三个等式右边的前两项系数表明，如果残余污染量（Y_3）保持恒定的话，随着最终消费者购买农产品和制造品数量的变化，反污染产业的运行水平（X_3）将如何发生变动。最后一个等式表明，为减少 Y_3 1 克所需要的总劳动投入，即直接和间接的劳动投入为 3.393 人年。这可以和下列数字进行比较：给最终用户多提供 1 蒲式耳小麦需要 4.628 人年劳动，给最终用户多提供 1 码布需 6.965 人年。

从居民（如，最终消费者）消费 55 蒲式耳小麦和 30 码棉布并且也准备容忍 30 克残留污染物的假设出发，用通解（10）来确定表 18-7 所示的部门投

[①] 在本章中所有用数字表示 Y_4 的例子，都假设等于零。

[②] 在（9）中描述了一个产生污染的体系，但不包括与污染作斗争的活动，变量 X_3 表示系统（10）中用 Y_3 表示的未消除的污染物总量。

入—产出流量的实物数量。

第三行中的项目表明，农业和制造业部门产生 63.93（＝52.25＋11.68）克污染物，其中 33.93 克被反污染产业消除，剩下 30 克提交给居民。

表 18-7　　国民经济投入—产出表（由反污染产业消除后的过剩污染）

产出部门 投入及污染物产出	部门 1 农业	部门 2 制造业	反污染 产业	向居民的最终交付	总计
部门 1 农业（蒲式耳）	26.12 ($52.24)	23.37 ($46.74)	0	55 ($110.00)	104.50 ($208.99)
部门 2 制造业（码）	14.63 ($73.15)	7.01 ($35.05)	6.79 ($33.94)	30 ($150.00)	58.43 ($292.13)
污染物（克）	52.25	11.68	-33.93	30 (消除 33.93 克污染物 支付$101.80)	
劳动 (人年)	83.60 ($83.60)	210.34 ($210.34)	67.86 ($67.86)	0	361.80 ($361.80)
列总计	$208.99	$292.13	$101.80	$361.80	

$p_1=\$2.00$，$p_2=\$5.00$，$p_3=\$3.00$，$p_k=\$1.00$（工资率）。

18.8

填入表 18-7 括号里的美元数所依据的价格是如何导出的，我们下面将给予解释。

原方程，系统（7），描述了农业和制造业部门之间的价格—成本关系，现已通过加上第三个方程而得以扩充。这个方程表示，"消除 1 克污染物的价格"（即 p_3），应当恰好高到在满足了向其他产业购买投入品的支付后，足以补偿增加值 v_3，即对反污染企业所直接使用的劳动力和其他原始要素的支付。

$$p_1 - 0.25p_1 - 0.14p_2 = v_1$$
$$p_2 - 0.12p_2 - 0.40p_1 = v_2$$
$$p_3 - 0.20p_2 = v_3$$

重新排列，得：

$$0.75p_1 - 0.14p_2 \qquad = v_1$$
$$-0.40p_1 + 0.88p_2 \qquad = v_2$$
$$-0.20p_2 + p_3 = v_3 \qquad\qquad (11)$$

模仿（8），这些方程的通解是：

$$p_1 = 1.457v_1 + 0.232v_2$$
$$p_2 = 0.662v_1 + 1.242v_2$$

$$p_3 = 0.132v_1 + 0.248v_2 + v_3 \tag{12}$$

像以前那样，假定 $v_1 = 0.80$，$v_2 = 3.60$，$v_3 = 2.00$，我们求出：

$p_1 = 2.00$ 美元，$p_2 = 5.00$ 美元，$p_3 = 3.00$ 美元

消除污染的价格（= 单位成本）计算的结果为每克 3 美元，农产品和制造品的价格和前面求出的一样。

在投入—产出表 18-7 中的所有实物交易量下面添上相应的美元价格，我们发现三部门雇用的劳动力总价值为 361.80 美元，提交给最终消费者的小麦和棉布价值为 260.00 美元。居民所挣的剩下的 101.80 美元的增加值正好能够支付消除这样一种价钱，即该系统产生的 63.93 克污染物中 33.93 克的价钱。这些支付可以直接进行，或者可以通过政府向居民征税获得，然后用于补偿私营的或国营的反对污染企业的成本。

如果通过志愿的行动或者遵循一项专门的法令，来使得每一产业自费消除由它所产生的全部或至少某种规定比例的污染物，则价格体系将会有所不同。当然，增加的费用会包括在其可售产品的价格之中。

例如，让农业和制造业部门承担为消除它们各自部门在现行技术条件下所产生的污染的 50% 所需要的费用。它们既可以自己花钱从事反污染活动，也可支付适当摊派的税金。

在此种情况下，式（11）中前两个方程都要用增加项目的方法来进行修改，所增加的项目分别为消除每单位农产品产生的 0.25 克污染物和每单位制造品产生的 0.10 克污染物的开支。

$$\begin{aligned}
0.75p_1 - 0.14p_2 - 0.25p_3 &= v_3 \\
-0.40p_1 + 0.88p_2 - 0.10p_3 &= v_2 \\
-0.20p_2 + p_3 &= v_3
\end{aligned} \tag{13}$$

对上式左端修改的结构系数矩阵"求逆"，得出下面的价格系统通解：

$$\begin{aligned}
p_1 &= 1.511v_1 + 0.334v_2 + 0.411v_3 \\
p_2 &= 0.703v_1 + 1.318v_2 + 0.308v_3 \\
p_3 &= 0.141v_2 + 0.264v_2 + 1.062v_3
\end{aligned} \tag{14}$$

保持所有三个部门的"增加值"和以前一样（即 $v_1 = 0.80$ 美元，$v_2 = 3.60$ 美元，$v_3 = 2.60$ 美元），即新价格组如下：

$p_1 = 3.234$ 美元，$p_2 = 5.923$ 美元，$p_3 = 3.185$ 美元

当购买 1 蒲式耳小麦或 1 码布时，购买者现在要为消除生产该产品过程中产生的污染付费，现在的价格比以前高了。然而，从居民（如，最终消费者）的观点来看，实际成本和实际效益之间的关系依然一样，在间接地为反污染活动付费后，他们直接为此付的钱必然会少一些。

18.9

最后一张表，表18-8给出了上面所分析的国民经济的所有部门之间的货物和服务的流量。该系统的结构特征（以一组完全的技术投入—产出系数的形式表示）假设是给定的；因此，最终需求向量，即表示每个产业向居民（及其他最终用户）提供的产品的数量，以及出于种种原因，准备"容忍"的未消除的污染物数量也同样是给定的。假定每一产业负责消除50%的污染物，这些污染物是如果没有这样的反污染措施将会出现的数量。居民支付（直接支付或通过纳税）为减少超出他们事实上接受的污染物数量的那部分污染物所需支付的费用。

表18-8　国民经济投入—产出表（分别表示与污染相关的活动）

	农业			制造业			反污染产业	向居民的最终交付	国民总计
	小麦	反污染产业	合计	布	反污染产业	合计			
农业	26.12 ($84.47)	0	26.12 ($84.47)	23.37 ($75.58)	0	23.37 ($75.58)	0	55 ($177.87)	105.50 ($337.96)
制造业	14.63 ($86.65)	5.23 ($30.98)	19.86 ($117.63)	7.01 ($41.52)	1.17 ($6.93)	8.18 ($48.45)	0.39 ($2.33)	30 ($117.69)	58.43 ($346.07)
污染物	52.25	−26.13	26.12	11.69	−5.85	5.86	−1.97	30 (消除1.97克污染物支付$6.26)	
劳动 附加值	83.60 ($83.60)	52.26 ($52.26)	135.86 ($135.86)	210.34 ($210.34)	($11.70) ($11.70)	($222.04) ($222.04)	($3.93) ($3.93)		361.8 ($361.80)
总成本	($254.72)	($83.24)	($337.96)	($327.44)	($18.63)	($346.07)	($6.26)	($361.80)	

注：$p_1 = \$3.23$，$p_2 = \$5.92$，$p_3 = \$3.19$；
$v_1 = \$0.80$，$v_2 = \$3.60$，$v_3 = \$2.00$。

在这一结构性信息的基础上，我们可以计算与任何给定的"最终需求单"相对应的该经济的所有部门的投入和产出，包括反污染产业的投入和产出。用"增加值"的信息，即每个部门为其每单位产出支付的收入，进而我们可以确定所有各种产出的价格、最终消费者的总收入，以及按消费的产品类型统计的总支出的分项数字。

进入"最终需求单"的30克污染物是无偿提供的。同一格中的6.26美元代表的是由居民直接补偿而不是通过农产品和制造品的加价而支付的那部分反污染活动的费用。

由农业和制造业部门支付的反污染活动的投入需要量和所有其他投入需要

量是分别显示的，然后再合计到总投入列。因此，污染物行中的数字表示由主要的生产过程产生的污染物数量、消除的数量（用负号表示）以及最后由有关产业实际排放的污染物数量。不受其他部门控制的由反污染活动消除的量（1.97 克）单放在一列中，该列也显示对应的收入。

从纯形式的观点看，表 18-7 和表 18-8 之间的区别在于，在后一张表中，所有农业和制造业的投入需要量以及由每部门排放的污染物数量放在一列中。而在前一张表中，生产活动和反污染活动是分别描述的。如果这种细分被证明是不可能的，并且进一步说，不能分出单独的反污染部门，则我们只能回到表 18-3 的那种较简单的分析方法。

18.10

一旦合适的投入和产出技术系数集编辑好，所有各类污染物的生产和消除即可按其本来面目——经济过程的主要组成部分来分析了。

这样，地区系统和多地区系统、多部门经济增长预测的研究，特别是预期技术变革影响的研究，与所有专门类型的投入—产出分析技术一起，能够加以扩充以把污染的产生和消除包括在内。

为这种扩充所需要的附加的数量资料的编辑和组织，可通过系统地使用实践经验而得以加速。这种实践经验可以由从事编写各类投入—产出表的官方或私人的研究组织获得。

本文载《经济学和统计学评论》第 52 期，第 262~271 页。

第 19 章　绿色国民统计和建模程序

——计算纳入环境因素的国民收入的 GREENSTAMP 方法

罗伊·布劳威尔

CSERGE，英国东盎格里亚大学

马丁·奥康娜 C3ED，Université de Versailles-St Quentin en Yvelines，France

E-mail：Martin.OConnor@c3ed.uvsq.fr

瓦特·拉德麦彻

德国，威斯巴登，联邦德国统计办公室（德国联邦统计局）

摘要：本章回顾了 GREENSTAMP 项目（绿色国民经济统计和建模程序），此项目在 1994~1996 年期间，针对绿色国民账户发展了在实践中和理论上都较为稳健的核算方法，并提出了相关的建议。推荐的方法主要是量化经济在按照一定的环境绩效标准运作时所应付出的机会成本。按照这一观点，"绿色国内生产总值"衡量的是经济体系在遵循特定的环境质量标准和资源保护要求时，其所拥有的绩效潜力或产出水平（或消费，国民收入水平）。GREENSTAMP 提出的方法是模块化的，在不同的数据类别和分析方法之间建立了联系。第一，信息被包含在人们所说的卫星环境账户中，依据选定的类别和度量单位（大部分是非货币的），账户中的信息描述了环境的状况，并在经济部门和作用于每一环境类别上的压力所导致的环境变化之间建立了联系。第二，通过分析经济体系中各个层面对经济资源的需求，可以获得成本信息，如需要的投资和放弃的消费，这些信息描述了为了减轻特定的环境压力所要付出的成本。环境保护支出，污染预防支出曲线和宏观经济比较静态和动态建模都是可以应用的成本概念和方法。在成本效益的视角下，我们并不直接估计环境资产和服务的货币价值。相反的，在各种分析和时间框架下，估计改进特定环境绩效的成本时应当结合从科学角度、政治角度和经济角度判断所考虑的环境功能、服务和资产的重要性有多大？

关键词：成本规避曲线　成本效益　动态模型　环境标准　GREENSTAMP　国民账户统计方法　可持续的国民收入

19.1 前 言

本章论述了由欧洲委员会于 1994~1996 年间资助的一项研究计划得出的研究成果,该计划旨在提供政策建议,以进一步改进和利用国民核算体系以构建纳入环境因素的宏观经济绩效评价指标,该研究计划的名称为 GREENSTAMP 项目。研究计划的主要任务是评估各种不同的定义和估计环境因素调整的国民收入(简称为"绿色国内生产总值")的方法。提出这一研究目标的背景是越来越多的人开始认识到应当进一步发展国民核算体系,以使其在人们追求经济、社会和环境可持续发展的目标时,为评价政府政策和投资决策提供信息。

关于计算绿色国内生产总值和可持续发展指标的问题,学者们已经提出了很多观点。我们在这里会大概介绍 GREENSTAMP 项目得出的方法,以及为什么我们认为这一方法在实践中是最好的。19.2 总结了研究所采取的核心分析角度,以及我们所采用的实际分析方法;19.3 论述了项目所得出的在研究和政策上的建议。

起初启动这一研究项目的目的是解决在定性分析和定量分析由环境保护支出和污染预防成本构成的"环境成本"时所遇到的方法论和实际问题。研究时主要的思想是,在得到如何计算这些支出和成本的方法时,就应当计算实际经济中的每一个经济部门的成本和支出。在此之后,将得到的结果从使用传统方法计算得到的国内生产总值中减去,由此得到的经环境因素调整的国民收入指标可以向政策制定者提供更好的有关宏观经济评价的信息。

在项目进行的过程中,研究人员认识到定性和定量的问题只是一个更加复杂的问题的组成部分。通过研究已有的涉及国内生产总值修正的研究成果,我们发现有关什么使得国内生产总值成为宏观经济决策的有用工具(或什么减弱了它的作用),以及经环境因素调整的国内生产总值在政策制定过程中应当起到什么作用等问题,人们提出了各种各样的见解。自此研究项目进入到厘清和思考已有的研究成果的阶段,并对其中一些原创思想和应用方法加以发展。

经过对已有文献的研究之后,我们得出一个清晰的观点:需要从基本要素上区分不同的度量和汇总方法具有的背景和数据来源等级。对于研究国民经济来说,我们可以区分(至少)以下三个层面:微观层面,包括个体家庭和企业;部门经济活动,如国民经济核算体系中所定义的;国家宏观经济层面,由部门经济活动汇总而成。

在 GREENSTAMP 项目中,我们详细调查了环境保护支出和实践中企业如何披露与环境有关的投资和支出。为了构造德国国民经济中大量排放的氮化合污染物的治理成本函数，我们开发了严格的数据处理方法，并对函数进行了计量检验。在计算这些特定污染物的预防成本的过程中所获得的经验从实践的角度证实了理论经济学家的担忧，即在部门统计数据的基础上计算环境成本的做法本身不能对某一宏观经济总量指标（如国内生产总值）进行有意义的修正，也无法得到一个可持续发展的指标。

这一结论必然导致重新考虑"预防成本"在构建修正的国内生产总值指标时所充当的角色。在回顾过去研究的基础上，可以将我们思路的发展过程概述如下。大多数有关修正国内生产总值的方法，包括项目的参与者在项目开始之初所提出的方法，只是寻求将从过去一段时期内的国民经济核算体系中得出短期指标（即国内生产总值）转化为指示经济增长潜力和环境保护成果的长期指标。在理论上，这一转换过程是通过"修正国内生产总值"的方法完成的。典型的做法是估计作为环境的物质产出和服务产出源泉的自然资产的"折旧"的货币价值。在这种方法下，不同时期的环境资产的稀缺性（如自然资源、生态系统的服务功能等）都是影响国民产出数值计算的一个因素。这一方法的主要做法是，通过对当期的国内生产总值加上减项得出的"绿色国内生产总值"，所得的计算结果有时也被认为可以衡量"可持续的国民收入"。

以增加减项为基础的方法在理论和实践过程中遇到了一系列困难，这其中包括在估计一系列影子价格时，人们要详细列出环境的服务功能以及它们的折旧程度，从而使得估计的影子价格能够引导市场的参与者以可持续的方式行动。GREENSTAMP 在评估这些困难之后放弃了这一方法。项目的思考角度从由福利理论的"最大化"标准出发得出估计结果转移到了估计长期的经济发展潜力。这一估计方法是在某些明确的情景下，基于"令人满意"的标准进行成本绩效分析。

一个令人满意的方法在寻求好结果的同时也承认不确定性、复杂性和判断标准的多样性使其不可能决定什么是最好的。制定环境政策的成本绩效分析使其寻求达到特定环境目标的"成本最小"的方法。对于我们的项目来说，我们的目标是开发一套定义和估计国民收入的程序，使其在反映维持国民收入在高位运行的未来前景的同时能够考虑一些长期保护重要环境服务功能的目标。我们认为这一令人满意的方法能够提供与有效和平等利用环境资源有关的宏观经济政策信息。

至此，项目的目标要比我们起初预想的要更加复杂。一方面，国民经济核算体系应当继续在传统核算中发挥作用，如记录国民产出的货币价值，部门统计数据，就业等。另一方面，考虑到环境和经济的可持续性，也应当开发一种方法，提供有关环境状况、环境污染压力和减少环境污染的技术前景的系统性信息。但是，我们不会简单地提出一个计算绿色国内生产总值的方法。经环境因素调整的国民核算不会仅仅被当作一个工具，可以用来计算"修正的"宏观经济指标，它们更应当被开发为决策支持数据库，从而支持各种分析和建模活动，弄清生态环境和经济的可持续性。

19.2　方法论概述

19.2.1　经济学原理、环境科学与统计实践

各个层面上（如南北之间、欧盟内部、国家内部和地区内部）的可持续发展要求，表明新近浮现出的政策关注点并不同于"二战"后产生的对财政管理和宏观经济绩效的关注，而后者正是原有的国民经济核算体系产生的背景。新的需求在于要利用国民账户统计数据探求环境和经济长期发展的前景。产生新的应用全国统计数据的方法有一定的政治背景，即不同环境和经济利益之间，持有不同价值观和评判标准的人群之间，以及对世界和未来持有不同观点的人之间产生的冲突必须得到解决。

我们采用的计算经环境因素调整的国民收入的方法试图以一种综合的方式回应与以下四个方面有关的广泛的问题：

● 充分的科学性：描述和估计的方法是否能够很好地处理所研究的自然世界，以及生态、技术和社会变化过程的重要特征？

● 充分的社会性：方法是否根据股东的需要提供信息，以及为集体决策过程提供信息？

● 经济理性：针对估计、统计数据分析和建模程序提出的方法选择或行动方针是否具有经济效率，以使其能够以一种具有合理的经济效益的方式沿着令人满意的方向前进，或获得预想的结果？

● 数据处理的合规性：提出的计量方法在操作过程中是否与已建立的数据处理质量标准相符合，是否在项目的预算额度之内？

四个标准中的任何一个都不能单独使用以判断一个方法是否足以用来开发宏观经济可持续性的指标。因此，在这一领域的工作必须由协调理论、统计概念和实际计量方法，理解和应用结果等方面组成。在 GREENSTAMP 项目中，当一个理论概念已经不适用于所研究的问题时，或是在实际中不能可靠地计量时，我们就要放弃这一概念，并认为其不能为决策提供指引。

19.2.2　经济和生态系统的可持续性

这一部分概述了我们对可持续性所持的观点，它构成研究工作的基础，并

对我们的观点如何在可持续性分析中使货币信息和非货币信息发挥相互补充的作用加以说明。然后，我们会对我们所倾向使用的经环境因素调整的国民收入概念给出综合性的定义。从一个生态经济学的视角出发，我们认为经济资源的管理应当满足两个相互补充的功能，如图 19-1 所示。

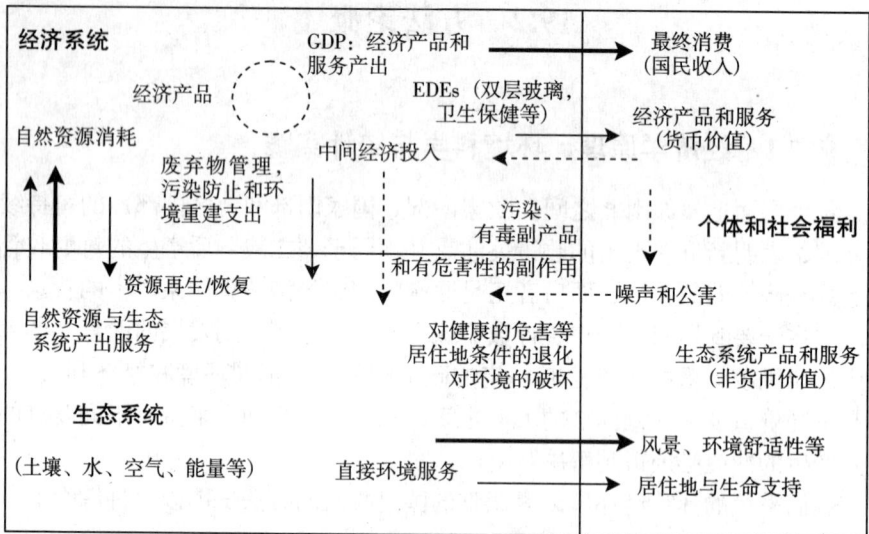

图 19-1

● 在保证关键的环境功能和环境舒适性下，生态系统福利的输送（图 19-1 的下半部分）；

● 生产经济产品和服务带来的经济系统福利的输送（图 19-1 的上半部分）。

从这一角度出发，设计绿色国民经济核算体系的一个基本原则是其能够提供信息，使得在追求经济和环境产出目标的同时能够保证经济资源的分配遵循成本—效益原则的。这意味着数据集能够覆盖经济产品的生产和交换（包括最终消费）、环境的变化、经济与环境之间的结合和相互影响。问题是，怎样去使用货币化的信息与非货币化的信息。

许多对构建经环境因素调整的核算账户有贡献的研究建议估计环境收益和环境恶化的货币价值的方法，以便从货币角度量化自然资本的折旧。我们的研究并不支持从这一角度来计算绿色国内生产总值。

生态和经济产品与服务给人类带来福利，而且为了分析的需要，它们可以被看作是相互补充的，虽然两者之间的关系并不是对称的。环境质量对人类福利和可持续的经济活动提供首要的基本支持。旨在保证这一基本支持功能的政策，即保护稀有资源以维持适宜的环境质量，是与维持环境功能的社会需求相一致的。在经济学中，通常人们会问，是否投入的资本和劳动力的价值与获得的收益或避免的损失相匹配？

　　为了避免读者的误解，在项目的评估和各地区涉及成本收益的政策问题上，我们同意计算环境收益和环境破坏的货币价值是极为有用的。但是，为了对宏观经济的绩效进行分析，我们需要同时考虑相当广泛的环境绩效问题。气候变化的影响，原子能技术和转基因技术的收益与风险，有毒废物和农药残留对人体健康的危害等一些问题中存在固有的不确定性和争议之处是如此之多，以至于出现了一种被称为"萝卜白菜一锅煮"的现象。为了估计可能的气候变化所产生影响的货币价值，一些经济活动和经济绩效潜力的精确数据就起不到什么大作用了。

　　由此原因，为了评估宏观经济绩效，以货币价值作为单位统计数据应当被局限于生产的经济产品和服务的存量和流量上（图 19-1 的上半部分），但不能将其推广到用其统计环境功能和服务的数据上（图 19-1 的下半部分）。对宏观经济的分析来说，为了确定生态福利基础对现代人和后代人福利输送的优先次序，那么统计一个社会"对环境质量需求"最好的，具有可操作性的方法就是应用非货币单位来定义环境标准。

　　我们知道，任何社会的环境绩效目标都包含由协商所带来的妥协，这些协商或是明确的，或是隐含的。在某些情况下，有关排定有限次序的争论可能会受益于用货币价值量化自然资源，各种环境的适宜性，生命支持功能和其他服务对人类福利的意义。然而，因为先前提到的种种原因，我们得出的结论是：在实际工作中计算经环境因素调整的国民收入时，并不需要估计环境受益和环境恶化的货币价值，同时这也不是工作的重点。

　　多标准的决策支持方法融合了成本—收益分析框架和包含在子账户中关于环境变化的非货币信息，能够有效地组织信息以计算宏观经济绩效指标，并足以达到期望目标，如计算单期的国内生产总值，绿色国内生产总值的时间序列和若干由情景分析得出的绿色国内生产总值的时间序列。同样，环境子账户在总量上和部门数据上与国内经济核算账户的货币价值数据相联系，其矩阵结构是有效的信息传递方式，显示了与环境政策和其他发展政策有关的成本和收益。因此，多重标准的视角能够为讨论提供信息，为决策过程提供支持，使其并不仅仅得出唯一的一组选择，而是帮助弄清可供社会选择的种类，弄清生态和经济之间的协调关系，从而支持所得到的宏观经济总量和其时间序列。

19.2.3　定义经环境因素调整的国民收入

　　经环境因素调整的国民收入概念在直观上很简单。它只是估计国民经济为了长期的可持续发展，在遵循环境质量标准和资源节约的要求下，所能达到的产出水平（或是消费水平、国民收入水平，这依赖于要测量的对象）。

虽然思想看起来很简单，但在实践中要准确地估计绿色国内生产总值，并且扩展开去，估计可持续的国民收入 (SNI)，并不是一件简单的事。第一，估计不仅涉及要度量的总体的经济活动水平，而且估计的结果是未来经济可能水平的重要参考；第二，由于各种可能性，如技术变化的可能性和风险，发现新的自然资源，生态系统的弹性和稳定性，保持生态系统多样性的重要性等，都取决于各种不同的生态和环境因素。所以存在许多不同观点，包括社会、道德上的价值判断，以及科学上的不确定性。

在 GREENSTAMP 项目中，经环境因素调整的国民收入被看作是宏观经济可持续性的指标。我们识别并讨论了对它进行计算的三种不同方法：

● 估计由新古典主义的自然资本增长模型定义的净环境国民产出，并将其视为对可持续的国民收入的估计。在理论上，环境净国民产出可以通过扣减传统的国内生产总值的方法得到。这些扣减项代表了资本存量的折旧，包括经济资本（存货和机器资本）、人力资本和最重要的自然资本。

● 按照休亭等 (Hueting, 1992) 提出的估计经环境因素调整的国内生产总值的方法，应从传统的国内生产总值中扣减一些项目，这些项目代表了要达到相互独立的特定的环境质量和环境保护条件所要付出的成本，这些成本足以使所有重要的环境功能达到长期的可持续发展。

● 用经过精细调整的国民经济模型估计绿色国内生产总值，并进而估计可持续的国民收入。从而我们计算出在遵循环境质量条件下可能得到的经济产量。

第一种方法严重依赖求出在现在和未来的经济活动中，各种环境资源和环境功能的收益与损失的货币价值。相反，第二种方法并不要求估计社会对经济产品和服务需求的货币价值，它们为环境可持续的标准制定了非货币指标（如关键污染物阈值）。

应当注意的是，第一种方法和第二种方法都与新古典主义福利理论对经环境调整的国民产出的理解相一致，将其视为总体福利最优化的总量指标。相反，第三种方法基于模型，结果是衡量可能的经济产出的影子国内生产总值，并不具有任何特定的福利理论意义。在建模方法中，经济产出和环境质量之间是相互补充的，但它们并不具有对等的地位。所以并不需要对经济和环境领域中的福利进行加总。

经过仔细研究理论和经验估计问题，我们得出的结论是，第一种方法将自然资本折旧从传统的国内生产总值中扣减，并将结果进一步视为对可持续的国民收入的估计。这一方法在理论上是错误的，并且从定义和估计上看来，此种方法提供了具有误导性的可持续发展指标。

至于第二种方法，我们同意休亭 (1980，1996) 的看法，在定义经济上的调整成本时将其与非货币指标表示的环境可持续发展标准联系在一起，这也确实是 GREENSTAMP 项目的起步之处。但是，休亭等人（1992）提出的方法虽然避开了利用福利理论量化复杂和影响深远的环境变化时遇到的困难，但在我们看来，其并没有完全解决以下方面在方法论上的问题：①定义环境质量标准和优先性；②估计可持续发展标准的机会成本。特别地，将环境保护成本（实际支出的环境保护支出和假设遵循可持续发展的标准时应当发生的成本）从实际国民收入中扣减的做法，在我们看来，并不令人满意地估计可持续发展的经济体内可能的国民收入。

因此我们赞同第三种方法，应用多部门国民经济模型估计经环境因素调整的国民收入。这一方法融合了若干种分析和统计工作，包括：

● 对企业或其分支机构支出的环境保护成本的分析。这是计算降低（假设的）特定环境压力（如二氧化碳排放，或是重金属残留物）所要消耗的资源的基础。

● 通过比较静态或动态模拟的方法，对整个经济建立多部门模型。

在 GREENSTAMP 项目的最终报告中，我们展示了如何融合这几种分析方法，从而能够提供信息以说明达到可持续性所需的必要条件和达到可持续性的前景。这一期包括的几篇论文都是为了更清晰地展示我们的结论，其中有几篇直接基于 GREENSTAMP 最终报告的内容。

19.2.4　用于保持环境功能的具有成本—效益的资源管理

多年以前，休亭提出了一个定义绿色国民净产出的方法，它提出的概念与"强可持续性"概念紧密相关，即通过保证生态系统的功能使环境服务具有可持续性。他的主要观点是：

● 第一，定义环境压力的实物标准，将主要环境功能维持在长期的稳定水平上（如饮用水质量、气候稳定性、森林健康与再生、渔业资源的健康等等）。

● 第二，为了满足这些标准，需要采取一定的污染治理措施（如污染治理的技术措施，寻找不可再生资源的替代品，将对环境有害的经济活动替换为对环境无害的经济活动）。进而估计采取这些措施所要支出的经济成本（资本投入、劳动力投入等）。对于每项需要保护和重建的环境功能来说，主要的思想是估计从现有的对其利用水平转移到长期可持续的利用水平上时，支出的最少经济成本是多少？

● 第三，将不同的环境功能保护成本加总到一起，暂且称之为 CAS，并将其从传统的国民净产出（称为 Y）中扣除，便得出所要求解的结果，即 $Y^* = Y - CAS$。

这一课题调整的结果其先被称之为"可持续的国民收入"（休亭等人，1992），而稍后的研究指出，使用休亭提出的方法估计得出的经济可持续潜力过于悲观。实际上，成本部分 CAS 在总量上构成了消费（按当期价格核算的经济产出）的机会成本，为了达到特定的环境标准，这些消费本应当是抑制的（不生产或将资源投入到环境保护中去）。以上的分析实际上是以下两方面的政策平衡：

● 在不采取措施以符合环境标准的情况下，环境功能会枯竭或退化；

● 若是为了遵循环境标准而对资源进行保护，就应当抑制消费或是投入经济资本。

对"达到可持续性成本"的正确理解应当是将其视为一项指标，显示当今的经济活动与可持续之间的差距［见 Faucheux and Froger（1994），Faucheux et al.（1994）和 Ekins and Simon 关于该观点的论述］。但是调整得出的数值 Y* 可能显著低于在遵循环境标准的情况下达到的持续性产出。在 CAS 项中加总的经济支出和抑制的消费并不是经济活动的净减项。更进一步说，调整项 CAS 度量了当期经济为了符合环境标准应当作出多大的调整。

这些评论显示应当进一步发展休亭提出的方法，对可持续国民产出提出更加严格的概念。应当保留的部分是遵循环境功能的关键消耗水平原则，实际上就是设定标准为后代保存环境功能。应当克服的不足是休亭起先提出的方法实际上并不能（或不可能）估计经济沿着可持续的路径发展时可以获得的国民收入。

研究人员提出了以下对休亭的计算方法和概念的修正（Brouwer 等人，1996）。当考虑"间接（部门间）影响"和结构化措施，如部门经济活动总量（包括最终消费）时，实施环境保护措施使环境达到期望的标准所付出的成本可以通过多部门经济均衡模型得到一致的估计。这种方法特别考虑了当对相对价格，部门经济活动和部门间资源分配采取措施时所造成的间接影响（De Boer 等人，1994）。

至此，在特定假设下，研究人员可以计算可持续国民收入的数值，并将其作为经济在可持续的标准下技术上可能的国民消费水平的一种估计。这也是我们提出的绿色国内生产总值的定义：

● 绿色国内生产总值是经济在一组特定的环境标准下，某一核算期内可以达到的假想的国民经济产出。

应当注意的是：①这一定义可以用来计算（虽然可能与事实不符）过去和现在情况下的绿色国内生产总值，抑或是用来推测未来的绿色国内生产总值；②当用来推测未来时，它可以用来构建绿色国内生产总值的时间序列，包含每一期的数值；③更重要的是，根据设定的环境标准，研究人员可以计算不止一个绿色国内生产总值（经环境因素调整的国民产出），或是不止一条时间序列。

我们强调，我们定义的绿色国内生产总值并不能衡量实际的经济表现和经济福利。相反，它只是在多部门经济模型（或这一类，如下面要讨论的）基础上，结合现有的科学技术或假设未来的技术创新，估计了经济在环境标准下的每一时期可能得到的产出水平和产出结构。

De Boer 等人（1994）强调在这一"强可持续性"的假设下，为了估计"绿色"或"可持续"的国民收入，有必要分清不同情境下的假设条件。我们在此重述这一条件，并补充除了注意不同情境下有关各种技术、经济、人口结构、生命方式的假设之外，还应牢记分析的预测性质。

现在我们转入按照这种方式估计绿色国内生产总值时所需要的信息的性质。在任何经济系统中，在经济产出与维持和增强环境功能之间总是存在着妥协。量化这些妥协并不容易，因为它们涉及一系列不同的选择和时间框架，例如（休亭等，1992）：

● 生产部门的支出用以改进生产中使用的技术，提高资源的利用效率，或是降低单位产出的污染物排放。

● 改变特定自然资源和环境开发的地理位置，包括开发可再生的资源，获得最大可持续性产出和环境吸收能力。

● 将经济活动替换为对环境没有危害的经济活动，即改变生产和消费方式（一部分影响是因为相对价格的变化，一部分是因为消费者偏好和人口以及收入分配的变化）。

因此，在分析中量化政策和为可持续目标所要付出的机会成本时，有必要以不同的方法对待不同的调整项目。私人和公共领域的投资活动有时会持续相当长时间。因此任何的分析都应当弄清楚在计算中假设的是哪种技术可能性，在现有广泛实施的政策下会面临哪种环境污染物和生态变化，资金支持的优先性等。

先前由 Baumol 和 Oates（1971）发展的成本—收益分析方法的背景是将污染控制作为环境质量标准，并实际应用这一标准。这种方法将绩效标准视为给定并试图识别支出最少的稀缺资源的方法。事实上，这是一种局部均衡的分析方法，在现实应用中过程也会更加复杂。第一，标准的设定一定程度上依赖于最初有关成本支出量的假定上（花费巨大的调整在政治上也是行不通的）。第二，成本规模和发生的频率对于实施的时间长短非常敏感（很显然，设定期限在 10~20 年的污染物排放标准时，人们就应当考虑到生产技术的更新和道路上机动车流量的变化）。同样，成本支出是高度路径依赖的（例如，受制于特定的可选择的技术，不同的技术和基础设施投资之间的不相容性）。第三，考虑到分担调整成本的需要，应当调整最小成本准则。

　　从局部均衡的观点出发，获得最具有成本—效益或经济成本最小的污染治理措施的方法是按照递增的顺序排列可能的措施的边际成本，从而构成企业或经济部门的边际成本曲线。在实际中，构建这样一条成本曲线会遇到很多的困难，这一方面是因为定义污染治理的时间长短的问题，另一方面由于统计数据的有限性（见 Radermacher 等人，Riege-Wcislo 和 Heinze 关于该观点的论述）。更多地，仅仅用技术措施似乎不足以使经济达到环境标准。人们所说的结构性措施，即减少对环境有害的经济活动总量，如果不能避免的话就是可取的。现在问题就转变成如果单单采取结构化措施是否能增加成本—效益，抑或结合机构性措施和技术措施是否能增加成本—效益。研究人员只有在设定情景，安排好各种政策和投资决策时间的条件下才能得到这个问题的一致答案。

　　大体上说，基于多部门模型的成本—效益分析法可以从以下两方面进一步发展：

　　● 第一，在考虑使用现有的技术措施降低环境压力给整个经济带来的影响后，根据经济体系的机构和制度安排，可以对经济体系做事后的建模（Schäfer and Stahmer，1989）。

　　● 第二，对经济运行的动态过程进行事前的建模，并将达到环境标准时的社会反响和技术发展纳入到模型中。

　　因此，对绿色国内生产总值的有意义的计算可以建立在比较静态的模型上或是建立在动态模型上。在动态模型的情况下，模型的结果是国民收入总量的时间序列，每一时期的结果都是经济在遵循特定的环境可持续标准的条件下得出的。这一数值是讨论政策时的重要参考，但它们本身并不是政策选择的基础。而且得到的数据依赖于设定的环境标准。由于巨大的不确定性存在和一个决策的一系列不同的影响会涉及许多不同的生态、社会和经济领域，标准设定、估计和加总统计量以得到结果的过程涉及完全的谨慎性和一系列偶然性。这意味着不是一个而是许多绿色国内生产总值数据，往往会构成时间序列。

　　对于这一问题，O'Connor 和 Ryan 的论文以及 Schembri 的论文提出了多部门结构化的经济—环境模拟模型（SEESM），这一方法允许对可能的（或可设想的）经济前景及其对环境压力的影响加以情景分析。在这个方法中，现有技术措施的信息在另一不同的分析层面上可以用来计算技术措施的直接成本，同时也是计算列昂惕夫部门相关系数随时间变化轨迹的重要数据。因此，假设技术和经济结构变化（部门经济活动水平的调整，包括降低环境破坏的努力）的时间框架就变得极为重要 [见 Duchin & Lange（1994）关于动态投入—产出模型的论述；同时可参见 Meyer & Ewerhart（1996）的标准建模方法]。

　　从多部门结构化的经济环境模拟模型的视角出发，就应理解（可持续的）环境功能的输送意味着，通过执行遵守特定的环境压力标准的政策对经济产品和服务的生产施加某些限制。这些限制的形式可能是限制应用的技术，或是限制生产和消费的水平，减少能量、水资源和其他自然资源的实用，又或是降低污染物的排放。动态的部门间建模意味着，从每一时期部门经济活动水平变化的角度，或是从消费水平、劳动力投入等角度可以研究经济环境之间的"平衡"。情景分析可以进一步发展以模拟其他政策效果，估计技术变化带来的环境收益，或是估计最终消费水平变化和为了达到标准状况进行的污染治理等环境重建活动带来的影响。

虽然这些建模程序并不能估计最底层面的政策效果，但它仍然是展示经济的可能性和政策的平衡性的有用工具。在这一意义上，情景建模是一种政策支持工具，为相互理解搭建沟通的平台，通过这一平台企业主可以表达他们的利益和主张。事实上，最有价值的决策支持系统并不能从总量数据中得出，而是通过比较不同情景分析的结果和情景所得到的丰富的信息得出。

19.3 GREENSTAMP 研究项目得出的建议

正如 GREENSTAMP 项目"最终项目报告"的结构所展示的那样，在研究项目中，我们主要区分了四个与方法论有关的研究领域。它们是：①回顾了生成可持续性指标的理论基础和数据基础；②防护性支出；③构建成本规避曲线；④加入环境因素的经济核算的微观视角和宏观视角。读者在记住以上四个方面之后，我们将阐述从研究项目中得出的一系列综合性的建议，并提及若干我们认为很重要，值得进一步研究的领域，虽然这些领域在我们的项目中并没有获得充分的研究。

19.3.1 研究方法

对于估计经过环境因素调整的国民产出（绿色 GDP），现已有一系列不同的相关概念和估计方法。为了构造有效的衡量宏观经济运行指标，我们推荐以下基于宏观"成本—效益"角度的定义：

R.1 经环境因素调整的国民产出是指，在经济遵循特定环境标准的条件下，一个国家在一个特定时期的最高产出的货币价值。

正如 19.2 所讨论的那样，这一定义可以用于对实际情况进行估计或是用于建模估计，并且它可以用来在一段时期的基础上对绿色国内生产总值构造时间序列。更进一步说，允许计算若干作为具体环境标准的函数的绿色国内生产总值数值，或是时间序列。

R.2 对绿色国内生产总值的计算既可以基于比较静态模型，也可以基于动态模型。

特别地，情景建模允许对未来可能的国民经济轨迹的可行性空间进行量化，包括基于对可接受的污染物排放水平，可获得的自然和生产资源，要维持或改变的消费模式，以及技术选择等因素的明确假设，我们可以计算经环境因素调整的国民收入。在我们看来，在评估宏观经济和部门政策时，这种方法要比那些仅仅将自然资源的货币价值从国内生产总值中减去而得来的指标更能提供丰富的信息，在统计上也更加稳健。

19.3.2 欧洲的数据收集及实施

通过欧洲委员会和欧洲议会，欧盟已经要求其成员国制定修正的国民账户，使成员国能够结合环境变化的信息对经济运行状况加以衡量。在 1994 年 12 月，欧洲委员会在它的报告中制定一个计划，分析了在欧洲实施分阶段开发环境因素指标和绿色国民账户的可行性。欧洲议会在 A4–0209/95 决议案中，肯定了行动方案的大体组成部分，但同时要求对其进行修改日臻完善，如共同框架和经环境因素调整国民账户框架要能够识别真实的或潜在的环境恶化原因，而不同国家的环境在这些框架中所占的具体比重需要更加详细的条款。可以预见这会经历三个阶段：

● 在达成一致的核算框架协议和实施共同的环境压力指标体系过程中，对环境压力信息给予系统化；

● 创造一系列综合的经济和环境指标（ESI）；

● 估计自然资源和环境恶化类别的货币价值，允许对经济核算账户和环境核算账户进行货币价值的完全加总。

最近的研究工作，包括我们的项目，已经明确了创建绿色国民账户不仅是经济理论和会计概念问题，同时也涉及数据的可得性和信息技术问题。对数据处理的良好组织，通过标准化和信息（数据来源，可靠性）记录数据质量的方法改进统计调查是非常重要的。进一步研究的先决条件是结合国民账户中投入—产出表的部门结构创建一个"成本—效益信息系统"。欧盟统计局领导下的 ESI，ESEPI 和 ESIS 是这方面的良好开端。我们建议：

R.3 对可获得的经济和技术数据应当加以组织和使其相互关联，使我们可以方便地用它们来计算直接经济成本（如现有技术的权重的变化）和多部门经济建模（一般生产技术的变化）。

R.4 除了 ESI 和 ESEPI，一些欧洲国家和欧盟统计局已经开始开发有关污染物种类结构的信息系统（ESIS）。我们建议这样的开创性活动应当继续。

R.5 现今欧洲各国估计针对于部门的污染预防成本曲线和针对于污染物的预防成本曲线所获得的经验是相互分割的，汇总这些经验将会带来有意义的结果。这可以通过伴随相关措施的 EC DGXⅡ统一行动和研究计划来实现。

R.6　必须在若干不同的欧盟国家内实施基于模型的计算经环境因素调整的国民收入的方法（即绿色国内生产总值的比较静态或情景时间序列），从而获得处理各国环境经济条件多样性的实际经验，并了解计算绿色国内生产总值所需要的各国数据的充足性和数据格式。

在 GREENSTAMP 研究项目中，基于成本—效益的角度，我们开发了一个构建成本降低曲线的方法，以显示治理污染的技术措施的直接成本，并针对各种氮化物对这一曲线进行了实际检验。经验显示德国现今还没有来自官方组织的充分而全面的数据库以用来构建污染治理成本曲线。构建曲线所需要的信息来自于不同的领域（经济的和技术的）和不同的政府部门。而每一数据来源方都有自己对数据的分级和归类方法，所以应当对这些方法加以统一。估计污染治理成本曲线的最终目的是将"同一生产过程"作为统计记录的标准。

作为 GREENSTAMP 研究项目过程中成果之一的《污染治理成本曲线构建手册》（Riege-Wcislo and Heinze，1996）中提出的方针指出（and subsequently adapted for publication in this issue：see Radermacher et al.，and Riege-wcislo and Heinze），构建一种污染物的污染治理成本曲线需要的时间为 9 个月。在德国的研究实践中，人们只估计了污染治理措施对于微观经济的直接效应。为了得到有关宏观经济的结果以便将数据与国民核算账户联系起来，我们需要更加全面的建模程序。预计在未来，统计部门能够提供有关经选定的环境污染物的治理成本曲线的基础数据，这些数据可以协助研究机构进行建模计算。考虑到有限的财政资源和数据质量普遍不高的情况（相对于污染物和环境领域的巨大复杂性来说），对所有生产过程、产品和环境主题的全面的覆盖现在看起来还难以达到。在一个统计上的挑选过程的帮助下（该方法的细节还有待开发），我们可以得到一个有关经济中的污染部门和对环境的压力的样本，其中包括具有高度污染治理潜力的最重要的环境压力和有害的经济活动。我们提出的利用综合的生产技术计算污染治理曲线的方法可以在实践中得以应用。

在评估了统计数据的可行性后，我们认为统计部门在统计绿色国民核算账户的过程中所起的作用是：

● 在现有的经济条件下，根据可使用的技术，分别以经济部门和污染物为基础，估算所要采取的措施的直接成本，这些措施应当是有成本—效益的。

● 统计部门在能够获得的某一核算年度的国民经济投入—产出机构信息的基础上，估计在单个经济部门或在经济总体范围内采取的措施的间接成本，这些措施应当也是具有成本—效益的。

这两个建议并没有穷尽所有的可能性。但是它们已足够用来说明利用我们的"成本—效益"观点对资源的可持续性进行管理所要求的基础。在刚刚谈及的两个类别中得来的信息可以为经济在遵守特定的环境标准的前提下转型的方向提供指示。

除此以外，我们建议开发情景建模程序，从而量化未来国民经济轨迹的可能性空间，而不是仅仅停留在对统计数据的简单汇编和挖掘历史数据（如在NAMEA框架中）。这一工作可以在政策部门和统计部门的协助下，由研究机构来完成。情景建模可使我们量化未来国民收入轨迹的可能性空间，包括计算经过环境因素调整的国民收入的时间序列（即绿色国内生产总值的时间序列）。这些计算要建立在一些明确的假设基础之上，如应当遵守的环境质量标准（生态—经济的可持续性），可获得的自然和生产资源，应当维持或改变的消费模式和可获得的技术资源。

值得强调的是，人们应当谨慎理解从以上三个分析类别得来的数据，因为：

● 第一，在计算直接成本时，我们对于技术措施之间可能的相互影响（如协同效应或不相容）缺乏信息。

● 第二，对直接成本的估计往往集中于某一特别的污染物或是环境质量目标，而在现实中，环境污染物之间往往存在相互作用，从而使得估计环境所遭受的破坏依赖于对地点的选择。虽然已有若干此方面的研究，但是针对一些复杂的环境问题，我们还远远无法对有成本—效益的措施进行严格的计算。这些估计上的困难同样存在于计算环境政策的间接影响（部门间）上。

● 第三，降低环境压力的技术措施和成本的数据具有不同的来源，而这些来源并不与通常的国民经济核算账户中对经济部门的分类相一致。如何以有意义和有用的方式对这些信息加以整合可能是统计部门面临的最重要的任务。

19.3.3 环境保护支出

在GREENSTAMP项目中，我们深入地研究了环境保护支出在经过环境因素调整的国内生产总值中所处的地位（特别参见Liepert，1989；Brouwer and Leipert有关评论；文献资料论述回到Kuznets，1948；Herfindahl and Kneese，1973；以及其他）。它的地位一般来说依赖于调整过程的目标，并且相应地依赖于在调整国内产出时对于环境有关的支出的理解。

在这一领域，我们解决的第一个问题是：为了估计绿色国内生产总值，怎样正确地计算核算期内环境产品或服务的福利效应？我们要克服的困难在于，传统方法核算的实际国内生产总值在不考虑环境因素的情况下，会因产出的增加而提高，并且当未来的经济活动减轻了对环境的破坏时，会上升得更高。这是国内生产总值作为宏观经济运行指标难以令人满意的一个特点。

对特定支出类别的理解（如环境保护支出），根源于有关传统的国内生产总值作为经济福利指标分析起来作用不大的争论。有人提出，为了修正作为经济运行指标的国内生产总值，为了保持和改进环境服务的水平而花费的环境保护支出应当从按传统方法测量的国内生产总值中减去。实际上，这一过程要求在国民核算账户中将环境保护支出重新划分为中间产品或服务，而一直以来它们被包括在最终产品当中（主要是实用的理由）。

一方面，如果环境或自然资本被看作生产要素，这种重新分类还行得通。但是，这一修正过程在统计实践中是很难实施的，因为很难区分一项支出是为了保护环境，还是出于生产上的目的用来增加生产力。

另一方面，如果讨论的环境产品或服务被看作直接对福利有贡献的因素，那就不能在定期核算国内生产总值的过程中将其扣除。这一从福利理论出发的观点造成的一个问题是，如何对环境产品或服务的价值与传统的经济产品和服务的价值进行加总以测算总福利。

在本项目中，我们采纳了传统的观点，即经济活动和生态系统带来的福利是相互补充的，但它们并不具有同样的重要性。我们注意到环境保护支出对环境带来的积极作用并没有以货币价值反映在现有的国民核算账户中，结果是在国内生产总值中也没有作为单独的产出类别。这实际上与我们的成本—效益框架相一致，在我们的框架中绿色国内生产总值或其时间序列只被简单地看作可行的经济活动的指标，并没有令人信服的福利理论支持在修正国民收入数值时对环境保护支出进行单独的量化。所以，我们的结论是：

R.7　在进行宏观经济核算时，不应当以货币价值反映环境保护活动对环境的作用（考虑到众所熟知的估计环境破坏和收益的货币价值过程中的不确定性和任意性，关于统计数据质量的理由同样支持这一点）。

另外，各种环境功能和服务应当通过多种标准对其福利作用进行定性，即使并不需要估计它们的货币价值。现在有必要同时也迫切需要用实物数据对环境保护的货币支出（和成本）数据加以补充。有关环境保护行动对环境作用的信息只有当它们与实物环境指标相关联时才有用。所以我们进一步建议：

R.8　当今欧盟对环境保护支出数据的收集应当继续，并且应当高度优先关注如何利用这些信息制定环境政策的优先性和评估环境政策。

R.9　特别地，欧盟统计局应当为实现在考虑环境因素的修改过程中对SERIEE数据系统有关环境保护支出的数据进行修改（综合的环境保护措施）铺平道路。众所周知，这些措施在企业的环境管理战略中变得越来越重要，正在逐步代替"管道终端战略"措施的主导地位。

R.10　欧盟统计局应当优先完成"自然资源使用和管理核算账户"，该账户预计是SERIEE的一部分。

企业在生产过程中采取措施以提高能源和原料的利用率，这正变得越来越重要。这些措施经常包括在企业的环境成本账户中。许多情况下，它们是降低由生产过程引起的环境污染的最重要的综合措施。它们不包括在 SERIEE 的环境保护支出账户（EPEA）中，因为它们不满足目的因准则。所以亟待开发一种具有可操作性的概念，对这些措施加以分类，并同时记录可靠的数据。否则，SERIEE 现在或将来公布的有关环境保护支出的数据会逐渐变得无法反映一系列旨在减少污染，降低能量和物质消耗的努力。

另外，我们对一些所使用的专有名词也提出了意见。在一些以最优化资源配置（即边际成本等于边际收益）为指导的记账方法中，有关环境保护支出的信息被看作将要避免的或是要补偿的环境恶化的货币价值的代理变量。当然，这一看法只有当环境保护支出反映了实际边际收益时才有效。而由于其他原因，如环境恶化的扩散性，"搭便车"行为，经济行为人的预算约束，不可逆性以及信息缺乏等原因，使得环境保护支出只代表非常有限的将要获得的收益或是将要避免的损失。

我们并不支持将环境保护支出或"预防成本"看作可以保持的或重新获得的环境服务的价值的代理变量。相反，我们强调应当量化经济成本，这一成本是为了达到期望的环境质量所必需的支出。我们认为这是在定期核算体系中处理环境恶化问题的最合适的方法。

计算改善环境质量或预防环境恶化的成本非常依赖于要达到的环境质量标准，因为它们是计算的标准。现有的 SEEA 中所提出的参考水平是国内现有的经济活动不能够破坏核算期初的环境质量。当然人们也可以提出其他参考标准。例如，荷兰统计局的"可持续国民收入"项目中，研究人员在特定的领域内通过一种科学的方式为若干环境问题建立可持续标准。与 SEEA 中提出的标准不同的是，这一标准并不参考核算期初的环境质量，而是参考可持续的生态状态，即利用环境系统、环境产品和服务的可持续的方式和速度。

虽然从社会福利或可持续发展的角度看，行为人承担实际的预防成本而并不承担潜在的预防成本是合理的，但这两种成本是相互补充的。在任一时期，若是没有预防成本支出，环境的恶化要比实际情况糟得多。但是，若是我们将零污染或高度可持续性作为参考标准，那么我们就需要支付污染治理成本和环境重建成本以填补实际的环境质量与所要达到的更加富有野心的标准之间的差距。对额外的环境治理成本和环境重建成本的估计应当建立在有关可获得的技术和生命周期变化等的数据上，对各种直接成本和间接成本的估计将在别处讨论。

19.3.4 企业层面的报告与环保绩效

我们的研究项目的一个主要任务就是探究在企业或微观层面，究竟何种有关企业对环境的压力和其治污前景的信息能够用来进行绿色国民核算。我们对成本曲线的经验估计和建模数据要求的研究使我们相信这种信息是很重要的。同时，我们的研究表明企业层面的检测，环境质量控制和报告行为所提供的信息是完全不同的。并没有一种简单的转换方法可以将这些不同的信息转换成能够用来计算绿色国内生产总值的技术数据和成本数据。除此之外，很多信息牵扯到商业机密，从而使研究人员无法获得。

R.11　经济活动对环境的影响可以被"考虑在内"，也可以被"内部化"，区分这两个不同的概念是有意义的。第一个概念反映在经济行为人提供的信息种类和报告目的上，是对内部化的一种定性；第二个概念是指试图在部门或国家层面上创建定量指标。

绿色国内生产总值中的名义利率可以作为国民经济在遵循特定的环境标准下（如与可持续性有关的标准）未来发展前景指标，而私人部门越来越关注记录企业的环境保护绩效和企业产品的环境品质（如生态报告，可获得的最佳技术，ISO 14000 协议）。从定性的方面来说，这两者之间有一定的相似性。对宏观经济核算账户的调整与实施新的企业报告措施改变了企业检验的负担，使其从来自于忽视经济活动对环境影响转移到来自于为了维持环境质量而必须采取最佳的、合理的措施。

但是，企业层面的数据（微观）与绿色国民账户数据（宏观）之间的联系不能简单地归结为收集与汇总。事实上，我们的研究项目中三个重要领域的实践工作都显示了这点。这三个领域为：污染治理成本曲线的估计；环境保护支出的分类和估算；企业层面的环境信息。

让我们从创建国民核算账户和计算经环境因素调整国内生产总值的角度出发，阐述微观与宏观之间的联系。所需数据来自于许多不同的经济领域和技术领域，而每一领域都有自己的对数据进行分类的方法。若将企业、部门和国民经济看作一个整体，我们通常可得到加总的有关排污水平和原材料和能源投入的数据。而这些数据需要由详细的、分解的有关污染治理措施和成本的技术信息来补充。这些数据往往来源于各种研究项目，有些项目在私人部门进行，而更多的是由政府资金支持研究机构来做。因此，一方面是详细的但是缺乏关联的信息，另一方面是用来计算代表性企业的污染治理潜力和成本的统计数据，这两方面之间存在巨大的隔阂。如何消弭这种隔阂依赖于研究者、技术人员和流程经理、统计人员之间的协作，分享各自的专业知识——相互理解各自不同需求。

并没有一种简单的核算和报告程序能够保证消弭技术—经济研究，公司信息和统计数据之间的隔阂。最重要的是在确保生产的公共利益和传播公司层面的治污潜力和治污成本的信息的基础上，鼓励各方之间的互动。

R.12　我们建议应当鼓励私人部门、研究人员和政策制定者之间进行合作，以推动进一步廓清行动的优先次序；而且为了更有效地制定政策，应当进一步开发和推动微观层面企业报告制度的发展，以实现公共领域可持续发展的目的。为了这一领域的良好发展，研究人员、统计学家、公共政策制定者和私人企业主之间应当保持持续的互动。

借助公共财政资助的清算机构，如欧洲环境署，并将具有特定政策重要性的专业数据库置于重要地位，可以促进信息的获得与分享。除此以外，通过公共政策与公司协议（如 ISO 14000 系列），国际承认的标准和质量认证的发展能够促进"借由信息内部化"的发展。

微观层面的实际数据（即技术研究数据和企业信息）是构建污染治理成本曲线的必要输入量。同时，在大范围内使用降低污染物排放量的技术造成生产方式的改变会对整个经济产生影响，而要针对这些影响建立模型，微观层面的数据是必要的基础数据。正如报告的其他部分所讨论的那样，开发整个经济模型的基础是建立在部门和污染物的基础之上的，需要假设技术改变和最终消费改变的速度和方式。这些假设反映了人们对现有或将来拥有的技术的认识（过程效率的改进、新的产品），以及判断经济个体（企业、金融中介机构和家庭）对新的技术可能性，政策信号等信息如何反应。同样，从参与者的行为角度看，保证研究工作的质量和针对性的前提条件是研究人员、统计部门、政策制定者和一系列生产者与消费者之间的持续性互动。

19.3.5 进一步研究和政策分析的演进性质

我们定义的经环境因素调整的宏观经济指标着重强调政策分析的实用性和演进性质。为了应对不断出现的分析政策和评估政策的需要，需要不断完善有关环境和技术前景的数据库。建模的方法非常重要，为了探求国民经济的发展所面临的约束和可能性空间，事前的情景建模非常重要。然而，因为存在着数据上的限制和未来研究的不确定性，使得一些结果与其他结果比较起来缺乏稳健性。分析的目的不是一味追求精确性，而是要理解量化的结果和辩证地看待不确定性。情景建模不会得出唯一的"经环境因素调整的国民收入"数值（绿色国内生产总值），而是得出一系列的可能的绿色国内生产总值的时间序列。正如已经提到的那样，最有价值的信息不是来自于那些总量数据，它们经常因为假设前提的改变而改变，而是来自于比较不同模型结果和情景的过程中获得的信息和认识。

在下结论之前，我们想说一下在研究计划中并没有详细阐述，但值得进一步研究的一些领域。我们认为这些领域对于修正国民经济核算体系以制定可持续发展政策来说非常重要。

在我们的研究计划中得出的经验性结果主要涉及广泛的环境压力：因汽油

燃烧引起的空气污染物排放（如二氧化碳、氮氧化物、硫氧化物），也有其他一些氮化合物。我们已经强调面临的环境问题的广泛性和复杂性，我们应当为以下问题寻找具有实用性的答案。何种环境问题最具有相关性？何种工业或生产活动最重要？我们怎样才能在面临有限的预算、有限的数据和分析样本的局限性时，保证结果的代表性和重要性？

在未来的研究中，环境保护成本曲线的估算和情景分析应当扩展到由以下类别引起的环境压力上来：重金属排放物、农业耕种引起的排放于耕地和水资源系统中的化学污染物（如硝酸盐、磷酸盐和农药）以及其他污染物。

在一些欧盟国家已经开始实施一些应用性工作，如在荷兰的 NAMEA 框架（De Haan，1996；CBS，1996；Keuning，1996）。由欧盟统计局利用卫星测量技术获得的综合土地覆盖数据，以及由若干欧盟国家开发的水资源账户是具有高度价值的信息库的进一步例证。然而，应用和结合各种各样的数据集的经验还不成体系，所以信息汇总知识的增进会使人们获得更多的收益。

出于宏观经济建模的需要，量化各种环境压力会遇到各种各样的问题。例如，从农业耕种活动中流入水资源的化学污染物的数量依赖于当地的各种因素，这包括特别的农业耕种习惯、降雨类型、地表、地下和江河中水分输送的动态过程，以及临近非耕种用地和水资源的利用。开发完善的数据库，将与可耕种土壤和水资源的质量相关的环境标准信息纳入到模拟模型中去等要求向模型设计和在实践中调试提出了一系列挑战。

另一在我们的研究计划中没有详细讨论的领域是国际范围内的环境压力。我们已经提到（在报告的第 7 章、Brouwer and O'Connor，1997b）诸如气候变化，大范围的森林采伐等事件必须从全球政治生态的角度出发给予恰当的处理。政策情景研究和绿色经济核算账户的主要任务不仅是核算国际贸易中不同种类的商品和服务的贸易量，而且也要核算对环境有压力的交易（实际的或是由源头引起的）。狭隘的国家主义的视角会得出错误的结论。

国民经济的显著一部分为服务产业、银行、保险等产业的高度发达国家，从本国单独的生态平衡出发，看起来具有相当完美的可持续性，因为它们进口需要的（不可再生的）原材料、能源并且成功出口转移污染性的制造产业。事实上，过去 30 年的统计趋势很好地符合了这一不平等的发展模式：伴随着不断攀高的国际贸易总量使原材料在工业化国家的进口中所占的比重不断走低，同时工业化国家进口的有毒污染物所占的比例也越来越小。例如，日本的铝相对来说更多地来自加拿大，而水力发电的价格要比 20 世纪 70 年代便宜多了。同样，日本在一些国家开发水力发电，如巴西、印度尼西亚等。与日本经济活动相关的一部分污染和生态破坏已经被转移到了海外。

除了有关国家范围内的环境压力的环境数据（如能源开发、森林采伐、渔业捕捞、污染物排放和土地利用变化），还要计算何种相应的影响会与进口原材料和出口原材料和产品有关。人们已经开发了一些满足这一要求的分析工具。通过结合生命周期分析（分析采掘对环境带来的压力和能源和原材料的生产）与投入—产出分析（分析已包括各种不同原材料的国际贸易）来计算"生态包袱"。因为及时和高质量的国际投入—产出表很难得到，这一工作还处于发展的初期阶段，但是大体框架已经弄清楚了。例如，在德国，一些组织如伍珀塔尔研究院已经建立了一个工作组以合作核算原材料和能源流动，包括国际贸易。在其他地方，已经对一些国家进行了初步的分析以量化富裕国家中的生产和消费对生态所造成的影响，包括土地面积、水和光合作用的要求，这一分析同时结合了生产和消费国家的资源的可获得性。地球上各个地区对由人类产生的二氧化碳排放物日益恶化的吸纳能力，近来成为国际上讨论的主要话题（有人提出工业化国家以一种从过去以来就不平等的方式攫取自然服务资源，这一行为不仅掠夺了它们不发达的邻居，同样给后代带来了负担）。

最终，可以说在任意时期，以各种形式进行的无形资本国际间转移或跨国界转移（大多以电子方式）在货币价值上大大超过了有形资本和服务的交易量。在核算和理解国民收入的背景下，应当更加注意国际资本转移和它们对国家经济的带动力量，注意由传播效应引起的国内或国际层面的环境压力。

以上提出的建议并没有穷尽所有的可能性。它们只是简单地提出几个值得研究的重要领域，以及应当整合进绿色国民经济核算体系的数据条件。这些简短的评论也强调了在研究项目中得到的观点，即由部门研究或宏观经济多部门建模情景分析得出的定量分析结果显示了经济和环境可持续性的前景。我们应当以开放的方式理解这些评论，得到的见解也是若干政策讨论的主题之一。对指标的理解应当结合其假设背景、衡量框架和研究人员评估的目的。

参考文献

1. Aaheim, A. and Nyborg, K. (1995), "On the interpretation and applicability of a 'green national' product", *Review of Income and Wealth*, Vol. 41, No.1.

2. Asheim, G. (1994) "Net national product as an indicator for sustainability", *Scandinavian J. of Economics*, Vol.96, pp.257–265.

3. Baumol, W. J. and Oates, W. E. (1971), "The use of standards and prices for protection of the environment", *Swedish J. of Economics*, Vol. 73, pp. 42–54.

4. De Boer, B., De Haan, M. and Voogt, M. (1994), "What would net domestic product have been in an environmentally sustainable economy?" in

National Accounts and the Environment, Papers and Proceedings from a Conference of the London Group, 16–18 March 1994, London.

5. Brouwer, R. and O'Connor, M. (1997a), Final Summary Report of the research project No. EV5V-CT94-0363, Methodological Problems in the Calculation of Environmentally Adjusted National Income Figures, in 2 volumes, produced by the C3ED for the DG–Ⅷ of the European Commission.

6. Brouwer, R. and O'Connor, M. (1997b), Project Final Report of the research project No. EV5V-CT94-0363, Methodological Problems in the Calculation of Environmentally Adjusted National Income Figures, in 2 volumes, produced by the C3ED for the DG–Ⅷ of the European Commission.

7. Brouwer, R., O'Connor, M. and Radermacher, W. (1996), "Defining cost effective responses to environmental deterioration in a periodic accounting system", in Proceedings of the Third Meeting of the London Group on Natural Resource and Environmental Accounting (held at Stockholm, 28–31 May 1996), Statistics Sweden, Stockholm.

8. CBS (1996), "Accounts and indicators for the economy and the environment; the 1986–1992 NAMEAs" (in Dutch), Statistics Netherlands, Voorburg/Heerlen.

9. Cobb, C.W. and Cobb, J.B. Jr. (1994) *The green National Product. A proposed index of sustainable economic welfare*, University Press of America, Lanham, MD.

10. Daly, H.E. (1989), "Towards a measure of sustainable social net national product", in Ahmad, Y. J. *et al.* (Editors) *Environmental Accounting for Sustainable Development*, The World Bank, Washington, DC., pp.8–9.

11. Duchin, F. and Lange, G.M. (1994), *The Future of the Environment: Ecological Economics and Technological Change*, Oxford University Press, New York.

12. El Serafy, S. (1989), "The proper calculation of income from depletable natural resources", in Ahmad, Y. *et al.* (Editors) *Environmental Accounting for Sustainable Development*, The World Bank, Washington, DC.

13. European Commission (1993), *Towards sustainability; a European Community programme of policy action in relation to the environment and sustainable development*, Publication 93/C138.

14. European Commission (1994), Directions for the EU on Environmental Indicators and Green National Accounting, Communication to the Council and the European Parliament, COM (94) 670 Final.

15. EUROSTAT (1994), SERIEE 1994 Version, Luxembourg.

16. Faucheux, S., Muir, E. and O'Connor, M. (1997), "Neoclassical theory of natural capital and 'weak' indicators for sustainability", *Land Economics*, Vol.73, No.4, pp.528–552.

17. Faucheux, S. and Froger, G. (1994), "Le 'Revenue National Soutenable' : est -il un indicateur de soutenabilité? " *Revue Francaise d' Economie*, Vol.9, No.2, pp.3–37.

18. Faucheux, S., Froger, G. and O'Connor, M. (1994), "The costs of achieving sustainability: the differences between environmentally corrected national accounts and sustainable national income as information for sustainability policy", *Discussion Papers in Environmental Economics and Environmental Management*, University of York, UK.

19. Faucheux, S. and O'Connor, M. (Editors) (1998), *Valuation for Sustainable Development*: *Methods and Policy Indicators*, Edward Elgar, Cheltenham.

20. Faucheux, S. O'Connor, M. and Nicolaï, I. (1997), "Economic globalisation, competitiveness, and environment", *Globalisation and Environment*: *Preliminary Perspectives*, OECD, Paris, pp.101–141.

21. Faucheux, S., O'Connor, M. and Nicolaï, I. (1998), "Globalisation, competiveness, governance and environment: what prospects for a sustainable development? " in Faucheux. S., Gowdy, J., and Nicolaï, I. (Editors) *Sustainability and Firms*: *Technological Change and the Changing Regulatory Environment*, Edward Elgar, Cheltenham, UK.

22. De Haan, M. and Keuning, S.J. (1996), "Taking the environment into account: the NAMEA approach", *Review of Income and Wealth*, Series 42 No.2 (June 1996).

23. De Haan, M. (1996), "An input-output calculation of avoidance costs", contribution to the fourth biennial meeting of the international society for ecological economics (ISEE), Boston, 4–7 August 1996.

24. Herfindahl, O.C. and Kneese, A.V. (1973), "Measuring social and economic change: benefits and costs of environmental pollution", in Moss, M. (Editor), *The Measurement of Economic and Social Performance*, *Studies in Income and Wealth*, Vol.38, pp.441–508.

25. Hueting, R. (1980), *New scarcity and economic growth*; *more welfare through less production?* North–Holland Publishing Company, Amsterdam.

26. Hueting, R. (1989), "Correcting national income for environmental losses: towards a practical solution", in Ahmad, Y. *et al.* (Editors), *Environmental Accounting for Sustainable Development*, The World Bank, Washington, DC.

27. Hueting, R., Bosch, P. and De Boer, B. (1992), *Methodology for the Calculation of Sustainable National Income*, WWF International Publication.

28. Hueting, R., De Boer, B., Bosch, P. and Van Soest, J.P. (1995), "Estimating sustainable national income", in W.van Dieren (Editor), *Taking Nature into Account*, Copernicus, Springer–Verlag, New York.

29. Hueting, R. (1999), "The Parable of the Carpenter", Paper prepared for the workshop *Valuation Methods for Green National Accounting: A Practical Guide*, co-organized by The World Bank, the UN Statistical Office, and the ISEE, held at Washington DC., March 1996, revised version forthcoming in the *International Journal of Environment and Pollution*, Vol.12.

30. Keuning, S.J. (1996), *Accounting for Economic Development and Social Change*, IOS Press, Amsterdam.

31. Kuznets, S. (1948), "National income and economic welfare" in Kuznets, S. (Editor), *Economic Change*, London, p.192ff.

32. Meyer, B. and Ewerhart, G. (1996), "Modelling towards eco domestic product", contribution to *International Symposium on Integrated Environmental and Economic Accounting in Theory and Practice*, Tokyo, 5–8 March 1996.

33. O'Connor, M. (1997a), "Internalization of environmental costs: implementing the polluter pays principle in the European Union", *Int. J. Environment and Pollution*, Vol.7, No.4, pp.450–482.

34. O'Connor, M. (1997b), "Environmental valuation: from the point of view of sustainability", in Dragun, A. and Kristin (Editors) *Sustainability and Global Environmental Policy*.

35. Pearce, D. and Atkinson, G. (1993), "Capital theory and the measurement of sustainable development: an indicator of 'weak' sustainability", *Ecological Economics*, Vol.8, No.2, pp.85–103.

36. Peskin, H.M. (1991), "Alternative environmental and resource accounting approaches", in Constanza, R. (Editor), *Ecological Economics, the Science and Management of Sustainability*, Columbia University Press, New York.

37. Peskin, H. M. and Lutz, E. (1993), "A survey of resource and environmental accounting approaches in industrialized countries", in Lutz, E.

(Editor), *Towards Improved Accounting for the Environment*, The World Bank, Washington, DC.

38. Pezzey, J. (1997), "Sustainability constraints versus 'optimality' Versus intertemporal concern, and axioms versus data", *Land Economics*, November 1997, Vol.73, No.4, pp.448–466.

39. Repetto, R. (1989), *Wasting Assets: Natural Resources in the National Income Accounts*, World Resources Institute, Washington, DC.

40. Riege-Wcislo, W. and Heinze, A. (1996), "Manual on the construction of abatement cost curves, methodological steps and empirical experiences", produced in the course of the GREENSTAMP project (and subsequently adapted for publication in this issue (see the papers by Radermacher *et al.*, and Riege-Wcislo and Heinze).

41. Schäfer, D. and Stahmer, C. (1989), "Input-output model for the environmental protection activities", *Economic Systems Research*, Vol.1, No.2, pp.203–228.

42. Stahmer, C. (1995), "Environmental accounting and the system of national accounts", in van Dieren, W. (Editor) *Taking Nature into Account; A Report to the Club of Rome*, Springer-Verlag, New York.

本文载《国际可持续发展学报》第 2 期，第 7~31 页。

第20章 经济应该如何发展？
——从最优增长到可持续增长[*]

彼得·巴特姆斯

邮编：NY10017 地址：美国纽约联合国统计司，

环境、能源和工业统计处DC2-1650房间

摘要：环境和经济之间是相互影响的。大多数经济学家和经济政策制定者们都会忽略这种影响，把它看作是主流市场经济学研究范围"之外"的东西。问题在于，环境的外在性是否已经达到了一定程度，即它对资源配置的优化和效率产生了破坏作用？增长和发展的可持续性已经成为处理环境影响的社会成本的衡量标准。本文对这种标准如何能够用于实际操作以评价环境问题在经济分析和政策制定中的重要性进行检验。在进行研究的国家中，他们已经对经济可持续性和生态可持续性的指标进行定义和编辑。通过这些指标，我们形成了评估"经济学"和"可持续发展"的可供操作的范式。

20.1 经济失调了吗？

经济的繁荣会使人做出错误的判断，并给人们提出误导性的政策建议，这已成为传统。20世纪70年代的石油危机，在发展中国家伴随着经济结构调整带来的社会剧变，从中央计划经济到市场经济产生的混变以及明显存在的环境外在性，这些都对传统经济分析具有的预测能力和建议能力提出了怀疑。或许对经济学的基本教义"批判"得最为猛烈的是：在原子状市场的理想条件下，资源的使用可以达到最优。这一批判是由加尔布莱斯在1986年发起的。[①]最近，

---

*作者是联合国统计司（UNSD）的一名成员。在这里所表达的观点，只代表他本人，未必代表联合国的观点。物质/能量强度指数（IMEI）是由唐纳德·史编辑的，他是联合国统计司环境统计处的负责人。数据和表格是在凯瑟琳·苏伊特（统计助理）的帮助下准备的。由三位（匿名的）审阅者所做的广泛的评论和建议，有助于使论文得以精炼表述，在这里对他们表示深深的谢意。

① 加尔布莱斯对人们广泛传授并应用的经济学基本原理进行的抨击，却对经济学的分析带来了极少的改变，这是相当奇怪的。加尔布莱斯于1986年提出，这是由于"成熟"的公司和国家建立联盟造成的，双方都隐藏了他们共同的经济增长目标以及在忠实于完全市场的面具下的权利。

表现这种"不满"的文献越来越多，由于自由放任的经济学对这一事实（偏爱于形式上的严格性而忽视了现实世界的客观情况）的漠不关心，它的明显复苏受到了人们的批评（Ehrlich，1994；Heilbroner and Milberg，1995；Kuttner，1997）。

经济学的基本假设受到人们的批评，尤其是关于在完全竞争市场中微观经济主体行为是"理性的"这一假设，而主流经济学家似乎不理会或者否认这些批评。他们坚持认为稀缺资源的分配达到了最优。其他人争论道：在理想条件下采取的行动，如通过一系列"政策改革"（Dasgupta，1994：42），很可能会有助于实现这种最优分配的状态。其他人或者争论道："处于真空中的经济学"很可能有助于帮助解释复杂的问题（Samuelson 和 Nordhaus，1992：295）。只要没有发生显著的变化，我们很可能会活在"半虚拟"（Solow，1992：10）的完全市场中。

与此同时，现实确实发生了激变。环境现象被视为特有的独立于市场经济之外的现象而不被考虑，这种现象的出现已经形成一定规模，由于它们产生的"社会"成本已经超过了在收入和消费中的"私人收益"，这就破坏了以传统经济学理论为基础进行的政策分析。人们经常引用"Kiribati"这个例子。它是太平洋上的一个小岛国，以其磷矿资源为生。在 1982 年，由于这些资源被耗尽并停止了所有开采活动，GDP 下降到不足之前四年平均水平的一半（OECD，1985）。把这一问题归因于一个小岛国引起的而不予考虑，这也是行不通的。工业化国家可能已经把大量的日益增长的环境问题转移到了经济上比较贫穷的发展中国家。在市场自由化的掩盖下，从"第三世界"国家中进口自然资源（如鱼、木材），并将不安全和有污染的工业转移出去，这被认为是对"第三世界"国家出口了"资源耗竭"和"环境降级"。

其他全球闻名的环境破坏现象，如气候变化、臭氧空洞、土地退化以及物种灭绝，它们看起来像是"通过许多外部性来侵吞经济价值"，这使得经济学在解决这些问题时变得"无能为力"（Martinez-Alier，1987：xii，xiv）。正如一位一流的绿色经济学家所提出的那样，如果环境污染和资源耗竭使地球不堪重负，那么尽管它的资源配置达到了最优，这一行星之舟也会沉没的（Daly，1989）。这一设想使人们产生这样一种印象：由于环境破坏超过了生命的环境极限条件，实现资源最优配置的经济学被滥用了，因此它也已变得名不副实了（与它本来的使命相比，其意义变得不相关了）。

如果环境现象与经济活动相互独立，那么就没有必要费力去进行环境现象的经济分析了。可以通过制定环境政策来解决环境问题，而经济学也可以追求它自身的目标，不用去考虑是否会阻碍自身目标以及其他领域目标的实现。然而，环境和经济是相互影响的。在环境和发展两个领域里制定政策的失败，追根溯源，可以发现这是由于划分不同的部委和机构，从而忽视了它们之间的相关性（WCED，1987）。

然而，许多关于环境现象和经济运行及发展之间是否具有相关性的讨论，仍然无法得到证实。我们离危及生命的环境极限还有多远？这个行星之舟正在沉没吗？由于经济体系损害了它的环境支持系统，它正朝着"自我毁灭"的方向发展吗？（Brown 等，1993）可持续增长对发展来说意味着两者间是矛盾的呢，还是意味着它是发展的一个必要条件呢？（Boutros-Ghali，1995）

目前的生产类型、消费类型和经济增长类型不具有可持续性，支持这一看法的典型参照标准有：[1]

● 气候变化：由于温室气体排放导致了全球变暖，温度上升了 1 到 3.5 摄氏度（这是 1995 年由政府间气候变化专门委员会做出的评估）。

● 生物资源占用量：每年有 40% 的净初级生产力都用于消耗有机物质并进行破坏性的土地利用。

● 臭氧层损耗：由于在电冰箱、绝缘材料和包装物上使用了 CFCs（含氯氟烃）和 halons（氯化物），在 1993 年，臭氧总量处于最低纪录，即 90 多布森单位，而臭氧层漏洞的面积要比前些年扩大 15%（Brown 等，1994）。

● 土地退化和沙漠化：自从 1972 年以来，5000 亿吨的优质土壤消失了（Brown 等，1993）；沙漠化每年以 500 万公顷的速度进行着。

● 生物多样性：1/4 的物种濒临灭绝；由于农业、森林砍伐、污染和土地使用对生物群系和栖息地造成的破坏，使得每年有 5000~150000 种的物种消失。

● 森林砍伐：为了开垦农田和建造住宅，需要砍伐木材并进行土地清理，这导致每年有 1680 万公顷的森林消失。

● 能源：已探测到的可回收资源（矿藏）储备可以利用 90 年，包括已经在地层内的资源可供使用 243 年，所有的总剩余储备资源（包括新增估计的资源）可供使用 800 年（联合国，1992）。

显然，仅通过列出一些毫不相干的指标是不能找到答案的，这些指标用来表现全球变暖的程度、衡量臭氧损耗的多布森单位或者新增的沙漠化公顷数，等等。我们需要一个具有操作性的可持续定义，它能够将所有这些环境现象包含进去，或者能够在它们以及相关的经济活动成本和收益之间进行比较。本章通过可以比较的（综合的）衡量指标来探寻对经济和环境的相互影响进行量化的可能方法，使用潜在的概念来为发展和增长的可持续性进行可操作化的定义，同时提出了第一个统计结果，并得出结论：环境问题和主流经济学分析有关并需要引入新的范式。

---

[1] 除非另有说明，这里的资料均来源于 UNEP（1992 年）。

20.2 定义可持续概念：两分法

为了将环境问题和经济目标相结合，"经济学家"和"环境学家"①分别对他们分析问题的工具进行研究，以便找出某种分析方法并将其应用到对方的研究领域。在这个过程中，他们将自身的价值强加于其上，结果得出关于增长和发展可持续性的截然不同的观点。

因此，环境经济学家试图将稀缺的环境商品和环境服务纳入到他们的经济学（货币）价值体系。他们的假设前提是，可以把环境看作是一种商品，因为个体是这么理解的。因此，它能够鼓励消费者通过货币来表现他们对环境服务的偏好和环境损失的厌恶。由于缺乏环境商品和服务交易的市场，这种传统"公共物品"的供给曲线和需求曲线，如果不能被模拟出来，至少是可以想象出来的。

为此，将经济价值概念的范围加以扩展，令其包括自然资源的使用、环境吸收废物的功能以及非使用价值（如可选择价值或存在价值），它们从受到完整保护的生态系统和物种这些概念中引申而来（Munasinghe，1993）。人们已经发明对这些价值进行评估的诸多核算方法，来对项目和工程的实施给环境带来的影响进行成本—收益分析。这些估值方法中，有些已经被纳入到核算"绿色"国民核算的方法体系中（Bartelmus，1997）。一些环境经济学家经过进一步"分析"之后，提倡把环境的福利影响（用影子价格的方式）引入到国民收入或国民生产净值的计算中（Mäler，1991；Pearce，1994）。

环境学家反对这样一种观点：可以把环境看作一种商品。从文化或道德的角度看，人们把（或者说应当把）环境看作是一种不可分割的社会产品。对于这一产品，人们表达的是一种态度或信仰危机（例如，见 Doob，1995），而不是根据经济学的成本和收益分析后得出的偏好。我们理解的公共产品的价值，或受"支付意愿"而实际上很可能反映一种"支付能力"的国家遗产的价值与理解的环境价值是矛盾的（Jacobs，1994：80）。问题不在于如何对未标价的商品进行货币定价，而在于如何阻止由于误导性的经济估值方法来使"环境成为经济学的殖民地"（van Dieren，1995：7）。

---

① 为了展示的方便，我们对主流新古典经济学的拥护者和对人类环境持整体看法的拥护者进行一个天然的划分。后者的观点已经通过（尤其是）"资深的生态学家"表达出来，他们强调需要有一个综合的、宗教的以及哲学的世界观并相信所有物种的内在平等性（Naess，1976；Devall and Sessions，1985）。类似地，可以参考它划分出"环境经济学家"。当然，现有的几个学派以及它们的代表人物可能都不能完全符合这种简化的分类。

　　出于上述推理，不能用货币表达自然的真实价值。因此人们研究出了新的指标和指数，如"生活品质指标"（OECD，1973）、"人类发展指数"（UNDP，1995）和"可持续发展指数"。[①] 将这些指标或指数的不同构成因素进行汇总，这必须通过对可以量化的优先考虑的关切事项和（或）相关的经济活动与结果进行适当的加权。这种指标的选择和权重设置，代表了指数制定者的价值偏好，而且可能因此反映了环境学家的想法、偏好和数据框架方面的优先考虑顺序——使得经济学成为殖民地？

　　对环境、经济运行、增长和发展之间的相互关系进行衡量和分析，得出的结果是一分为二的。这种二分的结果是关于自然环境在人类生活中承担角色的两种不同的"世界观"的基础上得出的。这两种结果可以概括如下：①经济可持续，目标是在长期中维持经济产出、收入和消费，如经济增长；②生态可持续，重点考虑在既定的区域中，依靠有限的自然资源来维持人口数量。生态学的可持续性表明，它应用了生态学上的概念，如承载能力以及为了人类能够正常利用自然最优的可维持的生物繁衍系统产量（Odum，1971），尤其是为了维持生命。经济学的可持续概念，是面对生产和消费而言的，而生态学的可持续是直接针对人类及其需要。结果，人们对环境所起作用的理解是不同的，要么把它看作是经济增长的先决条件，要么看作是为消费者提供了重要的服务和舒适感。

　　图 20-1 表示了在经济价值及衡量（阴影填充的方框）与实物或非货币的概念及衡量（白色方框）之间的二分法。"使用"项是由以下一般过程构成，即供给、商品的使用及其使用者，从自然界、经济和社会系统中得到的服务以及舒适度。该图允许对供给的可持续、使用和使用者，以及在经济的可持续性（供给和使用）和人类（使用者/污染）发展之间的可能差异做进一步的划分。这一差异是个有益的提示，它揭示了可持续的最终目标不是指人类的经济行为而是人类本身。

　　图 20-1 中的货币量度，包括那些用扩展的国民经济核算进行编辑的核算体系，如 1993 年美国的综合环境与经济的核算体系（SEEA）。这些核算事实上是对环境问题赋予了货币价值而衍生得来的核算方法。诸如国民收入、国民产出、资本、投资、储蓄或消费这些传统的经济指标，它们被调整后用于计算"绿色国民经济"总量。尤其是在经环境调整的国内生产净值（EDP，见 20.3）。生态可持续发展的非货币量度，包括领土的承载能力（CC）（它衡量在特定地理区域中人口的可持续性）以及它的对立面——生态足迹（EF）（它衡量了通

[①] 见 Fergany（1994）对生活品质指标所作的简要的文献评论；巴特姆斯（1994b）对可持续发展这一指标做出的评论。

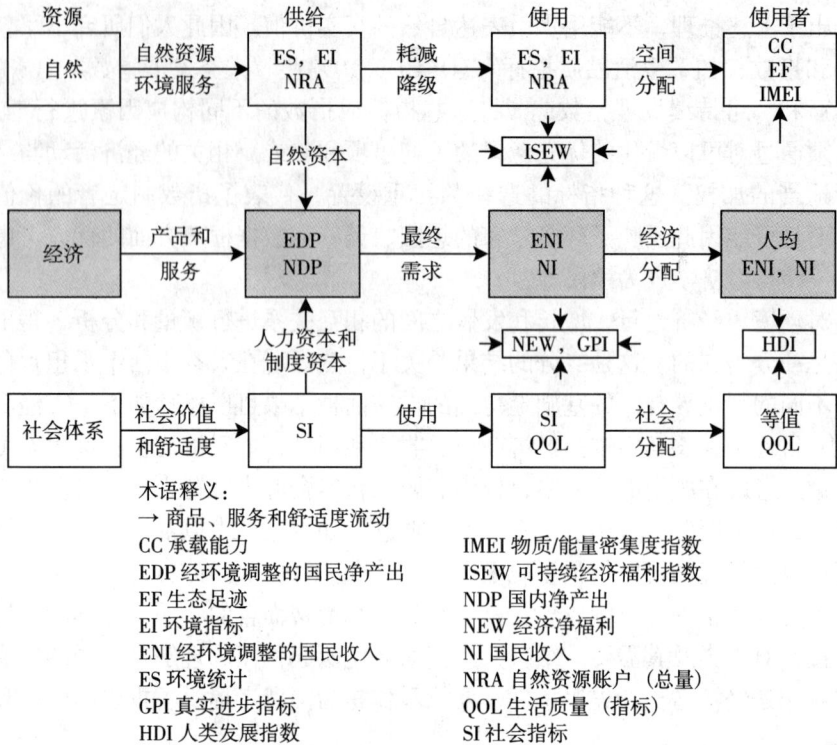

图 20-1　可持续概念和量度

资料来源：巴特姆斯，1994a.

过超过直接占领栖息地的方式影响的土地区域）（Rees and Wackernagel，1994）。在进一步为衡量生态可持续性所付出的努力，包括开发出社会指标和环境指标（SI，EI）的框架或列表，这些指标很可能被合并到可持续发展的指标中去，以及以上提到的生活品质指数（QOL）和人类发展指数（HDI）。

　　下面的章节对利用货币指标和实物指标衡量经济可持续和生态可持续重要方面的能力进行了研究。其他方案试图测算基本不具可操作性的一般的可持续概念，这被定义为非减少的福利（Pezzey，1989），通过在人均国民收入或人均消费中加入"合乎需要"的部分并扣除"不合需要"部分来得到这个指标。这些指数典型地是在一个系统的框架之外进行编辑的，在指数的选取和编辑中缺乏透明度，而且在范围、权重和评估上具有任意性。因此，在这里就不对它们进行深入讨论了。①

————————————————

　　① 图 20-1 显示了某些介于实物数据流量和货币数据流量之间的指数，较为著名的有：经济净福利测度（NEW；萨缪尔森和诺德豪斯，1992）、可持续经济福利指数（ISEW；Daly and Cobb，1989）和基于 ISEW 调整的真实发展指标（GPI；Cobb 等，1995）。

20.3　衡量经济可持续性

在计算生产资本的贬值或消耗时，所使用的经济理论和核算方法已经使用了一个狭义的"可持续概念"。基本原则是：明确区分收入和资本这两个不同的概念，以避免消耗创造收入的资本基础。[①] 使用金融资本和生产资本进行消费，从长期来看，如果不对它们进行更换或再生产，很明显经济是不可持续的。对生产资本来说，在证明"资本消耗"的剔除时，国民核算争论是更加中立的。它指出在核算经济总产出时，需要避免"双重计算"的问题：生产资料和服务的投入（包括资本服务——通过资本商品的磨损来反映），应该从总产出中扣除，剩下的就是净增加值；若从总收入中扣除，剩下的就是国内生产净值（NDP）。

SEEA 体系采用了希克斯的谨慎观点，它将国民核算中关于资产的定义扩展到包括一些非生产性的自然资源。自然资源投入的代价以及环境吸收废物的成本，通过它们在生产过程中表现出的稀缺性和必要性来衡量。利用扩展后的国民核算概念，现在经济运行的可持续性概念具有可操作性了，并被定义为：经济运行可以维持用于生产商品和提供劳务的生产资本和自然资本数量。对生产和增长的可持续性进行进一步的综合分析，必须考虑更多的生产要素，如人力资本、制度资本以及技术进步的影响，在生产要素和物质投入之间的替代性，消费类型的转变以及自然灾难的影响，等等。

不考虑那些难以估算的人力资本和制度资本以及突发性灾难事件的影响之后，问题仍在存在，即在采用对环境有利、清洁而且节约资源的生产和消费技术时，能够对稀缺资源进行替代，在这种可能性存在的假设下，人们需要多少维持资本呢？"弱可持续性"概念假设其他生产要素可以替代稀缺的自然资产，而且总的维持资本指标对于衡量可持续性是充足的。自然资产使用的互补性需要"强可持续性"的理论支撑。例如，保持自然资本种类的完整性。有人支持将"敏感的可持续性"作为一个标准，它把互补性和替代性都考虑进去了（Serageldin and Steer，1994）。

不同"强"度的可持续性，在某种程度上被反映在依据不同估值方法计算

[①] 这一由来已久的区分可以追溯到亚当·斯密（1776，El Serafy，1989 引用），他提出了"净收益"这一概念，即它能够被"不占用自己资本"的国家的居民所消耗。这个概念由希克斯（1946：172）在 160 年之后重新提出，把它看作一个"引导人们采取谨慎行为……给我们一个衡量人类可以消费多少又不至于使国家变得贫穷的指标"。类似地，国民（可支配）收入与在国民核算惯例中关于财产净值构成的确定假设中所提到的"财产净值"是不同的。

得出的绿色国民经济总值中。SEEA 提出了三种基本的价值评估方法：①自然资源资产及其变化的市场价值；②环境降级及其破坏的维护成本；③由环境降级和破坏导致的或然的损坏价值。

市场评价法，用于衡量"经济（自然资源）资产"的价值，这些资源的开采或收获会产生经济收益（CEC 等，1993，para.10.2）。因此，市场评价法主要关注那些有创造收入能力的自然资源资产，即它们生产的矿产、鱼和木材能够在市场上出售。将期望净收益的价值进行折现，可以得到自然资源资产及其消费的市场价值。从微观经济学的角度进行分析，可再生的自然资源资产的经济价值的变化需要考虑成本，以便可以通过市场价值对资产进行置换。① 这是一种"强可持续性"的标准，因为它仅指特殊自然资源资产创造收入的能力。另一种方法是"使用者成本抵减法"（El Serafy，1989），它只保留资产产出销售创造的净收入的一部分。它的目标是通过将这一抵减投入到任何一种生产活动甚至投入到金融市场来获得一个永久的收入流。很明显，收入维持的目标反映了一种"弱可持续性"概念，它不考虑未来在宏观或微观方面的资本构成。

维护成本评价法被引入到 SEEA 中，这么做的目的除了计算自然资源耗减的成本之外，还要计算环境外在性的成本。在 SNA 核算中，仅仅考虑那些"经济"资产，而只由于没有在市场上交易就将稀缺资源排除在核算之外，这种做法会在很大程度上降低经济分析的意义。② 环境维护成本被定义为，为了避免现有的生产和消费活动（在会计核算期内）带来的环境恶化而不得不引致投入的成本。与在更换陈旧固定资产时支出的折旧补偿相类似，它们是为了维持环境的积储容积和资源容量而需要付出的成本。这是一种强可持续性的概念，需要保持环境资产的完整性。理由是长期中可能存在的危害及环境影响的不可逆性，这些不确定性确实需要高度的风险规避。比如，至少在大多数情况下要维持现有的环境质量水平（联合国，1993a，para.53）。在其他情况下，考虑到环境容量的安全使用问题，满足适度排放标准也必须被列为成本进行核算。

从数据可得性以及理论观点两方面来看，或有评价法不可能应用于常规的国民核算中。③ 另外，它根据人们表现出来的对环境破坏的厌恶来估计实施特殊

---

① 在特定条件下（完全竞争、最优资源利用、生产要素的完全替代性），每一单位的净租金，例如"净价格"，可被用作获得折旧成本的现值变化的替代物。为了讨论这一例子中的潜在假设，同时也为了讨论其他估值方法，见巴特姆斯写的有关文献（1997）。

② 事实上，SNA 把公共财物的生产和消费纳入到核算中。同时伴随着"市场衰退"的争论。（CEC 等，1993，paras.9.84，9.92）。很明显这是一个价值判断，即关于哪些项目应当被包含在核算体系中。从这一点到争论把另外一种公共商品即环境包含进去似乎是迈出了一小步。至少在核心账户——"卫星"账户上是如此。即使是稀缺的环境服务，它也是由自然提供的，而不是由社会制度提供的。

③ 当评价购买特殊商品或服务的意愿时，包含消费者剩余在内的或有评价法与应用于国民核算中经济"交易"的市场价格估价法是不一致的。

环境保护措施的需求有多大。在理论上赞同对环境破坏进行补偿，这可以被解释为根据收入维持来创造福利的弱可持续性。然而，想要通过支付成本来维护特殊的环境资产，意味着人们偏好于强可持续性或者说是维持这些资产的完整性。

在应用市场评价法的实践中，例如，在应用 SEEA 的国家计划中，普遍采用了相对简单的"净价格法"。它或者被单独使用，或者和维持成本法结合起来使用。结果形成了两种经环境调整的衡量总体经济运行的指标：EDP1，它代表了经济资产的强可持续性；EDP2，它既代表了经济资产的强可持续性，又代表了环境资产的强可持续性。

表 20-1 列出的这些总量数据，可以从自然资源和环境核算的先导性研究中得出。通过将 EDP 和 NDP 进行比较，从这些研究结果中可以看出自然资本在生产和创造收入过程中的重要程度。人们正努力把这些在国民核算框架之外进行编辑的指标（印度尼西亚、哥斯达黎加、英国），按照 SEEA 的概念进行调整。然而，正如表中"注意"事项表明的那样，由于在和环境现象有关的概念、方法、评估和范围上存在分歧，这些数据的可比性就受到了削弱。

表 20-1　在绿色国民经济实例研究中国内净产出（NDP）和经环境调整的国民净产出（EDP）（最低和最高的百分比）

国　家	EDP1[a]/NDP（%）	EDP2[b]/NDP（%）
哥斯达黎加（1970~1989）[c]	89~96	
墨西哥（1985）	94	87
印度尼西亚（1971~1984）[c]	69~87	
日本（1985/1990）	98/99.6	97/98
韩国（1985~1992）[d]	100	96~98
巴布亚新几内亚（1986~1990）	92~99	90~97
菲律宾（1988~1992）[d,e]	96~99.5	
泰国（1970~1990）[d]	96~98	
加纳（1991~1993）[c,d]	85~89	75~83
英国（1980~1990）[f]	95~100	

注：a. EDP1 is NDP, adjusted for natural resource depletion only. b. EDP2 is NDP, adjusted for natural resource depletion and environmental quality degradation. c. Concept adjusted to United Nation（SEEA）methodologies. d. Preliminary estimates. e. Soil erosion no yet covered. f. Oil and gas depletion only.

资料来源：Costa Rica: Solórzano *et al.*（1991）; Mexico: van Tongeren *et al.*（1991）; Indonesia: Repetto *et al.*（1989）; Japan: Oda *et al.*（1996）; Korea: Kim *et al.*（forthcoming）; Papua New Guinea: Bartelmus *et al.*（1992）; Philippines: Domingo（1996）; Thailand: Bartelmus and Tardos（1992）; Ghana: Powell（1996）; United Kingom: Pearce *et al.*（1993）.

在所有应用 SEEA 的国家中，都采用了谨慎的做法，这导致核算范围的减少和价值的低估。这或许可以解释为什么资源耗减和环境降级成本在经济运行中所占的份额相当少，尤其是在日本和韩国这样的工业化国家更是如此。[1] 然而，这些国家几乎不开采或捕捞国内的自然资源，而其他（发展中）国家，则表现出对其国内的自然资本产生更加显著的影响。印度尼西亚、哥斯达黎加和加纳，这些国家每年开采自然资源以其量占 NDP（见表 20-1 中 EDP1/NDP 那一列）的比例约为 10%~30% 这样的速度进行着。对于经济结构和部门的政策以及管理来说，比整个国民经济总量数据更重要的可能就是由经济部门产生的环境成本了。有实例研究表明，在墨西哥和泰国，由于砍伐森林、开采矿石产生的耗竭成本会减少传统方法衡量的增加值，并使之占总量的比值超过 70%。

　　看经济运行和增长方式是否具有可持续性的另一种方式，就是去评估一国在考虑消耗生产资本和自然资本之后制造新资本的能力。图 20-2 展示了各国

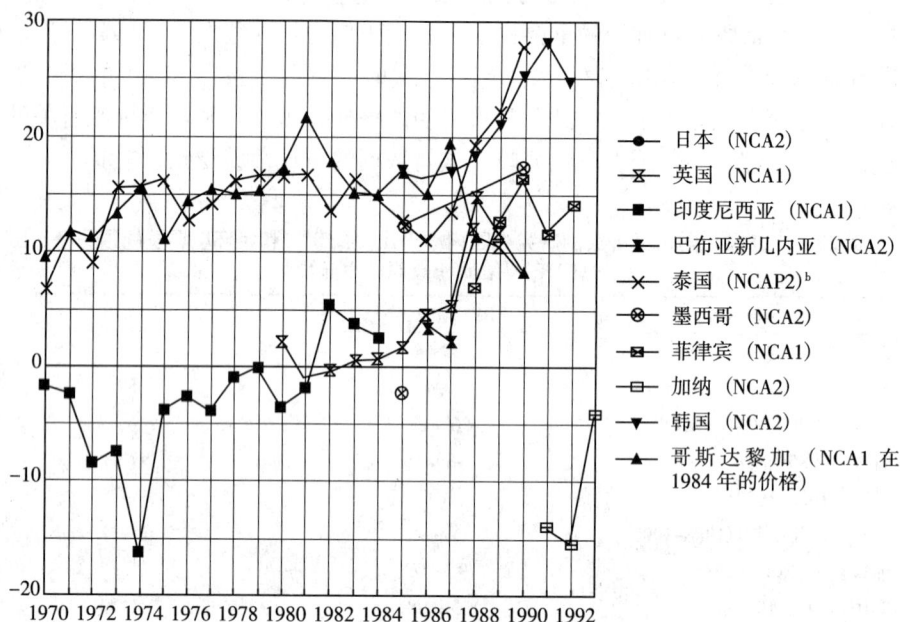

图 20-2　增长的可持续性（净资产积累[a] 占 NDP 的百分比）

　　注：a Net capital accumulation（NCA）is defined as net cpital formation minus environmental cost; NCA1 refers to net capital accummulation covering natural resource depletion costs only; NCA2 covers depletion and degradation costs.

　　b Elements of NCA1 and NCA2（low coverage）.

―――――――――

[1] 由于过去对资源的开采，现有的（每年的）成本和产出核算不考虑过去累积的环境影响以及现在的低水平的资源储备。为此，有人建议使用其他关于"环境负债"的概念和核算（Hueting and Bosch, 1994; National Institute of Economic Research and Statistics Sweden, 1994），但是，它们和现在使用的收入和产出指标不具有直接的可比性（类似"成本"）。这种核算也指出了我们需要进一步分析这些国家对其他国家造成的环境恶化应负的"责任"（通过进口自然资源以及转移污染型行业）。

的净资本积累（NCA，净资本构成减去自然资本消耗）占 NDP 的比例。印度尼西亚和加纳（利用临时数据）显示它们投资减少这样一种不可持续的增长类型。仅从 1 年的数据来看，墨西哥也可能是一个具有这种增长类型的国家。正如以上所述，其他国家得出的可持续性指标可能会过于乐观，这是因为环境资源耗损和环境降级的范围减少了，这在（最早进行研究的）泰国的案例中尤为明显。

20.4 增长的极限：评估生态可持续性

正如以上所述，为了衡量经济的可持续性，对一些没有市场价格的资源进行估价，一些环境学家认为这是"矛盾"的做法。其他环境学家认为它们是不相关的（定价和衡量可持续性）。如果确实超越环境吸收能力和自然资源可得性的最后极限，在"充满阈值效应"（Perrings，1995：63）的经济运行系统中，传统经济学连续的函数关系将变得毫无意义。这种情况只能在标准的经济分析之外，作为一个不可持续的能量吞吐量和物质吞吐量的例子来加以评论。这种生产能力将低熵物质转化为高熵废物（Georgescu-Roegen，1971），贯穿于循环的经济流动体系。最优资源配置、资源的相对稀缺性以及可观测的经济均衡，这些在马尔萨斯的资源流动"规模"有限的经济（在这个经济中，绝对的稀缺性占统治地位）中不再有关联性（Daly，1989）。

在这种情况下，可持续性和不可持续性不得不根据是否符合自然体系的生产能力极限来进行定义。有人试图通过生物资源占有量（Vitousek 等，1986）或承载能力评估（FAO 等，1982；世界银行，1985）（例如，人口数量的生态可持续性，见 20.2 节）来证明这些极限具有普遍性。承载能力通常由在一个特定时间、特定生活标准下，一定区域可以无限维持的人口数量来衡量。承载能力的衡量问题，涉及以下几方面进行的假设：最低生活标准或必要的生活标准，现在和未来拥有的可能会影响到可获得性资源使用的技术，进行分析的时间范围以及和其他领地（这些领地中，除非从全球的层次考虑，否则承载能力这个概念在那里是不适用的）进行的贸易。

物质吞吐量的数据，通过经济活动的物质强度来表示，这比较容易被人所接受。原料密集度，它们已经被编制为衡量对环境承载能力造成压力的代表性指标，如生态可持续性指标和生态不可持续性指标。在工业化国家出现的平均物质强度和能量强度不断下降的情况，因此可以被看作是对环境造成的影响不断下降的标志。在这种情况下，我们认为经济增长和环境有效地"脱离关系"了（Jänicke 等，1989）。然而，随后进行的研究发现，从 20 世纪 80 年代中期以来，经济和环境"再联系"的过程似乎在这些国家中重新出现。

图 20-3 和图 20-4 展示了在一些进行环境核算案例研究的发达国家和发展中国家，对于挑选的物质进行相似计算得到的结果（由于数据不足，图中不包括加纳和巴布亚新几内亚两个国家）。唯一的差别在于，物质投入和国内生产总值（GDP）相关，而和人口无关。原因在于，物质投入和生产（类型）的关系要比和最终需求（例如，最终消费或者人均收入）变化的关系更密切。这些数据展示了"物质/能量强度指标"（IMEI）的发展趋势。图 20-3 的注释（a）对 IMEI 作了定义。IMEI 指标的确表明，20 世纪 80 年代，在三个工业化国家（日本、美国、英国）中，经济运行和环境压力重新建立联系（例如，一种增强的趋势）的程度。然而，这种趋势似乎不会持续到 20 世纪 90 年代。对于发展中国家，可以观察到两种不同的 IMEI 发展趋势。在韩国、泰国、印度尼西亚（以及工业化程度较弱的墨西哥）这些新型工业化国家（NICs），其 IMEI 有日益上升的趋势，这可能是经济加速增长带来的结果。相反，在 20 世纪 70 年代和 80 年代的物质和能量的使用中，菲律宾和哥斯达黎加显示出相当不规律的变化。最近，它们似乎又沿着 NIC 经济体的物质强度的发展趋势而发展。

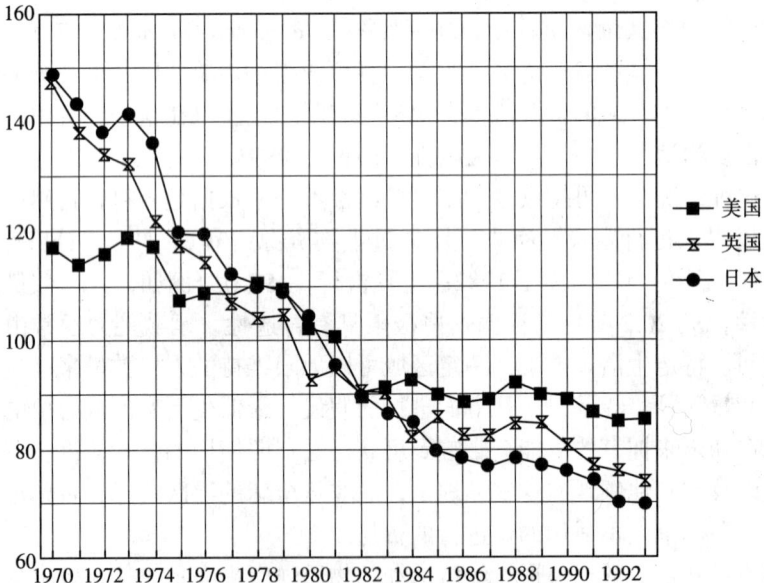

图 20-3　挑选的工业化国家物质/能量强度指标（IMEI）[a]（1970~1993 年）

注：a. Average (for all selected materials) percentage deviation from the average consumption of each material per GDP (1970–93, in constant prices). Materials included are cement, steel, freight (rail and road: net tkm and vehicles in use) and energy. see, for a detailed description of the concepts and method of the index calculation, Jänicke et al. (1989) and de Bruyn and Opschoor (1997).

资料来源：UNSD data bases.

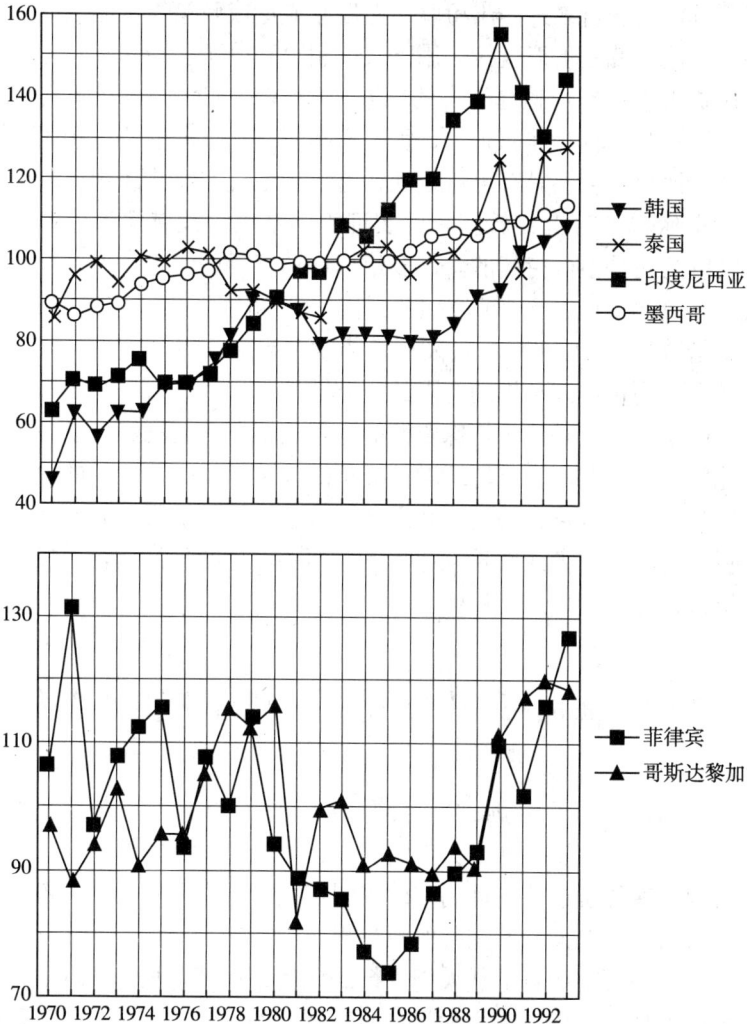

图 20-4　挑选的发展中国家物质/能量强度指标（IMEI）[a]（1970~1993 年）

注：a. 参见图 20-3。

　　这些计算结果也有任何一种实物总量指标所普遍存在的缺陷，例如，权重设置和指标选择的任意性。就 IMEI 指标而论，由不同的物质投入对环境造成的不同影响被赋予相同的权重，它没有考虑物质之间可能存在的替代关系，以及环境保护的影响不是总能被反映在降低的物质强度中。同样，正如一位匿名的评论者指出的那样，下降的 IMEI 可能既表明吞吐量的绝对水平（尽管，它和 GDP 的增长相比要相对较低），也表明吞吐量的绝对减少。De Bruyn 和 Opschoor（1997）把这些结果描述为"弱"脱离关系和"强"脱离关系，或者是"弱""非物质化"和"强""非物质化"。所有这些生产过程和经济活动必须通过更具体的分析来进一步检验，然后才能达成政策性的结论。这些实物指标的另一缺陷，就是不能直接运用于政策制定和分析。

用货币进行环境核算得出的结果和用 IMEI 实物指标核算得出的结果两者之间不能相互比较。在原则上，负的资本积累和下降的资本积累（由于自然资本消耗）使得经济不具有可持续性，这应当通过实物物质生产和消费类型反映出来。实际上，IMEI 编辑指标的实证检验结果，没有清晰地表现出经济增长是可持续的还是不可持续的。许多指标计算背后的假设条件，也使其很难推导出政策结论。因此，到目前为止，它似乎不可能明确地将诸如 IMEI 这样的实物总量指数与 EDP 和 NCA 的发展趋势联系起来。

从迄今为止可以利用的有限的研究结果中，我们可以得出以下结论：至少在某些国家，尤其是依靠特殊资源的国家，根据传统的经济学理论和指标，它们不能废除所采取的不可持续增长类型的政策以及拒绝增长的政策。至少，这些国家将必须采取紧迫的措施来重新调整它们的经济政策和环境政策，以便经济以更加可持续的方式增长。通过下面即将讨论的经济运行、经济增长和发展的新范式，可以实现这个目标。

20.5　面向可操作的范式：经济学和可持续发展

上述结果证实了环境影响会导致经济运行的不可持续性。仍然存在以下问题：是否这些环境影响加上其他的因素，如众所周知的垄断、市场不完全就足以显著地改变传统经济的计划和政策制定呢？这个问题的最终答案很可能不会在可以获得的不全面和不完善的数据集合中找到。

但是，到目前为止，从人们进行的尤其是在环境核算领域中进行的方法论上的数据处理，可以得到两种直接的好处。第一，它提出了关于可持续的更多的具有操作性的定义，这与标准的经济学分析指标一致；第二，更加清晰地在以下两者之间划分了界限：哪些可以被纳入到货币核算框架并进行相应的实证检验分析，哪些必须通过补充的或者是备选的指标体系来进行核算。通过它可以划分出两种基本的范式："生态经济学"（由 Postel 创造，1990）和"可持续发展"。前者集中考虑将环境成本内化到传统的微观经济学和宏观经济学中；后者试图迎合经济（增长）目标而符合社会和环境标准。

20.5.1　生态经济学：成本内化和可持续增长

生态经济学可以被看作是解决传统市场经济中人们所广泛忽视的环境问题的一门学科。把经济活动对环境产生的影响看作是主流市场经济"以外的"东西，这可能就是为什么环境保护政策经常委托给处于次要地位的机构或部门来制定的原因。当人们不能再忽视环境和经济之间的相互影响，并需要将强化的环境政策和经济政策统一考虑时（WCED，1987；联合国，1993b），明显的反应就是重新使用庇古税和类似的市场工具，把它们作为在宏观经济层面将成本内化的手段（例如，见 Dorfman and Dorfman，1993）。其思想就是通过建立公共物品的私人财产权，以及实施财政政策和其他成本内化的激励措施（如排污税、可交易的污染权利和押金—退款制度）来维持传统经济学的根基，即竞争性的市场和最优的经济行为。因此，家庭和企业被激励在他们的经济活动计划、项目和预算中，考虑对环境带来的成本，而不损害市场的资源配置效率。

综合环境和经济核算体系，可以评估假设的（因为真实的环境影响没有发生）的环境耗损和环境降级成本。这些成本是成本内化工具首先考虑的，实际上，它指采用可以阻止现有的经济活动对环境产生影响的可得技术所需的成本。因此，EDP 这个总量指标及其构成要素，考虑了那些没有阻止环境耗损和环境降级所带来的机会成本。这些在生产和消费中对环境破坏带来的成本，应当便于公开支持可持续发展转化为实际行动，来保护环境和生产性投资（考虑到自然资本消耗之后）（Solow，1992）。

成本内化对经济总量产生的最终效果，必须通过流行的价格弹性和技术（生产）结构理论来进行建模。结果，我们可以决定一些假设的经济总量，如"考虑环境目标的最优国内生产净值"（Meyer and Ewerhart，1996）或者"在一个将环境负担减少到可持续性水平的经济体中所生产的最大的 NDP"（de Boer 等，1994）。事实上，可以表明在一定条件下（该条件有点局限性，而且很可能不现实），如完全竞争市场、生产要素的完全替代以及最优行为（资源利用），这些模型将保证既可以得到最大的产出，又可以在长期中使得消费具有可持续性（Solow，1974；Hartwick ，1977；Dasgupta and Mäler，1991）。这些模型可被看作是一些尝试，在将经济对环境的外部性融入分析中的同时，又试图将代际公平原则（被定义为长期中维持人均消费）与传统的经济学分析相一致。

总之，经济增长必须从追求 GDP 最大化这一目标转为追求（更大的）可持续性增长，可持续性增长可被定义为 EDP 发展的合理趋势。定义背后的假设是，在计算 EDP 时对生产资本消耗和自然资本耗损与环境降级所作的补偿能够并且将会被投资于资本维持，同时考虑到资源耗损和环境降级的趋势可以通过技术进步、替代性、自然资源的发现以及生产和消费类型的改变来得到抵消或缓解。①

20.5.2 可持续性发展：从可持续性到可行性

通过将环境耗损和环境降级纳入到国民经济核算来计算经济的可持续增长付出的代价，这不能得到将那些"大多数认为不应当用于出售的东西"（Kuttner，1997：300）考虑进去。这些"东西"包括不能用价格衡量的"舒适"和价值，它们由自然界和社会制度所提供，并在市场体系之外运行。公共制度可能会提供政治自由、安全、收入和财富分配上的公平以及文化价值。此外，环境服务的破坏可能会对人类和非人类生命造成损失和伤害，以及这些消极影响在不同国家分配的不均等、现代人和未来几代人之间分配的不均等。

理性和明确的政策分析必须确定这些需求和价值，它们是根据外生于经济交换体系之外的最小的目标和标准以及最大的限制或门槛决定的，这些标准和限制可能包括：

● 生活标准；
● 自然资源容量极限；
● 污染和放射性污染标准；
● 生物繁衍系统的承载能力极限；
● 收入、财富（包括自然资源资产）和环境影响的分配标准；
● 其他文化的、政治的、社会的和人口统计的标准和目标。

依靠上述讨论的评估经济运行或经济增长的方法，来评估是否实现上述目标以及人类经济行为是否满足这些标准和规范，这是不可能的。这是因为，用货币来表示的价格和偏好，不能反映资源的相对稀缺性和社会在这些领域中的优先次序以及偏好。例如，用实际利率对未来的经济价值折现（在一个相对较短的时期内），要比用社会偏好来说明未来几代人的福利更有说服力。

我们需要用一个广义的"发展"概念来克服经济可持续和生态可持续之间的对立性，而且同时能够描述出经济目标和非经济目标与规则。"可持续性发展"②的可操作性定义，需要明确考虑经济标准与目标和非经济标准与目标。为了实现上述目的，人们建议把"可持续发展"的可操作性定义看作是"发展计

---

① 其他因素，诸如自然灾难的影响、人力资本生产率的变化、或者高通货膨胀和高负债，这些因素也影响到经济增长的可持续性。因此，以上定义考虑了生产资本消耗和自然资本消耗只是反映了一个"更加可持续的"增长概念。这需要进一步的改进（模型）（Bartelmus，1994a：70）。

② 布伦特兰在其报告《我们共同的未来》中对可持续发展下了通俗的定义："既要满足现在的需求，同时又不损害未来几代人满足他们自己需求的能力。"但是，这一定义不能确定什么是人类的需求；它忽视了如何清晰界定未来几代人的时间问题；而且，它甚至没有提出目前环境是可持续发展所面临的重要问题。

划的集合"，这些发展计划应当满足人类需求的目标，同时又不破坏长期的自然资源容量和环境质量与社会公平的标准（Bartelmus，1994a：73）。

经济的可持续性，按照上述可操作性地被定义为资本维持。所考虑的标准、目标和规范，把经济的可持续性问题转化为是否满足社会的目标和社会规范。个体对于商品和服务的偏好，它或多或少可以通过市场有效地表现出来，因此可能会被社会的法令所推翻，尽管这一法令可能会通过民主的方式实现。市场价值应该被社会价值替代，可持续应当被不违背社会规范的人类活动的可行性所替代。这一标准的设定会影响市场交换，因此需要为经济学分析做出根本的改革：从只考虑个人偏好转向考虑"社会"、"政府"或"专制阶层"的偏好。市场"看不见的手"的运行方式将被看得见的指标制定者所代替。

这可以通过一个直观的模型来加以阐述，这个模型列出了相互依赖的经济活动的"可行性空间"（Bartelmus，1979）。这个空间是由有限的生产能力、标准和规范确立的。图 20-5 用简单的只生产和消费食物（x_1）和住房（x_2）这两种商品的经济来进行描述。在这一模型中，社会必须面对食物的最小需求（$\bar{c}_1$）和对住房的最小需求（$\bar{c}_2$），最大的生产能力极限（$\bar{x}_1$ 和 $\bar{x}_2$）以及最大的自然资源可得性的环境极限（$\bar{x}_r$）和最大环境承受污染极限（$\bar{x}_p$）。这些最小约束条件和最大约束条件，就界定了经济的可行性空间，在图中用阴影面积来表示。当然，其他诸如在代内公平和代际公平之间交换的分配问题 [例如，暂时贫穷和长期消费的可持续性（Solow，1993）]，将必须通过利用第二阶段的决策制定的"政治空间"来加以解决。

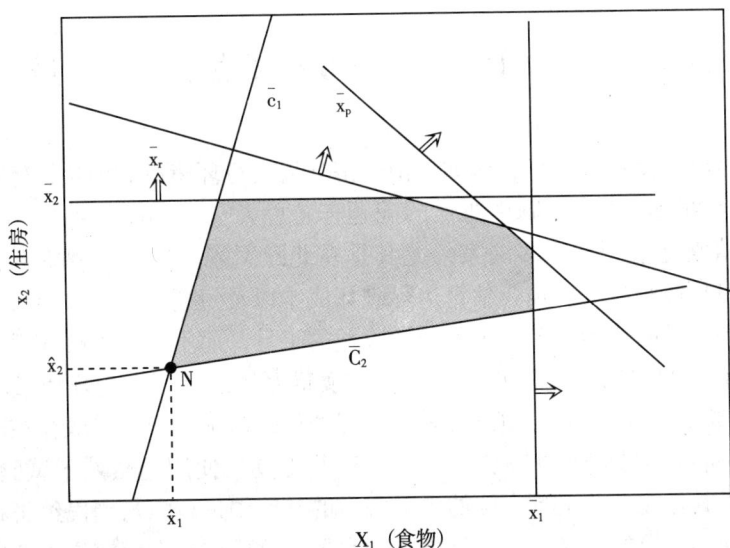

图 20-5　可持续发展的可行性空间
资料来源：Bartelmus（1979）.

在可行性空间里面，可以用尽所有的传统微观经济学和宏观经济学战略，来得到最大的经济效率或最高的经济增长。在这个空间之外，规范的标准或政治标准就会推翻经济标准。广阔的开放的空间意味着传统的生产、消费和投资活动几乎不会受社会问题和环境问题的影响。换句话说，如果把可行性限制条件加以放松的话，这将会和通常的经济学分析一样了。另外，如果可行性空间大幅减少，这说明市场不能用传统的经济决策制定程序解决非经济价值的重大干扰。这样的确会使我们所知道的经济学无能为力。因为，社会政治的限制将肯定会限制市场功能的发挥和基于市场的经济增长。忽视或者否定可持续发展的标准和目标，在这种情况下可能会导致一些"不能控制"的发展替代正常的发展，这些不能控制发展有：贫穷引发的骚乱、争夺自然资源引发的战争、生态恐怖主义、生态难民的大量涌现及其他社会动乱的大量爆发。因为市场价格不能够改变这些情况的发生，"寻找困难的方法"确实是"有勇无谋的"（Perrings，1995：63）。例如，抱着自由放任的态度。

使环境受益的新技术，可能会是一个救星来潜在地拓宽可行性区域。在图20-5中，将生产能力曲线和环境限制曲线按照箭头的方向往外推就会发现上述所说的情况。限制条件的改变会反映在污染和自然资源利用之间、生产和消费之间的技术关系的变化上。这种转变，即从"增长的限制"到"限制条件的增长"（MacNeill，1990），可能会为我们赢得一些时间，但是不能期望它能解决所有社会灾难。此外，在预测技术进步和环境影响时存在的不确定性，表明了总体上依赖技术、市场扩张和自由化是有很大风险的。

20.6　前景：朝着长期的可持续发展方向前进

生态经济学使用的工具，例如，由经济当局实行环境成本内化，经过"对大学里的环境经济学家对晦涩难懂的问题苦苦思索"（Ekins，1996：31）后，它已经被成功地应用在许多国家，尤其是在北欧国家。执行过程中存在的问题，包括对环境影响的监控、估算边际破坏成本以及短期政府的短视行为，似乎使得市场工具的使用更多是为了增加收益的工具，而不是为了改变微观经济行为主体的行为（OECD，1989）。另外，敏感而且危险性高的环境破坏现象（例如，臭氧层耗损），将必须通过采取立即的行政措施，而非采取存在时滞的"边际"经济激励措施加以解决。因此，这些工具的使用仍然处于试验阶段。做实验，尤其是在这些工具实施的更加现实的环境中进行（与国民经济核算的概念和指标相一致的环境成本核算决定的水平）这或许是在短期或中期中实现经济可持续的最有希望的方式。

非经济目标（例如，代际公平和对生命支持系统的潜在的不可逆转的初始影响），需要防止现在和未来经济活动对社会目标的破坏和环境极限的破坏。为了把"重要的"标准纳入到长期的经济计划和政策制定中，这可能确实需要牺牲短期和中期的经济效率。因此，通过明确地把社会标准和社会规范引入到经济分析中去，实证经济学和规范经济学将会被融合在一起——对于许多经济学界的科学家来说，这无疑就是诅咒（Caldwell，1982：4 and part Ⅱ；Samuelson and Nordhaus，1992：9，295）。然而，这种融合在现实世界的政治中是不可避免。许多经济学的不相关性，因此可能就是盛行的实证主义者采用的"解谜"方法的结果，这种方法"忽视了更加广泛的方法论、社会的以及道德的问题"（Funtowicz and Ravetz，1991：138）。

上述的可持续发展表明，它是一种被广泛支持的范式，这种范式能够将这些广泛的问题纳入到综合考虑环境和经济分析的视野中。执行这一范式，不能通过短期的市场出清来完成。实施的第一步就是使视野变得清晰：上述的度量可持续空间的描述性模型，通过将经济活动纳入到一个明确规定的目标和标准的框架下，可以实现这个目的。下一步，为这个模型定量是比较困难的。例如，为了应用行为分析的工具，行为规范和行动标准必须按照行动的方式（投入）和目的（产出）来进行模式化，这些规范和标准反过来必须在投入和产出之间存在的某些功能性的、可以计量的以及现实的关系反映出来。通过实证经济学家和规范经济学家的合作研究才可能有效进行这种分析。

为了在经济计划和决策制定中设立并遵守一定的规范和标准，除了分析之外，还需要在决策制定者和利益相关者之间建立社会"契约"。在国家层面上，这些契约能够在政府和社会公民自愿的基础上谈判而成，或者必须通过法律和规章制度来执行。在中央计划经济的崩溃使得市场的陶醉感觉醒的情况下，为实现可持续发展而有效地执行社会契约和长期计划的可能性变得渺茫了。同样，在"权力和知识上"（Kuttner，1997：285）存在的不对称性以及关于环境影响的程度、地点和时间方面的不确定性，这些对于"内向"（Heilbroner and Milberg，1995：101）的经济学家采用类似可持续发展这样占统治性的不切实际的方法是没有益处的。①

关于"经济将向何处发展"的答案，可能必须由下一代的有潜力的生态学家来回答了。如果问到如何为未来几代人维持地球的生产力，这可以引用最近

---

① 在局部地区或者社区层面，通过直接谈判达成一致意见可能会比较容易——这是一个支持执行参与性的草根阶层的"生态发展"战略的理由。参阅：《对自下而上的方法及其与中央计划和政策之间联系的评论》，巴特姆斯（1994a）。此类关于可持续发展的讨论，有许多也可以应用在地区层面，因此在这里就不继续讨论了。

对一位来自加拿大第八级研究小组的作者进行访问的一句话来回答：

如果我们不好好照看好我们的地球，那么下一代人所面临的情况，即我们的地球上拥有什么资源，地球将会发生哪些事情，这些都是我们这代人承担的责任。①

参考文献

1. Bartelmus, P. (1979), "Limits to development—environmental constraints of human needs satisfaction", *Journal of Environmental Management* 9: pp.255–269.

2. Bartelmus, P. (1994a), *Environment, Growth and Development: The Concepts and Strategies of Sustainability*, London and New York: Routledge.

3. Bartelmus, P. (1994b), *Towards a Framework for Indicators of Sustainable Development*, Department for Economic and Social Information and Policy Analysis, Working Paper Series No.7, New York: United Nations.

4. Bartelmus, P. (1997), *The Value of Nature: Valuation and Evaluation in Environmental Accounting*, Department for Economic and Social Infomation and Policy Analysis, Working Paper Series No.15, New York: United Nations.

5. Bartelmus, P. and A. Tardos (1992), "Integrated environmental and economic accounting for Thailand: a feasibility study" (restricted).

6. Bartelmus, P., E. Lutz and S. Schweinfest (1992), *Integrated Environmental and Economic Accounting: A Case Study for Papua New Guinea*, Environment Working Paper No.54, Washington, DC: The World Bank.

7. Boutros-Ghali, B. (1995), *Agenda for Development*, New York: United Nations sales publication (E.95.V.16).

8. Brown, L.R. *et al.* (1993), *State of the World 1993*, London and New York: W.W.Norton.

9. Brown, L.R., H. Kane and D.M. Roodman (1994), *Vital Signs 1994*, New York and London: W.W. Norton.

10. Caldwell, B. (1982), *Beyond Positivism: Economic Methodology in the Twentieth Century*, Lonclon: Allen and Unwin.

11. Cobb, C., T. Halstead and J. Rowe (1995), "If the GDP is up, why is America down?" *The Atlantic Monthly*, October: pp.59–78.

12. Cohen, J.E. (1995), *How Many People Can the Earth Support?*, London

---

① Beth Hall, Gladstone Elementary School, Gladstone, MB (可持续发展小组)。

and New York: W.W.Norton.

13. Commission of the European Communities (CEC), International Monetary Fund, Organization for Economic Cooperation and Development, United Nations and World Bank (1993), *System of National Accounts 1993*, New York: United Nations sales publication (E.94.XⅦ.4).

14. Daly, H.E. (1989), "Steady-state and growth concepts for the next century", in F. Archibugi and P. Nijkamp, eds., *Economy and Ecology: Towards Sustainable Development*, Dordrecht, Boston and London: Kluwer.

15. Daly, H.E. (1991), "Sustainable growth: a bad oxymoron", *Grassroots Development* 15 (3).

16. Daly, H.E. and J.B. Cobb, Jr. (1989), *For the Common Good: Redirecting the Economy towards Community, the Environment, and Sustainable Future*, Boston, MA: Beacon Press.

17. Dasgupta, P. (1994), "Optimal versus sustainable development", in I. Serageldin and A. Steer, eds., *Valuing the Environment*, proceedings of the First Annual International Conference on Environmentally Sustainable Development, Washington, DC: The World Bank.

18. Dasgupta, P. and K. -G. Mäler (1991), *The Environment and Emerging Development Issues*, Beijer Reprint Series No.1, Stockholm: Beijer.

19. de Boer, B., M. de Haan and M. Voogt (1994), "What would net domestic product have been in an environmentally sustainable economy? Preliminary views and results", in Statistics Canada, ed., *National Accounts and the Environment: Papers and Proceedings from a Conference* (London, 16-18 March 1994), Ottawa.

20. de Bruyn, S.M. and J.B. Opschoor (1997), "Developments in the throughput-income relationship: theoretical and empirical observations", *Ecological Economics*, 20: pp.255-268.

21. Devall, B. and G. Sessions (1985), *Deep Ecology: Living as if Nature Mattered*, Layton, UT: Peregrine Smith.

22. Domingo, E.V. (1996), "Adaptation of the UN system of environmental accounting: the Philippine experience", paper presented at the Special IARIW Conference on Integrated Environmental and Economic Accounting in Theory and Practice, Tokyo, 5-8 March 1996.

23. Doob, L.W. (1995), *Sustainers and Sustainability: Attitudes, Attributes, and Actions for Survival*, Westport, CT: Praeger.

24. Dorfman, R. and N. S. Dorfman, eds. (1993), *Economics of the Environment: Selected Readings*, 3rd edn, New York and London: W.W.Norton.

25. Ehrlich, P. R. (1994), "Ecological economics and the carrying capacity of earth", in A.M. Jansson, *et al.*, eds., *Investing in Natural Capital*, Washington, DC: Island Press.

26. Ekins, P. (rapporteur) (1996), *Environmental Taxes and Charges, National Experiences and Plans* (Report of the European Workshop, Dublin, 7–8 February 1996), Luxembourg: European Comnunities.

27. El Serafy, S. (1989), "The proper calculation of income from depletable natural resources", in Y.J. Ahmad, S. El Serafy and E. Lutz, eds., *Environmental Accounting for Sustainable Development*, Washington, DC: The World Bank.

28. Fergany, N. (1994), "Quality of life indicators for Arab countries in an international context", *International Statistical Review*, 62 (2): pp.187–202.

29. Food and Agriculture Organization (FAO), United Nations Fund for Population Activities and International Institute for Applied Systems Analysis (1982), *Potential Population Supporting Capacities of Lands in the Developing World*, Rome: FAO.

30. Funtowicz, S.O. and J.R. Ravetz (1991), "A new scientific methodology for global environmental issues", in R. Costanza, ed., *Ecological Economics: The Science and Management of Sustainability*, New York: Columbia University Press.

31. Galbraith, J.K. (1986), *The New Industrial State*, 4th edn, New York: Mentor.

32. Georgescu-Roegen, N. (1971), *The Entropy Law and the Economic Process*, Cambridge, MA: Harvard University Press.

33. Hartwick, J.M. (1977), "Intergenerational equity and the investing of rents from exhaustible resources", *American Economic Review*, 67 (3): pp.972–974.

34. Heilbroner, R. and W. Milberg (1995), *The Crisis of Vision in Modern Economic Thought*, Cambridge University Press.

35. Hicks, J. R. (1946), *Value and Capital*, 2nd edn, Oxford University Press.

36. Hueting, R. and P. Bosch (1994), "Sustainable national income in the Netherlands: the calculation of environmental losses in monetary terms", paper submitted to the "London Group" meeting on Natural Resource and Environmental Accounting, Washington, DC: 15–17 March 1995.

37. Jacobs, M. (1994), "The limits of neoclassicism: towards an institutional environmental economics", in M. Redclift and T. Benton, eds., *Social Theory and the Global Environment*, London and New York: Routledge.

38. Jänicke, M. *et al.* (1989), "Structural change and environmental impact", *Intereconomics* Jan.–Feb.: pp.24–35.

39. Kim, S. -W., A. Alfieri, P. Bartelmus and J. van Tongeren (forthcoming), *Pilot Compilation of Environmental –Economic Accounts for the Republic of Korea.*

40. Kuttner, R. (1997), *Everything for Sale: The Virtues and Limits of Markets*, New York: Knopf.

41. MacNeill, J. (1990), "Meeting the growth imperative for the 21st century", in D.J.R. Angell *et al.*, eds., *Sustainable Earth: Responses to the Environmental Threat*, London: Macmillan.

42. Mäler, K.-G. (1991), *National Accounts and Environmental Resources*, Beijer Reprint Series No.4, Stockholm: Beijer.

43. Martinez-Alier, J. with K. schlüpfmann (1987), *Ecological Economics, Energy, Environment and Society*, Oxford and Cambridge, MA: Blackwell.

44. Meyer, B. and G. Ewerhart (1996), "Modelling towards eco domestic product", paper presented at the Special IARIW Conference on Integrated Environmental and Economic Accounting in Theory and Practice, Tokyo, 5–8 March 1996.

45. Munasinghe, M. (1993), *Environmental Economics and Sustainable Development*, World Bank Environment Paper No.3, Washington, DC: The World Bank.

46. Naess, A. (1976), "The shallow and the deep, long-range ecology movement, a summary", *Inquiry* 16: pp.95–100.

47. National Institute of Economic Research and Statistics Sweden (1994), *SWEEA, Swedish Economic and Environmental Accounts*, preliminary edition.

48. Oda, K. *et al.* (1996), "The system of integrated environmental and economic accounting for Japan, trial estimates and remaining issues", paper presented at the Special IARIW Conference on Integrated Environmental and Economic Accounting in Theory and Practice, Tokyo, 5–8 March 1996.

49. Odum, E.P. (1971), *Fundamentals of Ecology*, Philadelphia, PA: Saunders.

50. Organisation for Economic Co-operation and Development (OECD)

(1973), *List of Social Concerns Common to Most OECD Countries*, Paris: OECD.

51. OECD (1985), "Treatment of mining activities in the system of national accounts" (note by the Secretariat, DES/NI/85.4).

52. OECD (1989), *Economic Instruments for Environmental Protection*, Paris: OECD.

53. Pearce, D.W. (1994), "Valuing the environment: past practice, future prospect", *in* I. Serageldin and A. Steer, eds., *Making Development Sustainable: From Concepts to Action*, Environmentally Sustainable Development Occasional Paper Series No. 2, Washington, DC: The World Bank.

54. Pearce, D. W. *et al.* (1993), *Blueprint 3*, London: Earthscan.

55. Perrings, C. (1995), "Ecology, economics and ecological economics", *AMBIO* 24 (1): pp.60–63.

56. Pezzey, J. (1989), *Economic Analysis of Sustainable Growth and Sustainable Development*, Environment Department Working Paper No.15, Washington, DC: The World Bank.

57. Postel, S. (1990), "Toward a new 'eco' -nomics", *World–Watch* 3 (5): pp.20–28.

58. Powell, M. (1996), "Integrated environmental and economic accounts for Ghana", paper presented at the Special IARIW Conference on Integrated Environmental and Economic Accounting in Theory and Practice, Tokyo, 5–8 March 1996.

59. Rees, W.E. and M. Wackernagel (1994), "Ecological footprints and appropriated carrying capacity: measuring the natural capital requirements of the human economy", in A. Jansson *et al.*, eds., *Investing in Natural Capital*, Washington, DC, and Corelo, CA: Island Press.

60. Repetto, R. *et al.* (1989), *Wasting Assets: Natural Resources in the National Income Accounts*, Washington, DC: World Resources Institute.

61. Samuelson, P.A. and W.D. Nordhaus (1992), *Economics*, 14th edn, New York: McGraw-Hill.

62. Serageldin, I. and A. Steer, (1994), "Epilogue: expanding the capital stock", in I. Serageldin and A. Steer, eds., *Making Development Sustainable: From Concepts to Action*, Environmentally Sustainable Development Occasional Paper Series No.2, Washington, DC: The World Bank.

63. Solórzano, R. *et al.* (1991), *Accounts Overdue: Natural Resource Depreciation in Costa Rica*, San José: Tropical Science Center; Washington,

DC: World Resource Institute.

64. Solow, R.M. (1974), "Intergenerational equity and exhaustible resources", *Review of Economic Studies*, Symposium: pp.29–46.

65. Solow, R.M. (1992), *An Almost Practical Step toward Sustainability*, Washington, DC: Resources for the Future.

66. Solow, R.M. (1993), "Sustainability: an economist's perspective", in R. Dorfman and N.S. Dorfman (eds.), *Economics of the Environment—Selected Readings* (3rd ed.), New York and London: W.W.Norton.

67. United Nations (1992), *1990 Energy Statistics Yearbook* (sales no.E/F. 92.XⅦ.3).

68. United Nations (1993a), *Integrated Environmental and Economic Accounting* (sales no. E.93.XⅦ.12).

69. United Nations (1993b), *Report of the United Nations Conference on Environment and Development, Rio de Janeiro, 3–14 June 1992*, vol. I: *Resolutions Adopted by the Conference* (sales no.E.93.I.8).

70. United Nations Development Programme (UNDP)(1995), *Human Development Report 1995*, Oxford University Press.

71. United Nations Environment Programme (UNEP) (1992), *Saving our Planet: Challenges and Hopes*, Nairobi: UNEP.

72. van Dieren, W., ed. (1995), *Taking Nature into Account*, New York: Springer-Verlag.

73. van Tongeren et al. (1991), *Integrated Environmental and Economic Accounting: A Case Study for Mexico*, Environment Working Paper No.50, Washington, DC: The World Bank.

74. Vitousek, P. M., P. R. Ehrlich, A. H. Ehrlich and P. A. Matson (1986), "Human appropriation of the products of photosynthesis", *Bioscience* 36 (6): pp. 368–373.

75. World Bank (1985), *Desertification in the Sahelian and Sudanian Zones of West Africa*, Washington, DC: The World Bank.

76. World Commission on Environment and Development (WCED) (1987), *Our Common Future*, Oxford University Press.

本文载《环境和发展经济学》第 2 期，第 323~345 页。